W0383879

Überprüfen Sie Ihre Lernfortschritte mit dem **Zwischentest** in der App Cornelsen Lernen.

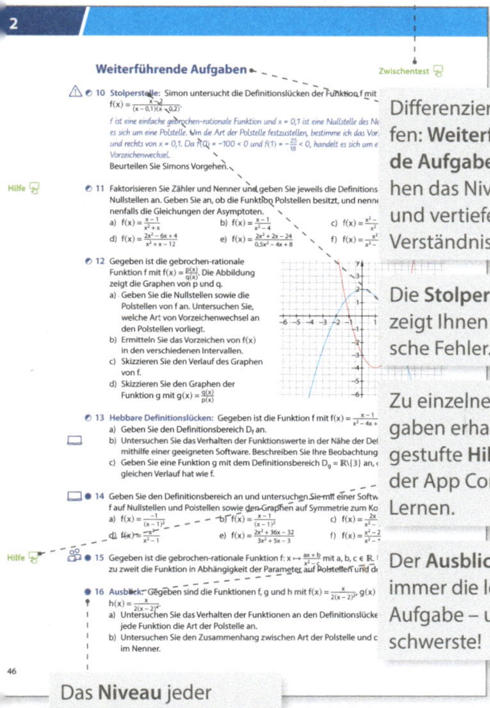

Differenziert vertiefen: **Weiterführende Aufgaben** erhöhen das Niveau und vertiefen Ihr Verständnis.

Die **Stolperstelle** zeigt Ihnen typische Fehler.

Zu einzelnen Aufgaben erhalten Sie gestufte **Hilfen** in der App Cornelsen Lernen.

Der **Ausblick** ist immer die letzte Aufgabe – und die schwerste!

Das **Niveau** jeder Aufgabe gibt Ihnen ein Symbol an.
◐ = mittel,
● = schwer

Weitere Symbole:
- Aufgabe ohne Hilfsmittel
- Taschenrechner
- TK Tabellenkalkulation
- Medieneinsatz
- Partnerarbeit
- Gruppenarbeit

Sichern

Sind Sie sicher? **Prüfen Sie Ihr neues Fundament** mit den **Testaufgaben.** Vergleichen Sie Ihre Ergebnisse mit den Lösungen im Anhang und schätzen Sie sich selbstständig ein.

Selbstständig prüfen: Die **Lösungen** zu den Aufgaben finden Sie im Anhang.

Mit der **Selbsteinschätzung** können Sie Schwächen finden und beheben.

Wissen kompakt

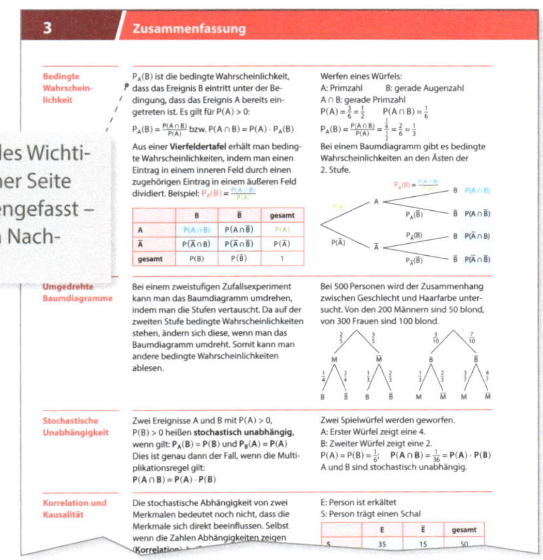

Hier ist alles Wichtige auf einer Seite zusammengefasst – ideal zum Nachschlagen.

Fundamente der Mathematik

Gymnasium Bayern
Jahrgangsstufe 11

Herausgegeben von
Brigitte Distel, Spardorf

Erarbeitet von
Sabine Fischer, Augsburg
Carina Freytag, Ingolstadt
Marco Grees, Gars am Inn
Katharina Hammer-Schneider, München
Fritz Kammermeyer, Nürnberg
Dr. Annalisa Steinecke, Bayreuth

Dieses Schulbuch finden Sie auch in der App **Cornelsen Lernen**.

Wenn Sie eines dieser Symbole im Schulbuch sehen, finden Sie in der App …

Zwischentest – **Zwischentests** zur Selbsteinschätzung,

Hilfe – gestufte **Hilfen** zu ausgewählten Aufgaben.

Cornelsen

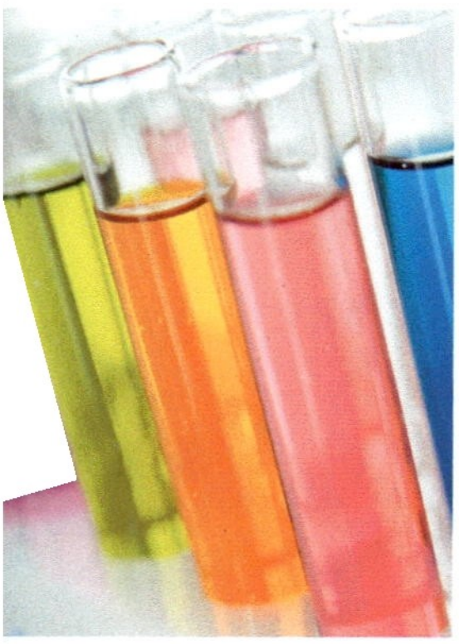

1

Spezielle Eigenschaften von Funktionen

Nach diesem Kapitel können Sie

→ Funktionen anhand ihrer Eigenschaften einer Funktionsklasse zuordnen,
→ Funktionen und ihre Graphen auf ihr Verhalten im Unendlichen und Symmetrien untersuchen,
→ Transformationen von Graphen durchführen, erkennen und beschreiben,
→ Funktionen grafisch auf Stetigkeit untersuchen.

Lösungen
→ S. 184

Grundbegriffe bei Funktionen

1 Definieren Sie den Begriff „Funktion“ und erklären Sie die Begriffe „Definitionsmenge“, „Wertemenge“ und „Funktionsgraph“.

2 Stellen Sie die lineare Funktion mit der Steigung 2 und dem y-Achsenabschnitt 1 auf vier unterschiedliche Arten dar.

3 Begründen Sie, ob die Abbildung einen Funktionsgraphen darstellt.

a)
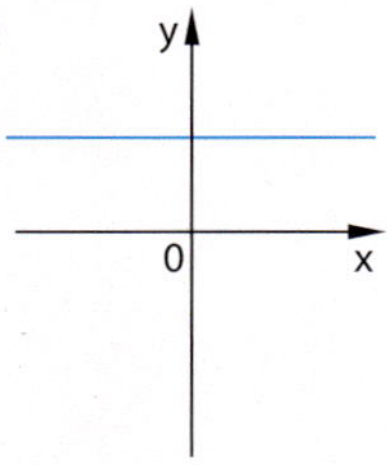

b)
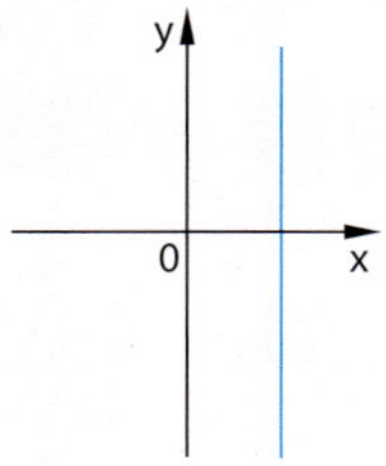

c)
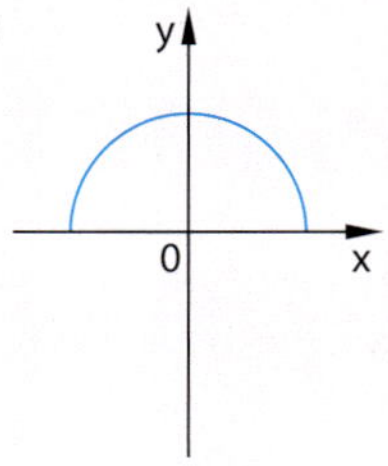

d)
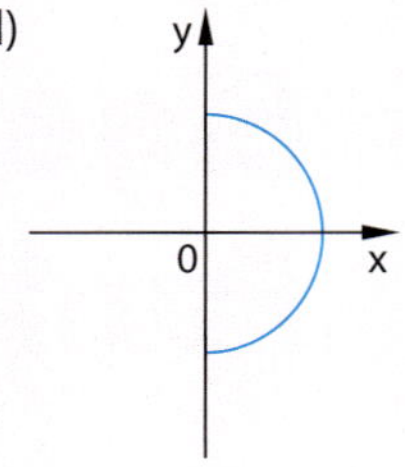

4 Geben Sie den Definitions- und Wertebereich der Funktion mit dem abgebildeten Graphen an.

a)
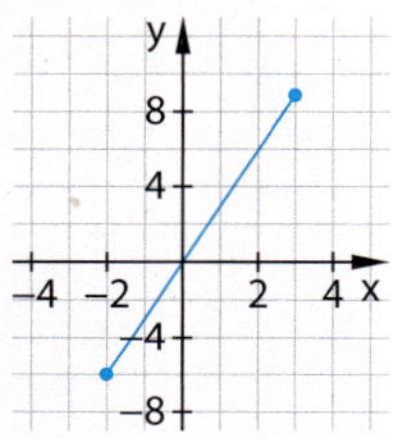

b)
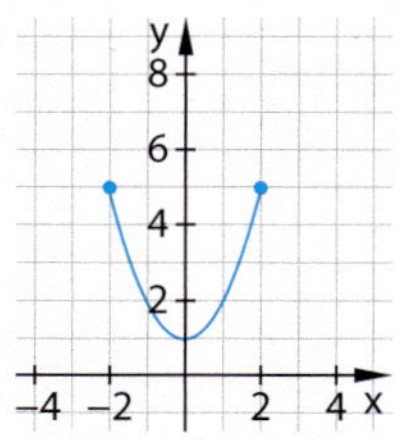

c)
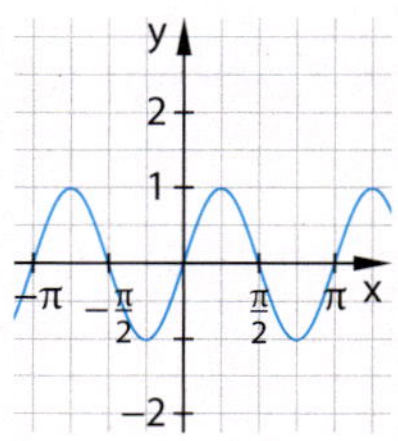

d)
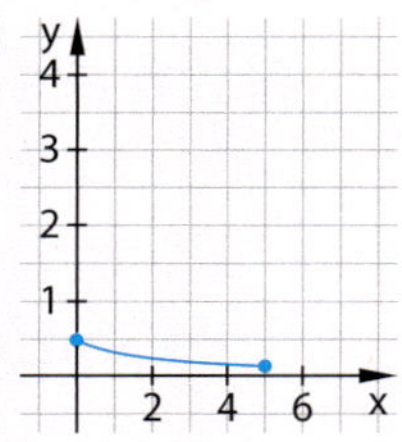

5 Beschreiben Sie den Verlauf des Funktionsgraphen unter Verwendung geeigneter Fachbegriffe. Geben Sie den zugehörigen Funktionsterm an.

a)
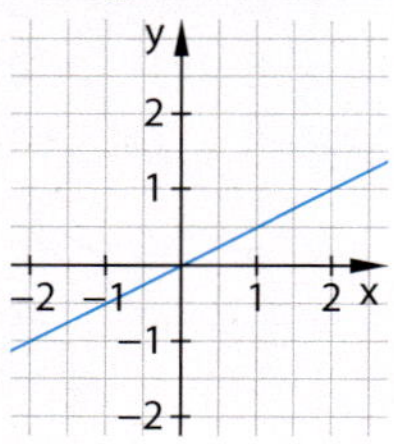

b)
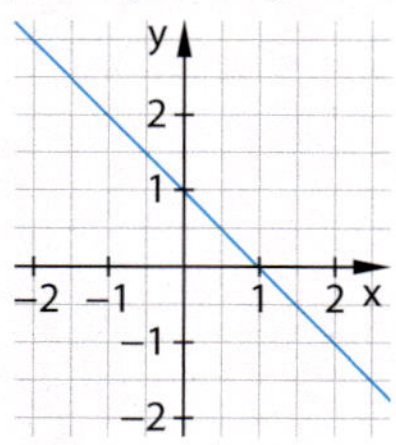

c)
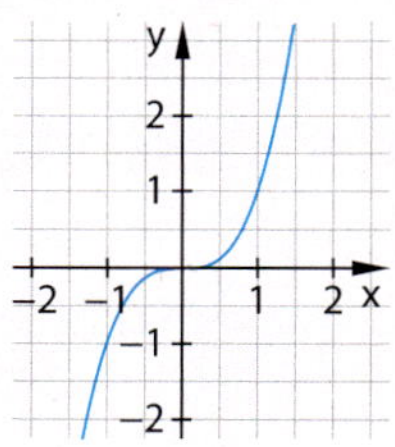

d)
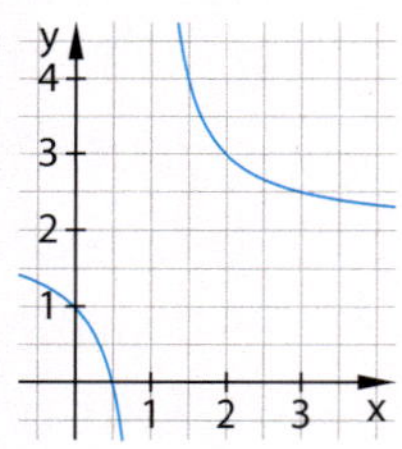

6 Erklären Sie den Begriff und geben Sie ein Beispiel dazu an.

a) Nullstelle b) y-Achsenabschnitt c) Steigungsdreieck
d) Definitionslücke e) Asymptote f) Scheitelpunkt

Eigenschaften von Funktionsklassen

7 a) Begründen Sie, wie viele Nullstellen eine quadratische Funktion haben kann.
b) Bestimmen Sie die Nullstellen der Funktionen f, g und h mit den folgenden Funktionstermen.

$f(x) = x^2 + 3x - 28$ $g(x) = 0{,}5x^2 + 10$ $h(x) = 4x^2 - 24x + 36$

8 Zeichnen Sie die Gerade.

a) $y = x + 1$ b) $y = -1$ c) $y = -0{,}25x + 2$ d) $x = 2$

Lösungen
→ S. 185

9 Erläutern Sie, worin sich die Graphen der Potenzfunktionen $f: x \mapsto x^n$, $n \in \mathbb{N}\setminus\{0\}$, für gerades und ungerades n unterscheiden.

10 Skizzieren Sie den Graphen der Funktion f. Nutzen Sie dazu die Asymptoten des Graphen.
a) $f(x) = \frac{1}{x-2} + 1$ b) $f(x) = \frac{1}{x+2} - 1$ c) $f(x) = -\frac{1}{x} + 1$

11 Beschreiben Sie den Verlauf des Graphen von f. Geben Sie den Definitions- und Wertebereich von f an.
a) $f(x) = \frac{1}{x+1} - 3$ b) $f(x) = -\frac{1}{x-3} + 2$ c) $f(x) = -\frac{2}{x+4}$

Symmetrie

12 Begründen Sie, ob die Figur symmetrisch ist. Falls ja, geben Sie die Art der Symmetrie an.

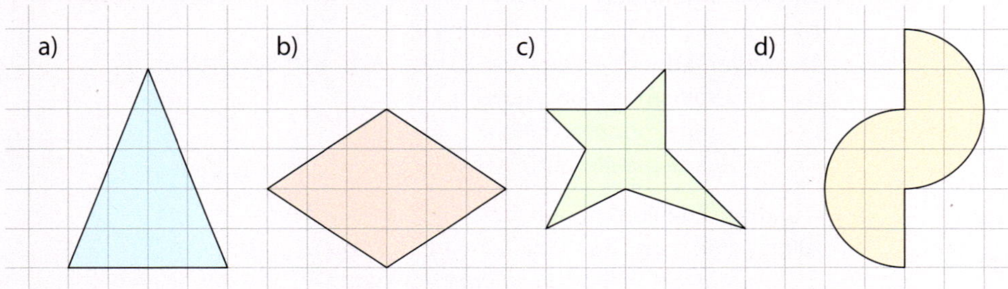

13 Zeichnen Sie die Punkte A(4|4), B(3|5) und C(1|2) in ein Koordinatensystem.
a) Spiegeln Sie die Punkte an der x-Achse.
b) Spiegeln Sie die Punkte an der y-Achse.
c) Spiegeln Sie die Punkte am Koordinatenursprung.

14 Spiegeln Sie den Graphen von f mit $f(x) = x$ für $x \geq 0$ an der y-Achse. Beschreiben Sie den Verlauf des Graphen, der sich aus dem Graphen von f und dem gespiegelten Graphen zusammensetzt, unter Verwendung geeigneter Fachbegriffe.

15 a) Die Normalparabel wird an der x-Achse gespiegelt und dann um eine Einheit nach oben verschoben. Geben Sie einen Term zum so entstandenen Graphen an.
b) Die Normalparabel wird um eine Einheit nach oben verschoben und dann an der x-Achse gespiegelt. Geben Sie den Term zum so entstandenen Graphen an und vergleichen Sie mit dem Term aus a).

Vermischtes

16 Bestimmen Sie den Wert des Terms für n = 1, n = 10 und n = 100. Begründen Sie, ob der Term für eine geschickte Wahl von $n \in \mathbb{R}$ beliebig groß oder klein werden kann.
a) n^2 b) $\sin(n)$ c) $\frac{3}{n-2}$ d) $n^3 - n$ e) $\left(\frac{1}{4}\right)^n$

17 Geben Sie an, mit welcher Art von Funktion man die Situation modellieren kann.
a) Preis für den Stromverbrauch
b) Höhe einer Riesenradgondel während der Fahrt
c) Wachstum einer Bakterienkultur
d) Flugkurve eines Basketballs beim Freiwurf

1.1 Eigenschaften von Funktionsklassen

Die Skizze zeigt eine Reihe von Messdaten, die durch einen Funktionsterm modelliert werden sollen.
Tobias meint, der steile Anstieg spricht für eine Exponentialfunktion. Lisa sagt: „Dagegen sprechen zwei Punkte!“ Nehmen Sie dazu Stellung. Geben Sie an, welcher Funktionstyp noch in Frage kommt.

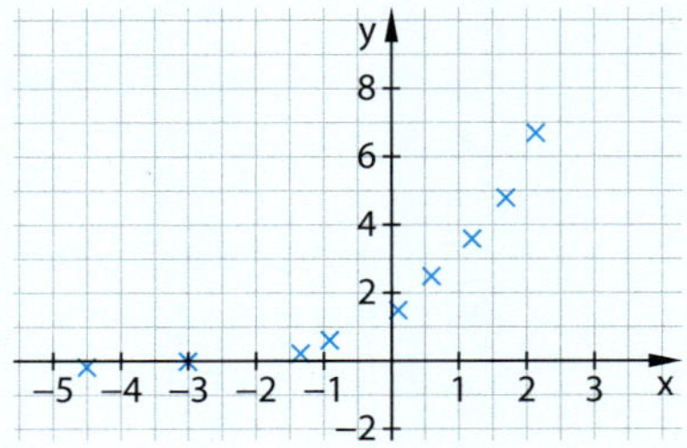

Die Übersicht zeigt wichtige Eigenschaften der bislang behandelten Funktionsklassen:

Lineare Funktionen
$f(x) = mx + t$ mit $D_{max} = \mathbb{R}$ und $W = \mathbb{R}$
m: Steigung der Geraden $\left(m = \frac{\Delta y}{\Delta x}\right)$; t: y-Achsenabschnitt
$m > 0$: Gerade monoton steigend
$m < 0$: Gerade monoton fallend
$m = 0$: Gerade parallel zur x-Achse

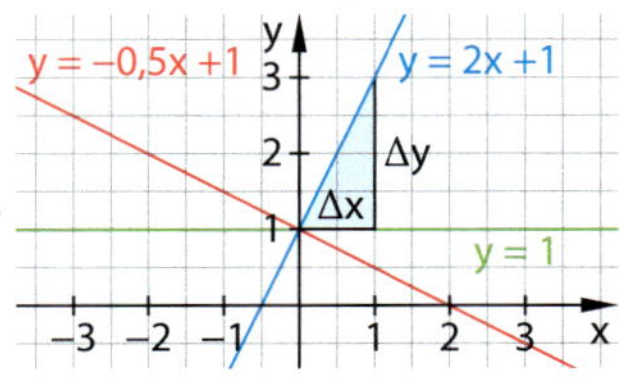

Erinnerung

Eine Parabel kann 0, 1 oder 2 Schnittpunkte mit der x-Achse haben – je nach Lage des Scheitels und Vorzeichen des Öffnungsfaktors.

Quadratische Funktionen
Allgemeine Form: $f(x) = ax^2 + bx + c$ $(a \neq 0)$, $D_{max} = \mathbb{R}$;
a: Öffnungsfaktor; $S(x_S \mid y_S)$: Scheitelpunkt
$a > 0$: Parabel nach oben geöffnet, $W = [y_S; \infty[$
$a < 0$: Parabel nach unten geöffnet, $W =]-\infty; y_S]$
Scheitelpunktform: $f(x) = a(x - x_S)^2 + y_S$
Nullstellenform: $f(x) = a(x - x_1)(x - x_2)$, falls f die Nullstellen x_1 und x_2 hat
achsensymmetrisch zur Geraden $x = x_S$ durch den Scheitel

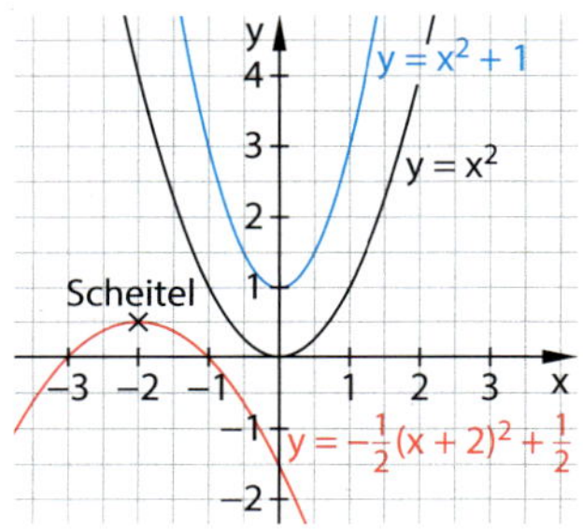

Potenzfunktionen
$f(x) = a \cdot x^n$ $(n \in \mathbb{N}\setminus\{0\}; a \neq 0)$ mit $D_{max} = \mathbb{R}$
Grad n gerade und $a > 0$: $W = \mathbb{R}_0^+$
- achsensymmetrisch zur y-Achse
- Graphen verlaufen durch $(0 \mid 0)$, $(1 \mid a)$ und $(-1 \mid a)$
- $x < 0$: monoton fallend; $x > 0$: monoton steigend

Grad n ungerade und $a > 0$: $W = \mathbb{R}$
- punktsymmetrisch zum Ursprung
- Graphen verlaufen durch $(0 \mid 0)$, $(1 \mid a)$ und $(-1 \mid -a)$
- monoton steigend

Der Faktor a bewirkt eine Streckung in y-Richtung. Für $a < 0$ wird der Graph an der x-Achse gespiegelt.

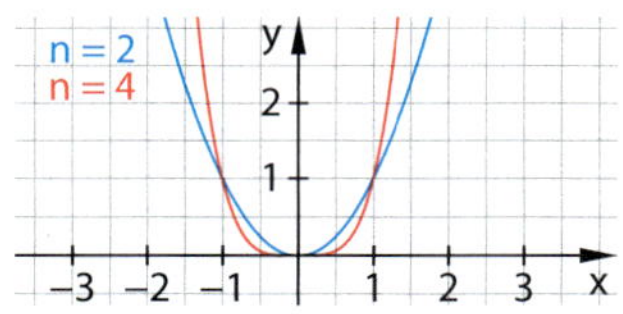

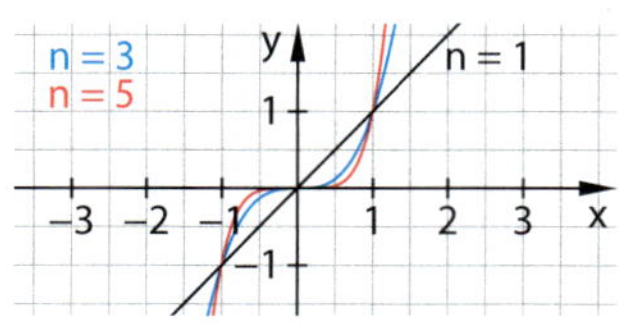

Hinweis

Lineare und quadratische Funktionen sind die einfachsten Fälle ganzrationaler Funktionen.

Ganzrationale Funktionen
$f(x) = a_n x^n + a_{n-1} x^{n-1} + \ldots + a_1 x + a_0$ $(n \in \mathbb{N}; a_n \neq 0)$
$D_{max} = \mathbb{R}$; höchster Exponent n: Grad
Nullstellenform: $f(x) = a_n(x - x_1) \cdot \ldots \cdot (x - x_n)$, falls f die Nullstellen x_1 bis x_n hat
Sofern nur gerade (ungerade) Exponenten vorliegen, ist der Graph achsensymmetrisch zur y-Achse (punktsymmetrisch zum Ursprung). Es gibt maximal n Nullstellen.

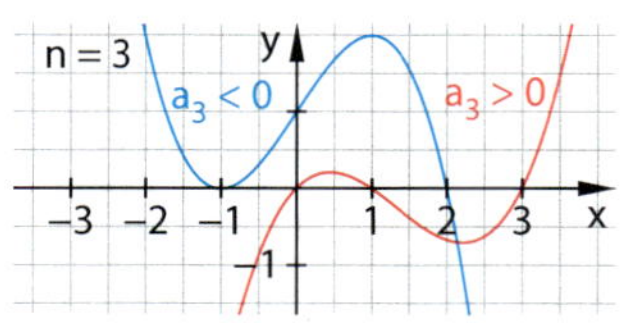

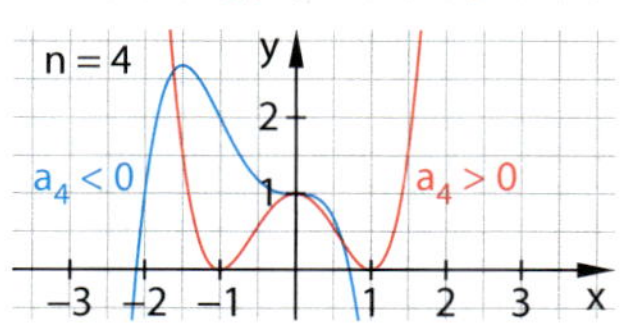

Elementare gebrochen-rationale Funktionen

$f(x) = \frac{a}{x-b} + c$ mit $D_{max} = \mathbb{R}\setminus\{b\}$ und $W = \mathbb{R}\setminus\{c\}$
Die Nullstelle des Nenners b ist eine Definitionslücke von f.
Die Hyperbel hat zwei Asymptoten:

- waagrechte Asymptote $y = c$
- senkrechte Asymptote $x = b$

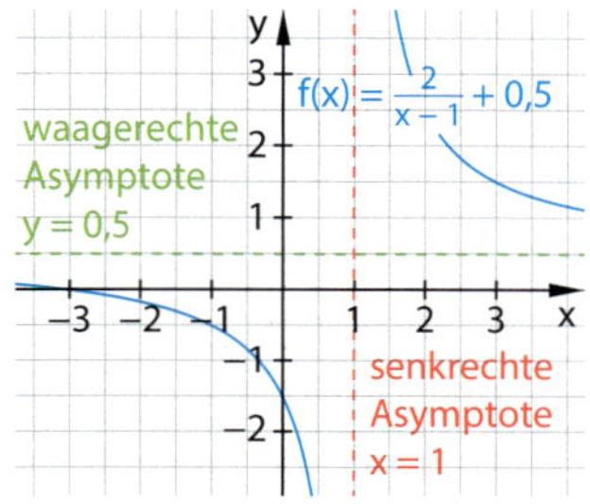

Exponentialfunktionen

$f(x) = b \cdot a^x$ mit $a > 0$, $a \neq 1$, $b \neq 0$ mit $D_{max} = \mathbb{R}$ und $W = \mathbb{R}^+$ für $b > 0$ bzw. $W = \mathbb{R}^-$ für $b < 0$
$a > 1, b > 0$: Graph monoton steigend
$0 < a < 1, b > 0$: Graph monoton fallend
Die Funktion hat keine Nullstellen. Die Graphen von $y = a^x$ und $y = \left(\frac{1}{a}\right)^x$ sind zueinander symmetrisch bezüglich der y-Achse. Die x-Achse ist eine waagerechte Asymptote. Der Faktor b bewirkt eine Streckung in y-Richtung. Für $b < 0$ wird der Graph an der x-Achse gespiegelt.

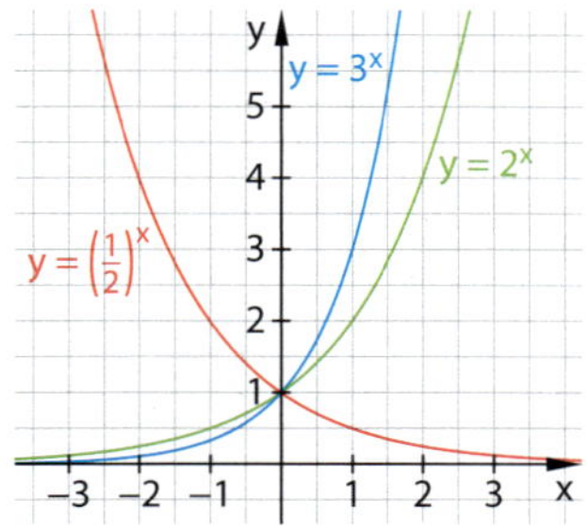

Trigonometrische Funktionen

$f(x) = \sin(x)$ bzw. $g(x) = \cos(x)$ mit $D_{max} = \mathbb{R}$ und $W = [-1; 1]$
Periodische Funktionen: Amplitude 1, Periodenlänge 2π
Der Graph der Sinusfunktion ist punktsymmetrisch zum Ursprung, der Graph der Kosinusfunktion ist achsensymmetrisch zur y-Achse.
Nullstellen: Sinusfunktion: $x = k\pi$, $k \in \mathbb{Z}$
Kosinusfunktion: $x = \frac{\pi}{2} + k\pi$, $k \in \mathbb{Z}$
Die Graphen der allgemeinen Sinusfunktion mit $f(x) = a \cdot \sin(b(x - c)) + d$ erhält man durch Verschieben bzw. Strecken des Graphen zu $x \mapsto \sin(x)$ in x- und y-Richtung.

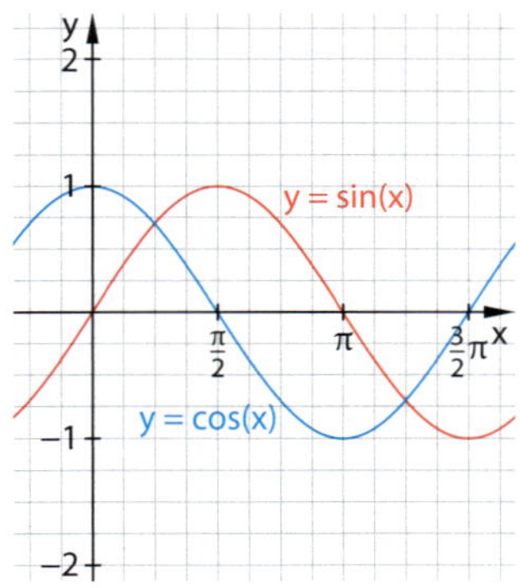

Beispiel 1

Gegeben sind die Graphen der Funktionen f, g und h.
Begründen Sie anhand verschiedener Merkmale wie Definitionsbereich, Monotonie oder Symmetrie, zu welcher Funktionsklasse die Funktionen gehören könnten.

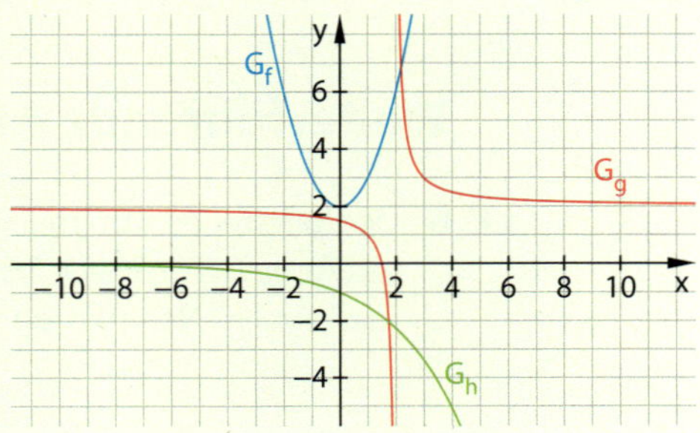

Lösung:

Geben Sie an, um welche Arten von Kurven es sich bei den Graphen von f und g handelt. Leiten Sie daraus mögliche Funktionsklassen ab.

f: Der Graph ist parabelförmig, f könnte also eine quadratische Funktion sein.
g: Der Graph ist eine Hyperbel, g könnte also eine elementare gebrochen-rationale Funktion sein.

Der Graph von h verläuft monoton fallend und hat die x-Achse als Asymptote, schneidet sie jedoch nicht.

h: Es könnte sich um eine Exponentialfunktion handeln.

Basisaufgaben

1 Ordnen Sie jedem Graphen eine passende Funktionsklasse zu. Begründen Sie Ihre Entscheidung. Geben Sie auch den passenden Funktionsterm an.

$-0{,}5^x$ $\quad -\frac{1}{2}x+2$ $\quad -\frac{1}{x+2}$

x^3-x $\quad x^3+x$ $\quad x^2-6x+10$

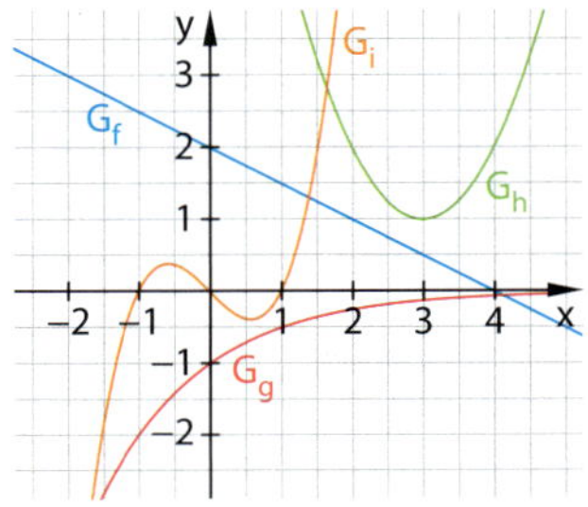

Hinweis

Eigenschaften von Funktionsklassen:
- D_{max}
- W
- Asymptoten
- Symmetrie
- Verhalten an den Rändern des Definitionsbereichs
- Schnittpunkte mit den Koordinatenachsen
- Monotonie

2 Ordnen Sie die Funktion f einer Funktionsklasse zu. Nennen Sie die zentralen Eigenschaften der Funktionsklasse und skizzieren Sie den Graphen von f anhand seiner wichtigsten Eigenschaften. Beschreiben Sie den Verlauf des Graphen mit Fachbegriffen.
a) $f(x)=2(x-3)^2+1$ b) $f(x)=0{,}5^x$ c) $f(x)=-0{,}5x-2$
d) $f(x)=x^2(x-3)$ e) $f(x)=-x^5$ f) $f(x)=\sin(x)+1$

3 Bestimmen Sie möglichst viele Eigenschaften der Funktion f bzw. ihres Graphen. Fertigen Sie eine Skizze des Graphen an und kontrollieren Sie mit einem Funktionenplotter. Überprüfen Sie damit die gefundenen Eigenschaften.
a) $f(x)=-\frac{2}{3}x+2$ b) $f(x)=(x+2)^2-1$ c) $f(x)=\frac{1}{2}x^2-x-4$
d) $f(x)=0{,}5\cdot 2^x$ e) $f(x)=-\left(\frac{1}{2}\right)^x$ f) $f(x)=\frac{1}{x-2}+3$
g) $f(x)=-\frac{1}{3}\cdot x^5$ h) $f(x)=x(x-1)(x+1)$ i) $f(x)=-x^4+x^2$

4 Geben Sie den Funktionsterm einer Funktion mit maximaler Definitionsmenge an, die die gegebene Eigenschaft erfüllt. Prüfen Sie Ihr Ergebnis mit einem Funktionenplotter.
a) $W=[4;+\infty[$ b) $W=]4;+\infty[$ c) $W=[-4;4]$ d) $W=\mathbb{R}\setminus\{4\}$

Lösungen zu 5

Nullstellen

−2 1 1
−2 1 3
−2 3
−1 3
0
1 2

5 Bestimmen Sie die Nullstellen von f, f(0) und das Vorzeichen von f für sehr große und kleine Werte von x. Skizzieren Sie damit den ungefähren Verlauf des Graphen von f.
a) $f(x)=\frac{1}{2}(x+2)(x-1)(x-3)$ b) $f(x)=-\frac{1}{2}(x+2)^2(x-1)(x-3)$
c) $f(x)=-\frac{1}{3}(x+2)^2(x-1)^2(x-3)$ d) $f(x)=\frac{1}{3}x^2(x^2-1)$

Weiterführende Aufgaben

Zwischentest

6 **Stolperstelle:** Tom meint: *„Der Graph von f hat die x-Achse als Asymptote und steigt immer steiler an. Also ist f eine Exponentialfunktion."* Nehmen Sie Stellung.

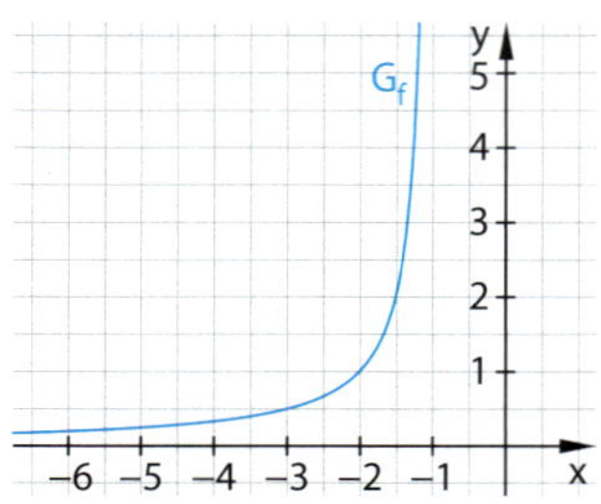

7 Denken Sie sich den Term einer Funktion zu einer der bekannten Funktionsklassen aus. Notieren Sie möglichst viele markante Eigenschaften der Funktion. Tauschen Sie die Eigenschaften untereinander und finden Sie einen passenden Funktionsterm zu den Eigenschaften, die Ihr Partner oder Ihre Partnerin notiert hat. Überprüfen Sie Ihre Ergebnisse mit einem Funktionenplotter. Diskutieren Sie mögliche Gründe, wenn Ihre Terme voneinander abweichen.

Hilfe

8 Geben Sie zunächst eine passende Funktionsklasse zur Wertetabelle und dann einen Funktionsterm an.

a)

x	−2	−1	0	1	3	4
y	−7	−5	−3	−1	3	5

b)

x	−1	0	1	2	3
y	−3	0	−1	0	9

c)

x	−3	−1	0	0,5	1	2
y	64	4	1	0,5	$\frac{1}{4}$	$\frac{1}{16}$

d)

x	−3	−2	0	1	2
y	$-\frac{3}{2}$	1	3	2,5	1

9 Beurteilen Sie die Aussage.
a) Jede lineare und quadratische Funktion ist auch eine ganzrationale Funktion.
b) Die Funktionen $f: x \mapsto x^3$ und $g: x \mapsto 3^x$ sind Potenzfunktionen.
c) Jede ganzrationale Funktion vom Grad n hat n Nullstellen.
d) Der Graph einer ganzrationalen Funktion muss nicht symmetrisch sein.

10 Nicht jede Funktion lässt sich in eine der bislang behandelten Funktionsklassen einordnen. Bestimmen Sie den y-Achsenabschnitt und die Nullstellen der Funktion sowie die angegebenen Funktionswerte. Skizzieren Sie den Verlauf des Graphen und überprüfen Sie mit einem Funktionenplotter.
a) $f(x) = x \cdot \sin(x)$ $\quad f\left(\frac{\pi}{2}\right); f\left(\frac{3\pi}{2}\right); f\left(\frac{5\pi}{2}\right)$
b) $f(x) = x^2 \cdot 2^x$ $\quad f(-3); f(-1); f(1); f(3)$
c) $f(x) = 10 - 0{,}5^x$ $\quad f(-3); f(-1); f(1); f(3)$

Hilfe

11 Die Funktion f_a mit $f_a(x) = \frac{a^x + a^{-x}}{2}$ beschreibt für $a > 0$ die Form einer durchhängenden Kette und wird daher auch **Kettenlinie** genannt.

a) Zeichnen Sie den Graphen von f_a für unterschiedliche Werte von a mithilfe eines Funktionenplotters. Nutzen Sie dabei einen Schieberegler. Beschreiben Sie, wie sich die Form der Kettenlinie verändert, wenn Sie a verändern.
b) Begründen Sie anhand des Terms, dass f_2 und $f_{\frac{1}{2}}$ die gleichen Graphen haben.
c) Begründen Sie, dass der Graph jeder Kettenlinie durch den Punkt $(0|1)$ verläuft.
d) Untersuchen Sie, für welche Werte von a der Graph näherungsweise durch eine Parabel mit dem Öffnungsfaktor 0,25 beschrieben wird. Nennen Sie Kriterien, mit denen man hierbei die Qualität der Annäherung beurteilen könnte.

12 Ausblick: Lineare Regression
Die Messdaten eines Versuchs sollen durch eine lineare Funktion beschrieben werden.

x	1	2	3	4	5
y	1,50	2,82	3,00	3,87	5,58

a) Eine **Regressionsgerade** ist eine Gerade, die die Punkte der Messung möglichst gut annähert und mögliche Messfehler ausgleicht. Bestimmen Sie die Gleichung der Regressionsgeraden für die gegebene Datenreihe. Berechnen Sie dazu die arithmetischen Mittel x_M der x-Werte und y_M der y-Werte und verwenden Sie für die Steigung die Formel:

$$m = \frac{(x_1 - x_M)(y_1 - y_M) + (x_2 - x_M)(y_2 - y_M) + \ldots + (x_n - x_M)(y_n - y_M)}{(x_1 - x_M)^2 + (x_2 - x_M)^2 + \ldots + (x_n - x_M)^2}$$

b) Recherchieren Sie zur „Methode der kleinsten Quadrate". Begründen Sie damit, dass Ihre Gerade aus a) eine gute Näherung für die Daten ist.

1.2 Verhalten im Unendlichen

Es werden 15 Stabheuschrecken in ein Terrarium gesetzt und jeden Tag gezählt. Ihre Anzahl wird während der ersten Wochen durch die Funktion f: $x \mapsto 15 \cdot 1{,}02^x$ beschrieben (x: Anzahl Tage seit Beobachtungsbeginn, $x > 0$).

a) Beschreiben Sie, wie sich die Zahl der Heuschrecken mit der Zeit verändert und warum dieses Modell ab einem gewissen Zeitpunkt unrealistisch ist.

b) Zeichnen Sie den Graphen der Funktion g mit $g(x) = 75 - 60 \cdot 0{,}95^x$ mit einer Mathematik-Software und begründen Sie, ob g das Wachstum realistischer beschreibt.

Konvergenz

Der Graph der Funktion f mit $f(x) = \frac{1}{x} + 2$ nähert sich für sehr große bzw. sehr kleine Werte von x an die waagerechte Asymptote $y = 2$ an. Eine Wertetabelle (hier für $x > 0$) verdeutlicht dies:

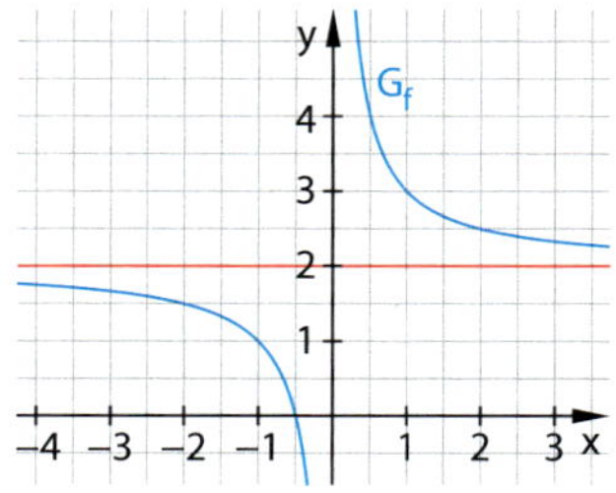

x	10	20	50	100	1000
f(x)	2,1	2,05	2,02	2,01	2,001

Da der Graph von f für $x > 0$ monoton fallend ist, gilt für alle $x \geq 1000$: $f(x) \leq 2{,}001$

Anschaulich bedeutet das, dass ab dem Wert $x_0 = 1000$ alle Punkte des Graphen von f in einem Streifen der Breite 0,002 um die Asymptote $y = 2$ liegen. Diesen Streifen kann man beliebig schmal werden lassen, es findet sich immer ein x_0, sodass die Punkte des Graphen für alle $x \geq x_0$ im Streifen um die Asymptote liegen.

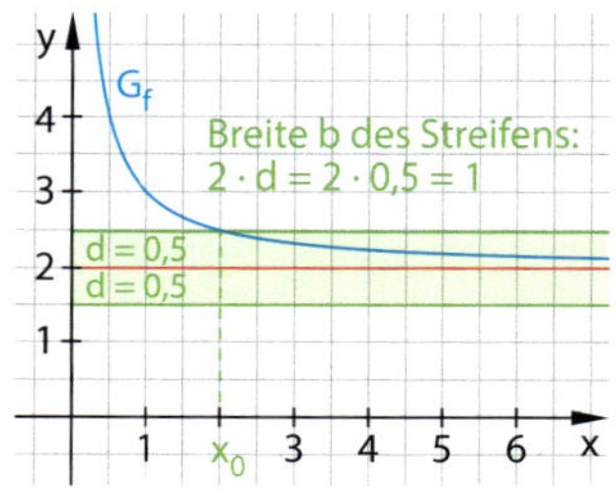

Da sich die Funktionswerte f(x) dem Wert 2 beliebig nah annähern, nennt man 2 den **Grenzwert** (auch: **Limes**) der Funktion. Die Annäherung der Funktionswerte an den Grenzwert heißt **Konvergenz**.

Definition **Grenzwert für x gegen plus/minus unendlich**

Wenn die Funktionswerte f(x) einer Funktion f für beliebig große Werte von x (kurz $x \to +\infty$) bzw. für beliebig kleine Werte von x (kurz $x \to -\infty$) gegen eine reelle Zahl a streben (kurz $f(x) \to a$), dann heißt a der **Grenzwert** von f für **x gegen plus** bzw. **minus unendlich.**

Man schreibt: $\lim\limits_{x \to +\infty} f(x) = a$ bzw. $\lim\limits_{x \to -\infty} f(x) = a$

Man sagt, f **konvergiert** gegen a, die Gerade mit der Gleichung $y = a$ ist eine **waagerechte Asymptote.**

Hinweis

Statt $\lim\limits_{x \to +\infty} f(x) = a$ kann man auch kürzer schreiben: $\lim\limits_{x \to \infty} f(x) = a$

Die Konvergenz gegen a bedeutet nicht, dass die Annäherung nur von oben oder nur von unten erfolgen darf. Auch die Funktion g konvergiert gegen 2, da der Graph ab einem Wert x_0 in jedem beliebig schmalen Streifen um $y = 2$ verläuft. In diesem Fall schneidet der Graph seine Asymptote $y = 2$.

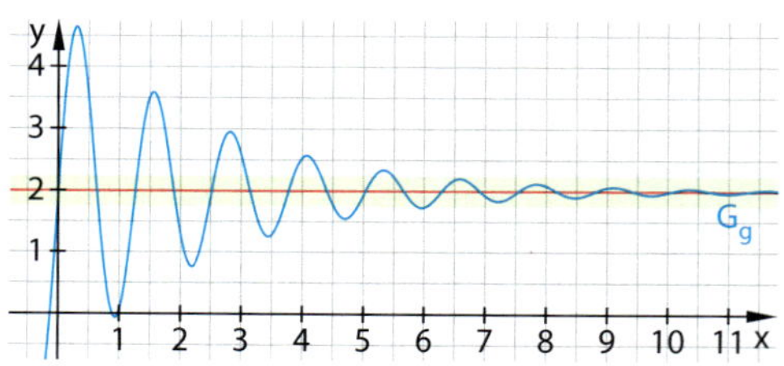

Beispiel 1 Bestimmen Sie den Grenzwert der Funktion.

a) f mit $f(x) = \frac{3}{x} - 1$ für $x \to +\infty$ und $x \to -\infty$ b) g mit $g(x) = 4 - 0{,}5^x$ für $x \to +\infty$.

Lösung:

a) Wenn x immer größer bzw. immer kleiner wird, dann wird der Betrag von $\frac{3}{x}$ immer kleiner und strebt gegen 0. Der Summand −1 ändert sich nicht, wenn x größer oder kleiner wird. Also nähert sich der Wert des Funktionsterms −1 beliebig nah an.

$\lim\limits_{x \to +\infty} \left(\frac{3}{x} - 1\right) = -1$

$\lim\limits_{x \to -\infty} \left(\frac{3}{x} - 1\right) = -1$

Das entspricht der Annäherung des Graphen von f an die Asymptote $y = -1$.

b) Wenn x immer größer wird, dann wird $0{,}5^x$ immer kleiner und strebt gegen 0. Der Summand 4 ändert sich nicht. Also nähert sich der Wert des Funktionsterms 4 beliebig nah an.

$\lim\limits_{x \to +\infty} (4 - 0{,}5^x) = 4$

Das entspricht der Annäherung des Graphen von g an die Asymptote $y = 4$.

Hinweis

Die Vorstellung des Graphen zu $y = 0{,}5^x$ kann Ihnen helfen.

Basisaufgaben

1 a) Zeigen Sie mithilfe einer Wertetabelle, dass $\lim\limits_{x \to +\infty} \frac{1}{x} = 0$ gilt.

b) Geben Sie $\lim\limits_{x \to +\infty} \left(-\frac{1}{x} - 3\right)$ und $\lim\limits_{x \to -\infty} \left(-\frac{1}{x} - 3\right)$ an und begründen Sie.

c) Geben Sie $\lim\limits_{x \to +\infty} \left(\frac{1}{x - 3}\right)$ an und begründen Sie.

d) Geben Sie $\lim\limits_{x \to +\infty} \left(\frac{a}{x - b} + c\right)$ für $a \neq 0$ an und begründen Sie.

2 Bestimmen Sie den Grenzwert der Funktion f für $x \to +\infty$ und für $x \to -\infty$.

a) $f(x) = \frac{4}{x} + 2$ b) $f(x) = 3 - \frac{4}{x + 1}$ c) $f(x) = \frac{1}{x - 2} + 2{,}5$

Lösungen zu 2

2 2 3
2,5 3
2,5 4

3 Für die Funktion $f: x \mapsto \frac{x}{x - 2}$ gilt $\lim\limits_{x \to +\infty} f(x) = 1$.

a) Zeichnen Sie den Graphen von f und seine Asymptoten mit einem Funktionenplotter.

b) Bestimmen Sie rechnerisch den x-Wert x_0 ($x_0 > 0$), ab dem der Abstand zwischen Graph und waagerechter Asymptote weniger als 0,25 (weniger als 0,1) beträgt. Überprüfen Sie Ihr Ergebnis mithilfe Ihrer Zeichnung aus a).

c) Bestimmen Sie den Wert x_0 ($x_0 > 0$), ab dem der Graph von g mit $g(x) = 0{,}5^x + 1$ in einem Streifen der Breite 0,01 um die Asymptote $y = 1$ verläuft.

4 Gegeben ist die Funktion g mit $g(x) = \frac{4x - 8}{2x}$.

a) Legen Sie eine Wertetabelle an und stellen Sie eine Vermutung auf, gegen welchen Grenzwert g für $x \to +\infty$ und für $x \to -\infty$ konvergiert. Überprüfen Sie Ihre Vermutung mithilfe eines Funktionenplotters.

b) Bringen Sie den Funktionsterm durch Umformungen in die Form $\frac{a}{x - b} + c$. Bestätigen Sie damit Ihr Ergebnis aus a).

c) Bestimmen Sie mithilfe des Vorgehens aus b) die Grenzwerte.

① $\lim\limits_{x \to +\infty} \left(\frac{3x + 4}{2x}\right)$ ② $\lim\limits_{x \to +\infty} \left(\frac{6x - 1}{4x}\right)$ ③ $\lim\limits_{x \to +\infty} \left(\frac{3x^2 + 5x}{8x^2}\right)$

5 a) Skizzieren Sie den typischen Verlauf der Graphen von f mit $f(x) = a^x$. Unterscheiden Sie dabei zwei Fälle für die Werte von a.

b) Beschreiben Sie das Verhalten der Funktionen für $x \to +\infty$ bzw. $x \to -\infty$ und geben Sie den Grenzwert jeweils für denjenigen der beiden Fälle, in dem er existiert, mit der Limes-Schreibweise an. Begründen Sie für die andere Richtung, warum kein Grenzwert angegeben werden kann.

Bestimmte und unbestimmte Divergenz

Wenn keine Konvergenz vorliegt, spricht man von Divergenz. Dabei unterscheidet man zwei Fälle:

Bestimmte Divergenz:
Für die Funktion f mit $f(x) = x^3$ ist bekannt, dass die Funktionswerte für $x \to +\infty$ beliebig groß werden. Das bedeutet, dass es für jede beliebig große Zahl S einen Wert x_0 gibt, sodass die Funktionswerte f(x) für alle $x > x_0$ größer sind als S. Der Graph von f verläuft also für $x > x_0$ oberhalb der Geraden $y = S$. Es gilt: $f(x) \to +\infty$ für $x \to +\infty$
Da „unendlich" keine Zahl ist, existiert der Grenzwert nicht. Man schreibt trotzdem $\lim\limits_{x \to +\infty} f(x) = +\infty$ und spricht von einem uneigentlichen Grenzwert.
Für $x \to -\infty$ werden die Funktionswerte von f dagegen beliebig klein, die Funktion divergiert gegen minus unendlich: $\lim\limits_{x \to -\infty} f(x) = -\infty$

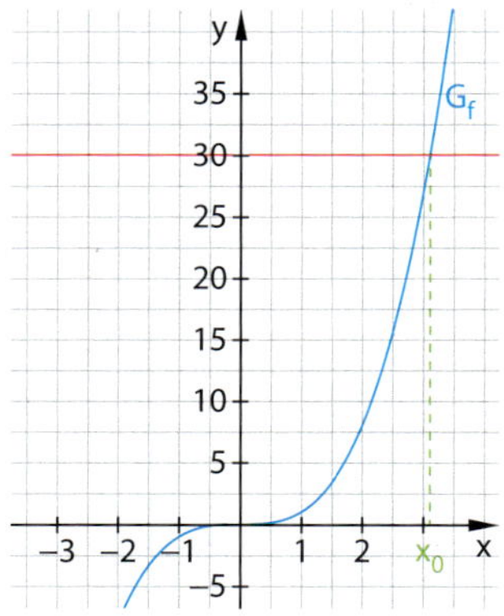

Merkhilfe

Bei bestimmter Divergenz hat der Graph keinen Grenzwert, verläuft aber in eine **bestimmte** Richtung.

Unbestimmte Divergenz:
Die Funktion f mit $f(x) = \sin(x)$ konvergiert nicht, da ihr Graph nie vollständig in einem Streifen z. B. der Breite 0,5 verläuft. Andererseits werden die Funktionswerte weder beliebig groß noch beliebig klein, sodass keine bestimmte Divergenz vorliegt.
Wenn weder Konvergenz noch bestimmte Divergenz vorliegen, spricht man von unbestimmter Divergenz.

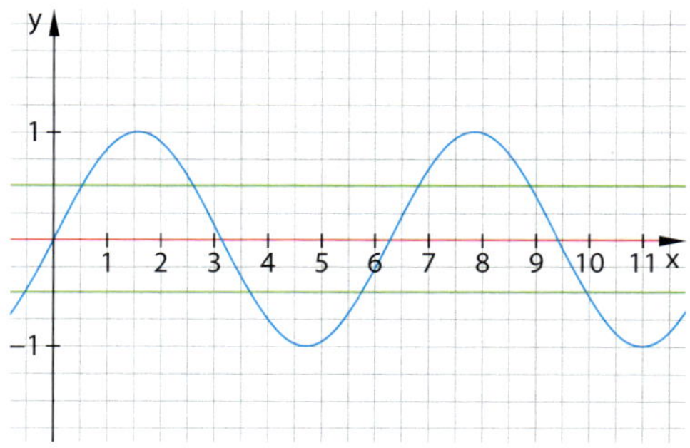

Definition **Bestimmte und unbestimmte Divergenz für x gegen plus/minus unendlich**
Wenn die Funktionswerte f(x) einer Funktion f für $x \to +\infty$ bzw. für $x \to -\infty$
– **beliebig groß** werden, dann schreibt man $\lim\limits_{x \to +\infty} f(x) = +\infty$ bzw. $\lim\limits_{x \to -\infty} f(x) = +\infty$.
– **beliebig klein** werden, dann schreibt man $\lim\limits_{x \to +\infty} f(x) = -\infty$ bzw. $\lim\limits_{x \to -\infty} f(x) = -\infty$.
In beiden Fällen **divergiert f bestimmt.**
Wenn die Funktion f weder bestimmt divergiert noch konvergiert, dann **divergiert f unbestimmt.** In diesem Fall werden die Funktionswerte f(x) weder beliebig groß noch beliebig klein noch befinden sie sich in einem beliebig kleinen Intervall.

Aus den typischen Verläufen von Graphen verschiedener Funktionstypen können Sie folgende Grenzwerte ablesen:

	$\frac{a}{x-b} + c$	x^n für n gerade	x^n für n ungerade	a^x für $a > 1$	a^x für $0 < a < 1$	$a \cdot \sin(b(x-c))$
f(x)	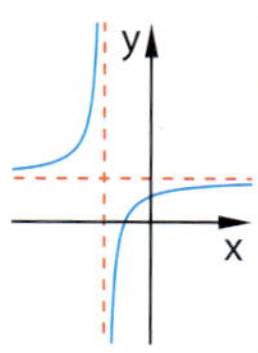	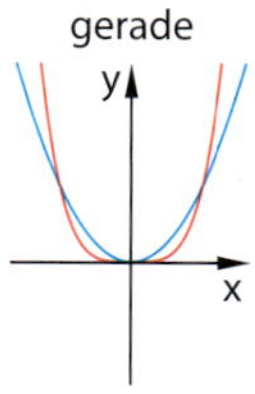	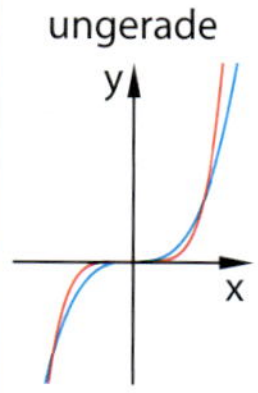	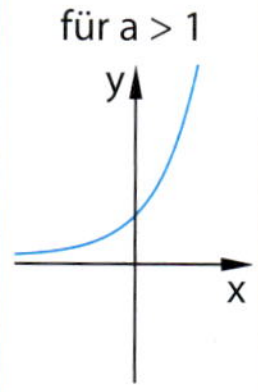	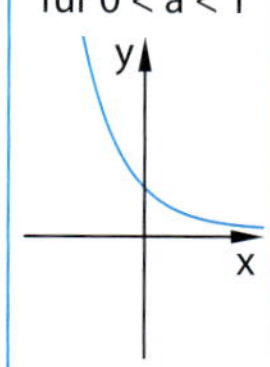	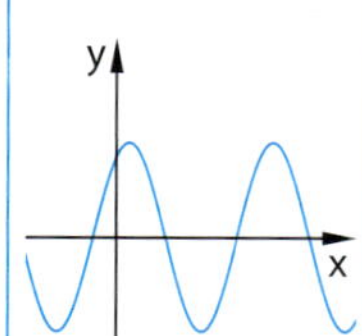
$\lim\limits_{x \to -\infty} f(x)$	c	$+\infty$	$-\infty$	0	$+\infty$	kein Grenzwert
$\lim\limits_{x \to +\infty} f(x)$	c	$+\infty$	$+\infty$	$+\infty$	0	kein Grenzwert

Beispiel 2 Untersuchen Sie, ob f für $x \to +\infty$ und für $x \to -\infty$ konvergiert, bestimmt divergiert oder unbestimmt divergiert, und geben Sie gegebenenfalls das Grenzverhalten mit der Limes-Schreibweise an.

a) $f(x) = -3x^4$ b) $g(x) = 2^x - 1$ c) $h(x) = -\sin(x - 1) + 2$

Lösung:

a) Sowohl für $x \to +\infty$ als auch für $x \to -\infty$ wird x^4 beliebig groß, da der Exponent gerade ist. Wegen des Faktors -3 wird f(x) dort beliebig klein.

Bestimmte Divergenz:
$\lim\limits_{x \to +\infty} f(x) = -\infty$, $\lim\limits_{x \to -\infty} f(x) = -\infty$

b) Der Graph von g entsteht, indem der Graph zu $y = 2^x$ um 1 nach unten verschoben wird. Für $x \to -\infty$ nähern sich die Funktionswerte also -1 an, für $x \to +\infty$ werden sie beliebig groß.

Konvergenz für $x \to -\infty$:
$\lim\limits_{x \to -\infty} g(x) = -1$
Bestimmte Divergenz für $x \to +\infty$:
$\lim\limits_{x \to +\infty} g(x) = +\infty$

c) Die Funktion nimmt für beliebig große und kleine Werte von x immer wieder die Funktionswerte 1 und 3 an. Es liegen also weder Konvergenz noch bestimmte Divergenz vor.

Unbestimmte Divergenz für $x \to +\infty$ und $x \to -\infty$:
Es existiert kein Grenzwert.

Basisaufgaben

6 Entscheiden Sie anhand des Graphen, ob die Funktion f für $x \to +\infty$ konvergiert, bestimmt divergiert oder unbestimmt divergiert. Geben Sie das Grenzwertverhalten in Limes-Schreibweise an, falls möglich. Gehen Sie davon aus, dass die Graphen weiter so verlaufen wie im abgebildeten Ausschnitt.

a)
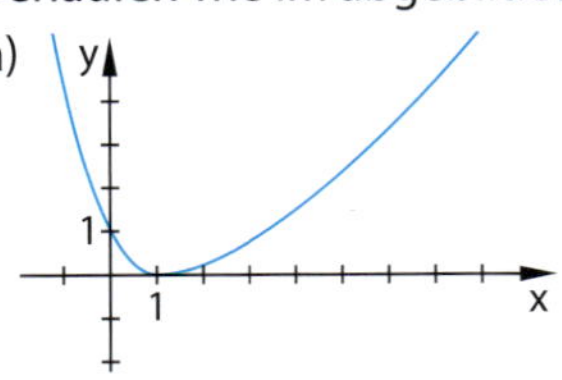

b)
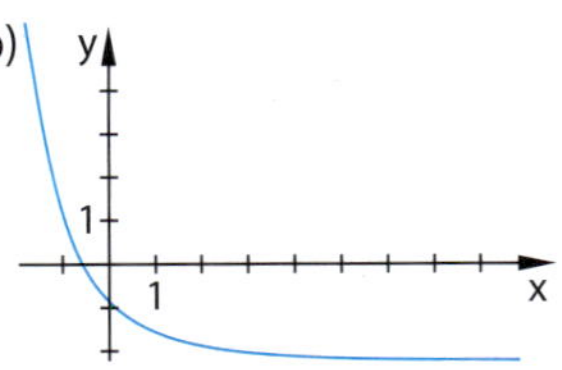

c)
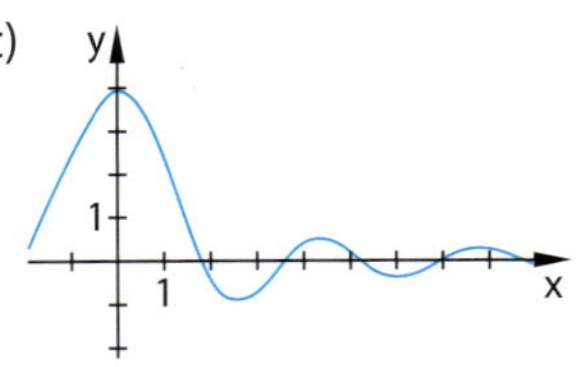

d)
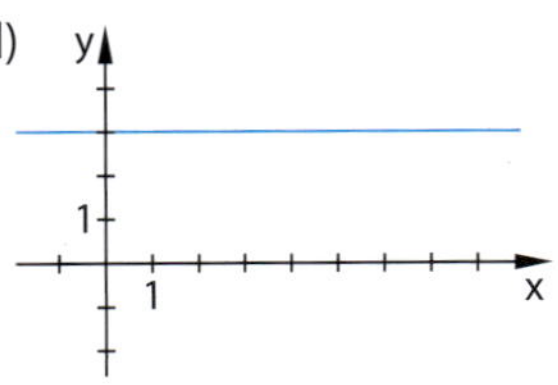

e)
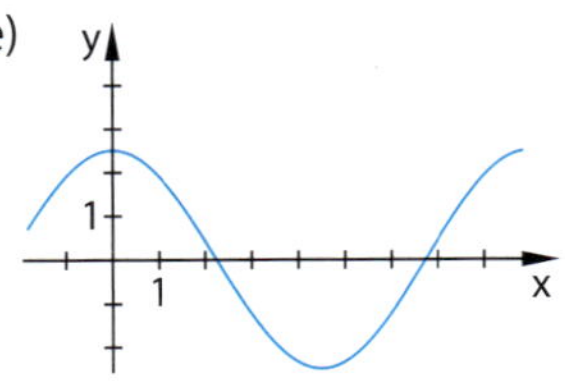

f)
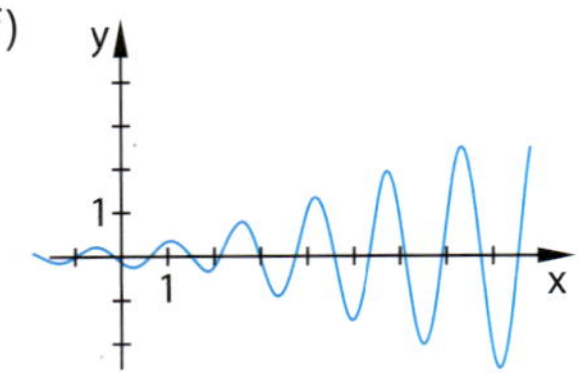

7 Betrachten Sie Potenzfunktionen der Form $f(x) = a \cdot x^n$. Ordnen Sie den Bedingungen an die Parameter den Verlauf des Graphen und die passende Limes-Schreibweise zu.

n gerade, $a > 0$	n ungerade, $a < 0$	n ungerade, $a > 0$	n gerade, $a < 0$
$\lim\limits_{x \to -\infty} f(x) = -\infty$ $\lim\limits_{x \to +\infty} f(x) = \infty$	$\lim\limits_{x \to -\infty} f(x) = -\infty$ $\lim\limits_{x \to +\infty} f(x) = -\infty$	$\lim\limits_{x \to -\infty} f(x) = \infty$ $\lim\limits_{x \to +\infty} f(x) = -\infty$	$\lim\limits_{x \to -\infty} f(x) = \infty$ $\lim\limits_{x \to +\infty} f(x) = \infty$
G_f verläuft von links unten nach rechts oben.	G_f verläuft von links oben nach rechts oben.	G_f verläuft von links oben nach rechts unten.	G_f verläuft von links unten nach rechts unten.

8 Die Funktion f mit $f(x) = 2^x$ divergiert bestimmt für $x \to +\infty$. Bestimmen Sie den Wert für x, ab dem der zugehörige Funktionswert größer ist als 10 (als 100; als 1000).

9 Untersuchen Sie, ob f für $x \to +\infty$ und für $x \to -\infty$ konvergiert, bestimmt divergiert oder unbestimmt divergiert. Nutzen Sie ggf. die Limes-Schreibweise.
a) $f(x) = 2x^3$ b) $f(x) = x^4 - x^2 + x$ c) $f(x) = 5 \cdot 0{,}7^x$ d) $f(x) = -2\sin(x)$

Hinweis

Für $x \to +\infty$ und $x \to -\infty$ schreibt man kurz $x \to \pm\infty$.

10 Geben Sie die Gleichung einer Funktion f an, die folgende Eigenschaften hat.
a) f konvergiert für $x \to +\infty$ und divergiert für $x \to -\infty$ bestimmt.
b) f konvergiert für $x \to +\infty$ und $x \to -\infty$ gegen −2.
c) f divergiert für $x \to +\infty$ und $x \to -\infty$ unbestimmt.
d) f divergiert für $x \to +\infty$ und $x \to -\infty$ bestimmt und verläuft durch $(-2|0)$ und $(2|0)$.
e) $\lim\limits_{x \to \pm\infty} f(x) = -\infty$ und $f(2) = 3$.

Weiterführende Aufgaben

Zwischentest

11 Untersuchen Sie das Verhalten der Funktion f im Unendlichen.
a) $f(x) = -3\sin(x) + 2$ b) $f(x) = -x^7 - 1$ c) $f(x) = 1{,}5(x-2)^2$ d) $f(x) = \frac{1}{x+2} + 5$
e) $f(x) = x^3(x+1)$ f) $f(x) = 0{,}2^x + 3$ g) $f(x) = -2 \cdot 5^x$ h) $f(x) = -8x$

12 **Stolperstelle:** Alex untersucht eine Funktion f auf Konvergenz und Divergenz. Nehmen Sie Stellung zu seiner Argumentation.
a) *Die Funktionswerte werden immer kleiner, wenn x größer wird. Also konvergiert f gegen 0.*
b) *Für alle x > 0 verläuft der Graph monoton steigend. Also divergiert f gegen +∞.*
c) *Alle Funktionswerte liegen zwischen 0 und 1, der Graph verläuft also in einem Streifen um 0,5. Also konvergiert f gegen 0,5.*

13 Für eine Funktion f gelte: $\lim\limits_{x \to -\infty} f(x) = 6$ und $\lim\limits_{x \to +\infty} f(x) = \infty$. Geben Sie das Verhalten im Unendlichen für die Funktion g mithilfe der Grenzwertschreibweise an und begründen Sie anhand anschaulicher Überlegungen.
a) $g(x) = 3 \cdot f(x)$ b) $g(x) = -\frac{1}{3} \cdot f(x)$ c) $g(x) = f(x) - 200$ d) $g(x) = (f(x))^2$

14 Gegeben sind die Funktionen f und g mit $\lim\limits_{x \to +\infty} f(x) = 6$ und $\lim\limits_{x \to +\infty} g(x) = 3$.
a) Stellen Sie eine Vermutung für die Grenzwerte für $x \to +\infty$ für die Funktionen s, d, p und q mit $s(x) = f(x) + g(x)$, $d(x) = f(x) - g(x)$, $p(x) = f(x) \cdot g(x)$ und $q(x) = \frac{f(x)}{g(x)}$ auf.
b) Überprüfen Sie Ihre Vermutung am Beispiel der Funktionsterme $f(x) = \frac{2}{x} + 6$ und $g(x) = \frac{1}{x} + 3$.

15 Die Abkühlung einer heißen Tasse Tee wird für $t \geq 0$ durch die Funktion T mit $T(t) = 22 + 60 \cdot \left(\frac{2}{3}\right)^t$ beschrieben (t: Zeit in min seit dem Einschenken; T(t): Temperatur des Tees zum Zeitpunkt t in °C).
a) Beschreiben Sie, wie der Graph von T aus dem Graphen der Funktion $t \mapsto \left(\frac{2}{3}\right)^t$ hervorgeht. Skizzieren Sie dann den Graphen von T.
b) Bestimmen Sie $\lim\limits_{t \to +\infty} T(t)$. Geben Sie die Bedeutung im Sachzusammenhang an.
c) Verändern Sie den Funktionsterm so, dass der Tee zum Beobachtungsbeginn kocht.

Hilfe

16 In einer Nährlösung befinden sich Pantoffeltierchen. Die Anzahl N der Pantoffeltierchen pro mℓ lässt sich in Abhängigkeit von der Zeit t in Tagen durch eine Gleichung der Form $N(t) = c - b \cdot a^t$ beschreiben. Zu Beginn der Messung ($t = 0$) sind 20 Pantoffeltierchen pro mℓ in der Petrischale, nach einem Tag sind es bereits 40 Pantoffeltierchen pro mℓ. Der Grenzwert liegt bei 100 Pantoffeltierchen pro mℓ.

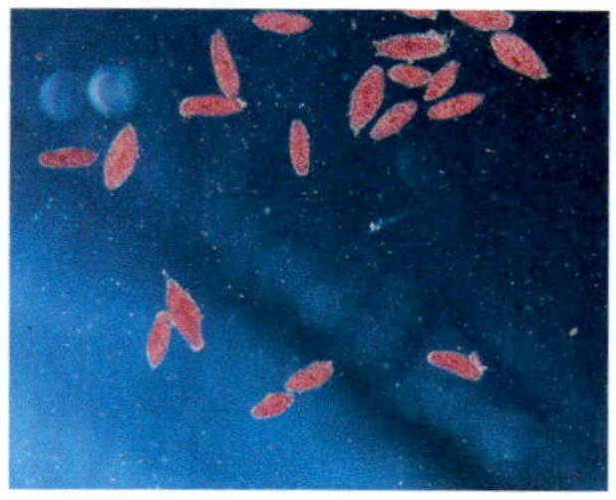

a) Begründen Sie, dass $c = 100$ gilt. Setzen Sie dazu $0 < a < 1$ voraus.
b) Bestimmen Sie die Parameter a und b.
c) Zeichnen Sie mithilfe eines Plotters ein t-N-Diagramm von $t = 0$ bis $t = 15$.
d) Berechnen Sie, nach wie vielen Tagen 80 Pantoffeltierchen (95 Pantoffeltierchen) pro mℓ in der Lösung vorhanden sind.

17 Für eine Funktion f gilt $\lim\limits_{x \to +\infty} f(x) = 1$. Begründen Sie, ob die Aussage (A) immer zutrifft, (B) zutreffen kann oder (C) nicht zutrifft.
a) G_f verläuft vollständig oberhalb der Geraden $y = 1$.
b) f ist eine periodische Funktion, aber keine lineare Funktion.
c) f nimmt nie den Funktionswert 1 an.
d) Es gibt eine Zahl x_0, sodass G_f rechts von x_0 in einem Streifen der Breite 0,5 um die Gerade $y = 1$ verläuft.
e) Für $x \to -\infty$ divergiert f bestimmt.
f) Ab einer bestimmten Stelle x verläuft G_f vollständig oberhalb der x-Achse.
g) Für jede natürliche Zahl n gilt $f(n) = (-1)^n$.
h) Für jede natürliche Zahl n mit $n \neq 0$ gilt $f(n) = \frac{1}{n} \cdot (-1)^n + 1$.

18 Gegeben sind die Funktionen f mit $f(x) = x$ und g mit $g(x) = \frac{1}{x}$.
a) Geben Sie die Grenzwerte von f und g für $x \to -\infty$ und $x \to +\infty$ an.
b) Stellen Sie eine Vermutung auf über das Verhalten von h mit $h(x) = f(x) + g(x)$ für $x \to \pm\infty$ und überprüfen Sie Ihre Vermutung mithilfe eines Funktionenplotters.

19 Stellen Sie zu zweit eine Vermutung über die Grenzwerte von p mit $p(x) = f(x) \cdot g(x)$ auf. Überprüfen Sie Ihre Vermutung mithilfe eines Funktionenplotters.
a) $f(x) = x;\ g(x) = \frac{1}{x}$
b) $f(x) = x;\ g(x) = 2^x$

20 Entscheiden Sie begründet, welche der beiden Aussagen wahr ist.
① Wenn eine Funktion konvergiert, hat ihr Graph eine Asymptote.
② Wenn ein Funktionsgraph eine Asymptote hat, dann konvergiert die Funktion.

21 Geben Sie $\lim\limits_{x \to +\infty} \frac{1}{x}$ an. Leiten Sie daraus $\lim\limits_{x \to +\infty} \frac{1}{x^2}$ ab. Verallgemeinern Sie Ihr Ergebnis und bestimmen Sie $\lim\limits_{x \to \pm\infty} \frac{1}{x^n}$ für beliebige natürliche Zahlen n mit $n \neq 0$.

22 **Ausblick:** Für $n \in \mathbb{N}$ wird die Summe $S_n = 1 + \frac{1}{2} + \frac{1}{4} + \ldots + \frac{1}{2^n}$ definiert.

a) Stellen Sie eine Vermutung auf, ob S_n für $n \to +\infty$ konvergiert oder divergiert.
b) Berechnen Sie S_n für verschiedene Werte von n. Bestimmen Sie $\lim\limits_{n \to +\infty} S_n$ und erklären Sie Ihr Ergebnis anschaulich.
c) Recherchieren Sie zum Paradoxon von Achilles und der Schildkröte. Erklären Sie den Zusammenhang mit den Summen S_n.

1.3 Symmetrie

Beschreiben Sie, wie die Graphen der Sinusfunktion und der Kosinusfunktion für $x < 0$ verlaufen. Beziehen Sie sich dabei auf den Verlauf der Graphen für $x > 0$.
Geben Sie die y-Koordinaten zu den Stellen $-\frac{\pi}{2}$, $-\pi$ und $-\frac{3\pi}{2}$ an.

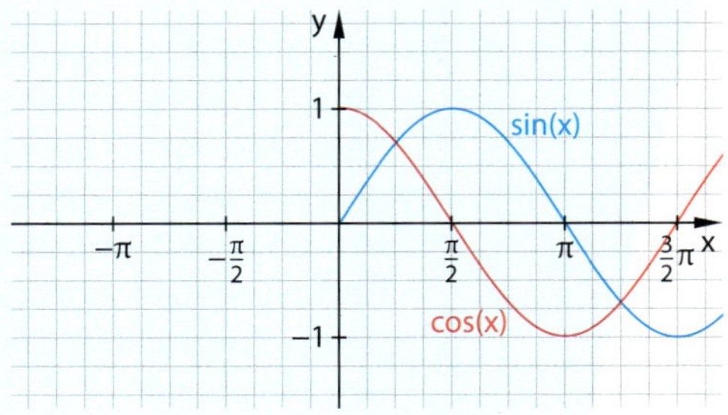

Der Graph einer Funktion kann achsensymmetrisch zur y-Achse, punktsymmetrisch zum Ursprung oder keines von beidem sein. Die Symmetrie wird rechnerisch mithilfe des Funktionsterms untersucht.

Achsensymmetrie zur y-Achse

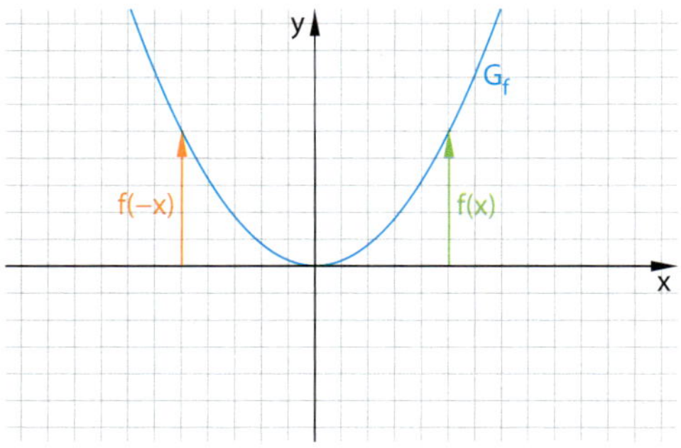

$f(-x) \quad = \quad f(x)$

Punktsymmetrie zum Ursprung

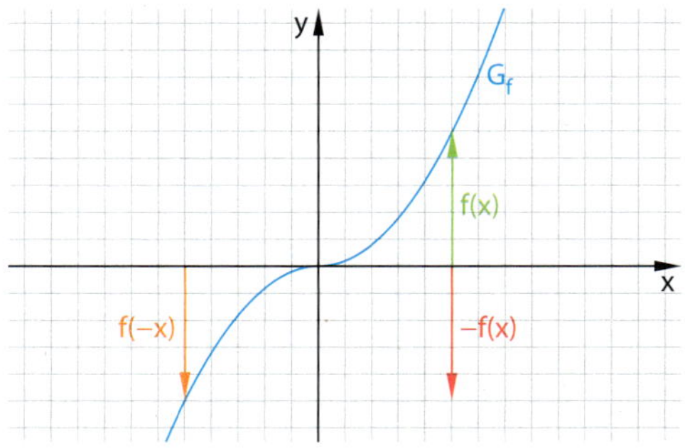

$f(-x) \quad = \quad -f(x)$

Satz **Symmetrie von Funktionsgraphen zum Koordinatensystem**

Der Graph einer Funktion f ist **achsensymmetrisch zur y-Achse**, wenn für alle x aus dem Definitionsbereich gilt: $\mathbf{f(-x) = f(x)}$

Der Graph einer Funktion f ist **punktsymmetrisch zum Ursprung**, wenn für alle x aus dem Definitionsbereich gilt: $\mathbf{f(-x) = -f(x)}$

Beispiel 1

Untersuchen Sie rechnerisch, ob der Graph der Funktion f achsensymmetrisch zur y-Achse oder punktsymmetrisch zum Ursprung ist.

a) $f(x) = x^3 + 2x$ b) $f(x) = \cos(x) + 2$ c) $f(x) = 2^{(x^2)} + x$

Lösung:

a) Berechnen Sie $f(-x)$ und vereinfachen Sie den Term. Sie erhalten $f(-x) = -f(x)$. Leiten Sie daraus die Symmetrie ab.

$f(-x) = (-x^3) + 2 \cdot (-x) = -x^3 - 2x$
$\quad = -(x^3 + 2x) = -f(x)$
Der Graph ist punktsymmetrisch zum Ursprung.

b) Berechnen Sie $f(-x)$. Nutzen Sie die Eigenschaft $\cos(-x) = \cos(x)$ des Kosinus.

$f(-x) = \cos(-x) + 2 = \cos(x) + 2 = f(x)$
Der Graph ist achsensymmetrisch zur y-Achse.

c) Berechnen Sie $f(-x)$. Es gilt weder $f(-x) = f(x)$ noch $f(-x) = -f(x)$.

$f(-x) = 2^{((-x)^2)} + (-x) = 2^{(x^2)} - x$
Der Graph ist weder achsensymmetrisch zur y-Achse noch punktsymmetrisch zum Ursprung.

Basisaufgaben

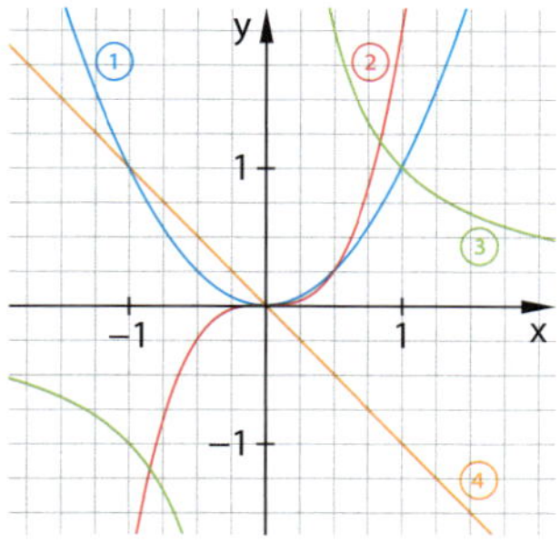

1 Entscheiden Sie, ob die Graphen achsensymmetrisch zur y-Achse oder punktsymmetrisch zum Ursprung sind.

2 Untersuchen Sie rechnerisch, ob der Graph der Funktion f achsensymmetrisch zur y-Achse oder punktsymmetrisch zum Ursprung ist.

a) $f(x) = 1 + x^2$
b) $f(x) = x + x^3$
c) $f(x) = x^3 - 2x$
d) $f(x) = -3x^5 + 8x$
e) $f(x) = \frac{1}{x^2}$
f) $f(x) = \frac{1}{x^2} + x^2$

3 Untersuchen Sie, ob der Graph der Funktion f eine Symmetrie zum Koordinatensystem aufweist. Überprüfen Sie Ihr Ergebnis mit einem Funktionenplotter.

a) $f(x) = 2^x + 2^{-x}$
b) $f(x) = \cos(x) - 1$
c) $f(x) = \sin\left(x - \frac{\pi}{2}\right)$
d) $f(x) = (x-1)(x+1)$
e) $f(x) = x \cdot \cos(x)$
f) $f(x) = \sin(x^2)$
g) $f(x) = \sin(x^3)$
h) $f(x) = 3$
i) $f(x) = 0$

4 Entscheiden Sie, ob der Graph von f achsensymmetrisch zur y-Achse, punktsymmetrisch zum Ursprung oder keins von beidem ist. Formen Sie zunächst den Funktionsterm um.

a) $f(x) = 2x(3 + x^2)$
b) $f(x) = -2(x^2 + x)$
c) $f(x) = x\left(x^3 + \frac{1}{2x}\right)$
d) $f(x) = (x^3)^2$
e) $f(u) = 4u + 11u^9$
f) $f(t) = a^3t^2 - a(t^4 + t^6)$

Hinweis

Betrachtet werden Funktionsterme der Form $y = a_nx^n + \ldots + a_1x + a_0$ mit reellen Koeffizienten $a_n, \ldots, a_0$.

5 **Symmetrie bei ganzrationalen Funktionen:** Eine ganzrationale Funktion heißt **gerade**, wenn in ihrem Funktionsterm nur gerade Exponenten auftreten. Sie heißt **ungerade**, wenn im Funktionsterm nur ungerade Exponenten auftreten.

a) Begründen Sie am Beispiel von f mit $f(x) = 2x^4 - x^2 + 1$, dass der Graph einer geraden Funktion achsensymmetrisch zur y-Achse ist.
b) Begründen Sie am Beispiel von g mit $g(x) = 2x^5 - x^3$, dass der Graph einer ungeraden Funktion punktsymmetrisch zum Ursprung ist.
c) Begründen Sie, dass h mit $h(x) = 2x^5 - x^3 + 1$ keine ungerade Funktion ist.

6 Vervollständigen Sie die Wertetabelle für den Fall, dass der Graph von f
a) achsensymmetrisch zur y-Achse,
b) punktsymmetrisch zum Ursprung ist.

x	−3	−2	−1	0	1	2	3
f(x)		1			−4		5

7 Skizzieren Sie den Graphen einer Funktion f, die die gegebenen Eigenschaften hat. Geben Sie eine mögliche Funktionsklasse an. Überprüfen Sie gegenseitig Ihre Ergebnisse.

a) Der Graph ist achsensymmetrisch zur y-Achse, verläuft durch den Ursprung und sonst nur unterhalb der x-Achse.
b) Der Graph ist achsensymmetrisch zur y-Achse, schneidet die x-Achse bei $x = -1$ und $x = 1$ und es gilt: $\lim\limits_{x \to \pm\infty} f(x) = -\infty$
c) Der Graph ist achsensymmetrisch zur y-Achse, verläuft nicht durch den Ursprung, aber sowohl oberhalb als auch unterhalb der x-Achse, und es gilt: $\lim\limits_{x \to -\infty} f(x) = \infty$
d) Der Graph ist punktsymmetrisch zum Ursprung und berührt bei $x = 3$ die x-Achse.
e) Der Graph ist punktsymmetrisch zum Ursprung und hat eine senkrechte Asymptote.

Weiterführende Aufgaben

Zwischentest

8 Untersuchen Sie rechnerisch, ob es eine quadratische Funktion gibt, deren Graph punktsymmetrisch zum Ursprung ist.

9 **Stolperstelle:**
Leonie berechnet Funktionswerte der Funktion f und stellt fest: *„Es gilt $f(-2) = -8$ und $f(2) = 8$. Der Graph muss also punktsymmetrisch zum Ursprung sein."*
Tim sagt: *„Der Graph von g mit $g(x) = 2^x + 4^x + 1$ ist achsensymmetrisch zur y-Achse, weil die Exponenten alle gerade sind."*
Nehmen Sie zu beiden Aussagen Stellung.

Hilfe

10 Untersuchen Sie rechnerisch, ob der Graph der Funktion f eine Symmetrie zum Koordinatensystem aufweist. Überprüfen Sie Ihr Ergebnis mit einem Funktionenplotter.

a) $f(x) = \frac{1}{x} + 2^{-x}$ b) $f(x) = 4^{\cos(x)} \cdot x^2$ c) $f(x) = (\sin(2x))^4$
d) $f(x) = 3^x + \left(\frac{1}{3}\right)^x$ e) $f(x) = 4^{\frac{1}{x}}$ f) $f(x) = |5x| \cdot x$

11 Entscheiden und begründen Sie, ob die Aussage wahr oder falsch ist.

a) Ist der Graph einer Funktion achsensymmetrisch zur y-Achse, so hat die Funktion entweder keine Nullstelle oder eine gerade Anzahl von Nullstellen.
b) Schneidet der Graph einer Funktion die y-Achse im Punkt $P(0|-2)$, kann der Graph achsensymmetrisch zur y-Achse, aber nicht punktsymmetrisch zum Ursprung sein.
c) Enthält der Definitionsbereich einer Funktion f die Zahl 0 und ist der Graph von f punktsymmetrisch zum Ursprung, so gilt $f(0) = 0$.
d) Ist der Graph einer Funktion punktsymmetrisch zum Ursprung, so beinhaltet der Wertebereich der Funktion stets sowohl negative als auch positive Zahlen.
e) Ist der Punkt $P(3|-4)$ ein Schnittpunkt zweier Graphen, die beide punktsymmetrisch zum Ursprung sind, so ist auch der Punkt $Q(-3|4)$ ein Schnittpunkt der beiden Graphen.
f) Gilt $\lim\limits_{x \to \pm\infty} f(x) = 2$, so kann der Graph einer Funktion f achsensymmetrisch zur y-Achse, aber nicht punktsymmetrisch zum Ursprung sein.

12 Beweisen Sie die Aussage.

a) Wenn die Graphen der Funktionen f und g achsensymmetrisch zur y-Achse sind, dann ist auch der Graph der Funktion f + g achsensymmetrisch zur y-Achse.
b) Wenn die Graphen der Funktionen f und g punktsymmetrisch zum Ursprung sind, dann ist auch der Graph der Funktion f + g punktsymmetrisch zum Ursprung.
c) Wenn der Graph der Funktion f achsensymmetrisch zur y-Achse ist, dann ist der Graph der Funktion g mit $g(x) = x \cdot f(x)$ punktsymmetrisch zum Ursprung.
d) Wenn der Graph der Funktion f punktsymmetrisch zum Ursprung ist, dann ist der Graph der Funktion g mit $g(x) = x \cdot f(x)$ achsensymmetrisch zur y-Achse.

13 **Symmetrie bei der Sinus- und Kosinusfunktion:** Argumentieren Sie anhand der Summanden bzw. Faktoren des Funktionsterms, ob der Graph der Funktion f eine Symmetrie zum Koordinatensystem aufweisen kann.

a) $f(x) = \sin(x) + \cos(x)$ b) $f(x) = \cos(x) + \cos(3x)$ c) $f(x) = \sin(-x) - \sin(x)$
d) $f(x) = -x \cdot \cos(x)$ e) $f(x) = \sin(x + \pi) + \cos(x)$ f) $f(x) = \sin(x) \cdot \cos(x)$

14 Nehmen Sie Stellung zu der Aussage: „Es gibt keine Funktion, deren Graph gleichzeitig achsensymmetrisch zur y-Achse und punktsymmetrisch zum Ursprung ist."

15 Untersuchen und beweisen Sie, bei welchen linearen Funktionen der Graph

a) achsensymmetrisch zur y-Achse, b) punktsymmetrisch zum Ursprung ist.

16 Ordnen Sie die Graphen den Funktionsgleichungen zu, indem Sie das Symmetrieverhalten und das Verhalten im Unendlichen analysieren.

$f(x) = 4x^3 - 11x$	$g(x) = -x^4 + 7x^2 - 6x$	$h(x) = -x^4 + 3x^2$	$i(x) = 2x^6 - 4x^4 + x^2$

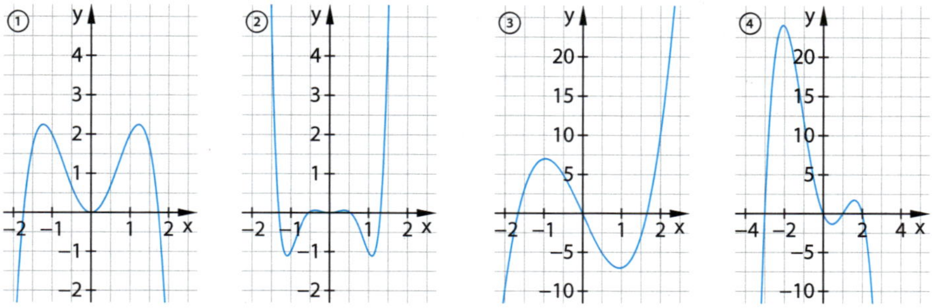

17 Bestimmen Sie die Werte des Parameters t so, dass der Graph der Funktion f achsensymmetrisch zur y-Achse oder punktsymmetrisch zum Ursprung ist. Überprüfen Sie Ihr Ergebnis mit einer geeigneten Mathematiksoftware.

a) $f(x) = x - t$ b) $f(x) = x(x^2 - t)$ c) $f(x) = x^2(x - t)(x + t)$
d) $f(x) = -2x^2 + tx + 3$ e) $f(x) = 2x^3 + x + t$ f) $f(x) = 2x^3 + tx^2$
g) $f(x) = \sin(x - t)$ h) $f(x) = x^t$ i) $f(x) = \frac{1}{t} + tx$

18 **Symmetrie zu einer anderen Achse:** Die Parabel mit der Gleichung $y = (x - 1)^2$ ist symmetrisch zu einer Parallelen zur y-Achse.

a) Skizzieren Sie ihren Graphen und tragen Sie die Symmetrieachse ein.
b) Begründen Sie, dass die Gleichung $f(a + x) = f(a - x)$ die Symmetrie des Graphen von f bezüglich der Achse $x = a$ beschreibt.
c) Prüfen Sie damit die Graphen der Funktionen f und g auf Achsensymmetrie zur angegebenen Achse:
$f(x) = x^2 - 10x$, Achse: $x = 5$ $g(x) = -x^2 - 8x - 7$, Achse: $x = -4$

Hilfe

19 **Symmetrie zu einem anderen Punkt:**

a) Untersuchen Sie die Hyperbel mit der Gleichung $y = \frac{1}{x-2}$ auf Symmetrie.
b) Beschreiben Sie, wie man einen Graphen mithilfe des Funktionsterms auf Punktsymmetrie zu einem beliebigen Punkt untersuchen kann.

20 Die Flugkurve einer Hochspringerin wird vereinfacht dargestellt durch f mit $f(x) = -0{,}6x^2 + 1{,}4x + 1$. Hierbei ist x die horizontale und f(x) die vertikale Entfernung des Körperschwerpunkts vom Absprungpunkt in m.

a) Bestimmen Sie, in welcher Entfernung zur Latte die Springerin abspringen sollte. Erläutern Sie, wie Symmetrieüberlegungen den Rechenaufwand erleichtern könnten.
b) Ermitteln Sie näherungsweise, welche maximale Höhe übersprungen werden kann.

21 **Ausblick:** Sind g und h ganzrational, dann heißt f mit $f(x) = \frac{g(x)}{h(x)}$ **gebrochen-rational.**

a) Untersuchen Sie, ob der Graph der gebrochen-rationalen Funktion f mit $f(x) = \frac{x}{x^2 - 1}$ punktsymmetrisch zum Ursprung oder achsensymmetrisch zur y-Achse ist. Vergleichen Sie mit den Symmetrieregeln für ganzrationale Funktionen.
b) Finden Sie eine Regel für punktsymmetrische gebrochen-rationale Funktionen.

1.4 Verschieben, Strecken und Spiegeln

Ordnen Sie die Funktionsgleichungen den Graphen ① bis ④ zu. Begründen Sie.
$f(x) = x^3$
$g(x) = 0{,}5 \cdot x^3$
$h(x) = (x + 2)^3$
$i(x) = x^3 + 1$

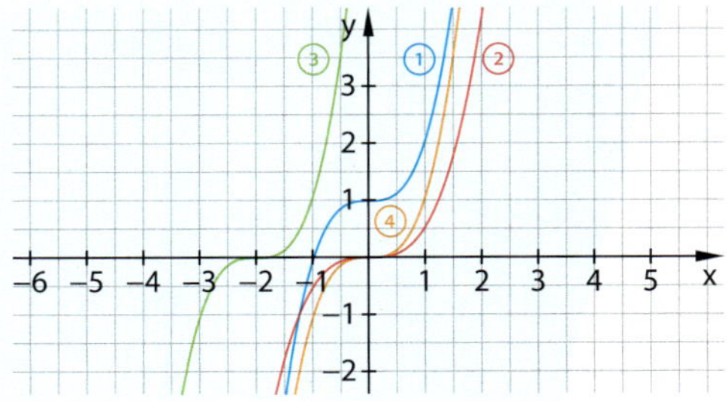

Graphen verschieben

Verschiebt man die Normalparabel $(f(x) = x^2)$ um 2 Einheiten nach rechts und 1 Einheit nach oben, so liegt der Scheitelpunkt bei S(2 | 1). Die Funktionsgleichung verändert sich dabei wie folgt:

$f(x) = x^2 \quad \rightarrow \quad g(x) = (x - 2)^2 + 1$

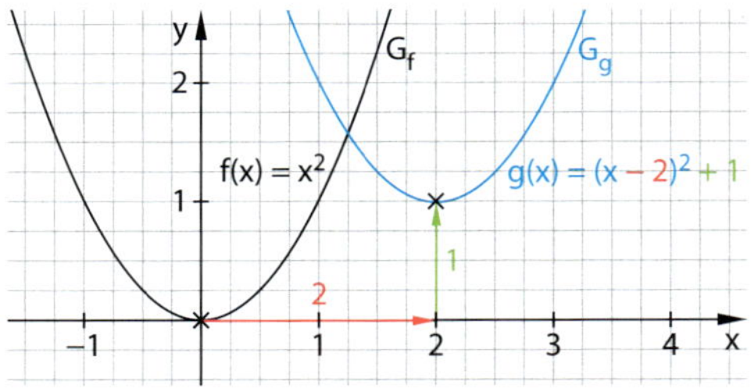

Hinweis

$g(x) = f(x - 2)$:
Verschiebung um 2 nach rechts
$g(x) = f(x + 2)$
$= f(x - (-2))$:
Verschiebung um 2 nach links

Dieser Zusammenhang zwischen Verschiebung und neuer Funktionsgleichung gilt auch für alle anderen Funktionstypen, wie z. B.:
Exponentialfunktion:
$f(x) = 2^x \quad \rightarrow \quad g(x) = 2^{x-2} + 1$

elementare gebrochen-rationale Funktion:
$h(x) = \frac{1}{x} \quad \rightarrow \quad i(x) = \frac{1}{x-2} + 1$

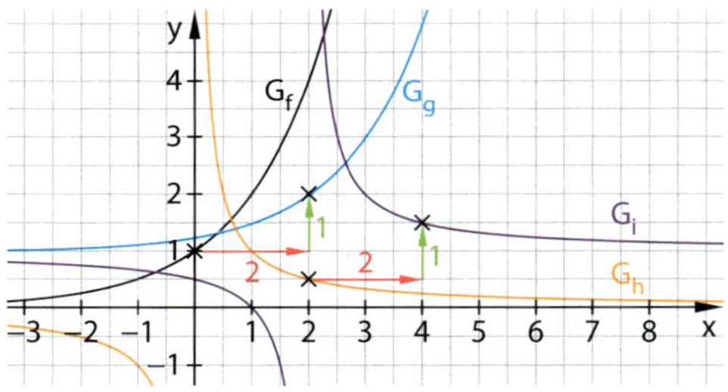

Wissen

Der Graph der Funktion g mit $g(x) = f(x - c) + d$ geht aus dem Graphen von f hervor durch **Verschieben**
- um **c Einheiten in x-Richtung,**
- um **d Einheiten in y-Richtung.**

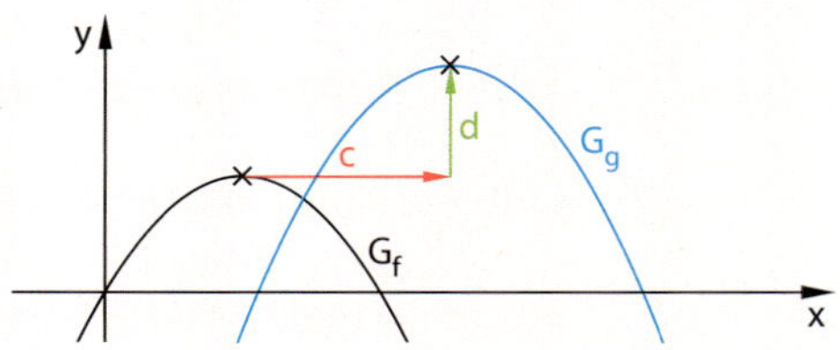

Häufig spricht man davon, dass der Graph nach links oder rechts (anstatt in x-Richtung) bzw. nach oben oder unten (anstatt in y-Richtung) verschoben wird.
rechts: $c > 0$ links: $c < 0$ oben: $d > 0$ unten: $d < 0$

Beispiel 1

Beschreiben Sie, wie man den Graphen von f mit $f(x) = \frac{1}{x}$ verschieben muss, um den Graphen von g mit $g(x) = \frac{1}{x+5} - 2$ zu erhalten.

Lösung:

Schreiben Sie die Funktionsgleichung von g in der Form $g(x) = f(x - c) + d$.
Es folgt $c = -5$ und $d = -2$.

$g(x) = f(x + 5) - 2 = f(x - (-5)) - 2$
Der Graph von g entsteht durch Verschiebung um 5 Einheiten nach links und 2 Einheiten nach unten.

Beispiel 2

Der Graph von $f: x \mapsto x^2 - 3x$ wird um 4 Einheiten nach links und um 2 Einheiten nach unten verschoben. Geben Sie eine Funktionsgleichung des entstehenden Graphen an.

Lösung:

Verschieben nach links: Ersetzen Sie im Funktionsterm x durch $x - (-4) = x + 4$.

$x^2 - 3x \rightarrow (x + 4)^2 - 3 \cdot (x + 4)$
$= x^2 + 5x + 4$

Verschieben nach unten: Subtrahieren Sie 2 vom Funktionsterm.

$x^2 + 5x + 4 \rightarrow x^2 + 5x + 4 - 2$
Funktionsgleichung: $y = x^2 + 5x + 2$

Basisaufgaben

1 Der Graph von f mit $f(x) = x^4$ wurde verschoben. Ordnen Sie die Graphen den Funktionsgleichungen zu. Begründen Sie Ihre Auswahl.

$g(x) = (x + 2)^4 - 1$ | $h(x) = (x - 2)^4 - 1$ | $i(x) = (x - 1)^4 + 2$ | $j(x) = (x - 1)^4 - 2$

① 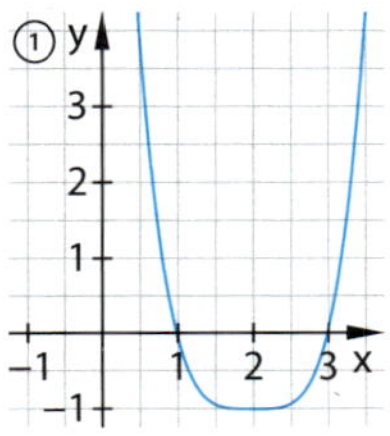

② 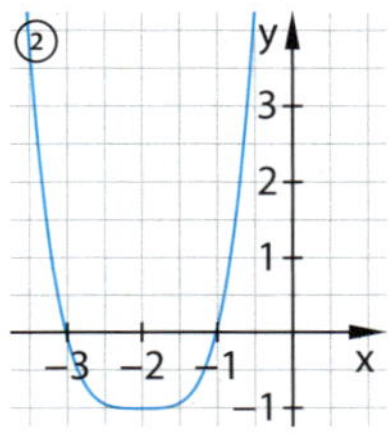

③ 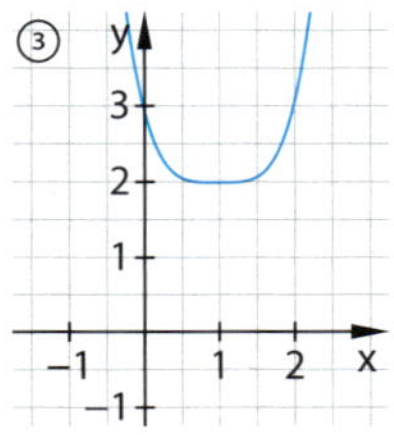

④ 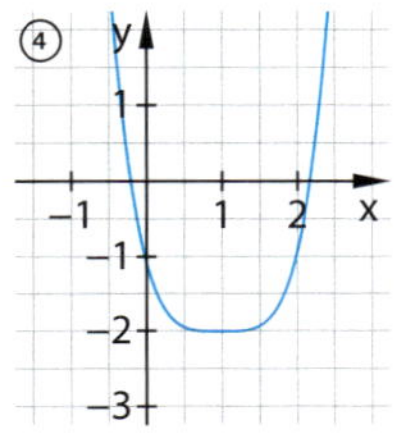

2 Der Graph von f wird um 1 Einheit nach rechts und 3 Einheiten nach oben verschoben. Geben Sie eine Funktionsgleichung für den neuen Graphen an.

a) $f(x) = x^2$ b) $f(x) = \frac{1}{x}$ c) $f(x) = 2^x$ d) $f(x) = x \cdot 2^x$
e) $f(x) = \sin(x)$ f) $f(x) = x^5 + 2$ g) $f(x) = (x - 3)^5 - 2$ h) $f(x) = -3x^3 - \frac{1}{x}$

Hinweis
Tipps zum Zeichnen von Funktionsgraphen mit einem Plotter finden Sie auf der Methodenkarte 11A auf S. 180.

3 Beschreiben Sie, wie der Graph von g aus dem Graphen von f entsteht. Zeichnen Sie dann die Graphen mit einem Funktionenplotter und überprüfen Sie Ihre Beschreibung.

a) $f(x) = x^3$
$g(x) = (x + 0{,}5)^3 + 1{,}5$

b) $f(x) = \sin(x)$
$g(x) = -1 + \sin(x - 2)$

c) $f(x) = \frac{1}{x + 4} - 2$
$g(x) = \frac{1}{x - 3} + 5$

4 Der Graph von g geht durch Verschieben aus dem Graphen von f hervor. Geben Sie eine passende Funktionsgleichung an. Überprüfen Sie Ihr Ergebnis mit einem Funktionenplotter.

a) $f(x) = x^2$

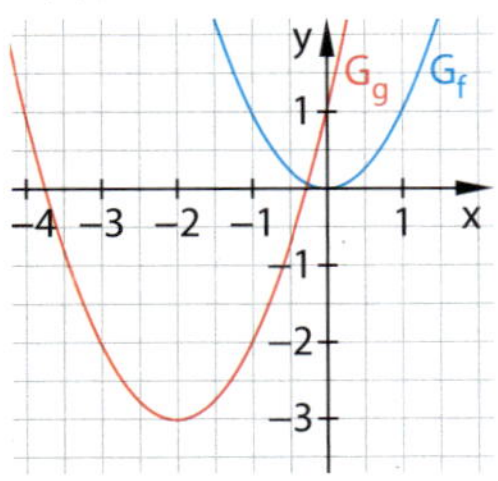

b) $f(x) = 0{,}5^x$

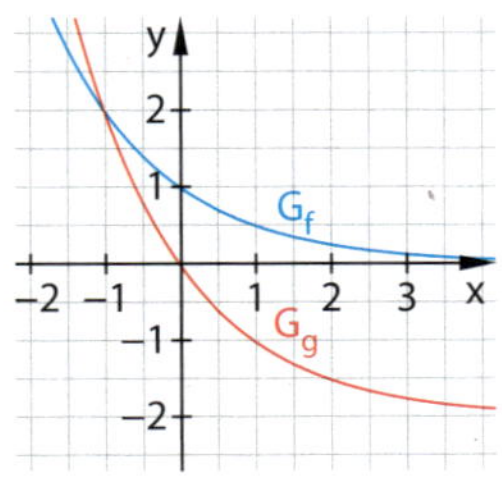

c) $f(x) = (x - 1)^5 + 1$

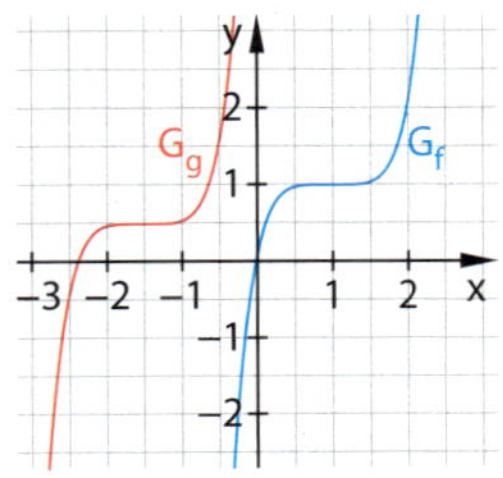

5 Geben Sie die Funktionsgleichung von g an. Stellen Sie die Graphen von f und g mit einem Funktionenplotter dar und beschreiben Sie die Lage der Graphen zueinander.

a) $f(x) = x^2$ $g(x) = f(x) - 3$ b) $f(x) = x^5$ $g(x) = f(x + 2)$
c) $f(x) = \frac{1}{x}$ $g(x) = f(x + 2) + 3$ d) $f(x) = 2^x + 1$ $g(x) = f(x - 1) - 2$

Graphen in y-Richtung strecken und spiegeln

Hinweis

Eine Streckung in y-Richtung erfolgt immer bezüglich der x-Achse. Siehe auch Aufgabe 9.

Multipliziert man den Funktionsterm x^2 der Normalparabel mit dem Faktor a, so wird die Normalparabel in y-Richtung gestreckt. Für $a < 0$ erfolgt zudem eine Spiegelung an der x-Achse. Die y-Werte der Punkte des Graphen werden mit a multipliziert. Da der Scheitelpunkt auf der x-Achse liegt, verändert sich seine Lage nicht.

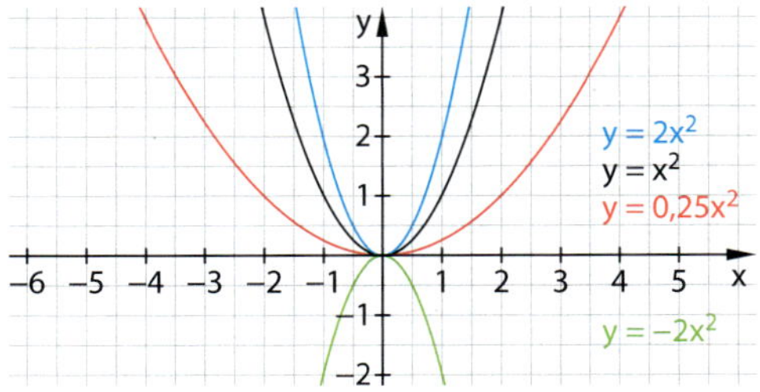

Wissen

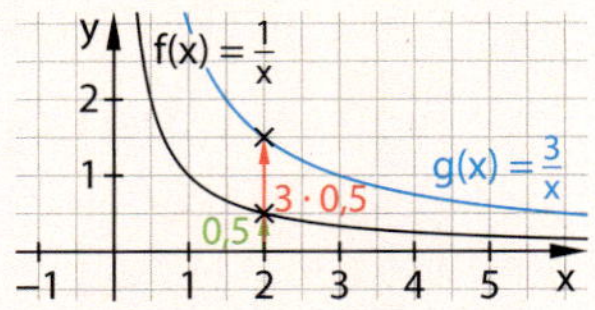

Der Graph der Funktion g mit $g(x) = \mathbf{a} \cdot f(x)$ geht für $a \neq 0$ aus dem Graphen von f hervor:

- durch **Strecken** mit dem Faktor $|a|$ in **y-Richtung**
- für **a < 0** durch zusätzliches **Spiegeln** an der **x-Achse**

Wird der Graph von f nur an der x-Achse gespiegelt, ist $a = -1$ und es gilt: $g(x) = -f(x)$

Beispiel 3

Der Graph von g geht durch Strecken in y-Richtung aus dem Graphen von f mit $f(x) = x^2 - 4x$ hervor. Bestimmen Sie die Funktionsgleichung von g, wenn der Graph von g durch $P(3|2)$ verläuft.

Lösung:

Setzen Sie die Koordinaten von P in die allgemeine Form $g(x) = a \cdot f(x)$ ein. Lösen Sie die Gleichung nach a auf und setzen Sie den Wert in die Funktionsgleichung von g ein.

$g(x) = a \cdot (x^2 - 4x)$

$2 = a \cdot (3^2 - 4 \cdot 3) = -3a$ also $a = -\frac{2}{3}$

$g(x) = -\frac{2}{3} \cdot (x^2 - 4x)$

Basisaufgaben

6 Der Graph der Funktion g geht aus dem Graphen von f mit $f(x) = 6^x$ hervor. Bestimmen Sie eine Funktionsgleichung von g, wenn der Graph von f

a) mit dem Faktor $\frac{1}{3}$ in y-Richtung gestreckt wird,

b) mit dem Faktor 4 in y-Richtung gestreckt und zusätzlich an der x-Achse gespiegelt wird.

Hinweis

Wenn $|a| < 1$ ist, wird der Graph der Funktion eigentlich gestaucht. Im Allgemeinen spricht man dennoch von einer Streckung.

7 Ordnen Sie jeder Funktionsgleichung den passenden Graphen zu und begründen Sie Ihre Wahl. Geben Sie die Funktionsgleichung für den vierten Graphen an.

$f(x) = \frac{1}{4}x^3$ $\quad g(x) = -3x^3$ $\quad h(x) = 3x^3$

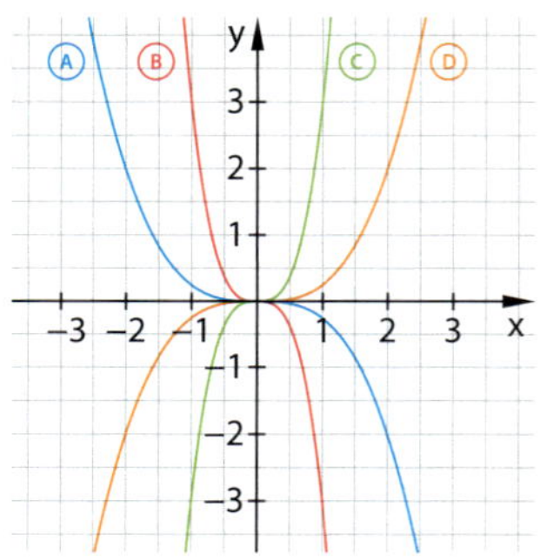

8 Gegeben ist die Funktion $f: x \mapsto a \cdot 4^x$. Bestimmen Sie einen passenden Wert für den Faktor a.

a) Der Punkt $P(2|2)$ liegt auf dem Graphen von f.

b) Der Graph von f schneidet die y-Achse bei $y = -4$.

c) Die Funktionswerte von f sind alle negativ.

9 Lia behauptet: „Beim Strecken in y-Richtung wird der gesamte Graph in die Länge gezogen. Damit verschieben sich alle Punkte." Nehmen Sie Stellung zu dieser Aussage. Veranschaulichen Sie Ihre Antwort, indem Sie die Graphen von f und g mit $f(x) = x^2 - 1$ und $g(x) = 2 \cdot f(x)$ mit einer geeigneten Mathematik-Software plotten.

Graphen in x-Richtung strecken und spiegeln

Erinnerung

Bei der Funktion f mit $f(x) = a \cdot \sin(bx)$ und $a, b > 0$ ist a die **Amplitude** und $p = \frac{2\pi}{b}$ die **Periodenlänge** oder **Periode**.

Graphen können auch in x-Richtung gestreckt werden. Hierzu wird die Variable x mit einer Zahl multipliziert. Bei der Sinusfunktion ändert sich dabei die Periodenlänge p.

Ausgehend von f mit $f(x) = \sin(x)$ bewirkt der Faktor 3 in $g(x) = \sin(3x)$ eine Verkürzung der Periode: $p = \frac{2\pi}{3} = \frac{1}{3} \cdot 2\pi$. Der Graph wird in x-Richtung mit dem Faktor $\frac{1}{3}$ gestreckt.
Der Faktor $-\frac{1}{2}$ in $h(x) = \sin\left(-\frac{1}{2}x\right)$ bewirkt eine Verlängerung der Periode:
$p = 4\pi = \frac{1}{\frac{1}{2}} \cdot 2\pi$. Der Graph wird in x-Richtung mit dem Faktor 2 gestreckt und, weil der Faktor im Argument negativ ist, an der y-Achse gespiegelt.

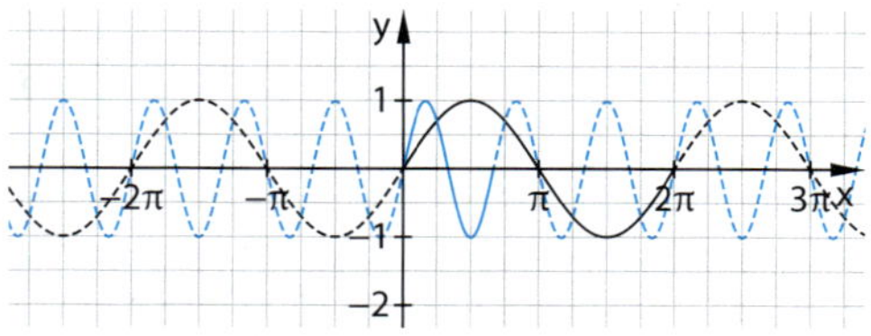

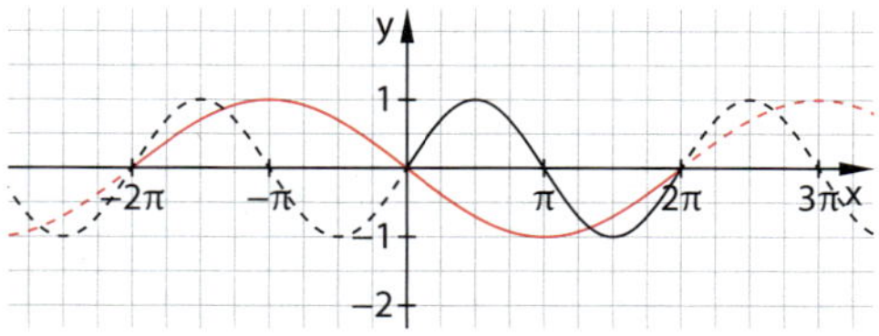

Wissen

Der Graph der Funktion g mit $g(x) = f(\mathbf{b}x)$ geht für $b \neq 0$ aus dem Graphen von f hervor:
- durch **Strecken** mit dem Faktor $\frac{1}{|b|}$ **in x-Richtung**
- für **b < 0** durch zusätzliches **Spiegeln** an der **y-Achse**

Wird der Graph von f nur an der y-Achse gespiegelt, ist $b = -1$ und es gilt: $g(x) = f(-x)$

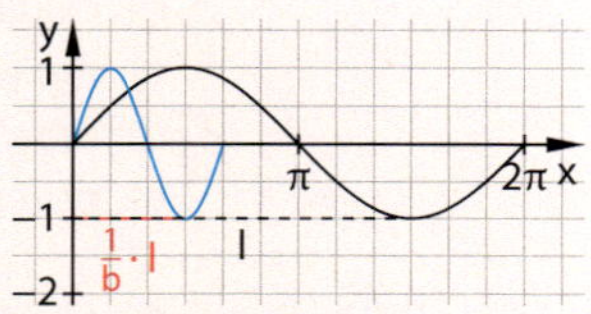

Hinweis

Eine Streckung in x-Richtung erfolgt immer bezüglich der y-Achse.

Beispiel 4

Der Graph von g geht durch Streckung mit dem Faktor 4 in x-Richtung aus dem Graphen von f mit $f(x) = x^2 - 4x$ hervor. Zudem wird der Graph an der y-Achse gespiegelt. Bestimmen Sie die Funktionsgleichung von g.

Lösung:
Eine Streckung mit dem Faktor 4 in x-Richtung erfordert im Argument den Vorfaktor $\frac{1}{4}$. Die Spiegelung an der y-Achse erfordert ein Minuszeichen.

$\frac{1}{|b|} = 4$, also $|b| = \frac{1}{4}$
Spiegelung: $b = -\frac{1}{4}$
$g(x) = \left(-\frac{1}{4}x\right)^2 - 4 \cdot \left(-\frac{1}{4}x\right) = \frac{1}{16}x^2 + x$

Basisaufgaben

10 Der Graph der Funktion g geht aus dem Graphen von f mit $f(x) = x^2 - 1$ hervor. Bestimmen Sie die Funktionsgleichung von g, wenn der Graph von f
a) mit dem Faktor 2 in x-Richtung gestreckt wird,
b) mit dem Faktor $\frac{1}{3}$ in x-Richtung gestreckt wird und zusätzlich an der y-Achse gespiegelt wird.

11 Die Graphen von g und h entstehen aus dem Graphen von f durch eine Streckung entlang der x-Achse. Geben Sie jeweils den Streckfaktor b an und erklären Sie Ihre Überlegungen.

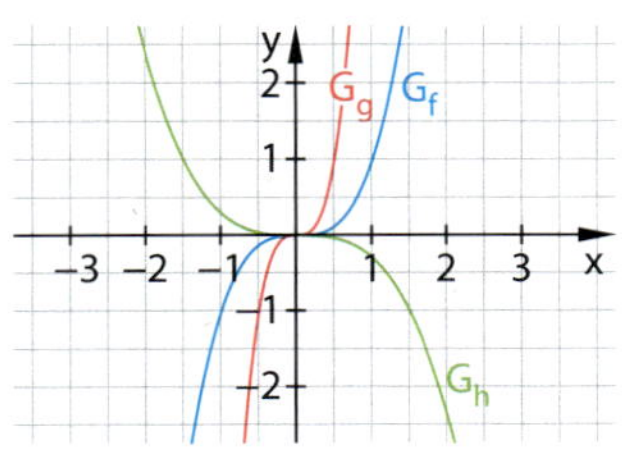

12 Der Graph der Sinusfunktion $x \mapsto \sin(x)$ wird in x-Richtung gestreckt und/oder gespiegelt. Ordnen Sie die passenden Kärtchen einander zu.

① $\sin(2x)$ ② $\sin(-4x)$ ⑤ Periode $p = 4\pi$ ⑥ Periode $p = \pi$ ⑨ Periodenlänge wird kürzer

③ $\sin(-2x)$ ④ $\sin(0{,}5x)$ ⑦ Periode $p = 0{,}5\pi$ ⑧ Graph wurde an der y-Achse gespiegelt ⑩ Periodenlänge wird länger

Weiterführende Aufgaben

Zwischentest

Hilfe

13 Der Graph von g geht aus Verschiebungen des abgebildeten Graphen von f hervor. Es gilt $g(x) = f(x - c) + d$. Geben Sie Werte für die Parameter c und d an, sodass der Graph von g

a) genau einen Schnitt- und einen Berührpunkt mit der x-Achse hat,
b) durch den Koordinatenursprung verläuft,
c) die y-Achse in $y = 3$ schneidet,
d) die x-Achse an der Stelle $x = 2$ schneidet,
e) durch den Punkt $P(-2\,|\,1)$ verläuft.

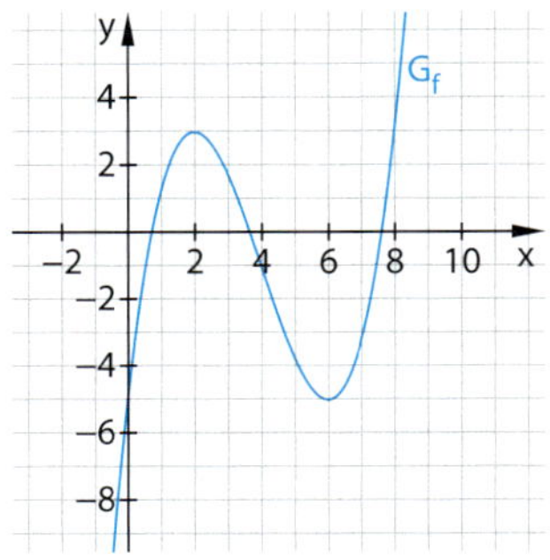

14 **Stolperstelle:**

a) Der Graph der Funktion f mit $f(x) = x^2 + 1$ soll mit dem Faktor 2 in y-Richtung gestreckt werden. Linus sagt: *„Die neue Parabel hat ihren Scheitel bei $(0\,|\,1)$ und ist enger als die gegebene Parabel."* Nehmen Sie Stellung.
b) Mia meint: *„Bei der Streckung in y-Richtung verändern die Schnittpunkte mit der x-Achse ihre Lage nicht. Das ist beim Strecken in x-Richtung auch so."* Widerlegen Sie die Aussage an einem einfachen Beispiel und erläutern Sie, warum die Aussage falsch ist.

15 Aus dem Graphen der Funktion f entsteht der Graph von g durch Spiegeln an der x-Achse und der Graph von h durch Spiegeln an der y-Achse. Ermitteln Sie die Funktionsgleichungen von g und h. Überprüfen Sie Ihr Ergebnis mit einem Funktionenplotter.

a) $f(x) = 2^x$
b) $f(x) = 2x^3$
c) $f(x) = \sin(-2x) + 1$
d) $f(x) = -\frac{1}{2}(x + 4)^2 - 1$

16 a) Spiegeln Sie den Graphen zu $y = x^2$ an der y-Achse und erläutern Sie den Zusammenhang zur Achsensymmetrie der Normalparabel.
b) Spiegeln Sie den Graphen zu $y = x^3$ nacheinander an beiden Achsen und erläutern Sie den Zusammenhang zur Punktsymmetrie des Graphen.

17 Paul behauptet: „Der Graph von g mit $g(x) = (3x)^3$ entsteht aus dem Graphen von f mit $f(x) = x^3$ durch …" Isa meint dazu: „Nein, denn es gilt doch $(3x)^3 = 3^3 \cdot x^3 = 27x^3$. Also entsteht der Graph von g aus dem Graphen von f durch …"

a) Vervollständigen Sie die Aussagen so, dass beide recht haben.
b) Beschreiben Sie zwei Möglichkeiten, wie der Graph von $g(x) = \frac{1}{16}x^4$ aus dem Graphen von f mit $f(x) = x^4$ entsteht. Veranschaulichen Sie Ihre Ergebnisse mithilfe einer Software.
c) Erläutern Sie allgemein, wie der Graph der Funktion g mit $g(x) = (bx)^n$ $(b > 0)$ durch Streckung aus dem Graphen von f mit $f(x) = x^n$ $(n \in \mathbb{N}\setminus\{0\})$ in y-Richtung hervorgeht.
d) Erläutern Sie, was sich in c) ändert, wenn auch $b < 0$ zugelassen wird.

Hilfe

18 a) Der Graph von f mit $f(x) = 2^x$ wird um 2 Einheiten nach rechts verschoben. Begründen Sie durch geeignete Termumformungen, dass man den so entstehenden Graphen von g auch durch eine Streckung in y-Richtung erhalten kann, und geben Sie den Streckfaktor an.

b) Begründen Sie anhand eines Beispiels, dass man nicht jede Verschiebung in x-Richtung auch als Streckung in y-Richtung auffassen kann.

19 Geben Sie möglichst viele Funktionsterme an, die den abgebildeten Funktionsgraphen beschreiben. Vergleichen Sie untereinander.

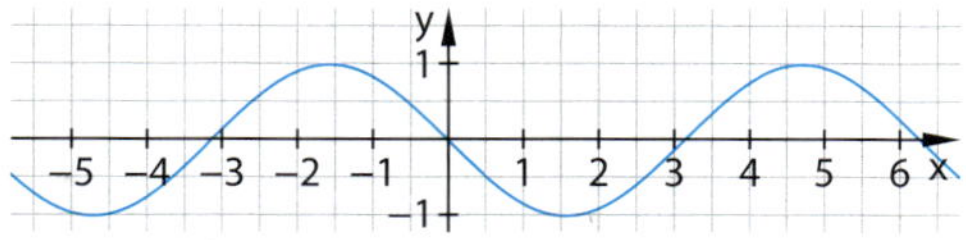

20 Gegeben ist die Funktion f mit der Funktionsgleichung $f(x) = 5^x$.

a) Jeweils zwei Kärtchen gehören zusammen. Ordnen Sie passend zu.

① $f(x) + 3$ ② 5^{x+3} ③ $f(x + 3)$ ④ $5^{x-3} + 3$ ⑤ $f(x - 3) + 3$ ⑥ $5^x + 3$

b) Erstellen Sie für die Funktion g mit $g(x) = \sin(x)$ eigene Kärtchen. Fügen Sie dabei auch Kärtchen mit der Angabe „der Graph wurde um … verschoben" hinzu.

21 a) Geben Sie die Funktionsgleichung einer mit dem Faktor a in y-Richtung gestreckten Normalparabel an.

b) Geben Sie die Funktionsgleichung einer mit dem Faktor b in x-Richtung gestreckten Normalparabel an.

c) Begründen Sie, dass man bei quadratischen Funktionen, deren Graphen aus der Normalparabel entstehen, nicht zwischen einer Streckung in x-Richtung und einer Streckung in y-Richtung unterscheiden muss, sofern die Streckung vor möglichen Verschiebungen ausgeführt wird.

22 Geben Sie an, welche der Eigenschaften des Graphen zu $f(x) = x^n$ mit $n \in \mathbb{N}\setminus\{0\}$ sich ändern, wenn der Graph

a) in y-Richtung verschoben wird,
b) in x-Richtung verschoben wird,
c) in y-Richtung gestreckt wird,
d) an der x-Achse gespiegelt wird.

Unterscheiden Sie zwischen geradem und ungeradem n.

① Definitionsbereich
② Wertebereich
③ Nullstellen
④ Achsensymmetrie zur y-Achse
⑤ Punktsymmetrie zum Ursprung
⑥ Verhalten für $x \to \infty$
⑦ Verhalten für $x \to -\infty$

23 Eine Funktion f hat die Nullstellen −4, −1, 2 und 5.

a) Der Graph von g geht aus Verschiebung des Graphen von f um zwei Einheiten nach links hervor. Der Graph von h geht aus Spiegelung des Graphen von f an der y-Achse hervor. Geben Sie die Nullstellen von g und h an.

b) Entscheiden Sie begründet, ob es bei einer Verschiebung des Graphen von f in y-Richtung möglich ist, die Nullstellen des verschobenen Graphen anzugeben.

c) Diskutieren Sie, wie sich eine Streckung in x-Richtung auf die Nullstellen von f auswirkt. Formulieren Sie hierzu eine allgemeine Aussage.

24 Ausblick: Wurzelfunktionen

a) Zeichnen Sie mit einem Funktionenplotter den Graphen von f mit $f(x) = \sqrt{x}$.

b) Geben Sie den maximalen Definitionsbereich, den Wertebereich und die Nullstellen von f an.

c) Geben Sie an, wie sich die Eigenschaften aus b) verändern, wenn der Graph von f in y-Richtung verschoben (in x-Richtung verschoben; in y-Richtung gestreckt) wird.

Hinweis

Bei den meisten Funktionenplottern erhalten Sie die Wurzel mit dem Befehl **sqrt(x)**.

1.5 Strecken und Verschieben kombinieren

Die Graphen von g_1 bis g_3 entstehen schrittweise durch Spiegelung und Verschiebung aus dem Graphen der Funktion f mit $f(x) = x^2$.
Geben Sie die entsprechenden Terme an.

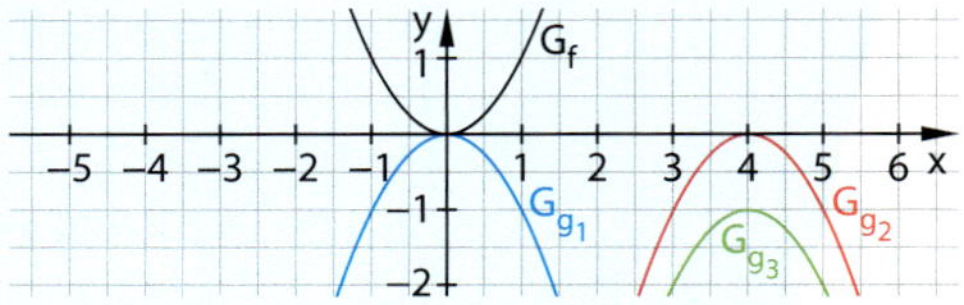

Graphen lassen sich auch schrittweise nacheinander strecken und verschieben. So kann man den Graphen von g mit $g(x) = \frac{3}{2}\sin\left(\frac{1}{2}(x - \pi)\right) + 1$ aus dem Graphen der Sinusfunktion f mit $f(x) = \sin(x)$ erzeugen. Dabei werden die Streckungen vor den Verschiebungen ausgeführt.

1. Strecken in y-Richtung $\left(\text{Faktor } \frac{3}{2}\right)$

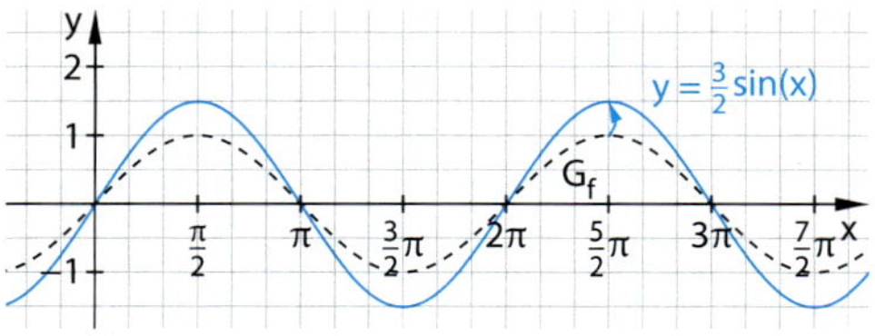

2. Strecken in x-Richtung (Faktor 2)

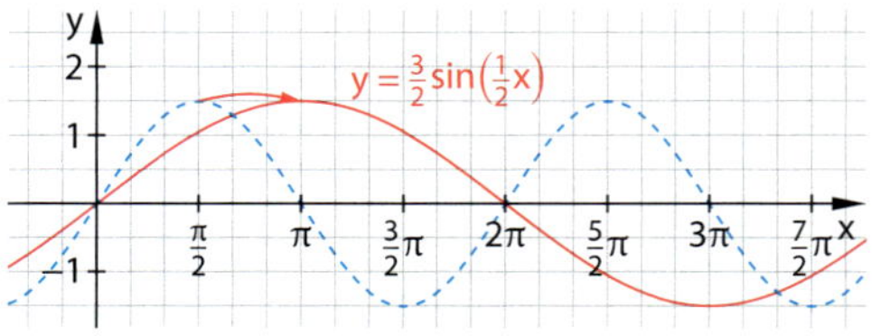

3. Verschieben nach rechts (π Einheiten)

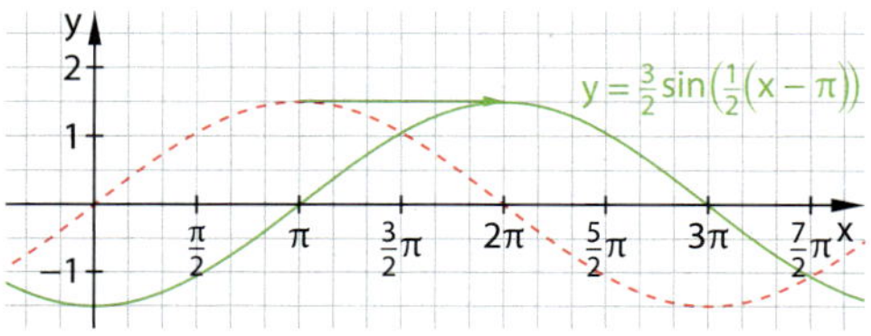

4. Verschieben nach oben (1 Einheit)

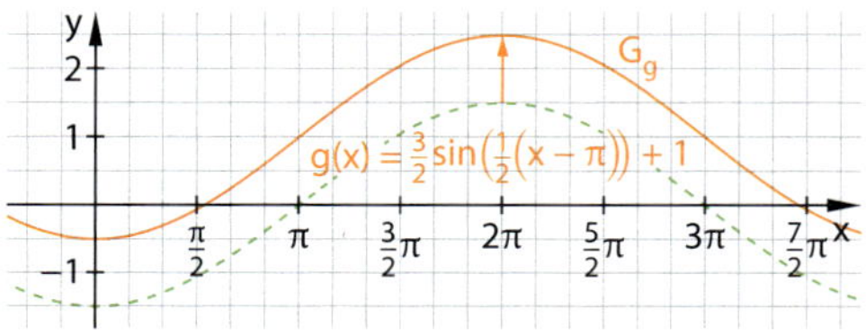

Wissen:

Der Graph der Funktion g mit $g(x) = \mathbf{a \cdot f(b(x - c)) + d}$ geht für $a, b \neq 0$ aus dem Graphen von f hervor durch

① **Strecken** mit dem Faktor $|a|$ in **y-Richtung** und dem Faktor $\frac{1}{|b|}$ in **x-Richtung** sowie zusätzliches **Spiegeln** an der **x-Achse**, falls $a < 0$, und an der **y-Achse**, falls $b < 0$,

② **Verschieben** um **c** Einheiten in **x-Richtung** und **d** Einheiten in **y-Richtung**.

Die Gleichung $g(x) = a \cdot f(b(x - c)) + d$ gilt nur dann, wenn die Streckungen bzw. Spiegelungen vor den Verschiebungen, die in der gleichen Richtung erfolgen, ausgeführt werden.

Bei der Funktion g mit $g(x) = 2x^2 + 1$ wird der Graph der Funktion f mit $f(x) = x^2$ erst mit dem Faktor 2 in y-Richtung gestreckt und dann um 1 nach oben verschoben:

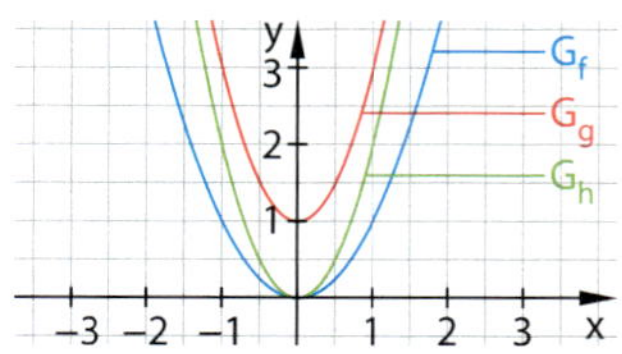

Strecken mit Faktor 2 in y-Richtung: $h(x) = 2 \cdot f(x) = 2x^2$
Verschieben um 1 nach oben: $g(x) = h(x) + 1 = 2x^2 + 1$

Da eine Streckung in y-Richtung immer bezüglich der x-Achse erfolgt, erhält man einen anderen Funktionsgraphen, wenn man die Reihenfolge umkehrt:
Verschieben um 1 nach oben: $h(x) = f(x) + 1 = x^2 + 1$
Strecken mit Faktor 2 in y-Richtung: $g(x) = 2 \cdot h(x)$
$= 2 \cdot (x^2 + 1) = 2x^2 + 2$

Der Scheitelpunkt verändert hier seine Lage beim Verschieben und dann noch einmal beim Strecken in y-Richtung, da er nicht mehr auf der y-Achse liegt.

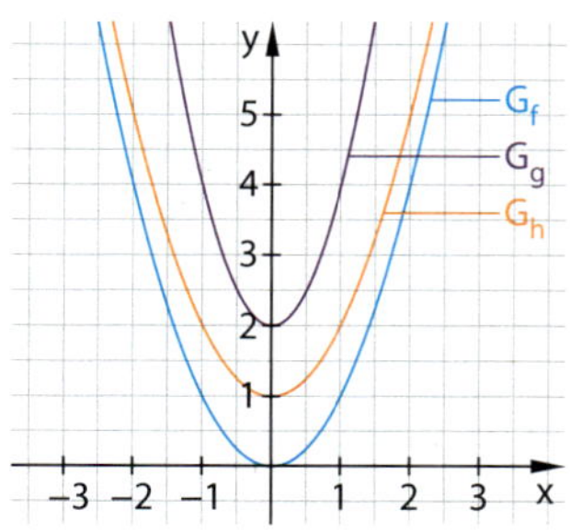

Beispiel 1 Gegeben sind die Funktionen f mit $f(x) = 2^x$ und g mit $g(x) = 2^{-x+1}$.

a) Erläutern Sie, wie der Graph von g aus dem Graphen von f hervorgeht.

b) Skizzieren Sie den Graphen von g schrittweise.

Lösung:

a) Bringen Sie den Funktionsterm in die Form $g(x) = a \cdot f(b(x-c)) + d$ und bestimmen Sie die Parameter a, b, c und d. Lesen Sie daran die Verschiebungen und Streckungen ab.

$g(x) = 2^{-x+1} = 1 \cdot 2^{-1(x-1)}$

$a = 1$, $b = -1$, $c = 1$ und $d = 0$

Der Graph von g entsteht aus dem Graphen von f durch eine Spiegelung an der y-Achse und eine Verschiebung um 1 Einheit nach rechts.

b) Skizzieren Sie zuerst den Graphen von f. Spiegeln Sie den Graphen an der y-Achse. Verschieben Sie den so entstandenen Graphen um eine Einheit nach rechts.

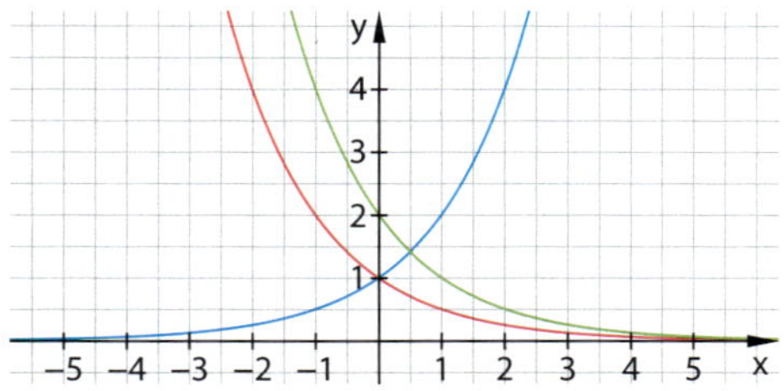

Beispiel 2

Der Graph von g entsteht aus dem Graphen der Funktion f mit $f(x) = x^4$ durch Streckungen und Verschiebungen. Bestimmen Sie eine Funktionsgleichung von g.

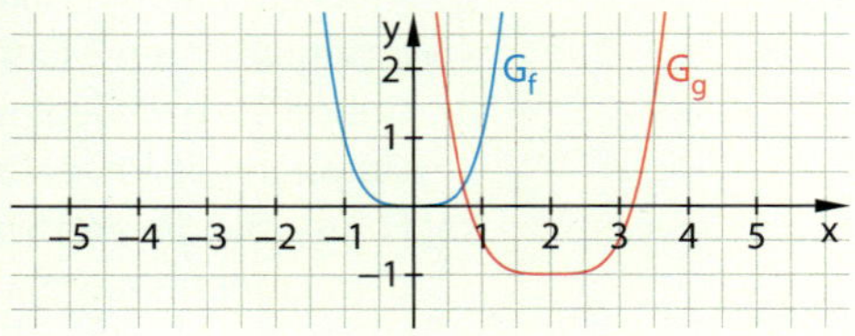

Lösung:

Notieren Sie einen allgemeinen Ansatz für g. Da es sich um eine Potenzfunktion handelt, kann man die Streckung in x-Richtung nicht von der Streckung in y-Richtung unterscheiden. Setzen Sie daher $b = 1$.

$g(x) = a \cdot (b(x-c))^4 + d$

$b = 1$

$g(x) = a \cdot (x-c)^4 + d$

Der Punkt $(0|0)$ des Graphen von f kann seine Lage nur durch eine Verschiebung verändern. Er entspricht dem Punkt $(2|-1)$ auf dem Graphen von g. Bestimmen Sie daraus c und d.

Verschiebung von $(0|0)$ um 2 Einheiten nach rechts und 1 Einheit unten:

$c = 2$ und $d = -1$

$g(x) = a \cdot (x-2)^4 - 1$

Bestimmen Sie a mithilfe der Koordinaten eines weiteren Punktes P auf G_g.

Punkt $P(3|-0{,}5)$: $-0{,}5 = a \cdot (3-2)^4 - 1 \quad |+1$

$0{,}5 = a$

$g(x) = 0{,}5 \cdot (x-2)^4 - 1$

Basisaufgaben

1 Es gilt $g(x) = a \cdot f(b(x-c)) + d$. Beschreiben Sie, wie der Graph von g aus dem Graphen von f entsteht.

a) $f(x) = x^2$ $\quad g(x) = 0{,}5(x-1)^2$

b) $f(x) = \frac{1}{x}$ $\quad g(x) = -2 \cdot \frac{1}{x+3}$

c) $f(x) = x^5$ $\quad g(x) = 2x^5 + 1$

d) $f(x) = \sin(x)$ $\quad g(x) = 2\sin(2(x-8))$

e) $f(x) = 1{,}3^x$ $\quad g(x) = 1 - 1{,}3^{x+1}$

f) $f(x) = \frac{1}{x}$ $\quad g(x) = \frac{3}{4-x} + 2$

2 Zeichnen Sie den Graphen von f schrittweise mit einer Mathematik-Software.

a) $f(x) = \frac{1}{2}(x-3)^3 + 2$ b) $f(x) = -2(x+1)^2 + 3$ c) $f(x) = \frac{2}{x+3} + 1$

3 Der Graph der Funktion g geht aus dem Graphen von f mit $f(x) = 3^x$ hervor. Geben Sie eine Funktionsgleichung von g an, wenn der Graph von f

a) mit dem Faktor 2 in y-Richtung gestreckt und anschließend um 1 Einheit nach links verschoben wird,

b) mit dem Faktor $\frac{1}{2}$ in y-Richtung gestreckt und anschließend um 4 Einheiten nach links und 6 Einheiten nach oben verschoben wird,

c) mit dem Faktor $\frac{1}{2}$ in y-Richtung gestreckt wird, an der x-Achse gespiegelt und anschließend um 9 Einheiten nach rechts und nach oben verschoben wird.

4 Gegeben ist die Funktion $f: x \mapsto 2^x$. Der Graph von g entsteht, indem der Graph von f mit dem Faktor 3 in y-Richtung gestreckt und anschließend um 1 Einheit nach rechts verschoben wird. Der Graph von h entsteht, indem der Graph von f um 1 Einheit nach rechts verschoben und anschließend mit dem Faktor 3 in y-Richtung gestreckt wird. Geben Sie die Funktionsgleichungen von g und h an. Zeichnen Sie die Graphen von g und h mithilfe einer dynamischen Mathematik-Software und vergleichen Sie.

5 Der Graph der Funktion f mit $f(x) = x^3$ wird schrittweise wie folgt verändert:

① Strecken mit dem Faktor 0,5 in y-Richtung ② Spiegeln an der y-Achse

③ Verschieben um 3 Einheiten nach rechts und 1 Einheit nach unten

a) Geben Sie nach jedem Schritt die neue Funktionsgleichung an und zeichnen Sie den Graphen mit einer Mathematik-Software.

b) Führen Sie die drei Schritte in der Reihenfolge ③ – ② – ① aus und vergleichen Sie mit dem Ergebnis aus a).

6 Der Graph von g entsteht aus dem Graphen der Funktion f durch Strecken in y-Richtung und Verschieben. Zusätzlich kann eine Spiegelung an der x-Achse vorliegen. Bestimmen Sie eine Funktionsgleichung von g.

a) $f(x) = x^3$

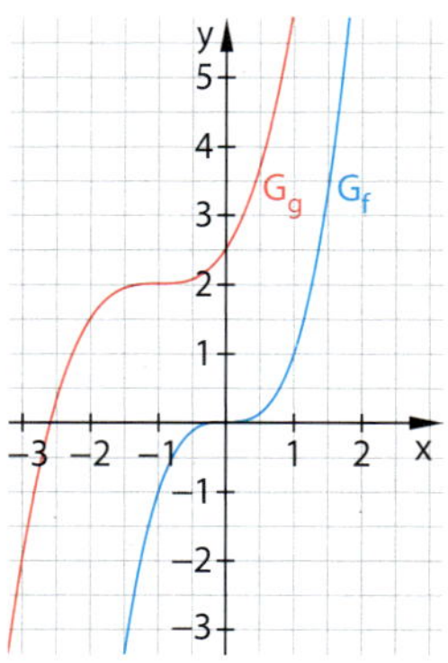

b) $f(x) = -2x^2$

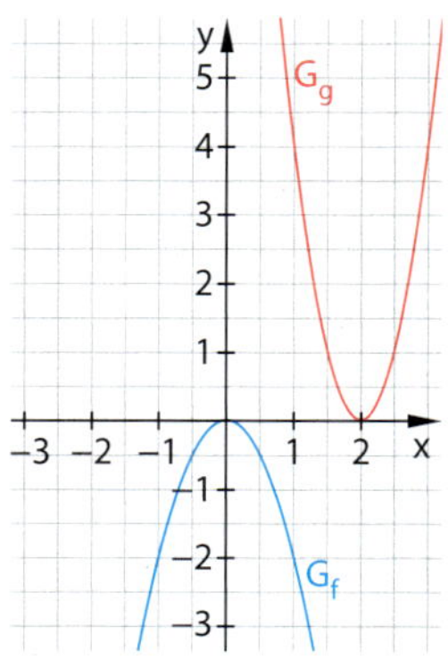

c) $f(x) = 2^x$

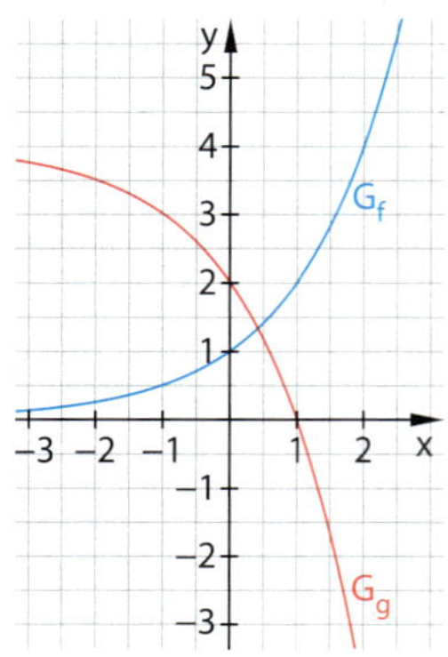

7 Der Graph von h entsteht aus dem Graphen von f mit $f(x) = x^3$ durch Verschieben um 5 Einheiten nach oben und Strecken mit dem Faktor 2 in y-Richtung.
Melissa und Juan berechnen schrittweise den Funktionsterm von h:

Melissa: $g(x) = 2 \cdot f(x) = 2x^3$
$h(x) = g(x) + 5 = 2x^3 + 5$

Juan: $g(x) = f(x) + 5 = x^3 + 5$
$h(x) = 2 \cdot g(x) = 2x^3 + 10$

Erläutern Sie den Unterschied zwischen den beiden Lösungswegen und erklären Sie, weshalb beide zu unterschiedlichen Ergebnissen kommen.

Weiterführende Aufgaben

Zwischentest

8 **Stolperstelle:** Erklären und korrigieren Sie den Fehler in der Aussage.

a) Hannah behauptet: *„Es ist egal, ob man den Graphen zu $f(x) = x^4$ erst um 2 Einheiten nach oben verschiebt und danach an der x-Achse spiegelt oder umgekehrt zuerst spiegelt und dann verschiebt."*

b) Richard meint: *„Man erhält den Graphen zu $g(x) = \sin(2(x + \pi))$, wenn man den Graphen der Sinusfunktion um π nach links verschiebt und anschließend mit dem Faktor $\frac{1}{2}$ in x-Richtung streckt."*

Hilfe

9 Die Graphen von g und h entstehen aus dem Graphen von f mit $f(x) = \frac{1}{2}x^3 - \frac{9}{8}x$ durch Strecken mit dem Faktor 2 und Verschieben um 1 Einheit nach oben.

a) Begründen Sie für die Graphen von g und h, ob der Graph zuerst gestreckt und dann verschoben wurde oder umgekehrt.

b) Erzeugen Sie die Funktionsterme von g und h schrittweise aus dem Funktionsterm von f.

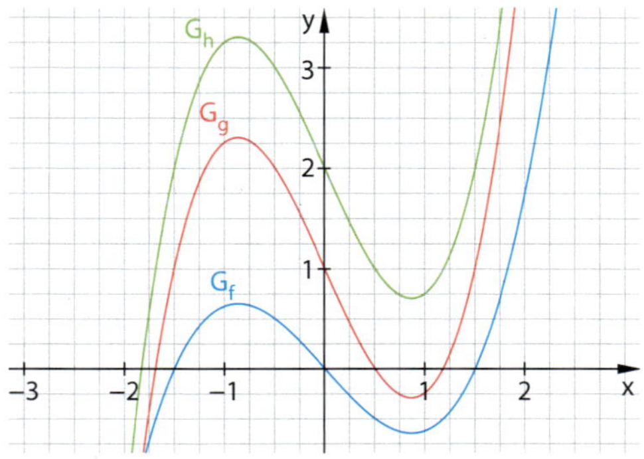

10 Gegeben sind die Funktion f mit $f(x) = 2^x$ und die Funktion g, die aus f entsteht. Treffen Sie Aussagen über die Existenz von Nullstellen, das Monotonieverhalten und das Verhalten im Unendlichen von g bzw. G_g. Geben Sie an, an welchen Punkt der Schnittpunkt von G_f mit der y-Achse wandert. Prüfen Sie Ihre Ergebnisse mit einem Funktionenplotter.

a) $g(x) = 2 \cdot f(x) - 1$　　b) $g(x) = \frac{1}{2} \cdot f(-3x) - 1$　　c) $g(x) = 4 - 2f(x + 1)$

11 Beschreiben Sie, wie der Graph von g aus dem Graphen von f entsteht, und zeichnen Sie ihn mit einem Plotter. Achten Sie auf die richtige Reihenfolge der Transformationen.

a) $g(x) = 2 \cdot f(x) + 1$　　b) $g(x) = -2 \cdot (f(x) + 1)$

c) $g(x) = 2 \cdot f\left(\frac{1}{2}x\right)$　　d) $g(x) = 2 \cdot f(x + 1) - 1$

e) $g(x) = f(2(x + 2))$　　f) $g(x) = -\frac{1}{2} \cdot f(3x - 1) + 2$

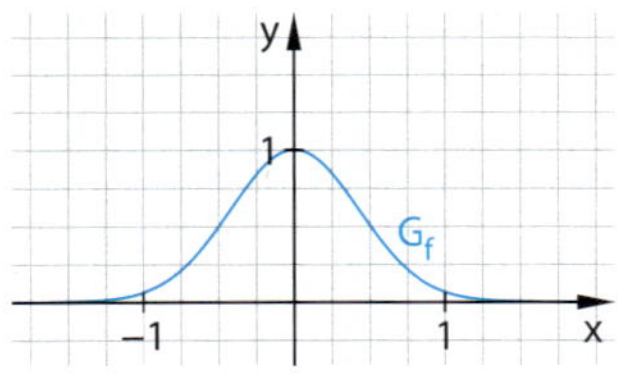

12 Geben Sie eine Funktionsgleichung der Form $f(x) = a \cdot \sin(b(x - c)) + d$ an, die die Bedingungen erfüllt.

a) Der Wertebereich ist $[-1{,}5; 1{,}5]$ und die Nullstellen sind ganzzahlige Vielfache von π.

b) Der Graph ist achsensymmetrisch zur y-Achse und alle Funktionswerte sind negativ.

c) Der Graph ist punktsymmetrisch zum Ursprung, der Wertebereich ist $[-4; 4]$.

Hilfe

13 Gegeben ist die Funktion f mit $f(x) = 2x^4 + 3x^2 - x - 1$. Erläutern Sie, wie der Graph von g aus dem Graphen von f hervorgeht.

a) $g(x) = -2x^4 - 3x^2 + x$　　b) $g(x) = \frac{1}{2}x^4 + \frac{3}{4}x^2 - \frac{1}{4}x$　　c) $g(x) = \frac{1}{8}x^4 + \frac{3}{4}x^2 - \frac{1}{2}x - 1$

14 **Ausblick:** Der Graph der Funktion f hat einen Tiefpunkt bei $T(1|0)$ und einen Hochpunkt bei $H(4|7)$. Für die Funktion g gilt $g(x) = -2 \cdot f(x) - 3$.
Bestimmen Sie die Koordinaten des Hochpunktes und des Tiefpunktes des Graphen von g anhand anschaulicher Überlegungen.

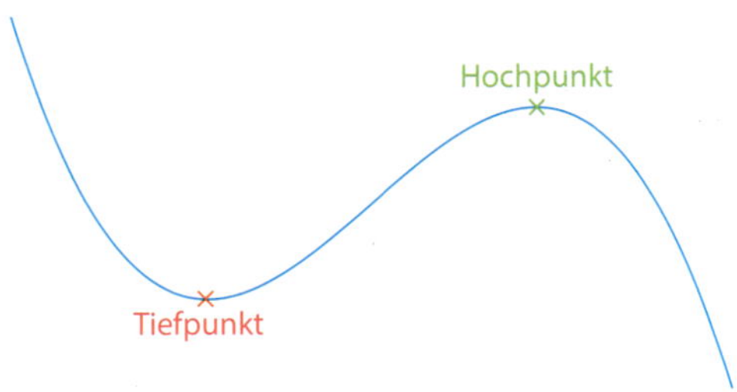

1.6 Stetigkeit

Eine Rutsche wird für $x < 0$ durch f mit $f(x) = 0{,}15(x - 1)^2 + 1$ beschrieben und soll in einem geradlinigen Stück auslaufen. Dieses wird durch eine lineare Funktion g mit der Steigung $-0{,}3$ modelliert. Geben Sie einen Funktionsterm für g an, so dass die Kurvenstücke nahtlos ineinander übergehen.

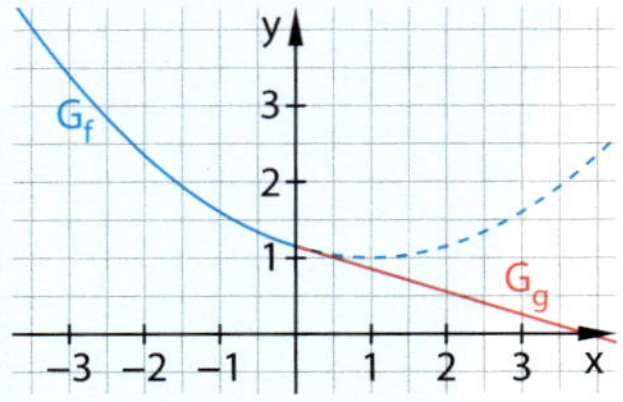

Eine Funktion, die für verschiedene Abschnitte ihres Definitionsbereichs aus unterschiedlichen Funktionsvorschriften zusammengesetzt wurde, heißt **abschnittsweise definierte Funktion**. An den **Nahtstellen** kann ihr Graph unterschiedliche Verhaltensweisen zeigen:

$$f(x) = \begin{cases} x^2, & x \geq 0 \\ x + 1, & x < 0 \end{cases}$$

Der Graph hat einen Sprung. Beim Zeichnen muss der Stift abgesetzt werden.

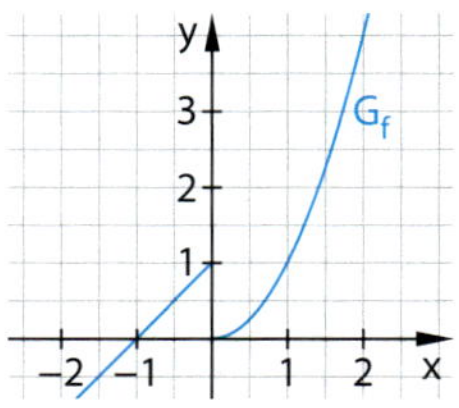

$$g(x) = \begin{cases} x^2 + 1, & x \geq 0 \\ -x + 1, & x < 0 \end{cases}$$

Der Graph von g kann durchgezeichnet werden, ohne den Stift abzusetzen.

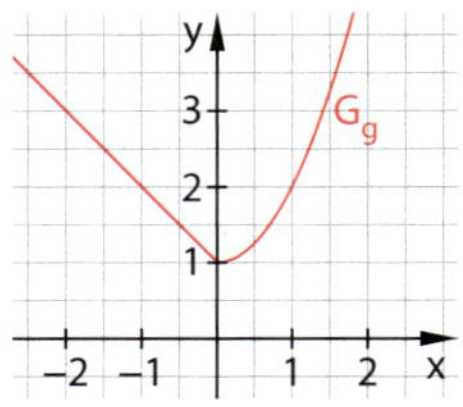

Hinweis

Stetigkeit kann nur auf dem Definitionsbereich einer Funktion untersucht werden. Daher ist f mit $f(x) = \frac{1}{x}$ ebenfalls stetig.

Die Funktion g heißt **stetig**. An der Nahtstelle $x = 0$ treffen beide Teile des Graphen aufeinander. Die Graphenstücke von f treffen bei $x = 0$ nicht aufeinander, also ist f dort nicht stetig.

Wissen

Eine Funktion heißt **stetig**, wenn ihr Graph innerhalb der Teilintervalle ihres Definitionsbereichs keine Sprünge macht.

Beispiel 1

Untersuchen Sie f mit $f(x) = \begin{cases} 2 & \text{für } x < 1 \\ x^2 - 2x + 3 & \text{für } 1 \leq x < 2 \\ 2x & \text{für } x \geq 2 \end{cases}$ auf Stetigkeit bei $x = 1$ und $x = 2$.

Lösung:

Skizzieren Sie die Graphen der drei Abschnitte und überprüfen sie, ob die Graphen der drei Teilbereiche an den Nahtstellen zusammentreffen.

An der Nahtstelle $x = 1$ gilt $f(1) = 2$, dort treffen die Graphen zusammen. An der Stelle $x = 2$ entsteht ein Sprung.

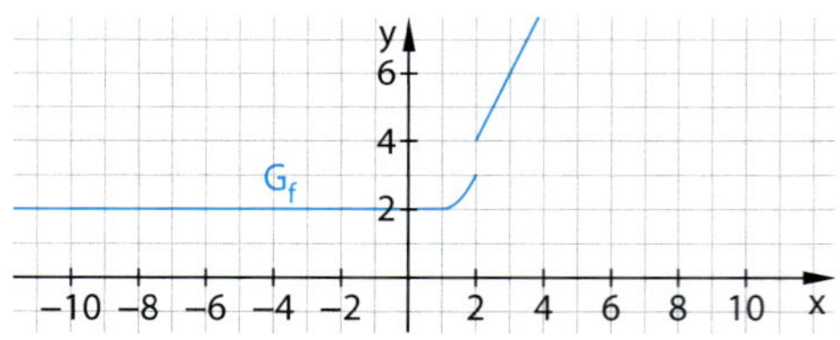

An der Stelle $x = 1$ ist f stetig, an der Stelle $x = 2$ ist f nicht stetig.

Basisaufgaben

1 Begründen Sie anhand des Graphen, ob die Funktion f an den Nahtstellen stetig ist. An jeder Nahtstelle nimmt die Funktion den Funktionswert des jeweils linken Graphen an.

a)

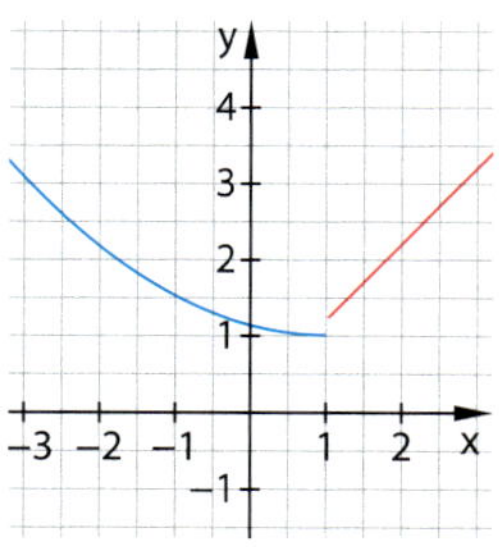

b)

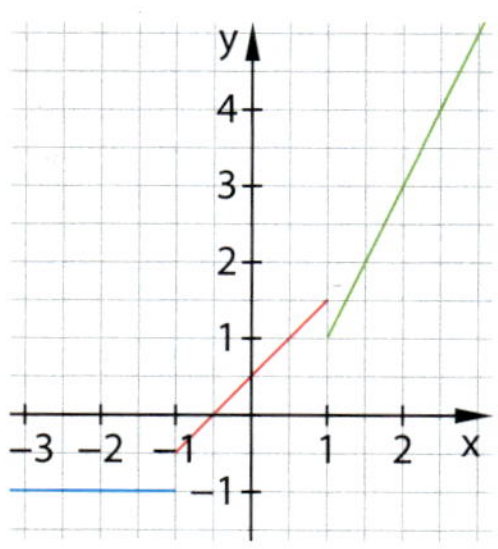

c)

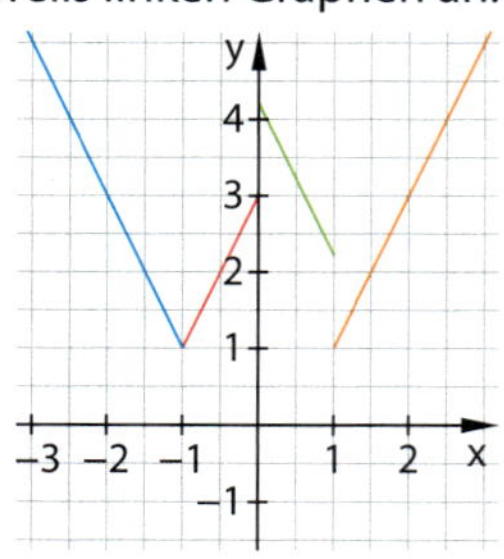

2 Prüfen Sie die Funktion f auf Stetigkeit an den Nahtstellen. Skizzieren Sie dazu den Graphen der abschnittsweise definierten Funktion f.

a) $f(x) = |x| = \begin{cases} -x & \text{für } x < 0 \\ x & \text{für } x \geq 0 \end{cases}$

b) $f(x) = \begin{cases} 3x^2 - 4x + 5 & \text{für } x \leq 2 \\ x^3 + 2 & \text{für } x > 2 \end{cases}$

c) $f(x) = \begin{cases} \sin(x) & \text{für } x \leq \frac{\pi}{2} \\ -\left(x - \frac{\pi}{2}\right)^2 + 1 & \text{für } x > \frac{\pi}{2} \end{cases}$

d) $f(x) = \begin{cases} 3(x+2)^2 & \text{für } x \leq -2 \\ -0{,}5x^2 + 2 & \text{für } -2 < x \leq 0 \\ x^3 + 2 & \text{für } x > 0 \end{cases}$

Weiterführende Aufgaben

Zwischentest

3 Gegeben ist die Funktion f mit $f(x) = \begin{cases} x^2 - 3 & \text{für } x < 0 \\ 2x - 1 & \text{für } 0 \leq x < 1 \\ x^2 & \text{für } x \geq 1 \end{cases}$.

a) Bestimmen Sie die Funktionswerte f(−1), f(0), f(0,5), f(1) und f(2).
b) Prüfen Sie mit einer Skizze, an welchen ihrer Nahtstellen die Funktion f stetig ist.

4 **Stolperstelle:** Louis untersucht die Funktion f mit $f(x) = \frac{1}{x-2}$ auf Stetigkeit: *„Wenn ich den Graphen von f zeichne, muss ich den Stift bei x = 2 absetzen. Also ist f dort nicht stetig."* Nehmen Sie Stellung.

Hilfe

5 Gegeben ist die Funktion f mit $f(x) = \begin{cases} \frac{1}{3}x^3 & \text{für } x \leq 0 \\ \frac{1}{2}x^2 - 1 & \text{für } x > 0 \end{cases}$.

Skizzieren Sie den Graphen von f. Begründen Sie damit, dass f an der Nahtstelle nicht stetig ist. Verändern Sie die Funktionsgleichung so, dass f an der Nahtstelle stetig ist.

6 Gegeben ist die Funktion f mit $f(x) = \begin{cases} x^2 + a & \text{für } x < 1 \\ 2x - 2 & \text{für } x \geq 1 \end{cases}$.

a) Skizzieren Sie den Graphen von f für a = 2.
b) Bestimmen Sie den Wert des Parameters a, sodass f an der Nahtstelle stetig ist.

7 Die **Signum-Funktion** ist definiert durch $\text{sgn}(x) = \begin{cases} -1 & \text{für } x < 0 \\ 0 & \text{für } x = 0 \\ 1 & \text{für } x > 0 \end{cases}$.

Prüfen Sie die Signum-Funktion auf Stetigkeit bei x = 0.

Hilfe

8 Ein Mobilfunkunternehmen bietet einen Vertrag für 9,90 € im Monat an, in dem 5 GB mobiles Datenvolumen enthalten sind. Für 5 € pro GB kann man zusätzliches Datenvolumen kaufen. Geben Sie den Preis für ein beliebiges Datenvolumen mit einer Funktion an. Begründen Sie, dass sie nicht stetig ist.

9 Diskutieren Sie die Bedeutung des Begriffs Stetigkeit im Alltag, z. B. in Ausdrücken wie „die Umsätze steigen stetig an" oder „wir werden stetig besser".

10 **Ausblick:** Die **Dirichlet-Funktion** ist definiert durch $d: x \mapsto \begin{cases} 0, & \text{wenn } x \in \mathbb{R}\setminus\mathbb{Q} \\ 1, & \text{wenn } x \in \mathbb{Q} \end{cases}$.

Erläutern Sie, warum die Aussage „d ist an jeder Stelle nicht stetig" richtig ist. (Hinweis: Recherchieren Sie zur Dichtheit der rationalen in den reellen Zahlen.)

1.7 Klausur- und Abiturtraining

Aufgaben ohne Hilfsmittel

1 Die Abbildung zeigt drei Graphen von Funktionen, die typische Vertreter ihrer Funktionsklasse sind.

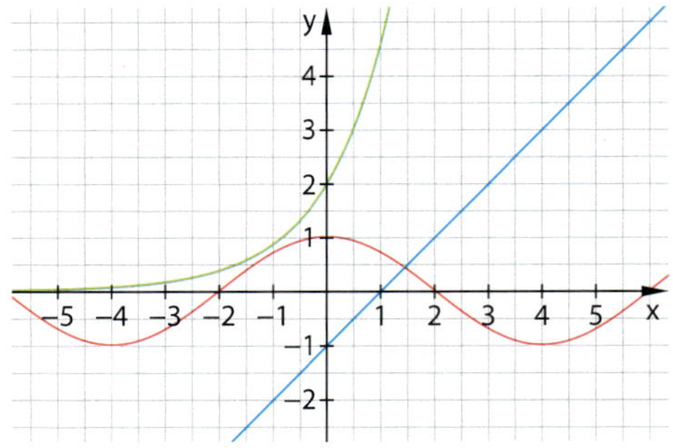

a) Lesen Sie zu jedem der Graphen seine Schnittpunkte mit den Achsen, sein Verhalten im Unendlichen, ggf. seine Symmetrien zur y-Achse und zum Koordinatenursprung sowie die Definitions- und Wertemenge der zugehörigen Funktion ab.

b) Bestimmen Sie f(0), g(0) und h(0) und ordnen Sie jeder Funktion den passenden Graphen zu.

$f(x) = x - 1$ $\quad g(x) = \cos(0{,}25\pi x)$ $\quad h(x) = 2 \cdot 2{,}3^x$

c) Entscheiden Sie begründet, ob die Graphen von f und h außerhalb des abgebildeten Ausschnitts einen Schnittpunkt haben können.

2 Gegeben ist die ganzrationale Funktion f mit $f(x) = -2x^3 + 72x$.

a) Untersuchen Sie rechnerisch das Symmetrieverhalten des Graphen von f.

b) Begründen Sie, dass $\lim\limits_{x \to -\infty} f(x) = \infty$ gilt. Geben Sie das Verhalten von f für $x \to \infty$ an.

c) Berechnen Sie die Nullstellen von f und zeigen Sie damit, dass der Funktionsterm von f äquivalent zu $-2 \cdot (x - 6)x(x + 6)$ ist.

d) Skizzieren Sie den Graphen von f. Nutzen Sie dazu Ihre Ergebnisse aus a) – c).

e) Ein Designer möchte eine extravagante symmetrische Brille entwerfen, die 12 cm breit sein soll, aber beliebig hoch werden darf. Stellen Sie mithilfe des Graphen von f ein mögliches mathematisches Modell für die Glasfassung auf und begründen Sie Ihren Ansatz.

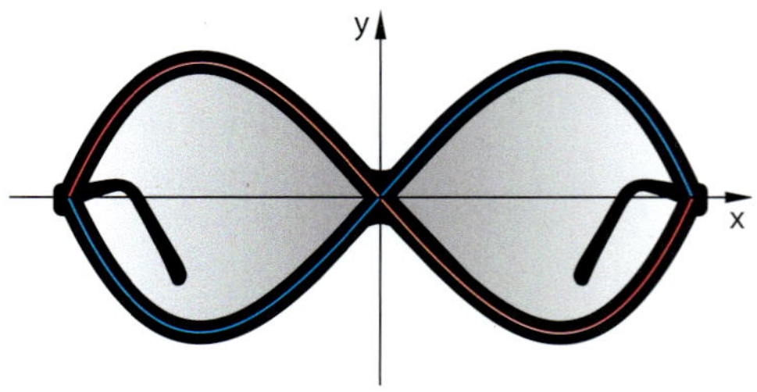

3 Geben Sie einen passenden Funktionsterm an.

a) Der Graph verläuft durch den Punkt $P(20 \mid -5)$.

b) Der Graph berührt die x-Achse an der Stelle $x = 2$ und schneidet sie bei $x = -3$.

c) Der Graph ist achsensymmetrisch zur y-Achse und die Funktion hat keine Nullstellen.

d) Die Funktion divergiert für $x \to -\infty$ und konvergiert für $x \to +\infty$.

e) Der Graph ist punktsymmetrisch zum Ursprung und die Funktion hat den Wertebereich $W = [-5; 5]$.

f) Die Funktion ist auf ganz $\mathbb{R}$ definiert, aber nicht auf ganz $\mathbb{R}$ stetig.

4 Der Graph der Betragsfunktion f mit $f(x) = |x|$ soll verschoben und gespiegelt werden. Erklären Sie an einem geeigneten Beispiel, dass der entstehende Graph von der Reihenfolge der Transformationen abhängt.

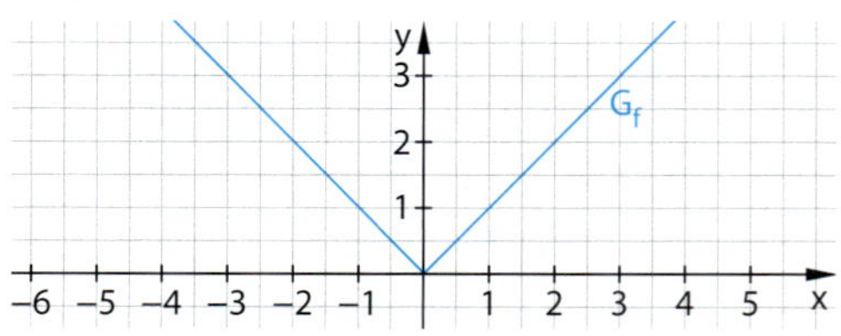

Aufgaben mit Hilfsmitteln

5 Ein neues Glas soll an der Öffnung einen Durchmesser von 4 cm und eine maximale Füllhöhe von 7 cm haben. Für die Modellierung der Innenkante des Längsschnitts stehen bei einer geeigneten Wahl des Koordinatensystems drei Funktionen zur Auswahl:

$f(x) = a \cdot x^2$ $g(x) = -a \cdot \cos(bx) + a$ $h(x) = b^x + b^{-x} - 2$

a) Überprüfen Sie, ob die Graphen der Funktionen achsensymmetrisch zur y-Achse sind.

b) Bestimmen Sie die fehlenden Parameter so, dass die geforderten Maße des Glases erreicht werden. [Kontrollergebnis: $f(x) = 1{,}75 \cdot x^2$ $g(x) = -7 \cdot \cos\left(\frac{\pi}{4} \cdot x\right) + 7$ $h(x) \approx 2{,}98^x + 2{,}98^{-x} - 2$]

c) Zeichnen Sie die drei Graphen in ein gemeinsames Koordinatensystem und vergleichen Sie die Modelle.

6 Gegeben sind ganzrationale Funktionen $p: x \mapsto (a^2 - 1)x^3 + (a^2 + 4a - 12)x^2$ für einen beliebigen Wert $a \in \mathbb{R}$.

a) Begründen Sie, dass der Graph von p stets durch den Koordinatenursprung verläuft.

b) Bestimmen Sie alle Werte von a, für die der Graph von p achsensymmetrisch zur y-Achse ist.

c) Bestimmen Sie alle Werte von a, für die der Graph von p punktsymmetrisch zum Ursprung ist.

7 Betrachtet werden die beiden in $\mathbb{R}$ definierten Funktionen f und g mit $f(t) = 3^t$ und $g(t) = -14 \cdot 3^{-t} + 20$.

a) Beschreiben Sie, wie der Graph von g aus dem Graphen von f entsteht. Achten Sie auf die richtige Reihenfolge der Transformationen.

b) Bestimmen Sie das Verhalten von g im Unendlichen.

Der Temperaturverlauf eines Eistees nach seiner Entnahme aus dem Kühlschrank kann durch die Funktion g modelliert werden. Dabei beschreibt t die Zeit nach der Entnahme aus dem Kühlschrank in Stunden und g(t) die Temperatur des Eistees in °C.

c) Interpretieren Sie Ihr Ergebnis aus b) im Sachzusammenhang und geben Sie einen für die Modellierung realistischen Definitionsbereich von g an.

d) Geben Sie die Temperatur des Kühlschranks an und berechnen Sie, zu welcher Zeit die Temperatur des Eistees doppelt so hoch ist wie die des Kühlschranks. Erläutern Sie, von welcher Annahme Sie dabei ausgehen.

e) Begründen Sie, welche der folgenden Funktionen die Abkühlung des Eistees im Kühlschrank beschreiben könnte:

$f_1(t) = 20 - 1{,}5t$ $f_2(t) = 14 \cdot 3^{-t} + 6$ $f_3(t) \approx 7\sin(0{,}7(t + 2)) + 13$

8 Eine Druckerei bietet den Druck von Schülerzeitungen an. Der Preis pro Exemplar ist dabei abhängig von der Auflagenhöhe. Die Funktion f mit $f(x) = \frac{12x + 1400}{8x}$ modelliert für $x \in \mathbb{N}\backslash\{0\}$ den Preis pro Stück (f(x) in €, x: Anzahl der Exemplare).

a) Zeigen Sie, dass der Funktionsterm äquivalent zum Term $1{,}5 + \frac{175}{x}$ ist, und begründen Sie damit, dass f konvergiert. Geben Sie die Bedeutung des Grenzwerts im Sachzusammenhang an.

b) Berechnen Sie, ab welcher produzierten Stückzahl der Preis höchstens 2 Euro pro Schülerzeitung beträgt.

c) Bestimmen Sie die zu produzierende Mindeststückzahl, damit jede Zeitung gerundet auf Cent nur den Grenzwert aus a) kostet.

Lösungen
→ S. 186

1 Gegeben sind die Graphen der Funktionen f, g und h. Begründen Sie anhand verschiedener Merkmale wie Definitionsbereich, Monotonie, Symmetrie oder Grenzverhalten, zu welcher Funktionsklasse die Funktionen gehören könnten, und geben Sie begründet eine mögliche Funktionsgleichung an.

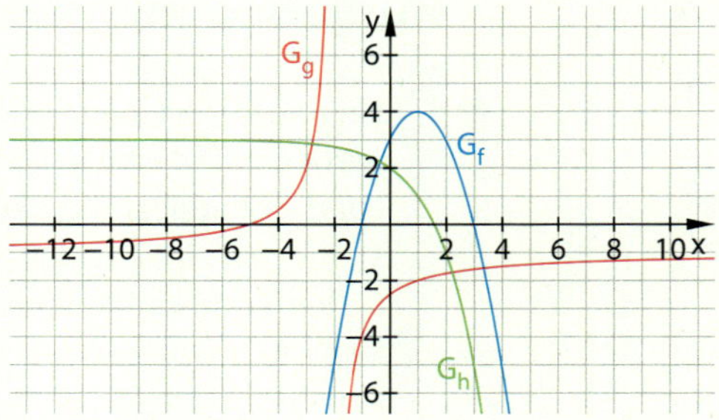

2 Geben Sie den Funktionsterm einer Funktion mit maximaler Definitionsmenge an, die die gegebene Wertemenge besitzt.
a) $W = [-2; \infty[$ b) $W =]-\infty; 0[$ c) $W = [-2; 2]$ d) $W = \mathbb{R}\setminus\{-1\}$

3 Ermitteln Sie das Grenzverhalten der Funktion f für $x \to +\infty$ und für $x \to -\infty$.
a) $f(x) = -x^3$ b) $f(x) = \frac{-2}{x} + 3$ c) $f(x) = 4 - 0{,}5^x$ d) $f(x) = 2\sin(x)$

4 Untersuchen Sie die Funktion f auf Nullstellen sowie auf das Verhalten im Unendlichen und skizzieren Sie den Graphen.
a) $f(x) = -2(x+1)^2 - 8$ b) $f(x) = x^3 - 4x$
c) $f(x) = \frac{1}{x+2} - 1$ d) $f(x) = 2^{-x} - 1$

5 Für eine Funktion f gelte: $\lim\limits_{x\to-\infty} f(x) = -2$ und $\lim\limits_{x\to+\infty} f(x) = +\infty$. Geben Sie das Verhalten der Funktion g im Unendlichen mithilfe der Grenzwertschreibweise an.
a) $g(x) = f(x) + 3$ b) $g(x) = 0{,}5f(x)$ c) $g(x) = 10 - f(x)$ d) $g(x) = [f(x)]^2$

6 Untersuchen Sie rechnerisch, ob der Graph der Funktion f achsensymmetrisch zur y-Achse oder punktsymmetrisch zum Ursprung ist.
a) $f(x) = -x^3 + 3x$ b) $f(x) = x^4 - x^2 + 5$ c) $f(x) = 2\sin(x)$ d) $f(x) = \frac{3}{x}$

7 Entscheiden Sie begründet, ob der Graph von f achsensymmetrisch zur y-Achse, punktsymmetrisch zum Ursprung oder keins von beiden ist.
a) $f(x) = 3^x + 3^{-x}$ b) $f(x) = x + \sin(x)$
c) $f(x) = -x \cdot \cos(2x)$ d) $f(x) = x^2 + \frac{1}{x}$
e) $f(x) = \sin(x) \cdot \cos(x)$ f) $f(x) = \left(\frac{1}{2}\right)^x + 2^x$
g) $f(x) = x \cdot |x|$ h) $f(x) = \sin(x) - \cos(x)$

8 Skizzieren Sie den Graphen einer Funktion f mit den folgenden Eigenschaften.
a) Der Graph von f ist achsensymmetrisch zur y-Achse und verläuft nur unterhalb der x-Achse. Die Funktion f divergiert für $x \to +\infty$ bestimmt.
b) Der Graph von f ist achsensymmetrisch zur y-Achse und verläuft durch den Ursprung. Die Funktion f hat für $x \to \pm\infty$ den Grenzwert −3.
c) Der Graph von f ist punktsymmetrisch zum Ursprung und die Funktion f hat $x = 3$ als doppelte Nullstelle. Zudem gilt: $\lim\limits_{x\to-\infty} f(x) = -\infty$
d) Der Graph von f ist punktsymmetrisch zum Ursprung, die Funktion f hat die Definitionsmenge $D = \mathbb{R}\setminus\{0\}$ und es gilt: $\lim\limits_{x\to+\infty} f(x) = 0$
e) Der Graph von f ist achsensymmetrisch zur y-Achse und verläuft nur oberhalb der x-Achse. Die Funktion f divergiert für $x \to +\infty$ unbestimmt.
f) Der Graph von f ist punktsymmetrisch zum Ursprung und für die Funktion f gilt: $\lim\limits_{x\to-\infty} f(x) = \lim\limits_{x\to\infty} f(x)$

Lösungen
→ S. 187

9 Entscheiden und begründen Sie, ob die Aussage wahr oder falsch ist.

a) Wenn für die Funktion f gilt: $f(0) = 0$ und $\lim\limits_{x \to -\infty} f(x) = -\lim\limits_{x \to \infty} f(x)$, dann ist der Graph von f punktsymmetrisch zum Ursprung.

b) Ist der Graph von f achsensymmetrisch zur y-Achse, so gilt für die Funktion f: $\lim\limits_{x \to -\infty} f(x) = \lim\limits_{x \to \infty} f(x)$, sofern der Grenzwert existiert.

c) Ist der Graph von f punktsymmetrisch zum Ursprung und gilt für die Funktion f: $\lim\limits_{x \to -\infty} f(x) = \lim\limits_{x \to \infty} f(x)$, so ist die x-Achse Asymptote des Graphen von f.

10 Erstellen Sie eine Übersicht über die folgenden Funktionstypen. Treffen Sie Aussagen über das Verhalten der Funktion für $x \to +\infty$ und $x \to -\infty$ und das Monotonie- und Symmetrieverhalten des Graphen zum Koordinatensystem. Achten Sie auf erforderliche Fallunterscheidungen.

$f(x) = \frac{a}{x-b} + c$ $g(x) = x^n$ $h(x) = a^x$ $i(x) = a \cdot \sin(x - c) + d$

11 Der Graph von g entsteht aus dem Graphen der Funktion f mit $f(x) = x^3$ durch Strecken in y-Richtung und Verschiebungen entlang beider Achsen. Bestimmen Sie eine Funktionsgleichung von g.

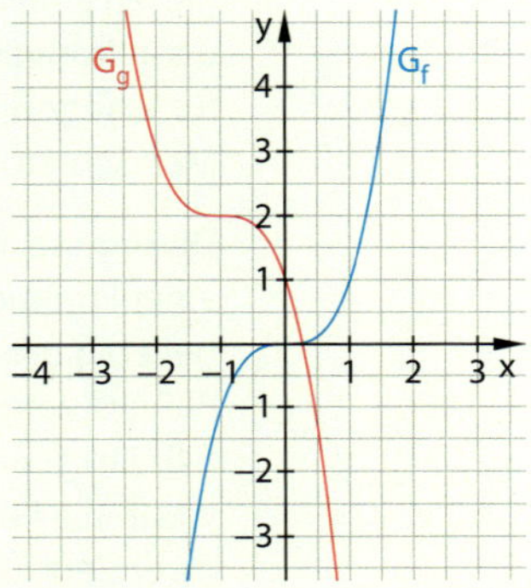

12 Es gilt $g(x) = a \cdot f(b(x - c)) + d$. Beschreiben Sie, wie der Graph von g aus dem Graphen von f entsteht.

a) $f(x) = x^2$ $g(x) = -2(x+3)^2 - 1$

b) $f(x) = \frac{1}{x}$ $g(x) = \frac{3}{x-1} + 2$

c) $f(x) = 1{,}5^x$ $g(x) = 3 - 1{,}5^{x-1}$

d) $f(x) = \cos(x)$ $g(x) = -3\cos(0{,}5x) - 1$

13 Beschreiben Sie den Verlauf des Graphen von f unter Verwendung der Fachsprache.

a) $f(x) = -0{,}5(x+3)^2 - 1{,}5$ b) $f(x) = x^4 - 2x^2 + 1$ c) $f(x) = (x-3)x(x+3)$

d) $f(x) = \frac{3}{x-2} + 1$ e) $f(x) = -3 \cdot 2^x$ f) $f(x) = 2\cos(x) - 1$

14 Prüfen Sie die Funktion f auf Stetigkeit an der Nahtstelle.

a) $f\colon x \mapsto |x-2|$ b) $f\colon x \mapsto \begin{cases} -x^3 + 2; & x < 1 \\ x^2 - 1; & x \geq 1 \end{cases}$ c) $f\colon x \mapsto \begin{cases} x^2; & x \leq 2 \\ 2^x; & x > 2 \end{cases}$

Wo stehe ich?

	Ich kann…	Aufgabe	Nachschlagen
1.1	… Funktionen anhand ihrer Eigenschaften bzw. ihres Graphen der richtigen Funktionsklasse zuordnen.	1, 2	S. 9 Beispiel 1
1.2	… Funktionen auf Konvergenz, bestimmte Divergenz und unbestimmte Divergenz untersuchen. … Grenzwerte von Funktionen bestimmen.	3, 4, 5, 8, 9, 13	S. 13 Beispiel 1, S. 15 Beispiel 2
1.3	… Funktionsgraphen auf Symmetrien zum Koordinatensystem untersuchen.	6, 7, 8, 9	S. 18 Beispiel 1
1.4	… Funktionsgraphen entlang der Koordinatenachsen verschieben und passende Funktionsterme dazu aufstellen. … Funktionsgraphen bezüglich der Koordinatenachsen strecken und passende Funktionsterme dazu aufstellen.	11, 12, 13	S. 22 Beispiel 1, S. 23 Beispiel 2, S. 24 Beispiel 3, S. 25 Beispiel 4
1.5	… Verschiebungen und Streckungen eines Funktionsgraphen in der richtigen Reihenfolge ausführen.	11, 12, 13	S. 29 Beispiel 1, S. 29 Beispiel 2
1.6	… Funktionen grafisch auf Stetigkeit untersuchen.	14	S. 32 Beispiel 1

Funktionsklassen

Lineare Funktionen: $f(x) = mx + t$
Quadratische Funktionen: $f(x) = ax^2 + bx + c$
Potenzfunktionen: $f(x) = a \cdot x^n$
Ganzrationale Funktionen:
$f(x) = a_n x^n + a_{n-1} x^{n-1} + \ldots + a_1 x + a_0$
Elementare gebrochen-rationale Funktionen:
$f(x) = \frac{a}{x-b} + c$
Exponentialfunktionen: $f(x) = b \cdot a^x$
Trigonometrische Funktionen:
$f(x) = a \cdot \sin(b(x-c)) + d$

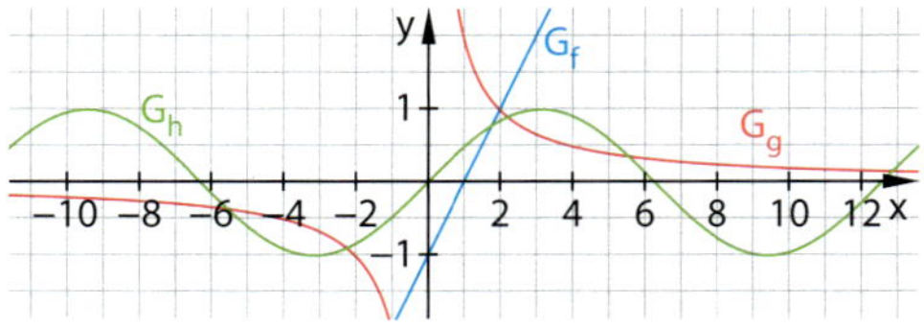

f: lineare Funktion, da der Graph eine Gerade ist
g: elementare gebrochen-rationale Funktion, da der Graph eine Hyperbel ist
h: Sinusfunktion

Verhalten im Unendlichen

Konvergenz: Wenn die Funktionswerte f(x) einer Funktion f für $x \to +\infty$ bzw. für $x \to -\infty$ gegen eine reelle Zahl a streben ($f(x) \to a$), dann **konvergiert** f gegen den **Grenzwert** a für **x gegen plus** bzw. **minus unendlich.**
Man schreibt: $\lim\limits_{x \to +\infty} f(x) = a$ bzw. $\lim\limits_{x \to -\infty} f(x) = a$

$f(x) = \frac{1}{x} + 3$
Für $x \to +\infty$ wird der Summand $\frac{1}{x}$ beliebig klein, der Summand 3 bleibt konstant. Also konvergiert f dort gegen den Grenzwert 3:
$\lim\limits_{x \to +\infty} f(x) = 3$

Divergenz: Wenn die Funktionswerte f(x) einer Funktion f für $x \to +\infty$ bzw. für $x \to -\infty$ beliebig groß oder beliebig klein werden, dann **divergiert f bestimmt.** Man schreibt z. B. $\lim\limits_{x \to +\infty} f(x) = \infty$.
Wenn die Funktion f weder bestimmt divergiert noch konvergiert, dann **divergiert f unbestimmt.**

$g(x) = -3^x + 2$
Für $x \to +\infty$ werden die Funktionswerte beliebig klein, also divergiert f dort bestimmt:
$\lim\limits_{x \to +\infty} g(x) = -\infty$

$h(x) = \sin(x)$: Die Funktionswerte von h schwanken für $x \to +\infty$ immer zwischen 1 und −1, daher divergiert h unbestimmt.

Symmetrie zum Koordinatensystem

Achsensymmetrie: Der Graph einer Funktion f ist achsensymmetrisch zur y-Achse, wenn für alle x aus dem Definitionsbereich gilt:
$f(-x) = f(x)$

Punktsymmetrie: Der Graph einer Funktion f ist punktsymmetrisch zum Ursprung, wenn für alle x aus dem Definitionsbereich gilt:
$f(-x) = -f(x)$

$f(x) = x^2 - 1$
$f(-x) = (-x)^2 - 1 = x^2 - 1 = f(x)$
Der Graph von f ist achsensymmetrisch zur y-Achse.

$g(x) = \frac{3}{x}$
$g(-x) = \frac{3}{-x} = -\frac{3}{x} = -g(x)$
Der Graph von g ist punktsymmetrisch zum Ursprung.

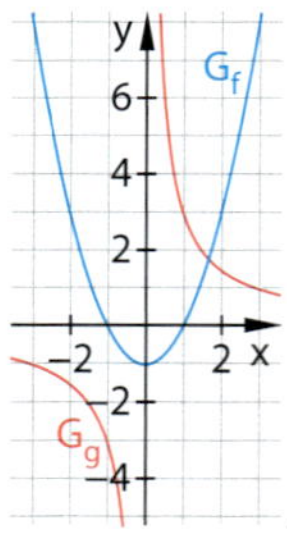

Transformationen

Der Graph der Funktion g mit $g(x) = a \cdot f(b(x-c)) + d$ (mit $a, b \neq 0$) geht aus dem Graphen von f hervor durch:

- **Streckung** mit dem Faktor $|a|$ in **y-Richtung**
- für $a < 0$: **Spiegelung** an der **x-Achse**
- **Streckung** mit dem Faktor $\frac{1}{|b|}$ in **x-Richtung**
- für $b < 0$: **Spiegelung** an der **y-Achse**
- **Verschiebung** um c Einheiten in **x-Richtung**
- **Verschiebung** um d Einheiten in **y-Richtung**

$f(x) = \sin(x)$
$g(x) = -2\sin(0{,}2(x-1)) + 3$
Der Graph von g entsteht aus dem Graphen von f durch eine Streckung mit dem Faktor 2 in y-Richtung, eine Spiegelung an der x-Achse, eine Streckung mit dem Faktor 5 in x-Richtung, eine Verschiebung um 1 Einheit nach rechts und eine Verschiebung um 3 Einheiten nach oben.

Stetigkeit

Eine (abschnittsweise definierte) Funktion f heißt **stetig** an einer Nahtstelle x_0, wenn die Graphenstücke von f in x_0 aufeinandertreffen. Allgemein heißt eine Funktion stetig, wenn ihr Graph innerhalb der Teilintervalle ihres Definitionsbereichs keine Sprünge macht.

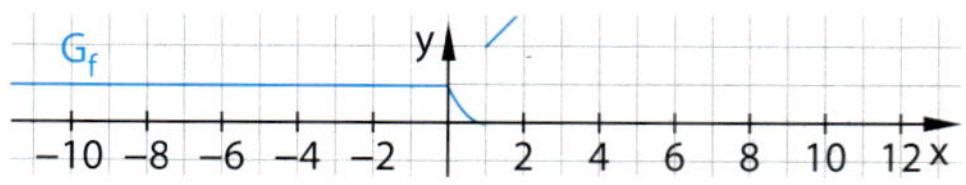

Bei $x_0 = 0$ treffen die Graphenstücke von f aufeinander. Dort ist f stetig. Bei $x_0 = 1$ treffen die Graphenstücke nicht zusammen. Dort ist f nicht stetig.

2

Gebrochen-rationale Funktionen

Nach diesem Kapitel können Sie

→ einfache gebrochen-rationale Funktionen auf Definitionslücken, Nullstellen und Polstellen untersuchen,

→ Gleichungen von Asymptoten bestimmen,

→ aus dem Graphen auf den Term einer gebrochen-rationalen Funktion schließen und umgekehrt,

→ Schnittpunkte von Graphen gebrochen-rationaler Funktionen bestimmen.

Lösungen
→ S. 188

Elementare gebrochen-rationale Funktionen $x \mapsto \frac{a}{x-b} + c$

1 Definieren Sie den Begriff „indirekte Proportionalität" und geben Sie ein Beispiel an.

2 Beschreiben Sie den Verlauf des Graphen der Funktion f: $x \mapsto \frac{1}{x}$. Geben Sie den Definitions- und Wertebereich der Funktion an.

3 Erläutern Sie, wie der Graph der Funktion g aus dem Graph der Funktion f mit $f(x) = \frac{1}{x}$ entsteht. Geben Sie für die Funktion g die Definitions- und die Wertemenge an.
a) $g(x) = -\frac{1}{x}$ b) $g(x) = \frac{2}{x}$ c) $g(x) = \frac{1}{x} - 2$ d) $g(x) = \frac{1}{x+1}$

4 Die Graphen der elementaren gebrochen-rationalen Funktionen $x \mapsto \frac{a}{x-b} + c$, $a \neq 0$, besitzen Asymptoten. Beschreiben Sie die Asymptoten und geben Sie die zugehörigen Gleichungen an.

5 Begründen Sie, ob der Graph zu einer elementaren gebrochen-rationalen Funktion gehört.

a)
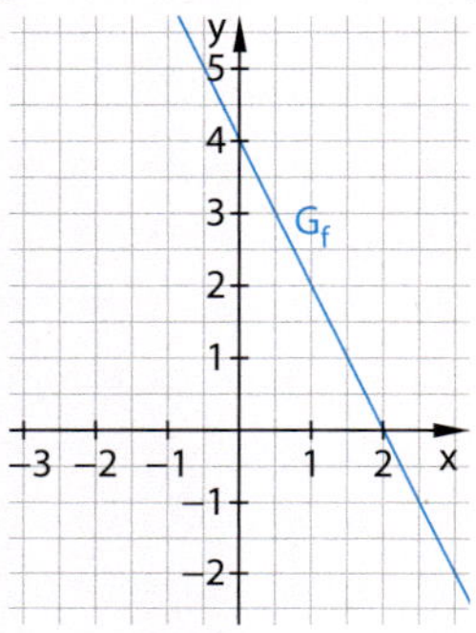

b)
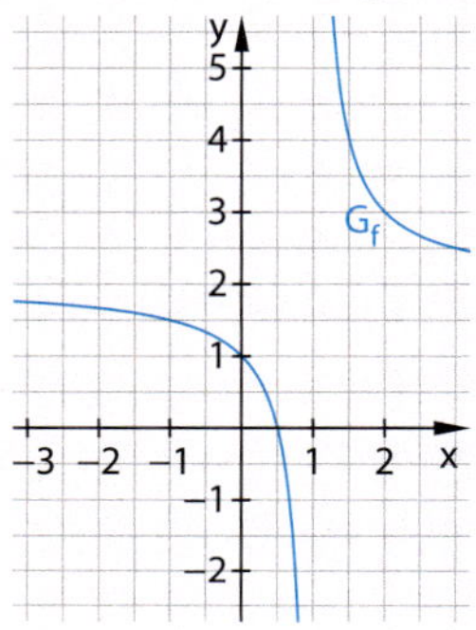

c)
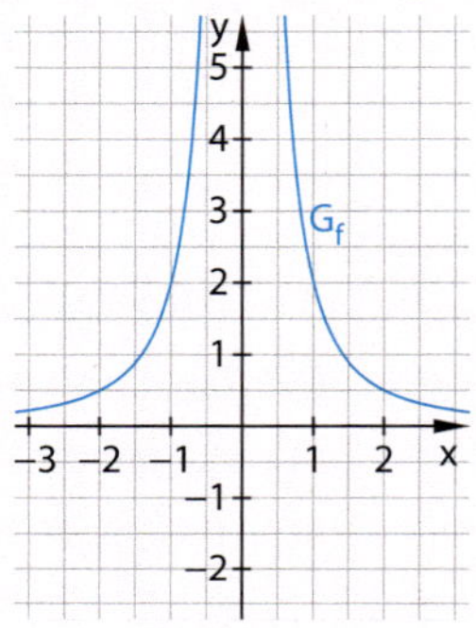

6 Ermitteln Sie den Funktionsterm der elementaren gebrochen-rationalen Funktion f.

a)
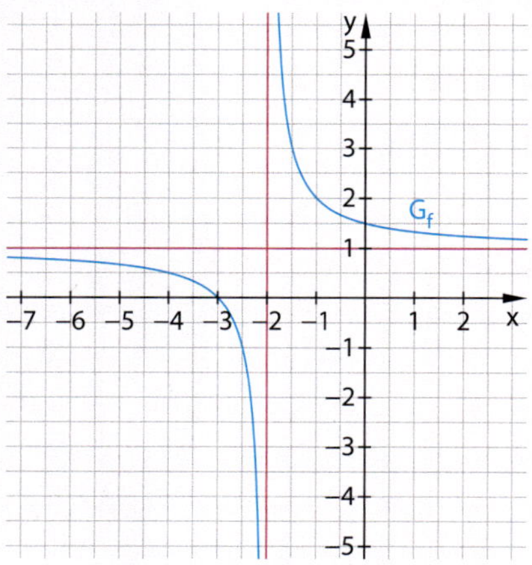

b)
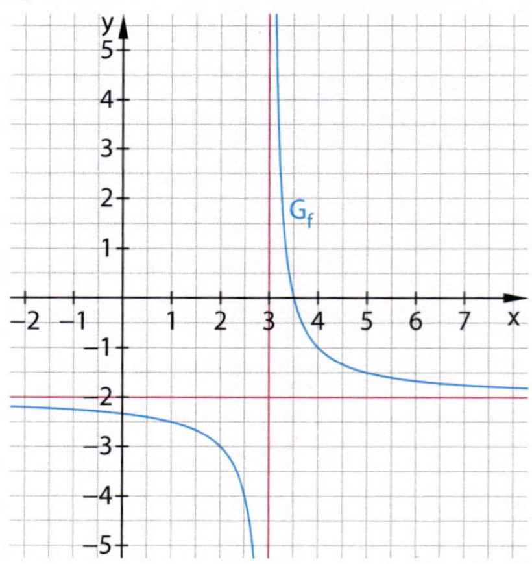

7 Ermitteln Sie den Funktionsterm einer elementaren gebrochen-rationalen Funktion mit den gegebenen Eigenschaften.
a) Der Graph geht aus dem Graphen der Funktion $x \mapsto \frac{1}{x}$ durch Verschiebung um 1 Einheit nach rechts und 4 Einheiten nach unten hervor.
b) Der Graph geht aus dem Graphen der Funktion $x \mapsto -\frac{1}{x}$ durch Verschiebung um 1 Einheit nach links und 2 Einheiten nach oben hervor.
c) Der Graph entsteht durch Verschiebungen in x- und y-Richtung aus dem Graphen der Funktion $x \mapsto \frac{2}{x}$ und hat die senkrechte Asymptote $x = 2$ und die waagerechte Asymptote $y = 2$.

Lösungen → S. 188

8 Geben Sie die Definitionsmenge und die Wertemenge der Funktion g sowie die Gleichungen der Asymptoten des Graphen von g an. Erläutern Sie, wie der Graph aus dem Graphen der Funktion f mit $f(x) = \frac{1}{x}$ hervorgeht. Ermitteln Sie die Schnittpunkte des Graphen von g mit den Koordinatenachsen und skizzieren Sie den Graphen.

a) $g(x) = -\frac{1}{x-1}$ b) $g(x) = \frac{2}{x} + 2$ c) $g(x) = \frac{1}{x-2} - 2$ d) $g(x) = -\frac{1}{x+1} + 1$

9 Untersuchen Sie die Funktion f auf Nullstellen.

a) $f(x) = \frac{1}{x-1} - 2$ b) $f(x) = \frac{3}{x} + 3$ c) $f(x) = \frac{1}{x-4} - 2$ d) $f(x) = -\frac{1}{x+1} + 3$

e) $f(x) = \frac{2}{x+3} + 1$ f) $f(x) = -\frac{4}{x-2} + 4$ g) $f(x) = -\frac{2}{x} + 8$ h) $f(x) = \frac{3}{x-4} - 5$

Lineare und quadratische Gleichungen

10 Lösen Sie die Gleichung.

a) $5x + 3 = 18$ b) $-x + 3 = 4$ c) $2 - 5x = 6x + 8$ d) $0{,}5x + 1{,}5 = 2 - x$

e) $2(x - 3) = 0$ f) $3(x + 1) = 9$ g) $14x + 6 = 14 + 6x$ h) $2 - x = 3 - x$

11 Lösen Sie die Gleichung mit dem Satz vom Nullprodukt.

a) $(x + 2)(x - 1) = 0$ b) $x(x - 3) = 0$ c) $(x^2 - 4)(x + 1) = 0$ d) $(x^2 + 1)x = 0$

12 Lösen Sie die Gleichung mit der Lösungsformel für quadratische Gleichungen.

a) $x^2 + 4x + 3 = 0$ b) $2x^2 - 8x + 14 = 0$ c) $1{,}5x^2 + 15x - 36 = 0$

d) $0{,}5x^2 - 5x - 5{,}5 = 0$ e) $-x^2 - 6x + 7 = 0$ f) $3x^2 + x + 1 = 0$

13 Lösen Sie die Gleichung.

a) $0 = -0{,}25x + 2$ b) $-4 = x + 1$ c) $x^2 - x = 0$ d) $x^2 = 2x - 5$

e) $x^2 + 4 = 0$ f) $(x - 3)^2 = 0$ g) $(x + 2)^2 = 4$ h) $1 - x^2 = x^2 - x$

Bruchterme und -gleichungen

14 Ermitteln Sie die Definitionsmenge des Bruchterms.

a) $\frac{1}{4x^2 - 2x}$ b) $\frac{x}{(x+2)^2}$ c) $\frac{2x}{x^2 + 5x}$ d) $\frac{2}{(x-1)^2}$

15 Kürzen Sie den Bruchterm vollständig. Geben Sie an, für welche Werte von x gekürzt werden darf.

a) $\frac{24x}{12x^3}$ b) $\frac{64x^3}{-36x(x+4)}$ c) $\frac{3x(x-1)}{4(x^2-x)}$ d) $\frac{68(x^2+2x)}{17(x+2)^3}$

e) $\frac{3x^3(x+2)}{x^2(2+x)}$ f) $\frac{2x-2}{(x-1)(x+1)}$ g) $\frac{8-4x}{3(2x-4)}$ h) $\frac{5(3x-6)}{3(4-2x)}$

16 Lösen Sie die Gleichung. Geben Sie die Definitionsmenge an.

a) $-\frac{1}{x-1} = 1$ b) $x = \frac{2}{x} + 2$ c) $x = \frac{1}{x-2} - 2$ d) $x + 1 = -\frac{1}{x+1} + 1$

e) $x + 1 = \frac{4}{x-1} + 2$ f) $\frac{x}{3} = 2x + \frac{1}{x}$ g) $x + 4 = -\frac{4}{x}$ h) $x - \frac{1}{x} = -\frac{1}{x} + 1$

17 Geben Sie die Definitionsbereiche der Bruchterme an. Bestimmen Sie anschließend die Lösungsmenge der Gleichung durch Über-Kreuz-Multiplizieren.

a) $\frac{2}{x} = \frac{3}{x-2}$ b) $\frac{-2}{x+2} = \frac{1{,}5}{x-3}$ c) $\frac{3}{x-1} = \frac{2}{x+1}$

d) $\frac{2}{x-3} = \frac{3}{x}$ e) $\frac{1-x}{x+2} - \frac{1}{4} = 0$ f) $\frac{3}{4} - \frac{5}{x-2} = 0$

g) $\frac{-1{,}5}{2x-5} = -\frac{1}{x+2}$ h) $\frac{x-1}{x-2} = \frac{x+1}{x+2}$ i) $\frac{x+3}{x} = \frac{x+1}{x-3}$

2.1 Definitionslücken, Nullstellen und Polstellen

Begründen Sie, dass der abgebildete Graph zur Funktion f mit $f(x) = \frac{1}{x-3} + 1$ gehört.
Geben Sie die Definitionsmengen von f und g mit $g(x) = \frac{x-2}{x-3}$ an.
Bestimmen Sie die Nullstellen von f und g.
Ermitteln Sie einige Funktionswerte von g und vergleichen Sie sie mit den Funktionswerten von f an denselben Stellen. Erklären Sie Ihre Beobachtungen.

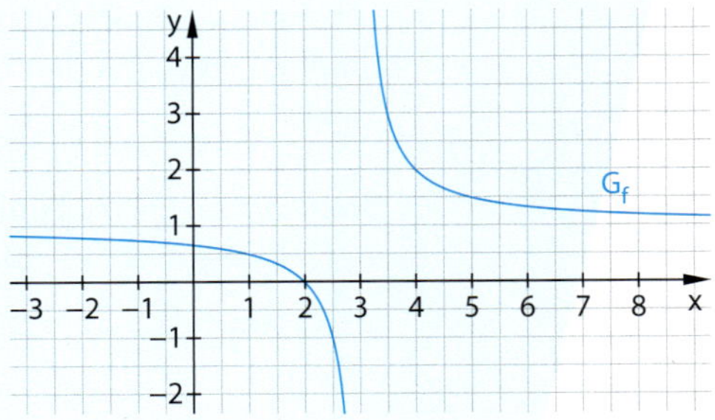

Definitionslücken und Nullstellen

Der Term einer elementaren gebrochen-rationalen Funktion der Form $x \mapsto \frac{a}{x-b} + c$ lässt sich auch als Bruch der Form $\frac{cx+d}{x-b}$ schreiben, also als Bruch mit je einer ganzrationalen Funktion im Zähler und im Nenner. Funktionen dieser Art heißen **gebrochen-rationale Funktionen**.

Info

Eine Funktion, bei der Zähler und Nenner höchstens den Grad 2 haben und deren Term vollständig gekürzt ist, heißt **einfache gebrochen-rationale Funktion**.

Definition **Gebrochen-rationale Funktionen**

Sind p und q ganzrationale Funktionen und hat q mindestens den Grad 1, so nennt man die Funktion f mit $f(x) = \frac{p(x)}{q(x)}$ eine **gebrochen-rationale Funktion**.

Die Funktion f ist an den Nullstellen ihres Nenners q nicht definiert, diese heißen **Definitionslücken** von f. Die Nullstellen des Zählers p einer einfachen gebrochen-rationalen Funktion f sind die **Nullstellen** der Funktion f.

Bei der Untersuchung der Definitionsmenge einer Funktion ist im Folgenden stets die maximale Definitionsmenge gemeint, soweit nicht anders angegeben.

Erinnerung

Satz vom Nullprodukt: Ein Produkt ist genau dann null, wenn mindestens einer seiner Faktoren null ist.

Beispiel 1 Bestimmen Sie die Definitionsmenge und die Nullstellen der Funktion f.

a) $f(x) = \frac{(x-1)(2x+3)}{(x+1)(x-4)}$ b) $f(x) = \frac{x^2-16}{x^2+5x}$

Lösung:

a) **Definitionsmenge:** Setzen Sie den Nenner gleich null.
Die Nullstellen des Nenners sind die Definitionslücken von f.

Definitionsmenge: $(x+1)(x-4) = 0$
Lösungen: $x_1 = -1$, $x_2 = 4$, also
$D = \mathbb{R}\setminus\{-1; 4\}$

Nullstellen: Setzen Sie den Zähler gleich null.
Die Nullstellen des Zählers sind die Nullstellen von f, da f einfach gebrochen-rational ist.

Nullstellen: $(x-1)(2x+3) = 0$
Lösungen: $x_1 = 1$, $x_2 = -1{,}5$
$x_1 \in D$ und $x_2 \in D$, also sind $x_1 = 1$ und $x_2 = -1{,}5$ die Nullstellen der Funktion.

b) **Definitionsmenge:** Lösen Sie die Gleichung durch Faktorisieren.

Definitionsmenge: $x^2 + 5x = x(x+5) = 0$
Lösungen: $x_1 = 0$, $x_2 = -5$, also
$D = \mathbb{R}\setminus\{-5; 0\}$

Nullstellen: Faktorisieren Sie den Zähler mithilfe der 3. binomischen Formel.
Die Nullstellen des Zählers sind die Nullstellen der einfachen gebrochen-rationalen Funktion f.

Nullstellen: $x^2 - 16 = (x-4)(x+4) = 0$
Lösungen: $x_1 = 4$, $x_2 = -4$
Nullstellen von f: $x = 4$ und $x = -4$

Basisaufgaben

1 Geben Sie die Definitionsmenge und die Nullstellen der Funktion f an.

a) $f(x) = \frac{x-1}{x+1}$ b) $f(x) = \frac{3x+5}{2x-1}$ c) $f(x) = \frac{x-2}{(x-1)(x+2)}$

d) $f(x) = \frac{(x+3)(x-2)}{x(x+4)}$ e) $f(x) = \frac{2x+5}{(x-2)(7-x)}$ f) $f(x) = \frac{(2x-2)(2x+1)}{(3x-4)(4x-3)}$

g) $f(x) = \frac{x(0{,}5x+0{,}4)}{0{,}2x-1}$ h) $f(x) = \frac{(6x-3)(2x+5)}{(2x-4)(4x-10)}$ i) $f(x) = \frac{(x+3)(x-1)}{(6-3x)(4x-8)}$

2 Den Funktionsterm einer elementaren gebrochen-rationalen Funktion $x \mapsto \frac{a}{x-b} + c$ kann man auch in der Form $\frac{cx+d}{x-b}$ schreiben. Diskutieren Sie die Vor- und Nachteile der jeweiligen Darstellungsform. Gehen Sie auf die Bestimmung der Nullstellen und Asymptoten ein.

3 Bestimmen Sie die Definitionsmenge und die Nullstellen der Funktion f, sofern vorhanden.

a) $f(x) = \frac{x^2-x}{2x+3}$ b) $f(x) = \frac{x-2}{x^2+1}$ c) $f(x) = \frac{x^2+4x+4}{x-2}$

d) $f(x) = \frac{x^2-25}{x+3}$ e) $f(x) = \frac{2x^2-3x+7}{x^2-2x+1}$ f) $f(x) = \frac{9x^2-6x+9}{6x+2x^2}$

g) $f(x) = \frac{2x^2-8x}{3x+12}$ h) $f(x) = \frac{7x^2+9}{2x^2-4x+3}$ i) $f(x) = \frac{2x^2-1}{4x-6x^2-3}$

4 Geben Sie einen Term einer gebrochen-rationalen Funktion mit der gegebenen Definitionsmenge und genau den gegebenen Nullstellen an.

a) $D = \mathbb{R}\setminus\{-1\}; x = 3$ b) $D = \mathbb{R}\setminus\{2; 4\}; x = 0{,}5$

c) $D = \mathbb{R}\setminus\{-2\}; x_1 = 1; x_2 = 6$ d) $D = \mathbb{R}\setminus\{-1; 0\}; x = 10$

e) $D = \mathbb{R}; x_1 = 4; x_2 = -4$ f) $D = \mathbb{R}\setminus\{1; 3\}; x_1 = 0; x_2 = 2{,}5$

Polstellen und senkrechte Asymptoten

Der Graph einer gebrochen-rationalen Funktion kann sich an den Definitionslücken unterschiedlich verhalten. Die Funktion f mit $f(x) = \frac{1}{x+1}$ hat eine Definitionslücke bei $x = -1$.

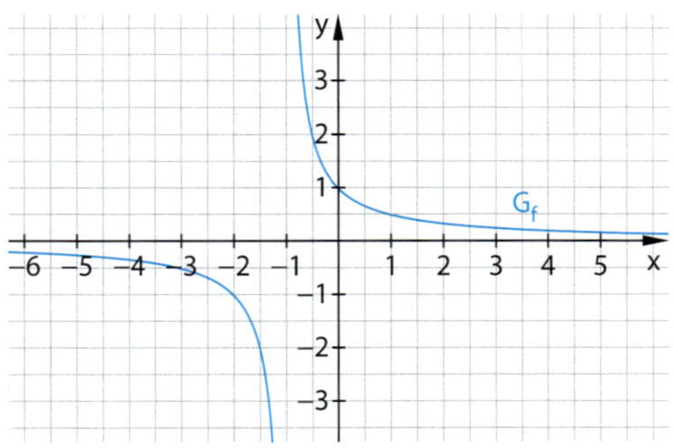

In der Umgebung der Stelle −1 werden die Funktionswerte sehr klein bzw. sehr groß. Der Graph verläuft gegen $-\infty$ bzw. $+\infty$:

Für $x \to -1$ gilt $\lim\limits_{\substack{x\to -1\\ x<-1}} f(x) = -\infty$ und $\lim\limits_{\substack{x\to -1\\ x>-1}} f(x) = +\infty$. Der Graph hat hier eine **Polstelle** und nähert sich der senkrechten Asymptote $x = -1$ an. Da der linksseitige Grenzwert ($x < -1$) und der rechtsseitige Grenzwert ($x > -1$) nicht übereinstimmen, ändert sich das Vorzeichen an der Polstelle von − nach +.

Bei der Definitionslücke des Graphen der Funktion g mit $g(x) = \frac{1}{(x-2)^2}$ handelt es sich um eine Polstelle ohne Vorzeichenwechsel: Der Zähler ist immer positiv, und auch der Nenner ist wegen des Quadrats immer positiv. Damit sind die Funktionswerte von g sowohl bei einer Annäherung von links als auch von rechts an die Polstelle stets positiv.

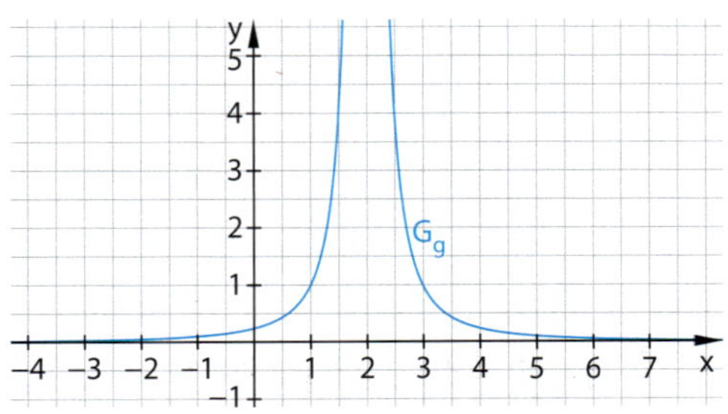

Sowohl f als auch g haben an ihrer Polstelle eine senkrechte Asymptote.

Definition **Polstelle**

Sei x_0 eine Definitionslücke einer gebrochen-rationalen Funktion f.
Streben die Funktionswerte f(x) für x gegen x_0 sowohl linksseitig als auch rechtsseitig gegen ±∞, also $\lim\limits_{\substack{x\to x_0\\x<x_0}} f(x) = \pm\infty$ und $\lim\limits_{\substack{x\to x_0\\x>x_0}} f(x) = \pm\infty$, so nennt man x_0 eine **Polstelle** von f.
Der Graph hat in diesem Fall eine **senkrechte Asymptote** mit der Gleichung $x = x_0$.

Polstelle mit Vorzeichenwechsel: links- und rechtsseitiger Grenzwert sind verschieden:
$\lim\limits_{\substack{x\to x_0\\x<x_0}} f(x) = -\infty$; $\lim\limits_{\substack{x\to x_0\\x>x_0}} f(x) = \infty$ oder $\lim\limits_{\substack{x\to x_0\\x<x_0}} f(x) = \infty$; $\lim\limits_{\substack{x\to x_0\\x>x_0}} f(x) = -\infty$

Polstelle ohne Vorzeichenwechsel: links- und rechtsseitiger Grenzwert sind gleich:
$\lim\limits_{\substack{x\to x_0\\x<x_0}} f(x) = \lim\limits_{\substack{x\to x_0\\x>x_0}} f(x) = \infty$ oder $\lim\limits_{\substack{x\to x_0\\x<x_0}} f(x) = \lim\limits_{\substack{x\to x_0\\x>x_0}} f(x) = -\infty$

Jede Nullstelle des Nenners einer einfachen gebrochen-rationalen Funktion ist eine Polstelle.

Beispiel 2 Geben Sie die Definitionsmenge an und untersuchen Sie f auf Polstellen. Bestimmen Sie das Verhalten der Funktionswerte in der Nähe der Polstellen. Geben Sie die links- und rechtsseitigen Grenzwerte sowie Gleichungen der senkrechten Asymptoten an.

a) $f(x) = \frac{x-1}{x^2-6x+9}$ b) $f(x) = \frac{(x+5)(x-5)}{x^2+6x+8}$

Lösung:

a) Bestimmen Sie die Nennernullstellen mithilfe der 2. binomischen Formel.

$x^2 - 6x + 9 = (x-3)^2 = 0$
Lösung: $x = 3$
Also ist $D = \mathbb{R}\setminus\{3\}$.

Setzen Sie die Definitionslücke in den Zähler ein. Untersuchen Sie das Vorzeichen des Funktionsterms links und rechts der Polstelle.

$3 - 1 = 2 \neq 0$, also Polstelle bei $x = 3$
Der Nenner $(x-3)^2$ ist auf ganz D positiv. Der Zähler $x - 1$ ist für $x > 1$ ebenfalls immer positiv. Also ist auch der Funktionsterm für $x > 1$ stets positiv.

Geben Sie damit die Grenzwerte und die Art der Polstelle an.

Es gilt $\lim\limits_{\substack{x\to 3\\x<3}} f(x) = +\infty$ und $\lim\limits_{\substack{x\to 3\\x>3}} f(x) = +\infty$,
3 ist also eine Polstelle ohne VZW.

Notieren Sie eine Gleichung der Asymptote.

Asymptote: $x = 3$

b) Ermitteln Sie die Nennernullstellen mit der Lösungsformel für quadratische Gleichungen.

$x^2 + 6x + 8 = 0$
Lösungen: $x_{1/2} = \frac{-6 \pm \sqrt{6^2 - 4\cdot1\cdot8}}{2\cdot1}$
$x_1 = -2$, $x_2 = -4$; also ist $D = \mathbb{R}\setminus\{-4; -2\}$.

Schreiben Sie den Nenner in faktorisierter Form und geben Sie die beiden Polstellen an.

$f(x) = \frac{(x+5)(x-5)}{(x+2)(x+4)}$
Die Polstellen sind $x = -2$ und $x = -4$.

Bestimmen Sie das Verhalten links und rechts der Polstellen.

Der Zähler ist für $-5 < x < 5$ negativ. Der Nenner ist für $x < -4$ und $x > -2$ positiv, da in diesen Fällen beide Faktoren das gleiche Vorzeichen haben. Für $-4 < x < -2$ ist der Nenner negativ. Also ist der Wert des Funktionsterms für $-5 < x < -4$ und $-2 < x < 5$ negativ und für $-4 < x < -2$ positiv. Damit findet an beiden Polstellen ein VZW statt.
$\lim\limits_{\substack{x\to -4\\x<-4}} f(x) = -\infty$ und $\lim\limits_{\substack{x\to -4\\x>-4}} f(x) = +\infty$,
$\lim\limits_{\substack{x\to -2\\x<-2}} f(x) = +\infty$ und $\lim\limits_{\substack{x\to -2\\x>-2}} f(x) = -\infty$,

Geben Sie Gleichungen der Asymptoten an.

Asymptoten: $x = -4$ und $x = -2$

Basisaufgaben

5 Geben Sie für die Funktion f die Definitionsmenge, die Polstellen und ihre Art, die links- und rechtsseitigen Grenzwerte an den Polstellen sowie eine Gleichung der senkrechten Asymptote an, falls vorhanden.

a)
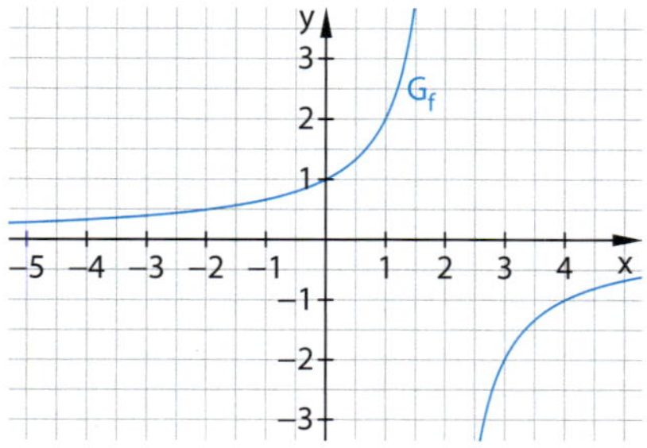

b)
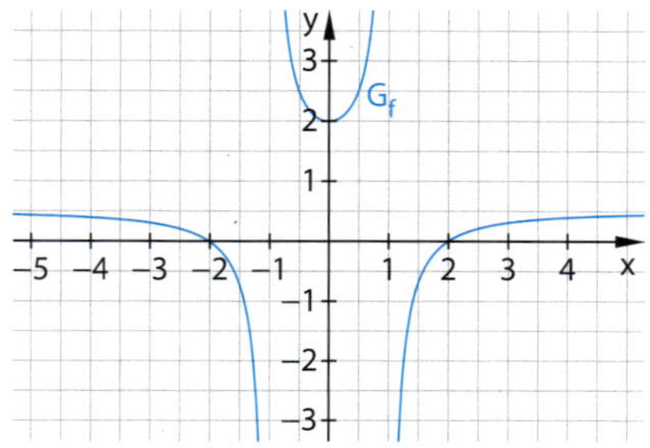

c)
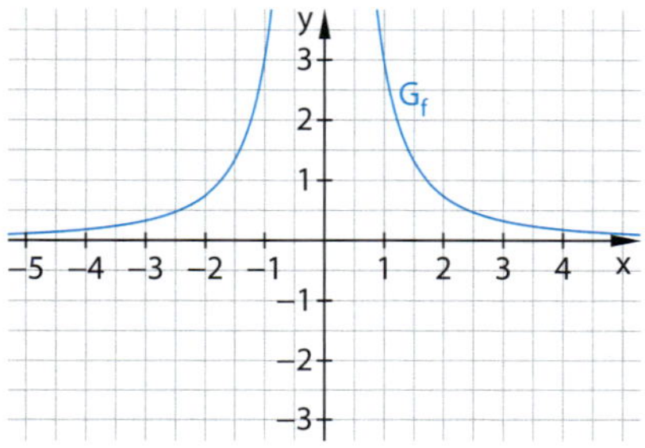

d)
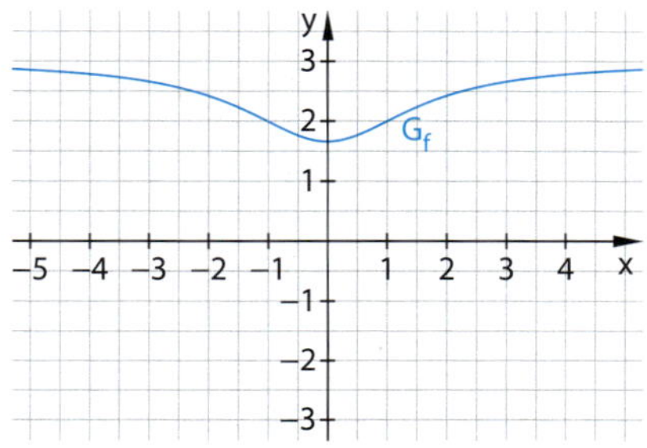

6 Geben Sie den Definitionsbereich der Funktion f an. Untersuchen Sie die Funktion f auf Polstellen. Geben Sie die links- und rechtsseitigen Grenzwerte sowie Gleichungen der senkrechten Asymptoten an, falls vorhanden.

a) $f(x) = \frac{x-1}{2x-1}$ b) $f(x) = \frac{x+2}{(x-1)^2}$ c) $f(x) = \frac{x+3}{(x-1)(x+2)}$

d) $f(x) = \frac{x+1}{x^2+1}$ e) $f(x) = \frac{x+4}{x^2-1}$ f) $f(x) = \frac{x+1}{1+(x+1)^2}$

7 Geben Sie den Term einer Funktion an, die die gegebenen Polstellen besitzt. Kontrollieren Sie gegenseitig Ihre Ergebnisse.

a) $a = 4$ ist Polstelle mit Vorzeichenwechsel.
b) $a = -3$ ist Polstelle ohne Vorzeichenwechsel.
c) $a_1 = -2$ und $a_2 = 3$ sind Polstellen mit Vorzeichenwechsel.
d) $a = \sqrt{3}$ ist Polstelle mit Vorzeichenwechsel.
e) $a = 0$ ist Polstelle ohne Vorzeichenwechsel.
f) $a_1 = -1$ ist Polstelle mit Vorzeichenwechsel und $a_2 = 2$ ist eine Polstelle ohne Vorzeichenwechsel.

8 a) Zeichen Sie die Graphen der Funktionen $x \mapsto \frac{1}{x}$ und $x \mapsto \frac{1}{x^2}$ mit einem Funktionenplotter. Beschreiben Sie die Polstellen.

b) Zeichnen Sie die Graphen der Funktionen $x \mapsto \frac{1}{x-a}$, $a \in \mathbb{R}$, und $x \mapsto \frac{1}{(x-a)^2}$, $a \in \mathbb{R}$, mit einem Funktionenplotter. Verwenden Sie Schieberegler für a und beschreiben Sie den Einfluss von a auf die Gestalt des Graphen.

c) Wiederholen Sie a) für $x \mapsto \frac{x^2}{x}$ und $x \mapsto \frac{x}{x^2}$.

d) Wiederholen Sie b) für $x \mapsto \frac{x^2}{x-a}$, $a \in \mathbb{R}$, $a \neq 0$, und $x \mapsto \frac{x}{(x-a)^2}$, $a \in \mathbb{R}$, $a \neq 0$.

9 Entscheiden Sie, ob die angegebenen Stellen Polstellen der Funktion f sind oder nicht.

a) $f(x) = \frac{x+3}{(2x-4)(x+1)}$; $a = -1$, $b = -2$ b) $f(x) = \frac{2x+12}{(x+5)(x-2)}$; $a = 5$, $b = 2$

c) $f(x) = \frac{x-2}{3x^2+9x+6}$; $a = -1$, $b = -2$ d) $f(x) = \frac{x^2+x-2}{(x^2-x+1)(x+4)}$; $a = 1$, $b = -4$

Weiterführende Aufgaben

Zwischentest

10 **Stolperstelle:** Simon untersucht die Definitionslücken der Funktion f mit $f(x) = \frac{x-2}{(x-0{,}1)(x-0{,}2)}$.

f ist eine einfache gebrochen-rationale Funktion und x = 0,1 ist eine Nullstelle des Nenners, also handelt es sich um eine Polstelle. Um die Art der Polstelle festzustellen, bestimme ich das Vorzeichen von f links und rechts von x = 0,1. Da f(0) = −100 < 0 und f(1) = $-\frac{25}{18}$ < 0, handelt es sich um eine Polstelle ohne Vorzeichenwechsel.

Beurteilen Sie Simons Vorgehen.

Hilfe

11 Faktorisieren Sie Zähler und Nenner und geben Sie jeweils die Definitionsmenge und die Nullstellen an. Geben Sie an, ob die Funktion Polstellen besitzt, und nennen Sie gegebenenfalls die Gleichungen der Asymptoten.

a) $f(x) = \frac{x-1}{x^2+x}$ b) $f(x) = \frac{x-1}{x^2-4}$ c) $f(x) = \frac{x^2-6x+9}{x^2+3x}$

d) $f(x) = \frac{2x^2-6x+4}{x^2+x-12}$ e) $f(x) = \frac{2x^2+2x-24}{0{,}5x^2-4x+8}$ f) $f(x) = \frac{x^2-1}{x^2-2x-8}$

12 Gegeben ist die gebrochen-rationale Funktion f mit $f(x) = \frac{p(x)}{q(x)}$. Die Abbildung zeigt die Graphen von p und q.

a) Geben Sie die Nullstellen sowie die Polstellen von f an. Untersuchen Sie, welche Art von Vorzeichenwechsel an den Polstellen vorliegt.
b) Ermitteln Sie das Vorzeichen von f(x) in den verschiedenen Intervallen.
c) Skizzieren Sie den Verlauf des Graphen von f.
d) Skizzieren Sie den Graphen der Funktion g mit $g(x) = \frac{q(x)}{p(x)}$

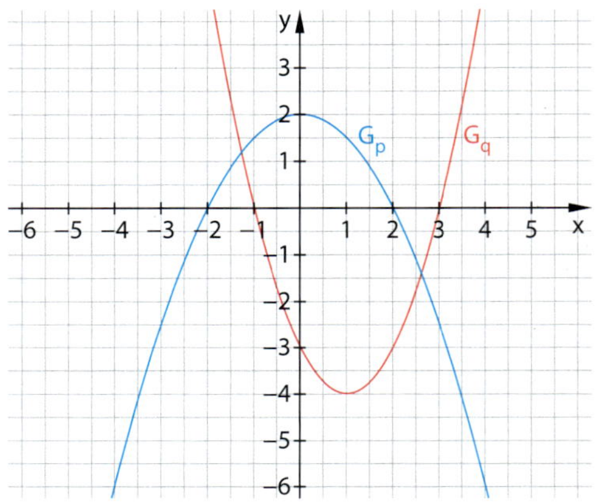

13 **Hebbare Definitionslücken:** Gegeben ist die Funktion f mit $f(x) = \frac{x-1}{x^2-4x+3}$.

a) Geben Sie den Definitionsbereich D_f an.
b) Untersuchen Sie das Verhalten der Funktionswerte in der Nähe der Definitionslücken mithilfe einer geeigneten Software. Beschreiben Sie Ihre Beobachtung.
c) Geben Sie eine Funktion g mit dem Definitionsbereich $D_g = \mathbb{R}\setminus\{3\}$ an, die für $x \neq 1$ den gleichen Verlauf hat wie f.

14 Geben Sie den Definitionsbereich an und untersuchen Sie mit einer Software die Funktion f auf Nullstellen und Polstellen sowie den Graphen auf Symmetrie zum Koordinatensystem.

a) $f(x) = \frac{-1}{(x-1)^2}$ b) $f(x) = \frac{x-1}{(x-1)^2}$ c) $f(x) = \frac{2x}{x^2-4}$

d) $f(x) = \frac{x^2}{x^2-1}$ e) $f(x) = \frac{2x^2+36x-32}{3x^2+5x-3}$ f) $f(x) = \frac{x^2-2}{x^2-4}$

Hilfe

15 Gegeben ist die gebrochen-rationale Funktion $f: x \mapsto \frac{ax+b}{x^2-c}$ mit a, b, c ∈ ℝ. Untersuchen Sie zu zweit die Funktion in Abhängigkeit der Parameter auf Polstellen und deren Art.

16 **Ausblick:** Gegeben sind die Funktionen f, g und h mit $f(x) = \frac{x}{2(x-2)^2}$, $g(x) = \frac{x}{2(x-2)^3}$ und $h(x) = \frac{x}{2(x-2)^4}$.

a) Untersuchen Sie das Verhalten der Funktionen an den Definitionslücken. Geben Sie für jede Funktion die Art der Polstelle an.
b) Untersuchen Sie den Zusammenhang zwischen der Art der Polstelle und dem Exponenten im Nenner.

2.2 Verhalten im Unendlichen und Asymptoten

Gegeben sind die gebrochen-rationalen Funktionen f, g und h mit $f(x) = \frac{3}{x+1}$, $g(x) = \frac{2x-1}{x+1}$ und $h(x) = \frac{x^2+2x}{x+1}$.
Vermuten Sie begründet, wie die Graphen für $x \to \pm\infty$ verlaufen werden. Überprüfen Sie Ihre Vermutungen mit einem Plotter.

Waagerechte Asymptoten

Erinnerung

$\lim\limits_{x\to\pm\infty} \frac{a}{x} = 0$

$\lim\limits_{x\to\pm\infty} \frac{a}{x^2} = 0$

$\lim\limits_{x\to\pm\infty} \frac{a}{x+b} = 0$

Der Graph der elementaren gebrochen-rationalen Funktion f mit $f(x) = \frac{1}{x} + 3$ hat die waagerechte Asymptote y = 3, denn es gilt $\lim\limits_{x\to+\infty} \left(\frac{1}{x} + 3\right) = 3$ und $\lim\limits_{x\to-\infty} \left(\frac{1}{x} + 3\right) = 3$, da der Nenner des ersten Summanden für $x \to \pm\infty$ gegen $\pm\infty$ geht und somit der Bruch gegen null.
Der Funktionsterm von f lässt sich auch als Bruch schreiben: $\frac{1}{x} + 3 = \frac{1}{x} + \frac{3x}{x} = \frac{1+3x}{x}$. In dieser Darstellung streben für $x \to \pm\infty$ sowohl Zähler als auch Nenner gegen unendlich.

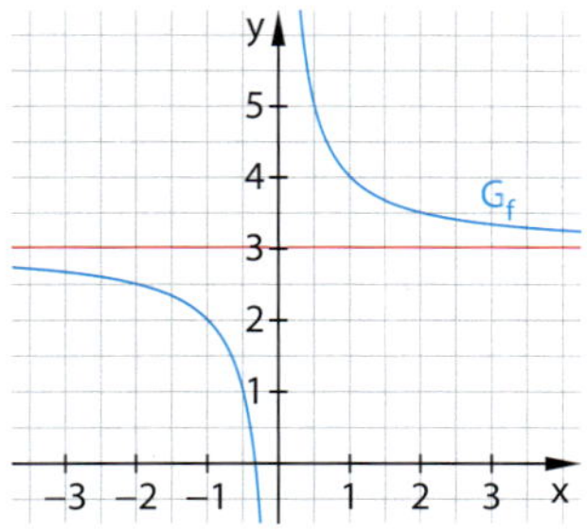

Das bedeutet umgekehrt aber nicht, dass gebrochen-rationale Funktionen, in denen Zähler und Nenner gegen unendlich streben, immer eine waagerechte Asymptote haben. Bei der Funktion g mit $g(x) = \frac{3x^2-5}{x}$ gehen Zähler und Nenner für $x \to \infty$ gegen unendlich, aber es gilt

$$\lim_{x\to\infty} \frac{3x^2-5}{x} = \lim_{x\to\infty} \Big(\underbrace{3x}_{\to\infty} - \underbrace{\tfrac{5}{x}}_{\to 0}\Big) = \infty$$

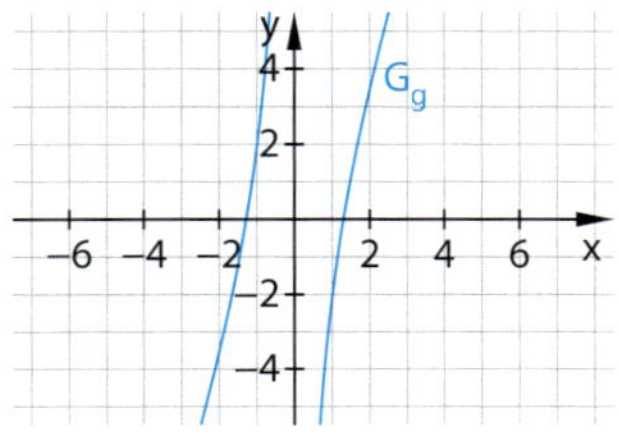

Bei f haben Zähler und Nenner den gleichen Grad, bei g ist der Zählergrad größer als der Nennergrad. Hat der Zähler einer Funktion einen kleineren Grad als der Nenner, so ist die x-Achse eine waagerechte Asymptote. Damit gibt es insgesamt drei Fälle für das Vorliegen waagerechter Asymptoten:

Hinweis

Für die weitere Charakterisierung des Falls „Zählergrad > Nennergrad" siehe Aufgabe 5.

Wissen

Für eine gebrochen-rationale Funktion f gilt:

Zählergrad < Nennergrad
$\lim\limits_{x\to\pm\infty} f(x) = 0$
Der Graph hat die x-Achse als waagerechte Asymptote.

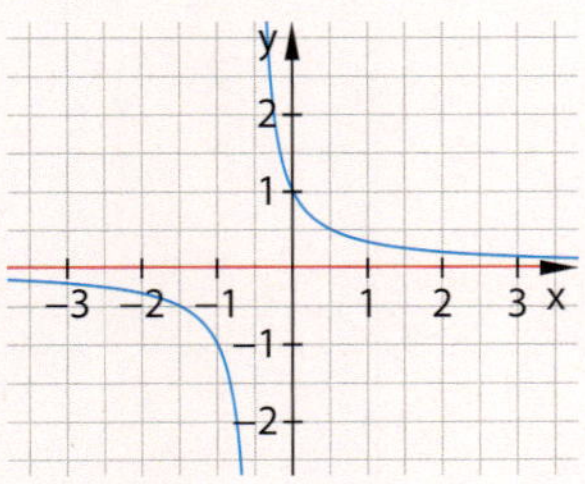

Zählergrad = Nennergrad
$\lim\limits_{x\to\pm\infty} f(x) = a,\ a \neq 0$
Der Graph hat die Gerade y = a als waagerechte Asymptote.

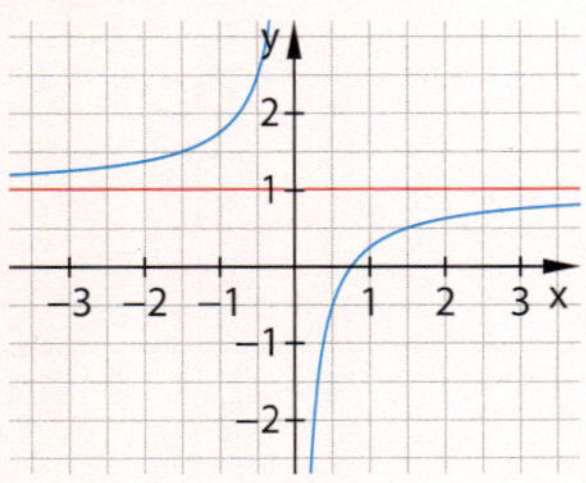

Zählergrad > Nennergrad
$\lim\limits_{x\to\pm\infty} f(x) = \pm\infty$
Der Graph hat keine waagerechte Asymptote.

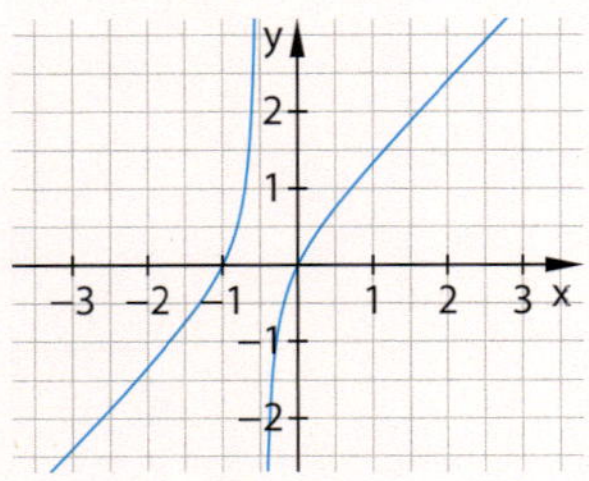

Eine Gleichung der Asymptote bestimmt man, indem man mit der höchsten Potenz von x, die im Nenner auftaucht, kürzt. Dann wird der Grenzwert für $x \to \infty$ bzw. für $x \to -\infty$ gebildet.

Beispiel 1 Untersuchen Sie das Verhalten des Graphen der Funktion im Unendlichen und geben Sie ggf. eine Gleichung der waagerechten Asymptote an.

a) $f(x) = \frac{2x+3}{x^2-1}$ b) $f(x) = \frac{(4x+1)(x-3)}{(2x-1)(x+5)}$ c) $f(x) = \frac{3x^2+2x}{x+1}$

Lösung:

a) Vergleichen Sie Zählergrad (ZG) und Nennergrad (NG).
Da der Nennergrad größer ist als der Zählergrad, ist die x-Achse die waagerechte Asymptote.

ZG = 1, NG = 2; ZG < NG
Die x-Achse ist waagerechte Asymptote.

$$\lim_{x\to\pm\infty} \frac{2x+3}{x^2-1} = 0$$

Asymptote: $y = 0$

b) Vergleichen Sie Zählergrad und Nennergrad.
Multiplizieren Sie die Funktionsterme aus. Die höchste Nennerpotenz ist x^2. Dividieren Sie also alle Summanden in Zähler und Nenner durch x^2. Bilden Sie den Grenzwert und geben Sie eine Gleichung der waagerechten Asymptote an.

ZG = 2, NG = 2; ZG = NG
Es gibt eine waagerechte Asymptote.

$$\lim_{x\to\pm\infty} \frac{(4x+1)(x-3)}{(2x-1)(x+5)} = \lim_{x\to\pm\infty} \frac{4x^2-11x-3}{2x^2+9x-5}$$

$$= \lim_{x\to\pm\infty} \frac{4-\overbrace{\frac{11}{x}-\frac{3}{x^2}}^{\to 0}}{2+\underbrace{\frac{9}{x}-\frac{5}{x^2}}_{\to 0}} = \frac{4}{2} = 2$$

Asymptote: $y = 2$

c) Vergleichen Sie Zählergrad und Nennergrad.
Die höchste Nennerpotenz ist x. Dividieren Sie also alle Summanden in Zähler und Nenner durch x.
Bilden Sie den Grenzwert.

ZG = 2, NG = 1; ZG > NG
Es gibt keine waagerechte Asymptote.

$$\lim_{x\to\infty} \frac{3x^2+2x}{x+1} = \lim_{x\to\infty} \frac{\overbrace{3x}^{\to\infty}+2}{1+\underbrace{\frac{1}{x}}_{\to 0}} = \infty \text{ und}$$

$$\lim_{x\to-\infty} \frac{3x^2+2x}{x+1} = \lim_{x\to-\infty} \frac{\overbrace{3x}^{\to-\infty}+2}{1+\underbrace{\frac{1}{x}}_{\to 0}} = -\infty$$

Basisaufgaben

1 Untersuchen Sie das Verhalten des Graphen der Funktion im Unendlichen und geben Sie ggf. eine Gleichung der waagerechten Asymptote an.

a) $f(x) = \frac{3}{x^2}$ b) $f(x) = \frac{-2x+1}{x^2}$ c) $f(x) = \frac{3x+5}{2x-1}$ d) $f(x) = \frac{3x^2}{4x+3}$

e) $f(x) = \frac{-5}{2x^2-1}$ f) $f(x) = \frac{5x^2+2x-5}{2x^2-1}$ g) $f(x) = \frac{-2x^2+4x}{2x+3}$ h) $f(x) = \frac{(x-1)^2}{x^2+1}$

2 Ordnen Sie den Graphen jeweils einen passenden Term zu. Begründen Sie Ihre Wahl mithilfe des Verhaltens im Unendlichen.

① $f(x) = \frac{-3}{3x-2}$ ② $f(x) = \frac{-3x^2-4}{2x^2-2}$ ③ $f(x) = \frac{-x^2-x+13}{2x+4}$ ④ $f(x) = \frac{2x^2+7}{2+x^2}$

A

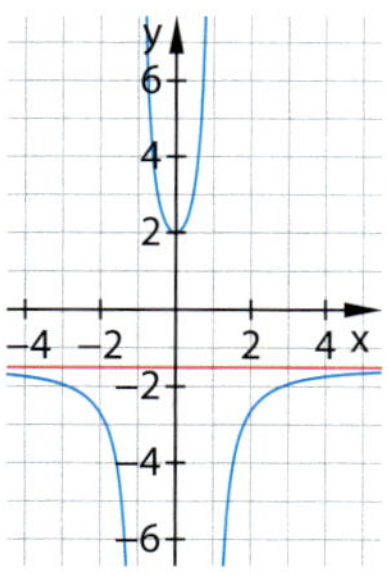

B

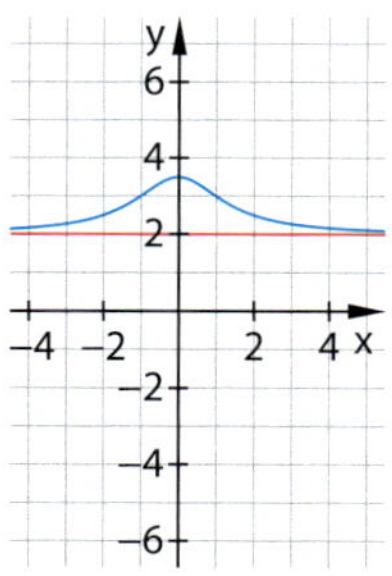

C

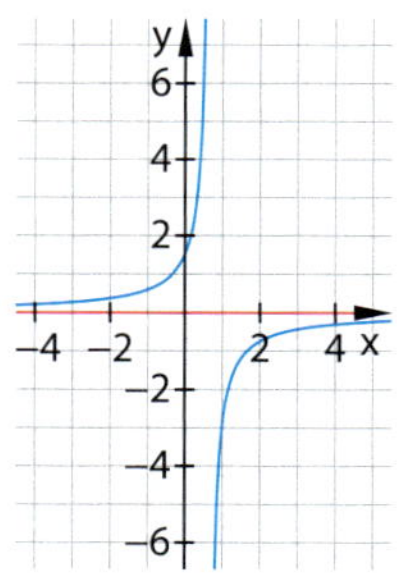

D

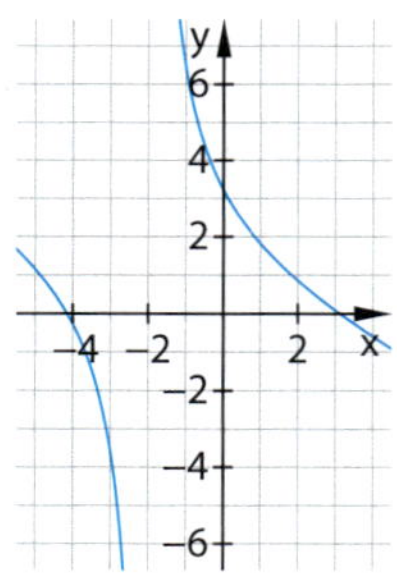

3 Geben Sie die Polstellen und die Gleichungen der waagerechten Asymptoten an.

a) $f(x) = \frac{2}{x-4}$ b) $f(x) = \frac{3x-2}{x+1}$ c) $f(x) = \frac{x+1}{(x-2)(x-1)}$

d) $f(x) = \frac{x+3}{x^2-5x+6}$ e) $f(x) = \frac{3x^2-4x}{5-2x^2}$ f) $f(x) = \frac{(2x-1)(2x+1)}{0{,}7x+0{,}1x^2}$

4 Geben Sie zu den gegebenen Asymptoten zwei passende Funktionsterme an. Überprüfen Sie Ihre Angabe mit einem Funktionenplotter.

a) $x = 4, y = 0$ b) $x = 7, y = -4$ c) $x = -5, x = 1, y = 0$ d) $x = -3, x = 3, y = 3$

5 Wenn der Zählergrad einer gebrochen-rationalen Funktion größer als der Nennergrad ist, können vier Fälle für das Verhalten im Unendlichen auftreten. Nennen Sie diese Fälle und finden Sie mithilfe einer Software je ein Beispiel für jeden dieser Fälle.

Schräge Asymptoten

Der Graph von f mit $f(x) = \frac{0{,}5x^3 + x^2 + 2}{x^2}$ scheint sich für $x \to \pm\infty$ der Geraden $y = 0{,}5x + 1$ anzunähern. Eine Umformung des Terms in die Summenform bestätigt dies:

$\frac{0{,}5x^3 + x^2 + 2}{x^2} = \frac{0{,}5x^3}{x^2} + \frac{x^2}{x^2} + \frac{2}{x^2} = 0{,}5x + 1 + \frac{2}{x^2}$

Für $x \to \pm\infty$ geht der Summand $\frac{2}{x^2}$ gegen null, der Funktionswert unterscheidet sich für betragsmäßig große Werte von x also immer weniger vom Wert von $0{,}5x + 1$.

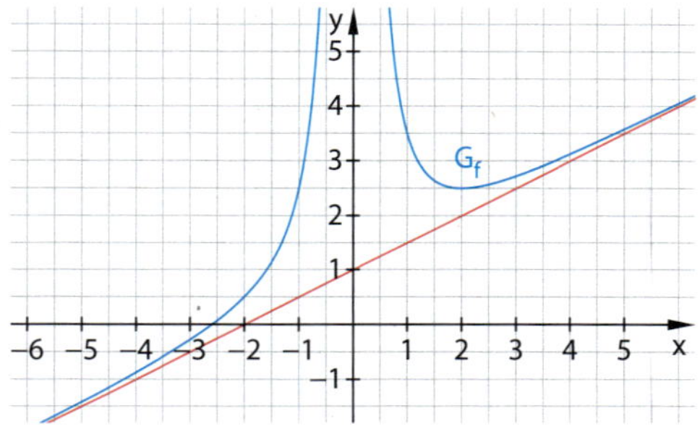

Satz

Ist bei einer gebrochen-rationalen Funktion f mit $f(x) = \frac{p(x)}{q(x)}$ der **Grad des Zählers p um 1 größer als der Grad des Nenners q**, so nähert sich der Graph von f für $x \to \pm\infty$ einer **schrägen Asymptote** mit der Gleichung $y = mx + t$ $(m \neq 0)$ an.

Beispiel 2 Bestimmen Sie eine Gleichung der schrägen Asymptote des Graphen von f.

a) $f(x) = 2x + 3 + \frac{1}{x^2-1}$ b) $f(x) = \frac{3x^2+5x+3}{2x}$

Lösung:

a) Für sehr große oder sehr kleine x geht der Bruch im Funktionsterm gegen null. Bestimmen Sie damit den Grenzwert und daraus die Gleichung der Asymptote.

$\frac{1}{x^2-1} \to 0$ für $x \to \pm\infty$

$\lim\limits_{x\to\pm\infty}\left(2x + 3 + \frac{1}{x^2-1}\right) = \lim\limits_{x\to\pm\infty}(2x+3)$

$y = 2x + 3$

b) Formen Sie den Funktionsterm in die Summenform um. Lesen Sie die Gleichung der Asymptote ab.

$\frac{3x^2+5x+3}{2x} = \frac{3x^2}{2x} + \frac{5x}{2x} + \frac{3}{2x}$

$= 1{,}5x + 2{,}5 + \frac{3}{2x}$

$y = 1{,}5x + 2{,}5$

Basisaufgaben

Lösungen zu 6

$y = 2x$ $y = x$ $y = 3x + 1$ $y = 3x$

6 Bestimmen Sie eine Gleichung der schrägen Asymptote des Graphen der Funktion f.

a) $f(x) = x + \frac{1}{x}$ b) $f(x) = \frac{2}{x-1} + 2x$ c) $f(x) = 3x + \frac{2}{x^2-3} + 1$

7 Entscheiden Sie anhand des Funktionsterms, ob der Graph der Funktion eine schräge Asymptote hat. Falls ja, bestimmen Sie eine Gleichung der schrägen Asymptote.

a) $f(x) = \frac{x^2+2}{x^2}$ b) $f(x) = \frac{x^2+2}{x}$ c) $f(x) = \frac{x+2}{x^2}$ d) $f(x) = \frac{4x^2+2}{x}$

8 Geben Sie die Definitionsmenge der Funktion f an und bestimmen Sie eine Gleichung der schrägen Asymptote des Graphen von f.

a) $f(x) = \frac{3x^2 + 1}{x}$ b) $f(x) = \frac{-7x^2 + 6x - 13}{3x}$ c) $f(x) = \frac{-2(x+2)(x+3)}{x}$

d) $f(x) = \frac{x^2 + 5x + 3}{2x}$ e) $f(x) = \frac{(x^2 - 4) + 5}{x}$ f) $f(x) = \frac{x^2 + 2x + 3}{x}$

9 Arbeiten Sie zu zweit. Stellen Sie den Term einer Funktion mit den gegebenen Asymptoten auf. Überprüfen Sie gegenseitig Ihre Wahl mit einem Funktionenplotter.

a) $x = 4, y = x$ b) $x = 7, y = 2x - 3$

c) $x = 0, y = -5x + 1$ d) $x = -5, y = -2x$

Weiterführende Aufgaben

Zwischentest

10 Formen Sie den Funktionsterm geeignet um, falls nötig, und geben Sie die Definitionsmenge, die Nullstellen und die Gleichungen der Asymptoten an.

a) $f(x) = \frac{1}{x+1}$ b) $f(x) = \frac{-2}{x+1}$ c) $f(x) = \frac{1}{x+1} - 2$ d) $f(x) = \frac{1}{x+1} - 2x$

e) $f(x) = x - 1 + \frac{1}{x}$ f) $f(x) = x + \frac{1}{x+2}$ g) $f(x) = \frac{1}{x+1} - x + 1$ h) $f(x) = \frac{1}{x^2+1} + x - 1$

Hilfe

11 Die Kärtchen zeigen Funktionsterme.

a) Ordnen Sie äquivalente Terme einander zu. Zwei Kärtchen bleiben übrig.

b) Geben Sie jeweils eine Gleichung für jede Asymptote an.

A $\frac{x+1}{x-2}$	① $\frac{x(x-2)}{2(x-3)(x-4)}$	B $\frac{-x^2+4x+3}{x-1}$	② $\frac{x}{x-2} + \frac{1}{x-2}$	C $2x + 3 - \frac{4}{x}$	③ $\frac{x}{x-2} - \frac{1}{2}$
D $\frac{x^2 - 2x}{2x^2 - 14x + 24}$	④ $\frac{2x^2 + 3x - 4}{x}$	E $\frac{x^2 - 9}{x-2}$	⑤ $-x + 3 + \frac{6}{x-1}$	F $x + \frac{1}{x-2}$	⑥ $x + 2 - \frac{5}{x-2}$

12 **Stolperstelle:** Nehmen Sie Stellung.

a) Karim: *„Die Asymptote des Graphen von f mit $f(x) = \frac{6x^2 - 13}{6x}$ ist y = 1, denn für $x \to \infty$ kommt unendlich durch unendlich raus, das ist gekürzt 1."*

b) Mara: *„Den Term von f mit $f(x) = \frac{-7x^2 + 6x - 13}{3x}$ kann ich zu $f(x) = \frac{-7}{3}x + \frac{6x - 13}{3x}$ umformen. Also ist $y = \frac{-7}{3}x$ die schräge Asymptote."*

c) Leon: *„Wegen $\lim\limits_{x \to \infty} \frac{x^2 + 5}{2x - 2} = \infty$ und $\lim\limits_{x \to -\infty} \frac{x^2 + 5}{2x - 2} = -\infty$ hat die Funktion f mit $f(x) = \frac{x^2 + 5}{2x - 2}$ zwei Asymptoten."*

13 Gegeben ist die Funktion f mit $f(x) = \frac{1}{x+2} - \frac{1}{x+4}$.

a) Geben Sie die Definitionsmenge von f an.

b) Zeigen Sie, dass der Funktionsterm von f äquivalent zu $\frac{2}{x^2 + 6x + 8}$ und $\frac{2}{(x+4)(x+2)}$ ist.

c) Geben Sie die Achsenschnittpunkte sowie Gleichungen der Asymptoten an.

d) Bestimmen Sie, ab welchem Wert von x sich die Funktionswerte von f und der waagerechten Asymptote um weniger als 0,01 unterscheiden.

14 Der Graph gehört zur Funktion f mit $f(x) = \frac{\sin(x)}{\cos(x^2)}$. Jonas behauptet:
„Da der Zählergrad kleiner ist als der Nennergrad, ist die x-Achse waagerechte Asymptote, auch wenn man das im Bild noch nicht sieht."
Nehmen Sie Stellung.

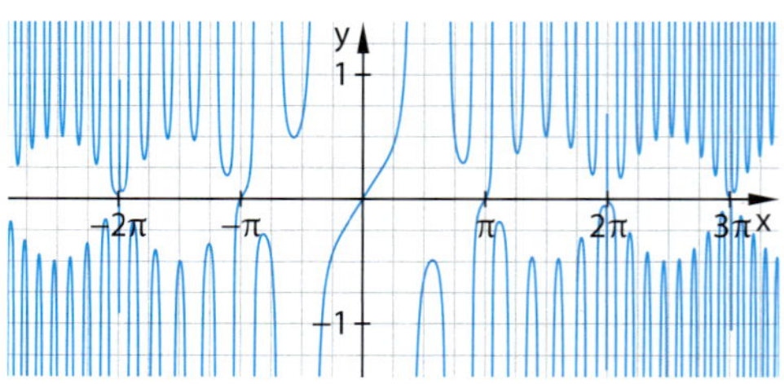

15 Geben Sie die Definitionsmenge in Abhängigkeit von $a \neq 0$ an und ermitteln Sie Gleichungen der Asymptoten.

a) $f(x) = \frac{-x^2 + 6x + 4}{ax}$ b) $f(x) = \frac{ax + 3}{x - a}$ c) $f(x) = \frac{2x + 5}{x^2 + a}$ d) $f(x) = \frac{x^2 - 4a}{x^2 + 2ax + a^2}$

16 Geben Sie den Definitionsbereich der Funktion f mit $f(x) = \frac{ax^2 + ax + 3}{x + 1}$ an. Untersuchen Sie mithilfe einer Mathematik-Software, welche Asymptoten der Graph von f in Abhängigkeit von a besitzt. Nutzen Sie einen Schieberegler.

Hilfe

17 Untersuchen Sie das Verhalten der Funktion für $x \to \infty$ und $x \to -\infty$. Geben Sie eine Gleichung der zugehörigen Asymptote an und begründen Sie, ob sich der Graph der Asymptote jeweils von oben oder von unten annähert.

a) $f(x) = \frac{2x^2 + 1}{x}$ b) $f(x) = \frac{1 - 3x^2}{x^2}$ c) $f(x) = \frac{x^3 - 1}{x^2}$ d) $f(x) = \frac{x}{x + 1}$

e) $f(x) = \frac{x + 1}{x - 1}$ f) $f(x) = \frac{2x^2 + 1}{2x^2 - 1}$ g) $f(x) = \frac{x^3 - 4x^2 - 1}{2x^2}$ h) $f(x) = \frac{4x^2 - 1}{2x - 1}$

18 Für die Gravitationskraft F (in N) auf einen Körper der Masse 1 kg in der Höhe $h > 0$ (in m) über der Erdoberfläche gilt: $F(h) = \frac{3{,}99 \cdot 10^{14}}{(6{,}37 \cdot 10^6 + h)^2}$

a) Begründen Sie, dass die Gravitationskraft auf einen Körper der Masse 1 kg in der Nähe der Erdoberfläche näherungsweise 9,81 N beträgt.

b) Untersuchen Sie das Verhalten von F im Unendlichen und erläutern Sie Ihr Ergebnis im Sachzusammenhang.

19 Messungen haben ergeben, dass der Energiebedarf E eines Wellensittichs in Abhängigkeit von seiner Fluggeschwindigkeit $v > 0$ näherungsweise durch $E(v) = \frac{(v - 20)^2 + 2100}{25v}$ beschrieben werden kann. Dabei wird E in Joule pro g Körpermasse pro km Flugstrecke gemessen und die Geschwindigkeit in km/h.

a) Formen Sie den Funktionsterm in die Summenform um und untersuchen Sie das Verhalten der Funktion für $v \to 0$ und $v \to \infty$.

b) Geben Sie eine Gleichung für jede Asymptote an.

c) Plotten Sie den Graphen im Bereich $0 < v \leq 120$ und ermitteln Sie grafisch, für welche Geschwindigkeit der Energiebedarf minimal ist. Berechnen Sie, wie viel Prozent des Energiebedarfs der maximalen Geschwindigkeit von 120 km/h dies entspricht.

20 Geben Sie die Gleichung der schrägen Asymptote des Graphen der Funktion f mit $f(x) = \frac{ax^2 + bx + c}{dx}$ an.

21 **Ausblick:** Gegeben ist die gebrochen-rationale Funktion $f(x) = \frac{x^3 + 4x + 1}{2x}$, $D = \mathbb{R} \setminus \{0\}$.

a) Plotten Sie den Graphen von f sowie den der Funktion g mit $g(x) = 0{,}5x^2 + 2$.

b) Zeigen Sie, dass sich die Graphen von f und g für $x \to \pm\infty$ beliebig nahe annähern.

c) Bestimmen Sie eine Gleichung der Funktion, an deren Graph sich der Graph der Funktion $h(x) = \frac{-x^3 + 2x^2 - 4}{2x}$ annähert.

2.3 Zusammenhang zwischen Funktionsterm und Graph

Paul möchte den Graphen der Funktion f mit $f(x) = \frac{(x-1)^2}{2x}$ zeichnen und hat dazu im Koordinatensystem bereits einige Hilfslinien eingetragen.
Erläutern Sie Pauls Überlegungen.

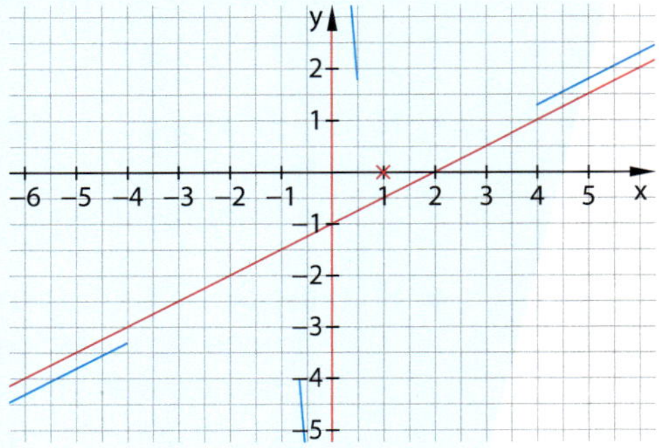

Einfache und doppelte Null- und Polstellen

Der Graph einer ganzrationalen Funktion schneidet bei einer einfachen Nullstelle die x-Achse und berührt sie bei einer doppelten Nullstelle. Dies gilt auch für den Graphen einer gebrochen-rationalen Funktion.
Analog verhält sich das Vorzeichen der Funktionswerte an den Polstellen. Bei einer einfachen Polstelle ändert sich das Vorzeichen an dieser Stelle, es handelt sich also um eine Polstelle mit Vorzeichenwechsel. Bei einer doppelten Polstelle hingegen ändert sich das Vorzeichen der Funktionswerte an dieser Stelle nicht.

$f(x) = \frac{5(x-1)}{(x+2)^2}$

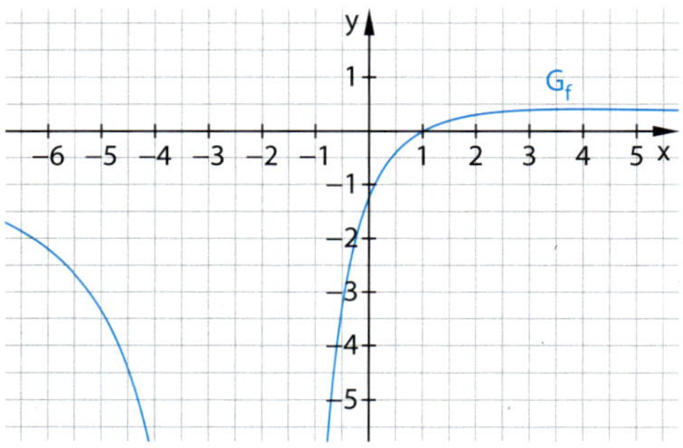

Nullstellen:
x = 1 ist eine einfache Nullstelle von f:
Bei x = 1 schneidet der Graph die x-Achse. Es handelt sich um eine Nullstelle mit Vorzeichenwechsel.

Polstellen:
x = −2 ist eine doppelte Polstelle: Der Graph von f läuft für $x \to -2$ von links und von rechts gegen $-\infty$, das Vorzeichen ändert sich also nicht.

$g(x) = \frac{(x-1)^2}{4(x+2)}$

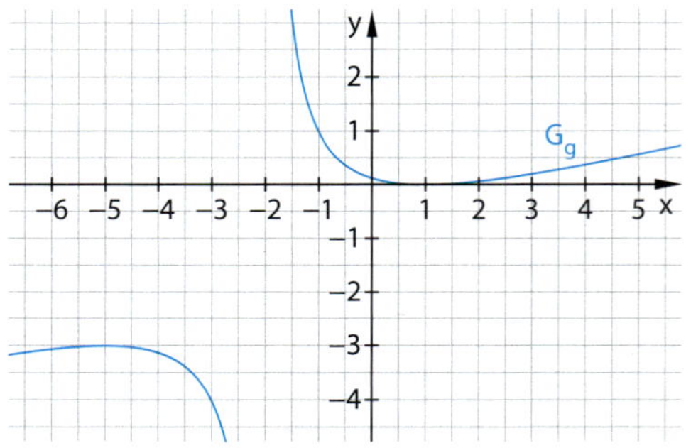

Nullstellen:
x = 1 ist eine doppelte Nullstelle von g:
Bei x = 1 berührt der Graph die x-Achse, ohne sie zu schneiden. Es handelt sich um eine Nullstelle ohne Vorzeichenwechsel.

Polstellen:
x = −2 ist eine einfache Polstelle: Der Graph von g läuft für $x \to -2$ von links gegen $-\infty$ und von rechts gegen $+\infty$, das Vorzeichen ändert sich also.

Satz **Polstellen bei einfachen und doppelten Nullstellen des Nenners**

Es sei x_0 eine Polstelle einer gebrochen-rationalen Funktion f, die nach dem vollständigen Kürzen die Form $f(x) = \frac{p(x)}{q(x)}$ hat. Dann gilt: Ist x_0 eine
- **einfache Nullstelle des Nenners** q, dann ist x_0 eine **Polstelle mit Vorzeichenwechsel**,
- **doppelte Nullstelle des Nenners** q, dann ist x_0 eine **Polstelle ohne Vorzeichenwechsel**.

Beispiel 1

a) Geben Sie die Polstelle der Funktion f mit $f(x) = \frac{2}{(x-3)^2}$ an. Begründen Sie am Funktionsterm, welches Vorzeichen die Funktionswerte links und rechts der Polstelle haben.

b) Geben Sie die Polstellen und Nullstellen der Funktion f mit $f(x) = \frac{(x-1)^2}{(x-2)(x+2)}$ an. Untersuchen Sie jeweils das Vorzeichen der Funktionswerte links und rechts dieser Stellen.

Lösung:

a) Lesen Sie die Nennernullstelle ab. Sie ist keine Zählernullstelle.
Betrachten Sie die Vorzeichen von Zähler und Nenner links und rechts der Polstelle. Das Vorzeichen von f(x) ist dort positiv.

$x = 3$ ist doppelte Nennernullstelle, also Polstelle ohne VZW.
Wegen $2 > 0$ und $(x-3)^2 > 0$ für $x \neq 3$ ist der Funktionsterm stets positiv, es gilt also
$\lim\limits_{\substack{x \to 3 \\ x<3}} f(x) = \lim\limits_{\substack{x \to 3 \\ x>3}} f(x) = \infty$.

b) Lesen Sie die Nennernullstellen ab. Da der Funktionsterm vollständig gekürzt ist, sind sie Polstellen. Bestimmen Sie anhand der Vielfachheit die Art dieser Stellen.
Lesen Sie die Zählernullstelle ab. Betrachten Sie die Vorzeichen von Zähler und Nenner links und rechts der jeweiligen Stelle.

$x = 2$ und $x = -2$ sind einfache Nennernullstellen, also Polstellen mit VZW. $x = 1$ ist doppelte Zählernullstelle, also Nullstelle ohne VZW.
Der Zähler ist wegen $(x-1)^2 > 0$ für $x \neq 1$ immer positiv. Der Nenner ist für $-2 < x < 2$ negativ. Die Funktionswerte sind also links und rechts der Nullstelle $x = 1$ negativ. Für $x < -2$ und $x > 2$ ist der Nenner positiv. Die Funktionswerte wechseln also bei $x = -2$ von positiv zu negativ und bei $x = 2$ von negativ zu positiv.

Hinweis

Die Vielfachheiten der Pol- und Nullstellen können bei der Untersuchung der Vorzeichen helfen.

Basisaufgaben

1 Ermitteln Sie die Polstellen der Funktion f und untersuchen Sie das Vorzeichen der Funktionswerte links und rechts der Polstellen.

a) $f(x) = \frac{x^2}{x-3}$ b) $f(x) = \frac{2}{x^2-9}$ c) $f(x) = \frac{(x+1)^2}{(x+5)(x-1)}$

d) $f(x) = \frac{x-2}{x^2+4x+4}$ e) $f(x) = \frac{3x-4}{2x^2-4x-6}$ f) $f(x) = \frac{3x-4}{x^2-4x+1}$

2 Bestimmen Sie die Nullstellen und die Polstellen von f. Geben Sie an, ob es sich um Polstellen mit oder ohne Vorzeichenwechsel handelt bzw. ob der Graph die x-Achse bei den Nullstellen schneidet oder berührt.

a) $f(x) = \frac{x+1}{x}$ b) $f(x) = \frac{3x-4}{2x}$ c) $f(x) = \frac{2x+5}{x-3}$

d) $f(x) = \frac{x^2-1}{x^2}$ e) $f(x) = \frac{x^2+4}{(x-2)^2}$ f) $f(x) = \frac{x^2+2x+1}{x^2-2x+1}$

g) $f(x) = \frac{x^2+3x-4}{x^2+3x}$ h) $f(x) = \frac{x^2+4x+4}{3x^2-15x+18}$ i) $f(x) = \frac{x^2+1}{(x+1)(x+2)}$

3 Stellen Sie den Term einer möglichen Funktion auf, die die gegebenen Pol- und Nullstellen besitzt.
Überprüfen Sie Ihr Ergebnis mit einem Funktionenplotter.

a) Nullstelle bei $x = 0$; Polstelle mit Vorzeichenwechsel bei $x = 2$
b) doppelte Nullstelle bei $x = 2$; Polstellen mit Vorzeichenwechsel bei $x = 1$ und $x = -3$
c) Polstelle mit Vorzeichenwechsel bei $x = -2$; der Graph berührt bei $x = 4$ die x-Achse
d) der Graph schneidet die x-Achse bei $x = -5$ und $x = 3$; Polstelle mit Vorzeichenwechsel bei $x = 1$

4 Ordnen Sie dem Graphen den passenden Funktionsterm zu und begründen Sie Ihre Wahl mithilfe der Polstellen.

① $f(x) = \frac{-2x+1}{2x-3}$ ② $f(x) = \frac{x^2-4}{x^2-2}$ ③ $f(x) = \frac{x+5}{(x-3)(x+1)}$ ④ $f(x) = \frac{x^2-9}{x^2}$

a)

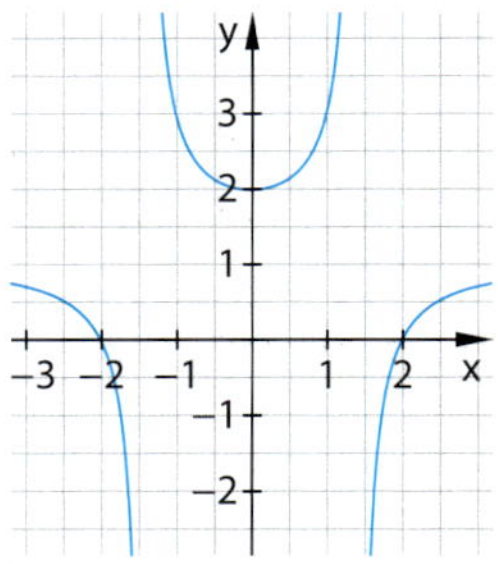

b)

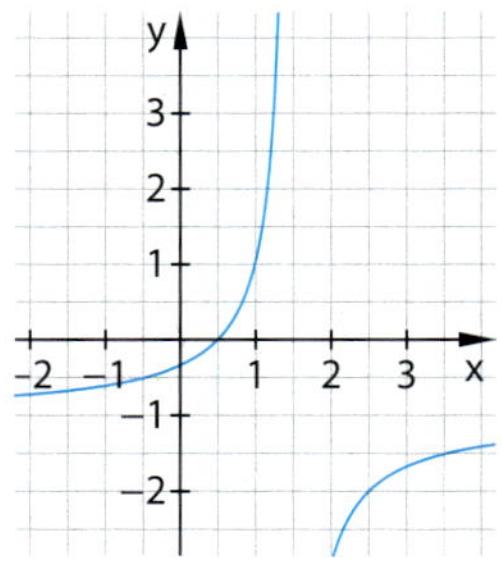

c)

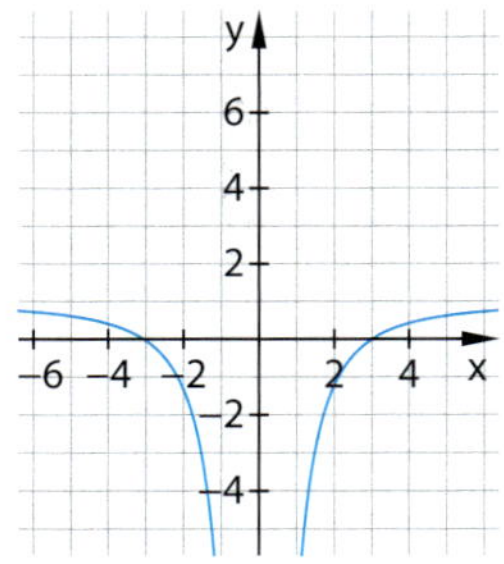

Vom Funktionsterm zum Graphen

Mit den bisherigen Überlegungen zu Null- und Polstellen sowie dem Verhalten im Unendlichen lässt sich der Verlauf des Graphen einer gebrochen-rationalen Funktion gut angeben.

Beispiel 2

Gegeben ist die in $D = \mathbb{R}\setminus\{-3; 1\}$ definierte Funktion f mit $f(x) = \frac{(1{,}5x-3)(x+4)}{(x-1)(x+3)}$. Skizzieren Sie den Graphen von f mithilfe der Null- und Polstellen, des Schnittpunktes mit der y-Achse und des Verhaltens des Graphen im Unendlichen.

Lösung:

Da der Term vollständig gekürzt ist, sind die Zählernullstellen die Nullstellen der Funktion und die Nennernullstellen die Polstellen.
Beachten Sie die Art bzw. die Vielfachheit.

Nullstellen: $x_1 = 2$, $x_2 = -4$
Polstellen: $x_3 = -3$, $x_4 = 1$
Senkrechte Asymptoten: $x = -3$ und $x = 1$

Da die Null- und Polstellen jeweils einfach sind, liegt an ihnen jeweils ein VZW vor.

Berechnen Sie die y-Koordinate des Schnittpunktes mit der y-Achse als f(0).

$f(0) = 4$, also $S_y(0\,|\,4)$

Untersuchen Sie das Verhalten im Unendlichen, indem Sie die Klammern ausmultiplizieren und dann mit der höchsten Nennerpotenz kürzen.

$$\lim_{x\to\pm\infty} \frac{(1{,}5x-3)(x+4)}{(x-1)(x+3)} = \lim_{x\to\pm\infty} \frac{1{,}5x^2+3x-12}{x^2+2x-3}$$
$$= \lim_{x\to\pm\infty} \frac{1{,}5+\frac{3}{x}-\frac{12}{x^2}}{1+\frac{2}{x}-\frac{3}{x^2}} = 1{,}5$$

Waagerechte Asymptote: $y = 1{,}5$

Zeichnen Sie für die Erstellung der Skizze zunächst die Asymptoten sowie die Achsenschnittpunkte. Der linke Ast ergibt sich durch die waagerechte Asymptote und den VZW bei $x = -4$; der Graph läuft für $x \to -3$ von links gegen $-\infty$.
Wegen der VZW an den Polstellen verläuft der Graph für $x \to -3$ mit $x > -3$ und $x \to 1$ mit $x < 1$ gegen $+\infty$. Im Intervall $-3 < x < 1$ hat er keine Nullstelle.
Zeichnen Sie den rechten Ast analog zum linken.

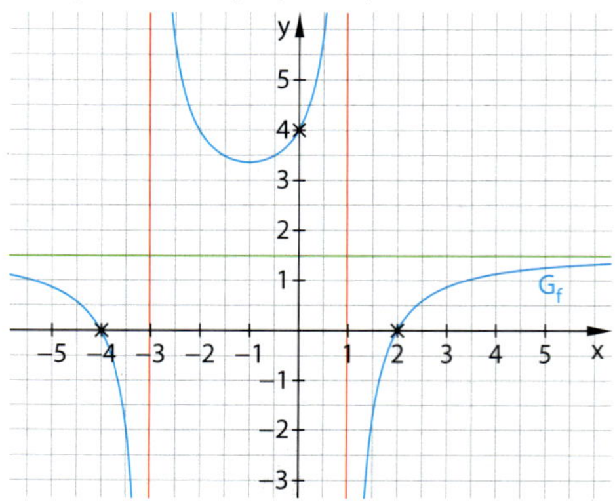

Basisaufgaben

Lösungen zu 5

Schnittpunkte mit der y-Achse:

$(0|8)$ $(0|0)$
$(0|\frac{1}{4})$ $(0|0)$
$(0|2)$ $(0|1)$
$(0|\frac{11}{3})$

5 Bestimmen Sie die Pol- und Nullstellen der Funktion f und geben Sie ihre Vielfachheit sowie den Schnittpunkt des Graphen mit der y-Achse an, falls vorhanden. Skizzieren Sie damit den Graphen von f.

a) $f(x) = \frac{x+1}{x-1}$ b) $f(x) = \frac{2x}{(x+1)(x-2)}$ c) $f(x) = \frac{x^2-3x}{(x+2)^2}$

d) $f(x) = \frac{x-2}{(x+2)(x-4)}$ e) $f(x) = 4 + \frac{1}{x^2+2x-3}$ f) $f(x) = \frac{x^2-6x+8}{x^2-2x+1}$

6 Gebrochen-rationale Funktion ohne Nullstellen:
Bestimmen Sie die Polstellen der Funktion f und begründen Sie, dass die Funktion keine Nullstellen besitzt. Geben Sie für alle Asymptoten eine Gleichung an und skizzieren Sie den Graphen der Funktion ohne die Berechnung weiterer Punkte.

a) $f(x) = \frac{2}{(x-4)(x+2)}$ b) $f(x) = \frac{x^2+1}{x^2-1}$ c) $f(x) = \frac{2x^2+1}{(x-2)(x+2)}$

7 Skizzieren Sie den Graphen von f mithilfe der Null- und Polstellen, des Schnittpunktes mit der y-Achse und des Verhaltens des Graphen im Unendlichen. Geben Sie auch Gleichungen für die Asymptoten an.
Überprüfen Sie Ihre Skizze mit einer Mathematik-Software.

a) $f(x) = \frac{5x+1}{x}$ b) $f(x) = \frac{x^2-4}{x^2}$ c) $f(x) = \frac{x^2-2x}{x^2-9}$

d) $f(x) = \frac{1}{x+1} + x + 1$ e) $f(x) = 0{,}5x + 1 + \frac{x-2}{x-1}$ f) $f(x) = \frac{x^2-6x+8}{-4x}$

Vom Graphen zum Funktionsterm

Aus dem Graphen einer gebrochen-rationalen Funktion kann man auf einen Funktionsterm schließen.
Hilfreich hierbei ist insbesondere die Art von Null- bzw. Polstellen, da damit Aussagen über die Vielfachheit getroffen werden können.

Beispiel 3

Die Abbildung zeigt den Graphen einer gebrochen-rationalen Funktion mit Zähler- und Nennergrad 2 sowie die waagerechte Asymptote. Geben Sie einen möglichen Funktionsterm an.

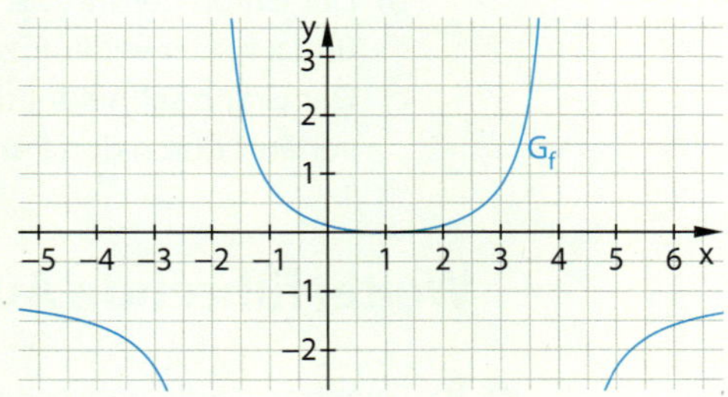

Lösung:

Lesen Sie die Form des Zählers aus der Nullstelle ab.

Da $x = 1$ eine doppelte Nullstelle ist, hat der Zähler die Form $a(x-1)^2$.

Bestimmen Sie die Form des Nenners aus den Polstellen und ihrer Art. Ein möglicher Vorfaktor wird durch das a im Zähler abgefangen.

Bei $x = -2$ und $x = 4$ hat der Graph eine Polstelle mit VZW. Der Nenner hat also die Form $(x+2)(x-4)$.

Ermitteln Sie den Faktor a durch Betrachtung der waagerechten Asymptote:
Der Quotient $\frac{ax^2}{x^2}$ der höchsten gemeinsamen Potenz muss zur Asymptote passen.

Es gilt also $f(x) = \frac{a(x-1)^2}{(x+2)(x-4)} = \frac{ax^2-2ax+a}{x^2-2x-8}$.
Da $\lim\limits_{x\to\pm\infty} \frac{ax^2-2ax+a}{x^2-2x-8} = \lim\limits_{x\to\pm\infty} \frac{a-\frac{2a}{x}+\frac{a}{x^2}}{1-\frac{2}{x}-\frac{8}{x^2}} = a$, muss wegen der waagerechten Asymptote $a = -1$ sein. Ergebnis: $f(x) = \frac{-(x-1)^2}{(x+2)(x-4)}$

Hinweis

Der Vorfaktor a kann auch im Nenner oder vor dem Bruch stehen. Man kann ihn rechnerisch oder durch Ablesen der Koordinaten eines Punktes ermitteln.

Basisaufgaben

8 Bestimmen Sie einen möglichen Term zum Graphen. Zähler- und Nennergrad sind höchstens 2.

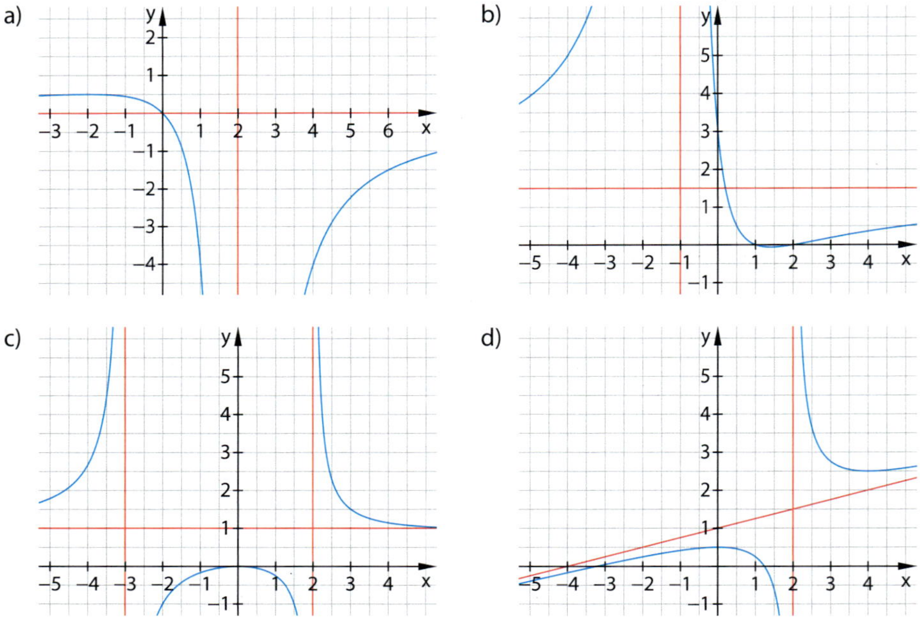

9 Der Graph einer gebrochen-rationalen Funktion f (Zählergrad und Nennergrad jeweils maximal 2) hat die gegebenen Eigenschaften. Bestimmen Sie einen möglichen Funktionsterm. Überprüfen Sie Ihr Ergebnis mit einer Mathematik-Software.

a) Der Graph berührt die x-Achse bei $x = -4{,}5$; $x = 1{,}5$ ist eine Polstelle ohne Vorzeichenwechsel. Im Punkt $S(0\,|\,9)$ schneidet der Graph die y-Achse.

b) Der Graph berührt die x-Achse bei $x = 0$ und hat die senkrechten Asymptoten $x = 2{,}5$ und $x = 4$. Er verläuft zudem durch den Punkt $P(2\,|\,-8)$.

c) Der Graph schneidet die x-Achse bei $x = 3$, hat die senkrechte Asymptote $x = 4$ und verläuft durch den Punkt $P(-1\,|\,4)$.

Weiterführende Aufgaben

Zwischentest

10 Gegeben ist die gebrochen-rationale Funktion f mit $f(x) = \frac{x+3}{x^2 - 5x + 6}$.

a) Bestimmen Sie den Definitionsbereich von f sowie alle Polstellen von f.

b) Untersuchen Sie, wie sich der Graph von f an den Definitionslücken verhält.

c) Geben Sie die Gleichungen der Asymptoten von f an.

d) Skizzieren Sie grob den Verlauf des Graphen von f.

11 Gegeben ist die Funktion f mit $f(x) = \frac{x^2 - 3x + 2}{x^2 - 4x + 4}$.

a) Faktorisieren Sie Zähler und Nenner von f. Plotten Sie den Graphen von f und beschreiben Sie, was Ihnen auffällt.

b) Bestimmen Sie den Definitionsbereich und die Nullstellen von f.

c) Ermitteln Sie alle Polstellen von f und geben Sie die Gleichungen der zugehörigen senkrechten Asymptoten an.

d) Bestimmen Sie die Gleichung der waagerechten Asymptote.

Hilfe

12 Ordnen Sie jedem Graphen einen passenden Funktionsterm zu und begründen Sie.

① $f(x) = \frac{x^2+1}{x^2+4}$ ② $g(x) = \frac{x^2+4}{x^2+1}$

③ $h(x) = \frac{x^2-4}{x^2+1}$ ④ $k(x) = \frac{x^2-1}{x^2+4}$

⑤ $l(x) = \frac{x^2+1}{x^2-4}$ ⑥ $u(x) = \frac{1+x^2}{4-x^2}$

⑦ $v(x) = \frac{1-x^2}{4+x^2}$ ⑧ $w(x) = \frac{x^2-1}{x^2-4}$

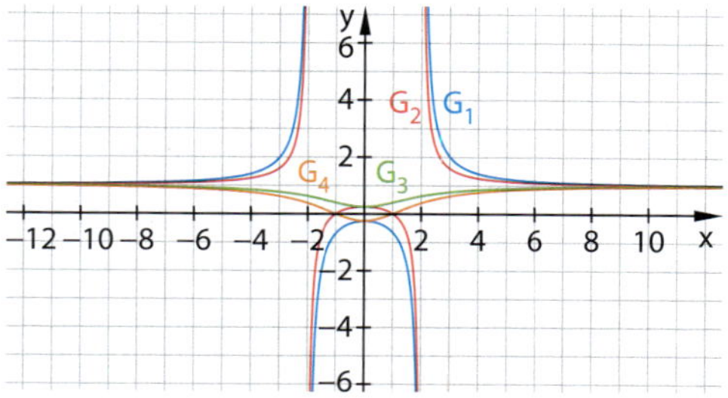

13 **Stolperstelle:** Jasmin soll den Term einer Funktion f angeben, die bei $x = 1$ eine einfache Nullstelle und bei $x = 0$ eine Polstelle ohne Vorzeichenwechsel hat. Zudem soll die Gerade mit der Gleichung $y = 2$ Asymptote des Graphen von f sein.
Jasmin überlegt: *„Im Zähler muss $x - 1$ stehen, im Nenner x^2. Damit $y = 2$ die Asymptote ist, addiere ich noch 2 zum Bruch, also $f(x) = \frac{x-1}{x^2} + 2$."*
Nehmen Sie Stellung zu Jasmins Überlegungen.

14 **Gebrochen-rationale Funktion ohne Definitionslücken:**
Geben Sie die Definitionsmenge an und begründen Sie, dass f keine Polstellen besitzt. Untersuchen Sie die Funktion auf Nullstellen, das Verhalten in der Nähe der Nullstellen und im Unendlichen und skizzieren Sie den Graphen. Prüfen Sie mit einer Mathematik-Software.
a) $f(x) = \frac{1}{x^2+4}$ b) $f(x) = \frac{x^2-2x}{x^2+1}$ c) $f(x) = \frac{-x^2+4}{x^2+4x+5}$

15 Geben Sie jeweils den Term einer gebrochen-rationalen Funktion mit den angegebenen Eigenschaften an. Kontrollieren Sie zu zweit gegenseitig Ihre Ergebnisse.
a) Die Funktion g hat bei $x = -3$ eine doppelte Nullstelle und bei $x = 2$ eine Polstelle ohne Vorzeichenwechsel. Der Graph hat die Gerade mit der Gleichung $y = 3$ als Asymptote.
b) Die Funktion h ist auf ganz $\mathbb{R}$ definiert und hat bei $x = -2$ und $x = 2$ Nullstellen. Die Gerade mit der Gleichung $y = 2$ ist Asymptote des Graphen von h.

16 **Transformationen:**
a) Entnehmen Sie der Abbildung möglichst viele Eigenschaften der Funktionen f und g. Geben Sie jeweils einen möglichen Funktionsterm an.
b) Geben Sie möglichst viele Eigenschaften der Graphen von $f_t(x) = 1 + 2 \cdot f(x)$ sowie $g_t(x) = g(3x)$ für f und g aus a) an.
c) Betrachten Sie die Kehrwertfunktionen $f_k(x) = \frac{1}{f(x)}$ und $g_k(x) = \frac{1}{g(x)}$. Geben Sie möglichst viele Eigenschaften der Funktionen an und skizzieren Sie die Graphen.

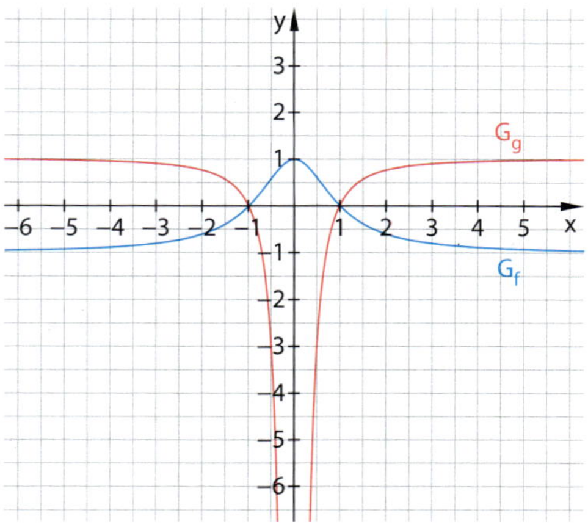

Hilfe

17 Gegeben ist die Funktion f mit $f(x) = \frac{2}{(1+ax)^2}$, $a \in \mathbb{R}\setminus\{0\}$.
a) Geben Sie die Gleichungen der waagerechten und senkrechten Asymptoten an.
b) Beschreiben Sie, wie der Graph von f aus dem Graphen von $x \mapsto \frac{1}{x^2}$ hervorgeht.
c) Untersuchen Sie mit einer Mathematik-Software mit Schieberegler das Symmetrieverhalten des Graphen von f und begründen Sie Ihr Ergebnis.

18 Gegeben ist die **Funktionenschar** f_a mit $f_a(x) = \frac{ax^2 - 5}{x^2}$ mit $a > 0$.

a) Bestimmen Sie das Symmetrieverhalten des Graphen und die Nullstellen von f_a.

b) Begründen Sie, dass $y = a$ eine Asymptote des Graphen ist. Untersuchen Sie das Verhalten von f_a an der Definitionslücke.

c) Jeder der drei abgebildeten Graphen gehört zu einem ganzzahligen Wert für a. Bestimmen Sie die drei Werte von a und begründen Sie.

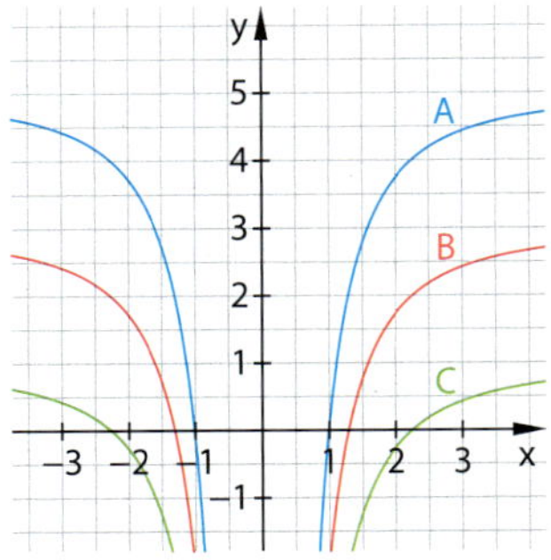

19 **Linsengleichung:** Bei einer Sammellinse wird der Zusammenhang zwischen Brennweite f, Gegenstandsweite g und Bildweite b durch die Linsengleichung wiedergegeben: $\frac{1}{f} = \frac{1}{b} + \frac{1}{g}$
Die Funktion h: $g \mapsto b$ mit $g \geq 0$ beschreibt die Bildweite b in Abhängigkeit von der Gegenstandsweite g bei konstanter Brennweite f.

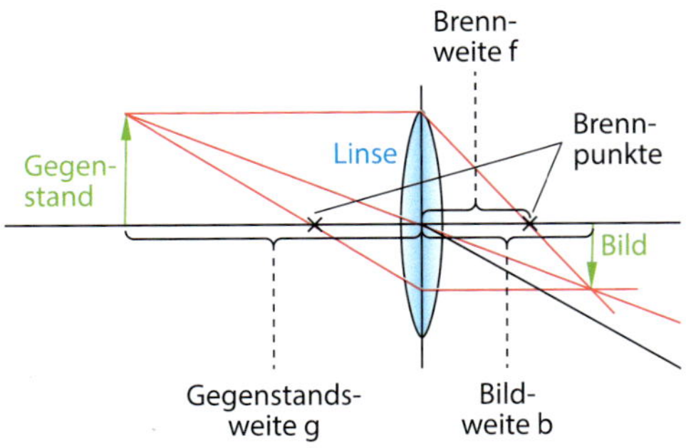

a) Zeigen Sie, dass sich die Linsengleichung zu $b = \frac{fg}{g - f}$ umformen lässt.

b) Geben Sie die Definitionslücke, ihre Art und die Gleichung der senkrechten Asymptote von h an.

c) Bestimmen Sie das Verhalten von h für $g \to 0$ und $g \to \infty$ und geben Sie die Gleichung der waagerechten Asymptote an. Erläutern Sie die Bedeutung der Grenzwerte im Sachzusammenhang.

d) Skizzieren Sie den Graphen der Funktion h.

e) Ein Gegenstand wird aus sehr großer Entfernung an die Linse herangeführt. Begründen Sie, wie sich dabei die Bildweite b verhält.

20 Die auf $\mathbb{R}\setminus\{2\}$ definierte gebrochen-rationale Funktion f hat folgende Eigenschaften:
- $x = 2$ ist eine Polstelle ohne Vorzeichenwechsel.
- Die Gerade mit der Gleichung $y = x - 3$ ist eine schräge Asymptote des Graphen von f, der für $x > 3$ unterhalb und für $x < 3$ oberhalb seiner schrägen Asymptote verläuft.
- Eine Nullstelle von f ist $x = 1$.

a) Begründen Sie, dass keine dieser Gleichungen die Funktionsgleichung von f ist.

① $y = x + 3 + \frac{ax + b}{(x - 2)^2}$ ② $y = x - 3 + \frac{ax + b}{x - 2}$ ③ $y = x - 3 + \frac{a}{(x - 2)^2}$

b) Die Funktionsgleichung hat die Form $y = x - 3 + \frac{ax + b}{(x - 2)^2}$. Bestimmen Sie die passenden Werte für a und b.

21 **Ausblick:** Die Geraden $x = 2$ und $y = 3$ umschließen mit dem Graphen der Funktion f mit $f(x) = \frac{4x^2 - 16}{x^2}$ $(x \geq 2)$ eine Fläche.

a) Berechnen Sie den Flächeninhalt des Dreiecks ABC.

b) Stellen Sie eine Vermutung für den Flächeninhalt der eingeschlossenen Fläche auf. Messen Sie dazu mithilfe einer Mathematik-Software den Flächeninhalt von Vielecken, die die Fläche gut annähern.

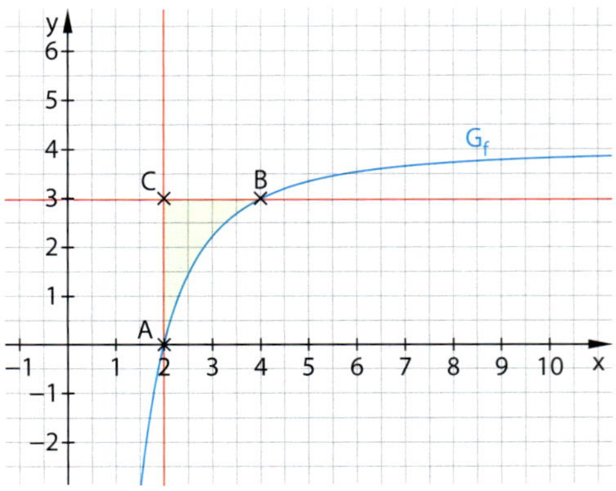

2.4 Schnittpunkte von Graphen

Gegeben sind die Funktionen f, g und h mit $f(x) = \frac{4}{x-1}$, $g(x) = 0{,}4x + 0{,}8$ und $h(x) = \frac{8}{x^2-5}$. Untersuchen Sie die Graphen von f und g sowie von f und h rechnerisch auf gemeinsame Punkte und überprüfen Sie Ihre Ergebnisse an der Zeichnung.

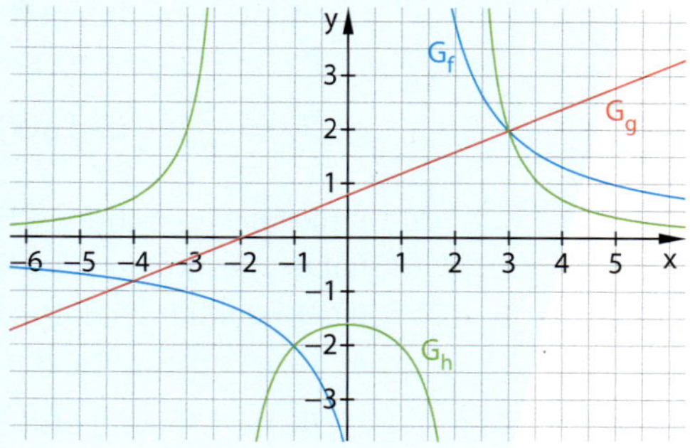

Zum Bestimmen der Schnittstellen von zwei Funktionsgraphen werden die Funktionsterme gleichgesetzt. Dies kann auf Gleichungen führen, die x^3 oder höhere Potenzen enthalten. Eine Lösung ist dann mit einer geeigneten Software möglich. Manchmal lässt sich die Gleichung aber auch auf eine lineare oder quadratische Gleichung zurückführen.
Um die Koordinaten der Schnittpunkte zu erhalten, setzt man – unter Beachtung der Definitionsmenge – anschließend die ermittelten x-Werte in einen der Funktionsterme ein.

Beispiel 1

Gegeben sind die Funktionen f und g mit $f(x) = \frac{x^2+1}{x^2-3}$ und $g(x) = \frac{x^2+2x+2}{x^2-6}$.
Geben Sie die Definitionsmengen an und ermitteln Sie die Schnittpunkte der zugehörigen Funktionsgraphen. Prüfen Sie Ihre Ergebnisse am Graphen.

Lösung:

Schließen Sie die Werte aus, bei denen der Nenner jeweils null werden würde.

$D_f = \mathbb{R}\setminus\{-\sqrt{3}; \sqrt{3}\}$, $D_g = \mathbb{R}\setminus\{-\sqrt{6}; \sqrt{6}\}$

Setzen Sie die Funktionsterme gleich und lösen Sie die Bruchgleichung z. B. durch „Über-Kreuz-Multiplikation".

$$\frac{x^2+1}{x^2-3} = \frac{x^2+2x+2}{x^2-6}$$

$$(x^2+1)(x^2-6) = (x^2+2x+2)(x^2-3)$$

Vereinfachen Sie durch Ausmultiplizieren, Zusammenfassen und Ausklammern. Mit dem Satz vom Nullprodukt erhalten Sie sofort eine Lösung.

$$x^4 - 5x^2 - 6 = x^4 + 2x^3 - x^2 - 6x - 6$$

$$0 = 2x^3 + 4x^2 - 6x = 2x(x^2 + 2x - 3)$$

$x_1 = 0;$

Bestimmen Sie die weiteren Lösungen z. B. mithilfe der Lösungsformel.

$$x_{2/3} = \frac{-2 \pm \sqrt{2^2 - 4 \cdot 1 \cdot (-3)}}{2 \cdot 1} = \frac{-2 \pm \sqrt{16}}{2} = \frac{-2 \pm 4}{2}$$

$x_2 = 1; x_3 = -3$

Überprüfen Sie, ob die Ergebnisse in der Definitionsmenge liegen.

Alle drei Werte liegen in der Definitionsmenge.

Setzen Sie die Schnittstellen in eine der Funktionsgleichungen ein, um die y-Koordinaten der Schnittpunkte zu erhalten.

$f(0) = -\frac{1}{3}$, also $S_1\left(0 \middle| -\frac{1}{3}\right)$
$f(1) = -1$, also $S_2(1|-1)$
$f(-3) = \frac{5}{3}$, also $S_3\left(-3 \middle| \frac{5}{3}\right)$

Plotten Sie zur Überprüfung die Graphen der Funktionen.

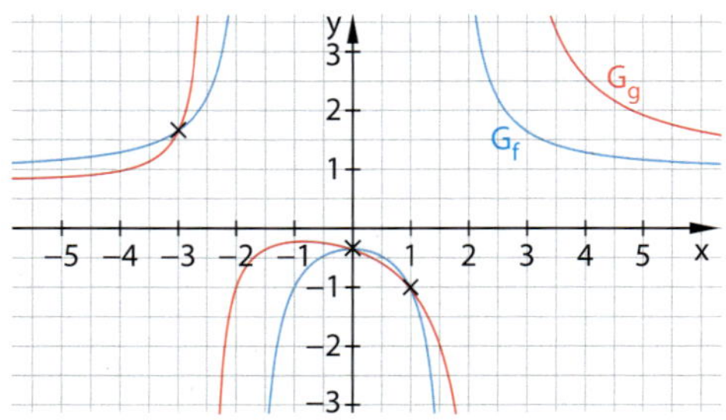

Basisaufgaben

1 Ermitteln Sie rechnerisch die Schnittstellen der Graphen der gegebenen Funktionen.

a) $f(x) = \frac{-4}{x-2}$ und $g(x) = x + 3$

b) $f(x) = \frac{5x-1}{x+1}$ und $g(x) = 2x - 1$

c) $f(x) = \frac{x+3}{-x-1{,}5}$ und $g(x) = \frac{-6}{x+3}$

d) $f(x) = \frac{2x-4}{x-4}$ und $g(x) = \frac{3}{x+3}$

2 Ermitteln Sie rechnerisch, ob die Graphen der gegebenen Funktionen gemeinsame Punkte haben. Bestimmen Sie diese gegebenenfalls und überprüfen Sie Ihre Ergebnisse mithilfe eines Funktionenplotters.

a) $f(x) = \frac{12x-25}{2x-3}$ und $g(x) = -2x + 3$

b) $f(x) = \frac{5x}{2x-3}$ und $g(x) = -0{,}6x + 0{,}4$

c) $f(x) = \frac{x+5}{4+2x}$ und $g(x) = \frac{10-x}{x+4}$

d) $f(x) = \frac{3x+15}{x-2}$ und $g(x) = \frac{-2x-4}{x+3}$

3 Ermitteln Sie die Schnittpunkte der Graphen der Funktionen f und g. Überprüfen Sie Ihre Ergebnisse mithilfe eines Funktionenplotters.

a) $f(x) = \frac{x^2-4}{x^2+12}$ und $g(x) = \frac{x^2+x-2}{x^2+6}$

b) $f(x) = \frac{x^2-4}{x^2-18}$ und $g(x) = \frac{x^2-3x+2}{x^2+9}$

c) $f(x) = \frac{x^2+3x+0{,}5}{x^2-2{,}5}$ und $g(x) = \frac{x^2+2}{x^2-10}$

d) $f(x) = \frac{0{,}5x^2-4}{x^2-2}$ und $g(x) = \frac{x^2-9x+4}{2x^2+2}$

4 Die Grafik zeigt die Graphen zweier Funktionen. Geben Sie die ganzzahligen Koordinaten der Schnittpunkte an. Ermitteln Sie Terme für beide Funktionen und überprüfen Sie die Schnittpunkte rechnerisch.

a)
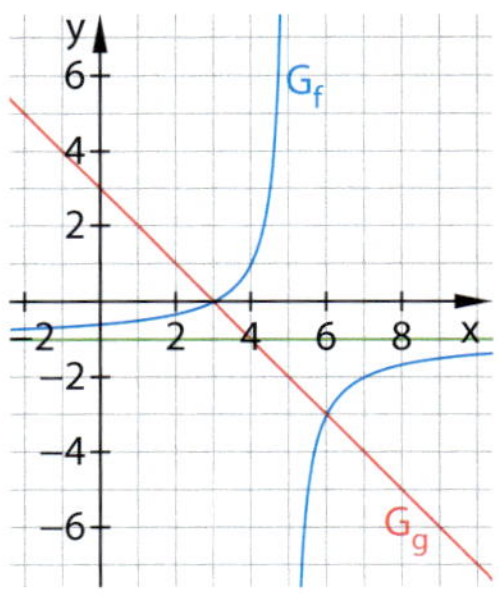

b)
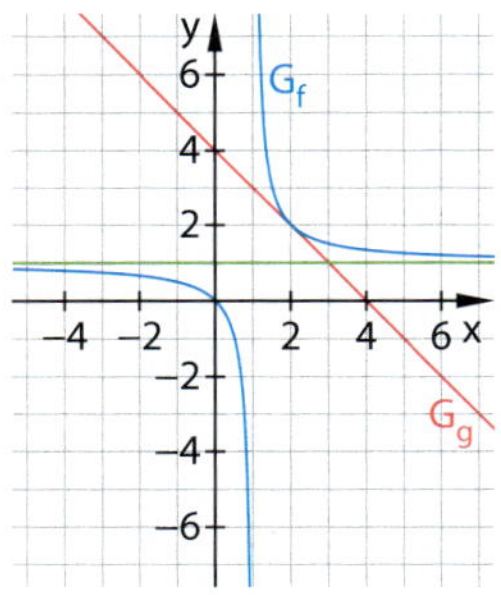

c)
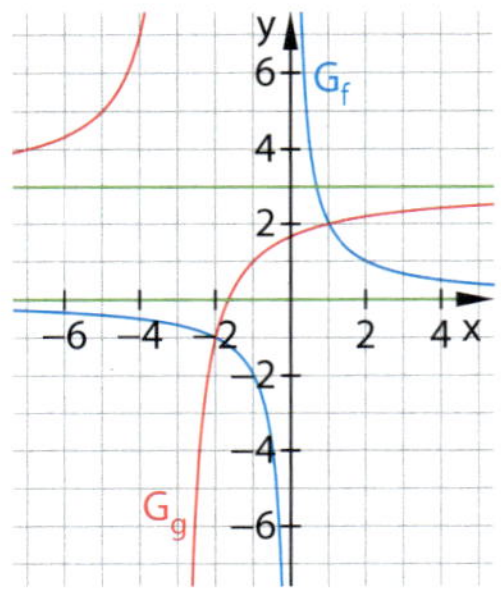

5 **Mit dem Hauptnenner lösen:** Khalid berechnet die Schnittstellen der Graphen von f und g mit $f(x) = \frac{2x+4}{2x^2+3x}$ und $g(x) = \frac{3x+1}{4x^2-9}$ so:

$$\frac{2x+4}{2x^2+3x} = \frac{3x+1}{4x^2-9} \Rightarrow \frac{(2x+4)(2x-3)}{(2x^2+3x)(2x-3)} = \frac{(3x+1)x}{(4x^2-9)x} \Rightarrow \frac{4x^2+2x-12}{4x^3-9x} - \frac{3x^2+x}{4x^3-9x} = 0 \Rightarrow \frac{x^2+x-12}{4x^3-9x} = 0$$

$$\Rightarrow x_1 = -4,\ x_2 = 3$$

a) Erläutern Sie Khalids Vorgehen. Beschreiben Sie das Problem, das sich ergibt, wenn man die Schnittstellen der Graphen durch „Über-Kreuz-Multiplikation" bestimmen möchte.

b) Bestimmen Sie mit der Hauptnennermethode die Schnittpunkte von h und i mit den Funktionsgleichungen $h(x) = \frac{2x+2}{x-1}$ und $i(x) = \frac{2x^2-2}{x^2-x}$ sowie die von p und q mit den Funktionsgleichungen $p(x) = \frac{-5x-7}{x^2-4}$ und $q(x) = \frac{-4x-2}{x^2-2x}$.

c) Erläutern Sie, warum die Hauptnennermethode einfacher ist, wenn die Nenner gleiche Faktoren enthalten.

d) Bilden Sie Funktionsterme für Graphen, deren Schnittpunkte sich besser mit der Hauptnennermethode (besser durch „Über-Kreuz-Multiplikation") bestimmen lassen.

6 Ermitteln Sie die Schnittpunkte der Graphen der Funktionen f und g.

a) $f(x) = 1 + \frac{1}{x}$ und $g(x) = 1 - \frac{1}{x^2}$

b) $f(x) = \frac{1}{4x^2}$ und $g(x) = 2 - \frac{1}{2x}$

c) $f(x) = \frac{3}{x} + \frac{2}{x^2}$ und $g(x) = 3 + \frac{4}{x}$

d) $f(x) = 1 + \frac{2}{x} + \frac{3}{x^2}$ und $g(x) = 4 - \frac{5}{x^2}$

Weiterführende Aufgaben

Zwischentest

Hilfe

7 Die Abbildung zeigt den Graphen einer gebrochen-rationalen Funktion.

a) Erläutern Sie, wie viele gemeinsame Punkte der Graph von f mit einer Gerade g haben kann.

b) Geben Sie für jeden Fall aus a) ein Beispiel für den Funktionsterm einer solchen Gerade g an.

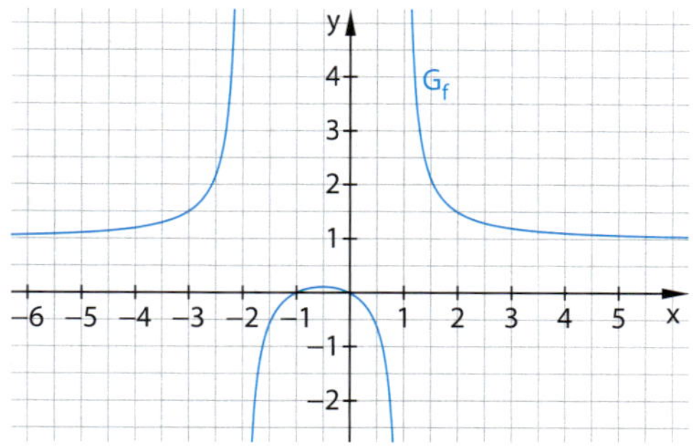

8 Geben Sie jeweils die Definitionsmenge an. Plotten Sie die Funktionsgraphen und bestimmen Sie näherungsweise graphisch die Schnittpunkte. Bestimmen Sie dann die exakten Ergebnisse anhand der Funktionsterme und berechnen Sie die prozentuale Abweichung der abgelesenen Schnittstelle vom rechnerisch bestimmten Wert.

a) $f(x) = \frac{3x^2 + 5x - 4}{4x - 4}$ und $g(x) = 1{,}5x + 2$

b) $f(x) = \frac{2x^2 + 3}{x - 1}$ und $g(x) = \frac{2x^2 - 2}{x}$

c) $f(x) = -\frac{1}{2x}$ und $g(x) = \frac{x - 2{,}5}{x + 1}$

d) $f(x) = \frac{(x - 2)^2}{x - 3}$ und $g(x) = \frac{x^2 + 2}{x}$

9 **Stolperstelle:** Gesucht sind die Schnittpunkte der Graphen der Funktionen $f: x \mapsto x + 2 + \frac{1}{x}$ und $g: x \mapsto x + 1$.

Younes beginnt:

$x + 2 + \frac{1}{x} = x + 1 \quad | \cdot x$

$x + 2 + 1 = (x + 1) \cdot x \quad |$ Ausmultiplizieren

Erläutern Sie, welchen Fehler Younes gemacht hat, und ermitteln Sie die Schnittpunkte.

Hilfe

10 Geben Sie Funktionsterme für die Funktionen f und g an, sodass die Graphen genau die gegebenen Schnittpunkte haben.

a) f ist eine lineare Funktion, g ist eine gebrochen-rationale Funktion, der einzige Schnittpunkt ist $S(1|4)$.

b) f ist eine lineare Funktion, g ist eine gebrochen-rationale Funktion, die zwei Schnittpunkte sind $S(-3|2)$ und $T(1|-2)$.

c) f und g sind gebrochen-rationale Funktionen, der einzige Schnittpunkt ist $S(0|2)$.

d) f und g sind gebrochen-rationale Funktionen, die zwei Schnittpunkte sind $S(-1|2)$ und $T(1|2)$.

11 **Maximale Anzahl von Schnittpunkten:**

Gegeben ist die die auf $\mathbb{R}\setminus\{2\}$ definierte gebrochen-rationale Funktion f mit $f(x) = \frac{-2x^2 + 12x - 15}{4x - 8}$.

a) Der Graph von f schneidet die Gerade g mit der Gleichung $y = mx + 2$, $m \in \mathbb{R}$. Ermitteln Sie mithilfe einer Mathematik-Software, wie viele Schnittpunkte es in Abhängigkeit von m gibt. Nutzen Sie einen Schieberegler für m.

b) Untersuchen Sie ebenso die Anzahl der Schnittpunkte des Graphen von f mit der Geraden h mit der Gleichung $y = -0{,}5x + t$, $t \in \mathbb{R}$.

c) Geben Sie die mögliche Anzahl der Schnittpunkte des Graphen einer gebrochen-rationalen Funktion mit einer Geraden in Abhängigkeit vom Nennergrad an. Begründen Sie Ihr Ergebnis.

12 Gegeben sind die Funktionen f und g mit $f(x) = \frac{tx^2}{x^2 + a}$ und $g(x) = tx$ mit $t, a \in \mathbb{R}$. Untersuchen Sie mithilfe einer Mathematik-Software mit Schiebereglern, wie viele Schnittpunkte die Graphen von f und g in Abhängigkeit von a und t haben.

Erinnerung

Der Term einer einfachen gebrochen-rationalen Funktion ist vollständig gekürzt und hat im Zähler und Nenner jeweils höchstens den Grad 2.

13 a) Begründen Sie anhand anschaulicher Überlegungen, wie viele Schnittpunkte die Graphen zweier einfacher gebrochen-rationaler Funktionen höchstens haben können.
b) Ermitteln Sie mithilfe einer Mathematik-Software zwei einfache gebrochen-rationale Funktionen f und g, deren Graphen vier Schnittpunkte haben.

14 Zara und Marlon sollen die Schnittpunkte des Graphen der Funktion f mit $f(x) = \frac{2x+4}{x^2-7}$ und der Geraden g mit der Gleichung $y = x + 2$ bestimmen.
Zara beginnt folgendermaßen:
$\frac{2x+4}{x^2-7} = x + 2 \Rightarrow 2x + 4 = (x+2)(x^2-7) \Rightarrow 2x + 4 = x^3 + 2x^2 - 7x - 14$
$\Rightarrow x^3 + 2x^2 - 9x - 18 = 0$
Marlon hingegen notiert:
$\frac{2x+4}{x^2-7} = x + 2$, also $\frac{2(x+2)}{x^2-7} = x + 2$, also $x = -2$ oder $\frac{2}{x^2-7} = 1$, also Lösungen: $x = -2$ oder $x = 3$ oder $x = -3$.
Erläutern Sie den Vorteil bei Marlons Vorgehen und berechnen Sie nach diesem Schema die Schnittstellen des Graphen von f mit $f(x) = \frac{3x+1{,}5}{x^2+x}$ mit der Geraden mit der Gleichung $y = 4x + 2$.

Info

Promille:
$1\,‰ = \frac{1}{1000}$

15 Der Wirkstoffgehalt eines Medikaments im Blut (in ‰) wird durch die Funktion f mit $f(t) = \frac{1}{t^2 - 40t + 410}$ (t in Minuten) beschrieben, wenn es zum Zeitpunkt $t = 0$ eingenommen wird.
Berechnen Sie, zu welchen Zeiten der Wirkstoffgehalt mehr als 0,05 ‰ beträgt, und überprüfen Sie Ihr Ergebnis mithilfe einer Mathematik-Software.

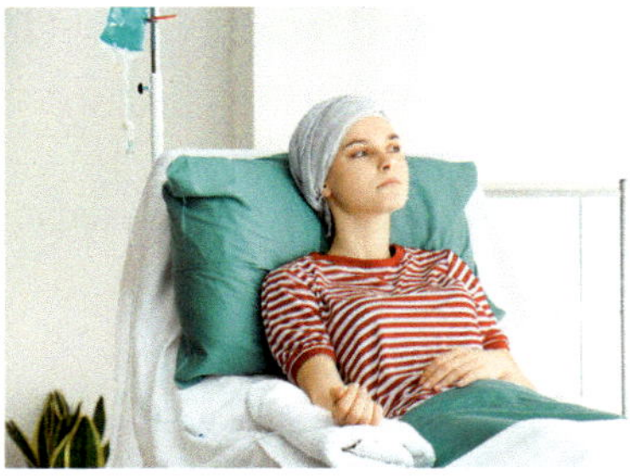

16 Die Funktion f mit $f(x) = \frac{5}{x^2 - 4x + 15}$ beschreibt ein Geländeprofil von West nach Ost. Eine LE entspricht 1 km.
a) Zeigen Sie, dass der höchste Punkt des Geländes die Koordinaten $P(2\,|\,f(2))$ hat.
b) 3 km westlich des höchsten Punktes des Geländes wird in einer Höhe von 1,1 km ein Segelflugzeug aus der Winde ausgeklinkt und bewegt sich in gleichmäßigem Sinkflug zum Punkt $L(10\,|\,f(10))$. Geben Sie eine Funktionsgleichung an, die den geradlinigen Sinkflug beschreibt.
c) Weisen Sie rechnerisch nach, dass das Flugzeug das Gelände nicht vor dem Punkt L berührt.

17 a) Geben Sie den Term einer Funktion f an, die eine Seitenlänge eines Rechtecks mit dem Flächeninhalt 36 cm² in Abhängigkeit der anderen Seitenlänge beschreibt. Geben Sie den Definitionsbereich dieser Funktion an.
b) Geben Sie die Bedeutung des Schnittpunktes des Graphen von f mit der Winkelhalbierenden des ersten Quadranten an. Ermitteln Sie diesen Schnittpunkt.
c) Geben Sie einen Term einer Funktion u an, die den Umfang des Rechtecks aus a) in Abhängigkeit von einer Seitenlänge beschreibt. Plotten Sie den Graphen von u und erläutern Sie den Zusammenhang zu Ihrem Ergebnis aus b).

18 Eine Firma stellt neue Computer her. Die Stückkosten werden durch die Funktion f mit $f(x) = \frac{1300x + 36\,000}{2x + 3}$ für $x \geq 0$ beschrieben. Dabei bezeichnet x die Stückzahl der gefertigten Computer und f(x) die Herstellungskosten in €.

a) Geben Sie an, ab wie vielen Computern der Stückpreis unter 1000 € fällt.

b) Die Firma will die Computer für 800 € verkaufen. Geben Sie an, wie viele Computer sie mindestens herstellen muss, um Gewinn zu machen. (Gehen Sie davon aus, dass alle hergestellten Computer verkauft werden.)

19 Ein Haus wird renoviert. Um Heizkosten und Energie zu sparen, soll eine Wärmedämmschicht installiert werden. Die jährlichen Heizkosten werden durch die Funktion f mit $f(x) = \frac{32}{x + 4}$ beschrieben. Dabei steht $x \geq 0$ für die Dicke der Dämmschicht in cm und f(x) für die Heizkosten in € pro m^2 Außenwand des Hauses.

a) Begründen Sie, dass sich die jährliche Heizkostenersparnis durch $g(x) = -\frac{32}{x + 4} + 8$ beschreiben lässt.

b) Geben Sie an, wie dick die Dämmschicht sein muss, damit sich die jährlichen Heizkosten halbieren (vierteln).

c) Pro Quadratmeter Außenwand belaufen sich die Kosten für das Anbringen der Dämmschicht auf 2,50 € je cm Dämmschicht zuzüglich 12,50 € Arbeitszeitpauschale. Zeigen Sie, dass sich die Anbringung der Dämmschicht in den ersten 5 Jahren unabhängig von der Dicke finanziell nicht lohnt.

d) Ermitteln Sie, wie dick die Dämmschicht sein sollte, damit über 20 Jahre gesehen die Gesamtersparnis möglichst groß ist. Beurteilen Sie, wie realistisch dieses Ergebnis ist.

20 Plotten Sie den Graphen der Funktion $f\colon x \mapsto \frac{x^3 - x^2 - 4x - 1}{4x}$.

a) Beschreiben Sie das asymptotische Verhalten des Graphen.

b) Plotten Sie den Graphen der Funktion g mit $g(x) = \frac{1}{4}x^2 - \frac{1}{4}x - 1$. Erläutern Sie die Beziehung zwischen f und g.

21 **Ausblick:** Gesucht ist der Flächeninhalt, den der Graph der Funktion f mit $f(x) = \frac{1}{x^2}$ mit der x-Achse zwischen x = 1 und x = 5 einschließt.

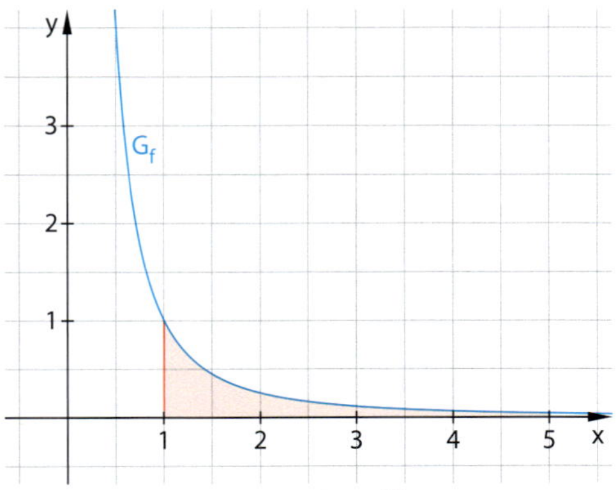

a) Begründen Sie, dass das Trapez mit den Punkten $A(1\,|\,0)$, $B(5\,|\,0)$, $C\left(5\,\middle|\,\frac{1}{25}\right)$ und $D(1\,|\,1)$ eine – grobe – Näherung für den gesuchten Flächeninhalt darstellt. Berechnen Sie den Flächeninhalt des Trapezes und ermitteln Sie eine Funktionsgleichung der Geraden CD.

b) Ermitteln Sie die Schnittpunkte von f mit den Geraden g mit $y = -\frac{4}{9}x + \frac{13}{9}$ und h mit $y = -\frac{8}{225}x + \frac{49}{225}$. Nutzen Sie diese Schnittpunkte und die Idee aus a), um einen besseren Näherungswert zu finden. Erklären Sie auch die Bedeutung der Geraden g und h.

c) Beschreiben Sie, wie Sie die Näherung aus b) weiter verbessern können.

d) Exakt kann der Flächeninhalt zwischen x = 1 und x = a berechnet werden als $A(a) = 1 - \frac{1}{a}$. Berechnen Sie den Inhalt für a = 5 und für $a \to \infty$.

2.5 Klausur- und Abiturtraining

Aufgaben ohne Hilfsmittel

1 Begründen Sie, welche der drei Funktionsgleichungen den Graphen beschreibt.

① $f(x) = 2x - 1 - \frac{2}{(x-1)^2}$

② $f(x) = 0{,}5x - 1 - \frac{3}{x-1}$

③ $f(x) = 0{,}5x - 1 - \frac{9}{(x-1)^2}$

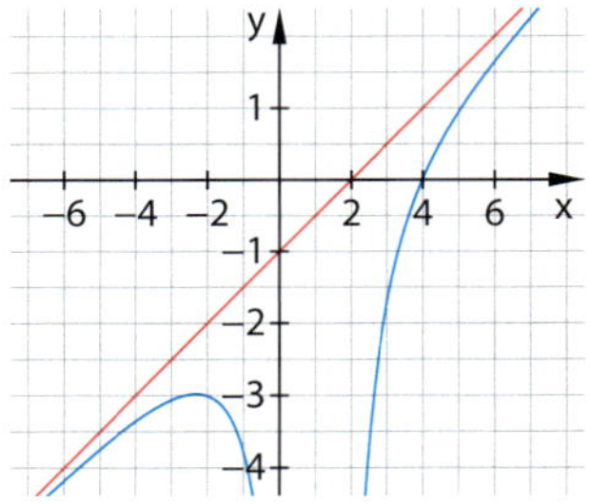

2 Die Abbildung zeigt den Teil des Graphen einer gebrochen-rationalen Funktion f mit dem Definitionsbereich $\mathbb{R}\backslash\{1\}$. An der Stelle $x = 1$ hat f eine Polstelle mit Vorzeichenwechsel. Der Graph von f hat die schräge Asymptote $y = x + 6$.
Übertragen Sie den gegebenen Teil des Graphen und zeichnen Sie die schräge Asymptote ein. Skizzieren Sie dann den möglichen Verlauf des Graphen für $x < 1$.

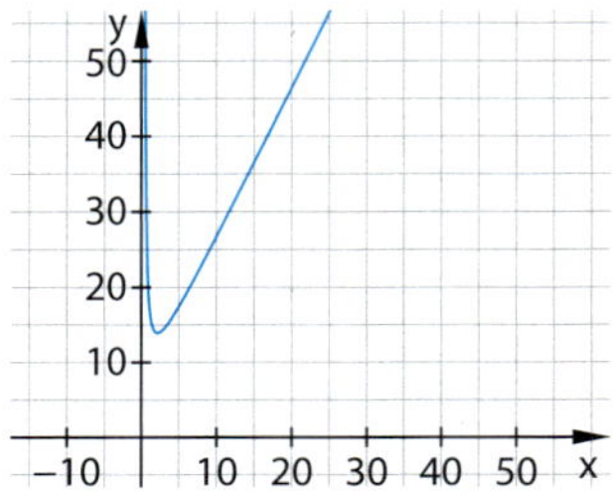

3 Geben Sie die Gleichung einer Funktion f mit den gegebenen Eigenschaften an.

a) Der Graph hat die Asymptoten $y = 0$, $x = 1$ und $x = -1$.

b) Die Funktion hat die Nullstelle $x = 3$ und es gilt $\lim\limits_{x \to \infty} f(x) = 1$.

c) Der Graph schneidet die Achsen in den Punkten $S(-2\,|\,0)$ und $T(0\,|\,3)$ und es gilt $\lim\limits_{\substack{x \to 1 \\ x > 1}} f(x) = -\infty$.

d) Die Funktion hat eine Polstelle, ihr Graph ist achsensymmetrisch und verläuft vollständig unterhalb der x-Achse.

e) Die Funktion hat den Nennergrad 2. Die Koordinatenachsen sind die einzigen Asymptoten des Graphen.

4 Gegeben ist die Funktion f mit $f(x) = 1 - \frac{1}{x^2}$.

a) Geben Sie den Definitionsbereich sowie die Art und Lage der Asymptoten an.

b) Zeigen Sie, dass der Graph von f achsensymmetrisch zur y-Achse ist, und berechnen Sie die Koordinaten der Schnittpunkte mit der x-Achse.

c) Beschreiben Sie, welche grafische Lösung man mit dem Ansatz $1 - \frac{1}{x^2} = -3$ sucht. Lösen Sie anschließend die Gleichung.

d) Bestimmen Sie alle Werte von t, sodass sich der Graph von f und die Gerade $y = t$ nicht schneiden. Schlussfolgern Sie daraus auf den Wertebereich von f.

e) Skizzieren Sie den Graphen von f anhand der Ergebnisse aus a) – d).

f) Der Graph von f wird mit den Geraden $y = -3$ und $y = 0$ geschnitten. Durch die so entstandene Fläche soll der Querschnitt eines 8 dm langen Pflanzkastens „Deep Growth" modelliert werden, der speziell für tiefwurzelnde Züchtungen wie Pastinaken entwickelt wurde. Dabei gilt 1 LE = 1 dm. Erläutern Sie, warum der folgende Term einen guten Näherungswert für das Volumen des Deep Growth darstellt:
$(1\,\text{dm} \cdot 3\,\text{dm} + 0{,}5\,\text{dm} \cdot 3\,\text{dm}) \cdot 8\,\text{dm}$

Aufgaben mit Hilfsmitteln

5 Gegeben ist die Funktion f mit $f(x) = \frac{4000x}{0{,}1x^2 + 1000}$.

a) Bestimmen Sie die Definitionsmenge und Nullstellen von f sowie Symmetrie des Graphen und die Gleichungen der Asymptoten.

b) Erläutern Sie, dass die Funktionswerte von f nur bei $x = 0$ das Vorzeichen von – nach + wechseln.

c) Skizzieren Sie den Graphen von f mithilfe der Ergebnisse aus a) und b) und entscheiden Sie, ob für die Wertemenge W gilt: $W = \mathbb{R}$

d) Betrachten Sie die Gleichung $f(x) = 160$. Beschreiben Sie die grafische Bedeutung der Lösungen der Gleichung $f(x) = 160$. Bestimmen Sie die Lösung rechnerisch.

e) Bestimmen Sie den Wert von b mit $b > 0$, sodass die Gleichung $f(x) = b$ nur genau eine Lösung für x liefert. Geben Sie diese Lösung an.
[Kontrollergebnis: $b = 200$, $x = 100$]

Pflanzen benötigen für ihr Wachstum Stickstoff, der teilweise im Boden vorhanden ist und teilweise in Form von Dünger zugeführt wird. Die Funktion f modelliert den zusätzlichen jährlichen Ertrag in kg pro Hektar, wenn man x kg Dünger pro Hektar einsetzt (x in kg/ha, f(x) in 10 kg/ha).

f) Begründen Sie, dass der Verlauf des Graphen von f im Sachzusammenhang sinnvoll ist.

g) Der maximale Ertrag wird bei 100 kg Dünger pro Hektar erwartet. Begründen Sie, dass dies möglicherweise nicht die optimale Menge an Dünger ist.

6 Befindet man sich im Weltall, so übersieht man von einem beobachteten Planeten nur einen Teil, die sogenannte „Kugelkappe". Für den Inhalt dieser gewölbten Fläche A in Abhängigkeit von der Höhe h über dem Planeten und dem Planetenradius r gilt: $A(h) = \frac{2\pi r^2 h}{h + r}$ (h, r in km).

a) Der Erdradius beträgt rund 6370 km. Die ISS fliegt in einer Höhe von 428 km über der Erde. Ermitteln Sie, welche Kontinente von dort sicher nicht komplett zu sehen sind.

b) Bestimmen Sie, wie viel Fläche man aus einer Höhe von 0 km sehen könnte und wie viel, wenn man sich beliebig weit von der Erde entfernt. Überprüfen Sie das Ergebnis mit der Formel für den Oberflächeninhalt einer Kugel: $O = 4\pi r^2$

c) Bestimmen Sie für eine konstante Höhe h den Grenzwert $\lim\limits_{r \to \infty} \frac{2\pi r^2 h}{h + r}$. Beschreiben Sie seine Bedeutung im Sachzusammenhang. Nehmen Sie Stellung zu seiner Sinnhaftigkeit.

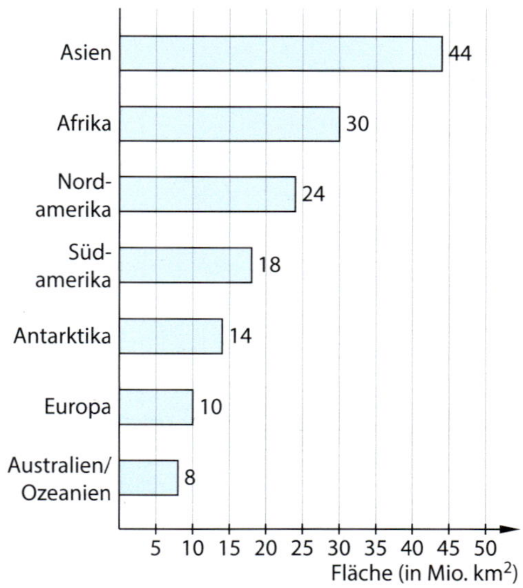

7 Gegeben ist die Funktion $f\colon x \mapsto \frac{x^2 + 2x + 1}{4x(x - 3)}$.

a) Zeigen Sie, dass f(x) zum Term $0{,}25 + \frac{5x + 1}{4x^2 - 12x}$ äquivalent ist, und beschreiben Sie die Bedeutung der Geraden $y = 0{,}25$ für die Funktion.

b) Geben Sie die Definitionsmenge von f an und untersuchen Sie die Funktion auf Nullstellen, Polstellen, das Verhalten des Graphen an den Polstellen und im Unendlichen sowie senkrechte Asymptoten. Zeichnen Sie den Graphen für $-3 \le x \le 7$.

c) Berechnen Sie, für welche Werte von x der Graph unterhalb der Geraden $y = -0{,}5$ verläuft.

Lösungen → S. 189

1 Geben Sie die Definitionsmenge, die Nullstellen und die Polstellen der Funktion f an.

a) $f(x) = \frac{2x+5}{2x-3}$ b) $f(x) = \frac{(x+4)(x-3)}{x(x+1)}$ c) $f(x) = \frac{x-2}{(x-1)(x+2)}$

d) $f(x) = \frac{(1-x)(x-2)}{x(x-1)}$ e) $f(x) = \frac{(x+2)^2}{x^2-9}$ f) $f(x) = \frac{(x+3)(x-2)}{(2+x)(4x-6)}$

2 Geben Sie einen Term einer gebrochen-rationalen Funktion mit der gegebenen Definitionsmenge und genau den gegebenen Nullstellen und Polstellen an.

a) $D = \mathbb{R}\setminus\{-1\}$; Nullstellen: $x_1 = 3$; $x_2 = -2$; Polstelle: $x_3 = -1$

b) $D = \mathbb{R}\setminus\{-1; 0\}$; Nullstellen: $x_1 = 1$; $x_2 = -2$; Polstellen: $x_3 = -1$; $x_4 = 0$

c) $D = \mathbb{R}\setminus\{4\}$; Nullstelle: $x_1 = 0{,}5$; Polstelle: $x_2 = 4$

3 Lesen Sie aus dem Graphen von f den Definitionsbereich und, falls vorhanden, die Nullstellen, die Polstellen und ihre Art, die links- und rechtsseitigen Grenzwerte an den Polstellen sowie die Gleichungen der Asymptoten ab.

a)

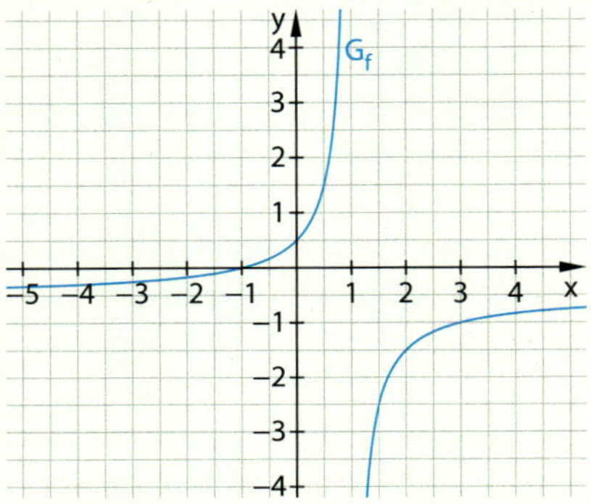

b)

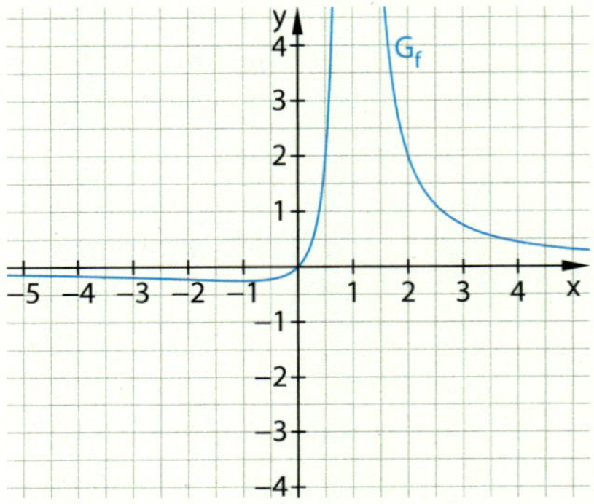

c)

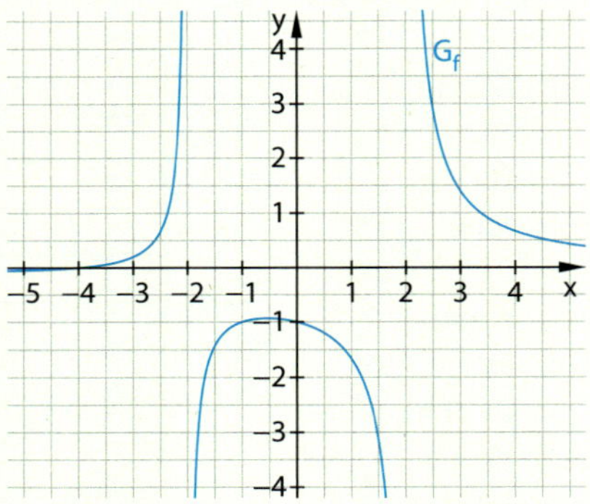

d)

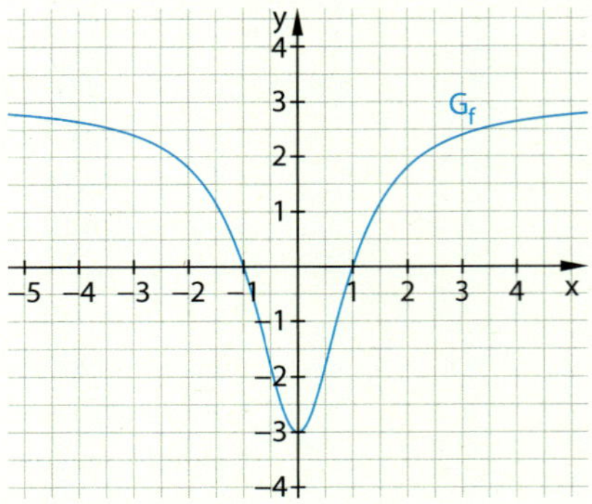

4 Begründen Sie mithilfe von Zähler- und Nennergrad, ob der Graph der Funktion f eine waagerechte oder schräge Asymptote besitzt. Bestimmen Sie dann rechnerisch das Verhalten des Graphen von f im Unendlichen und geben Sie die Gleichung der Asymptote an.

a) $f(x) = \frac{3x+2}{2x^2-3}$ b) $f(x) = \frac{5x^2+3x-4}{-2x^2+1}$ c) $f(x) = \frac{3(x-1)^2}{x^2+1}$ d) $f(x) = \frac{3x^2-2x+5}{4x}$

5 Untersuchen Sie das Verhalten der Funktion f für $x \to \infty$ und $x \to -\infty$. Geben Sie die Gleichung der zugehörigen Asymptote an.

a) $f(x) = \frac{3x^2+2}{x}$ b) $f(x) = \frac{2-5x^2}{x^2}$ c) $f(x) = \frac{2x^2-1}{2x^2+1}$ d) $f(x) = \frac{9x^2-4}{3x}$

6 Die ganzrationalen Funktionen p und q haben höchstens den Grad 2. Beurteilen Sie die Aussage über die gebrochen-rationale Funktion f mit $f(x) = \frac{p(x)}{q(x)}$.

a) Ist x_1 eine Nullstelle der Nennerfunktion q, so hat f dort einen Vorzeichenwechsel.

b) Ist x_2 eine Polstelle der Funktion f, so hat G_f die senkrechte Asymptote $x = x_2$.

Lösungen → S. 190

7 Stellen Sie den Term einer gebrochen-rationalen Funktion mit den gegebenen Eigenschaften auf. Überprüfen Sie Ihr Ergebnis mit einem Funktionenplotter.

a) $x_1 = -1$ ist einfache Nullstelle; $x_2 = 2$ Polstelle mit Vorzeichenwechsel
b) $x_1 = 4$ ist doppelte Nullstelle; $x_2 = -2$ und $x_3 = 1$ sind Polstellen mit Vorzeichenwechsel
c) $x_1 = -1$ ist doppelte Polstelle; der Graph berührt die x-Achse an der Stelle $x_2 = 4$
d) $x_1 = -1$ ist einfache Polstelle; der Graph schneidet die x-Achse an der Stelle $x_2 = -5$

8 Skizzieren Sie den Graphen von f mithilfe der Null- und Polstellen, des Schnittpunktes mit der y-Achse und des Verhaltens im Unendlichen. Geben Sie auch die Gleichungen der Asymptoten an. Überprüfen Sie Ihre Skizze mit einer Mathematik-Software.

a) $f(x) = \frac{-2x+3}{x}$ b) $f(x) = \frac{2x^2-8}{x^2}$ c) $f(x) = \frac{x^2-3x}{x^2-4}$
d) $f(x) = \frac{1}{x-1} + x - 1$ e) $f(x) = 0{,}5x + 0{,}5 + \frac{x-5}{x-2}$ f) $f(x) = \frac{x^2-4x+3}{0{,}5x^2-2x}$

9 Bestimmen Sie einen möglichen Funktionsterm zum Graphen einer gebrochen-rationalen Funktion, deren Zähler und Nenner höchstens den Grad 2 haben.

a)
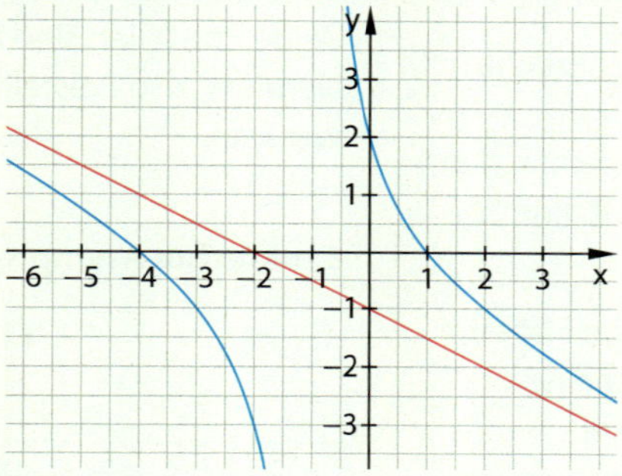

b)
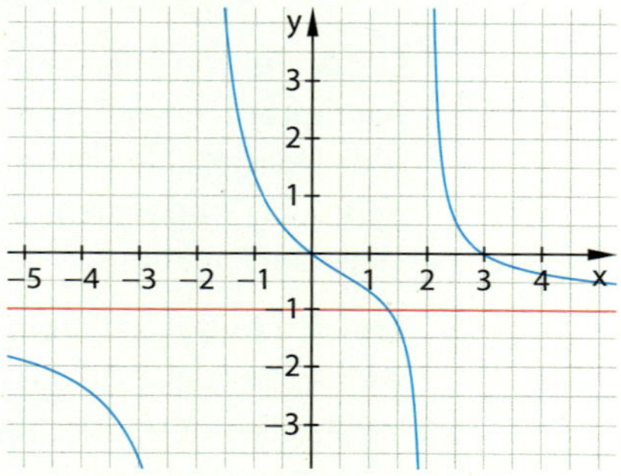

10 Begründen Sie, dass der Graph einer gebrochen-rationalen Funktion, deren Zähler und Nenner höchstens den Grad 2 haben, mit einer Geraden maximal drei Schnittpunkte haben kann.

11 Ermitteln Sie rechnerisch die Koordinaten der Schnittpunkte der Graphen von f und g, falls vorhanden. Überprüfen Sie Ihre Ergebnisse mit einem Funktionenplotter.

a) $f(x) = \frac{7x-29}{6x-22}$ und $g(x) = \frac{19-x}{x+5}$ b) $f(x) = \frac{2x+6}{x+2}$ und $g(x) = \frac{-3x-5}{x+3}$
c) $f(x) = \frac{-x^2+6}{x^2+2x+2}$ und $g(x) = -\frac{x^2-3}{x^2+1}$ d) $f(x) = \frac{x^2-2}{x^2-x-2}$ und $g(x) = \frac{x^2+2x+4}{x^2+4}$

Wo stehe ich?

	Ich kann…	Aufgabe	Nachschlagen
2.1	… Nullstellen und Definitionslücken einfacher gebrochen-rationaler Funktionen bestimmen. … Polstellen und Gleichungen senkrechter Asymptoten bestimmen.	1, 2, 3, 6	S. 42 Beispiel 1, S. 44 Beispiel 2
2.2	… Gleichungen von waagerechten und schrägen Asymptoten bestimmen.	3, 4, 5, 6	S. 48 Beispiel 1, S. 49 Beispiel 2
2.3	… zwischen einfachen und doppelten Pol- und Nullstellen unterscheiden. … aus dem Graphen auf den Term einer gebrochen-rationalen Funktion schließen und umgekehrt.	7, 8, 9	S. 53 Beispiel 1, S. 54 Beispiel 2, S. 55 Beispiel 3
2.4	… Schnittpunkte von Graphen gebrochen-rationaler Funktionen bestimmen.	10, 11	S. 59 Beispiel 1

Gebrochen-rationale Funktionen

Eine **gebrochen-rationale Funktion** f ist eine Funktion der Form $f(x) = \frac{p(x)}{q(x)}$, wobei p und q ganzrationale Funktionen sind (q mindestens vom Grad 1).
Die Nullstellen des Nenners q heißen **Definitionslücken** von f.

$f(x) = \frac{x^2 - x - 2}{x^2 - 4x + 3} = \frac{(x+1)(x-2)}{(x-3)(x-1)}$

Definitionslücken: $(x-3)(x-1) = 0$
Also $x_1 = 3$ und $x_2 = 1$.

Die Nullstellen des Zählers p, die keine Nullstellen des Nenners q sind, sind die **Nullstellen** der Funktion f. Bei einer einfachen Nullstelle schneidet der Graph die x-Achse (Vorzeichenwechsel), bei einer doppelten Nullstelle berührt er die x-Achse, ohne sie zu schneiden.

Nullstellen: $(x+1)(x-2) = 0$
Lösungen: $x_3 = -1$, $x_4 = 2$. Beide Nullstellen sind einfache Nullstellen: Der Graph schneidet dort jeweils die x-Achse.

Eine **Polstelle** von f ist eine Definitionslücke x_0 von f mit $\lim\limits_{\substack{x \to x_0 \\ x < x_0}} f(x) = \pm\infty$ und $\lim\limits_{\substack{x \to x_0 \\ x > x_0}} f(x) = \pm\infty$.
Der Graph von f hat dann eine **senkrechte Asymptote** mit der Gleichung $x = x_0$.
Jede Nullstelle des Nenners einer einfachen gebrochen-rationalen Funktion ist eine Polstelle der Funktion.

Polstellen: Die Funktion hat Polstellen an ihren Definitionslücken $x_1 = 3$ und $x_2 = 1$. Beide Polstellen sind einfache Nullstellen des Nenners, also Polstellen mit Vorzeichenwechsel.

Senkrechte Asymptoten: $x = 3$ und $x = 1$

Im vollständig gekürzten Term von f ist eine
- einfache Nullstelle des Nenners eine Polstelle **mit Vorzeichenwechsel**,
- doppelte Nullstelle des Nenners eine Polstelle **ohne Vorzeichenwechsel**.

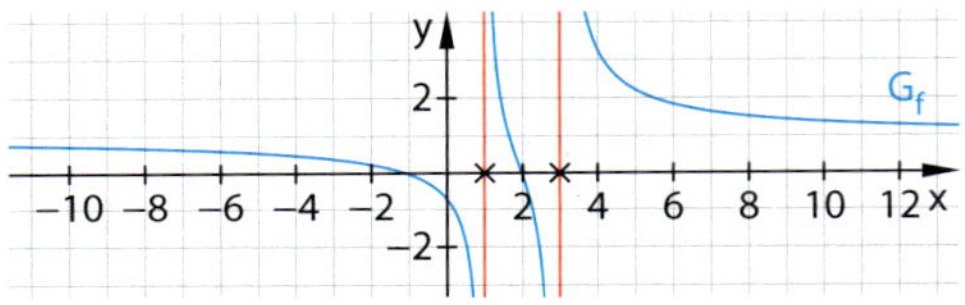

Waagerechte und schräge Asymptoten

Für eine gebrochen-rationale Funktion f gilt:
- Zählergrad < Nennergrad: Der Graph hat die x-Achse als waagerechte Asymptote.
- Zählergrad = Nennergrad: $\lim\limits_{x \to \pm\infty} f(x) = a \neq 0$, der Graph hat die waagerechte Asymptote $y = a$.
- Zählergrad > Nennergrad: $\lim\limits_{x \to \pm\infty} f(x) = \pm\infty$

$f(x) = \frac{x}{x^2 + 1}$ $\quad ZG = 1 < 2 = NG$
waagerechte Asymptote $y = 0$
$g(x) = \frac{x + 1}{x + 2}$ $\quad ZG = 1 = NG$
waagerechte Asymptote $y = 1$
$h(x) = \frac{x^2 + 1}{2x} = \frac{1}{2}x + \frac{1}{2x}$ $\quad ZG = 2 = 1 + NG$
schräge Asymptote $y = 0{,}5x$

Ist der Grad des Zählers um 1 größer als der Grad des Nenners, so hat der Graph von f eine schräge Asymptote.

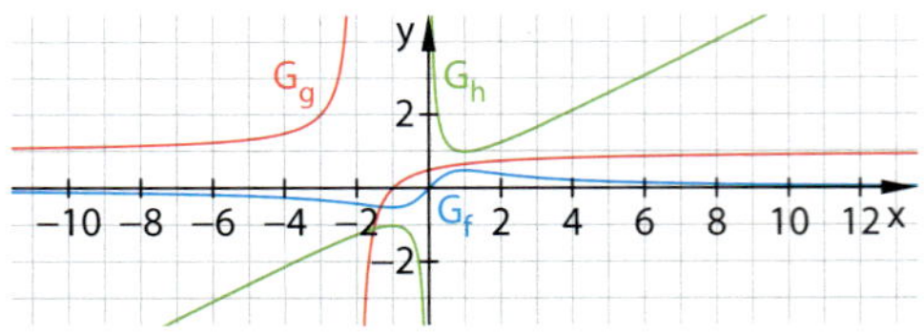

Schnittpunkte von Graphen

Zum Bestimmen der Koordinaten von Schnittpunkten der Graphen gebrochen-rationaler Funktionen setzt man die Funktionsterme gleich und führt die entstehende Gleichung auf eine lineare oder quadratische Gleichung zurück, wenn möglich. Anschließend setzt man die Lösungen in eine der Funktionsgleichungen ein, um die y-Koordinaten zu berechnen.

$f(x) = \frac{x^2 - 3}{x^2 - 6}$; $g(x) = \frac{x^2 + 1}{x^2 + 2x + 2}$
Über Kreuz multiplizieren und ausmultiplizieren:
$x^4 + 2x^3 - x^2 - 6x - 6 = x^4 - 5x^2 - 6$
$2x^3 + 6x^2 - 6x = 0$
$x(2x^2 + 6x - 6) = 0$
Lösungen: $x_1 = 0$; $x_2 = -3$; $x_3 = 1$
$f(0) = \frac{1}{2}$; $f(-3) = 2$; $f(1) = \frac{2}{5}$
Schnittpunkte: $\left(0 \middle| \frac{1}{2}\right)$; $(-3 | 2)$; $\left(1 \middle| \frac{2}{5}\right)$

3

Bedingte Wahrscheinlichkeit und stochastische Unabhängigkeit

Nach diesem Kapitel können Sie
- → bedingte Wahrscheinlichkeiten erkennen und bestimmen,
- → mit Baumdiagrammen und Vierfeldertafeln umgehen,
- → Ereignisse auf stochastische Unabhängigkeit prüfen,
- → aus Daten abgeleitete Aussagen kritisch hinterfragen und dabei zwischen Korrelation und Kausalität unterscheiden.

Lösungen
→ S. 191

Zufallsexperimente

1 Geben Sie alle Ergebnisse des Zufallsexperiments an.
a) einmaliges Drehen eines Glücksrads mit den ersten sechs Primzahlen
b) gleichzeitiges Werfen einer 10-Cent-Münze und einer Ein-Euro-Münze
c) Test der vier Triebwerke eines Flugzeugs auf fehlerfreies Funktionieren

2 Überprüfen Sie, ob es sich um ein Laplace-Experiment handelt. Wenn ja, ermitteln Sie die Wahrscheinlichkeit für das angegebene Ereignis E.
a) Ein Glücksrad mit 9 gleich großen Sektoren, die mit den Zahlen 1 bis 9 bezeichnet sind, wird gedreht. $\Omega = \{1; ...; 9\}$. E: Eine gerade Zahl wird gedreht.
b) Aus dem Wort ABITUR wird zufällig ein Buchstabe ausgewählt. $\Omega = \{A; B; I; T; U; R\}$. E: Der Buchstabe T wird gewählt.
c) Ein Elfmeter wird geschossen. $\Omega = \{\text{Tor}; \text{kein Tor}\}$. E: Der Schuss wird gehalten.

3 Die Tabelle zeigt die Wahrscheinlichkeiten beim Drehen eines Glücksrads mit den Sektoren 1 bis 5.

Sektor X	1	2	3	4	5
P(X)	$\frac{1}{5}$	$\frac{1}{4}$	$\frac{1}{3}$	$\frac{1}{6}$	

a) Vervollständigen Sie die Tabelle im Heft und zeichnen Sie das Glücksrad.
b) Ermitteln Sie die Wahrscheinlichkeit für das Ereignis E: Eine ungerade Zahl wird gedreht.
c) Geben Sie die Ergebnisse zum Gegenereignis $\overline{E}$ und die Wahrscheinlichkeit $P(\overline{E})$ an.

4 In einem Lostopf befinden sich 2000 nummerierte Lose. Diese bestehen aus zwei Hauptgewinnen, 20 mittleren Gewinnen und 178 kleinen Gewinnen. Alle weiteren Lose sind Nieten. Aus dem Lostopf wird ein Los gezogen. $\Omega = \{1; ...; 2000\}$
a) Begründen Sie, dass es sich um ein Laplace-Experiment handelt.
b) Berechnen Sie die Wahrscheinlichkeit für jede Gewinnsorte und die Wahrscheinlichkeit für eine Niete.
c) Bestimmen Sie die Wahrscheinlichkeit, überhaupt ein Gewinnlos zu ziehen.
d) Formulieren Sie das Gegenereignis zum Ereignis in c) und berechnen Sie die Wahrscheinlichkeit dieses Gegenereignisses.

Baumdiagramme, Pfadregeln und Vierfeldertafeln

5 Erstellen Sie ein Baumdiagramm zum Zufallsexperiment und tragen Sie alle Pfadwahrscheinlichkeiten ein.
a) zweimaliges Werfen eines „ICH-DU-WIR-Würfels“, bei dem gegenüberliegende Seiten gleich beschriftet sind
b) Freirubbeln zweier zufälliger Felder eines Rubbelloses mit sechs Feldern, wobei sich hinter zwei Feldern „Gewinn“ verbirgt und hinter vier Feldern „Niete“

6 In einem Gefäß liegen drei weiße und zwei schwarze Kugeln. Zwei Kugeln werden nacheinander zufällig entnommen.
Zeichnen Sie ein Baumdiagramm und berechnen Sie die Wahrscheinlichkeit, dass zwei gleichfarbige Kugeln gezogen werden, wenn gezogene Kugeln zurückgelegt (nicht zurückgelegt) werden.

Lösungen
→ S. 191

7 Vervollständigen Sie die Vierfeldertafel im Heft.

a)

	geimpft		gesamt
	ja	nein	
Männer			15 %
Frauen	80 %		85 %
gesamt		8 %	

b)

	mögen Avocado		gesamt
	ja	nein	
Männer			40 %
Frauen	42 %		
gesamt		26 %	

8 Ein Spielwürfel wird dreimal geworfen. Berechnen Sie die Wahrscheinlichkeit, dass
a) genau zweimal eine 6 gewürfelt wird,
b) keine 6 gewürfelt wird,
c) mindestens zweimal eine 6 gewürfelt wird,
d) mindestens einmal eine 6 gewürfelt wird.

9 In einer Klasse sind 14 Mädchen (M) und 12 Jungen (J). 10 Jungen und 9 Mädchen dieser Klasse haben als 2. Fremdsprache Französisch.
Ein Mitglied der Klasse soll zufällig ausgewählt werden. Stellen Sie diesen Zufallsversuch unter Angabe aller Pfadwahrscheinlichkeiten mithilfe eines Baumdiagramms dar, das zuerst nach dem Geschlecht verzweigt.

10 Die Fahrschulen A und B führen gemeinsam die theoretische Führerscheinprüfung durch. Die Fahrschulen haben unterschiedliche Durchfallquoten. Das Baumdiagramm zeigt die Wahrscheinlichkeiten für einen zufällig ausgewählten Prüfling.

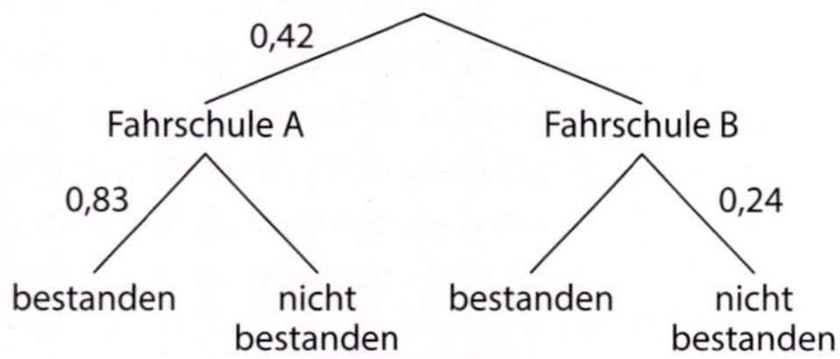

a) Ergänzen Sie die fehlenden Wahrscheinlichkeiten des Baumdiagramms.
b) Bestimmen Sie die Wahrscheinlichkeit, dass ein zufällig ausgewählter Prüfling die Prüfung nicht bestanden hat.

Vermischtes

11 Mit einem Spielwürfel wird gewürfelt.
A: Die Augenzahl ist größer als 1. B: Die Augenzahl ist ungerade.
a) Formulieren Sie die Gegenereignisse von A und B.
b) Geben Sie alle Ergebnisse für das Ereignis C an, bei dem sowohl A als auch B eintritt.
c) Geben Sie $P(A)$, $P(\overline{A})$, $P(B)$, $P(\overline{B})$, $P(C)$ und $P(\overline{C})$ an.

12 a) Bei einem Glücksspiel erhält man mit einer Wahrscheinlichkeit von 4 % einen Gewinn. Berechnen Sie, mit wie vielen Gewinnen man bei 50 Spielen etwa rechnen kann.
b) Ein Spielfigur wurde 40-mal geworfen. Dabei landete sie 6-mal auf den Füßen. Schätzen Sie die Wahrscheinlichkeit, dass die Figur beim Werfen auf den Füßen landet.

13 Ein NBA-Basketballer hatte in der letzten Saison eine Freiwurfquote von nahezu 85 % (er traf also im Schnitt etwa 85 von 100 Freiwürfen). Während eines Spiels hat er bereits 9 von 9 Freiwürfen verwandelt. Ein Fan sagt daraufhin: „Den nächsten Freiwurf wird er nicht treffen." Nehmen Sie Stellung.

3.1 Bedingte Wahrscheinlichkeit

Aylin und Ben wollen beim Schulfest jeder ein Los aus einer Lostrommel ziehen. Es sind noch 2 Gewinne und 3 Nieten in der Trommel. Ben sagt: „Ich will zuerst ziehen, dann habe ich bessere Gewinnchancen!" Untersuchen Sie mithilfe eines Baumdiagramms, ob Ben recht hat.

Manchmal ändern sich Wahrscheinlichkeiten dadurch, dass man zusätzliche Informationen erhält.
Es ist bekannt, dass ca. 9 % aller Männer und ca. 0,8 % der Frauen unter einer Rot-Grün-Sehschwäche leiden. Weiter ist bekannt, dass ca. 51 % aller Neugeborenen männlich sind.

Die 1. Stufe des Baumdiagramms zeigt die Wahrscheinlichkeiten des Geschlechts. In der zweiten Stufe stehen die Wahrscheinlichkeiten dafür, dass eine Person eine Rot-Grün-Sehschwäche hat (Ereignis S). Die Wahrscheinlichkeiten für das Ereignis S ändern sich in Abhängigkeit vom Geschlecht. Man spricht deshalb von **bedingten Wahrscheinlichkeiten** und schreibt $P_M(S) = 9\,\%$ bzw. $P_W(S) = 0{,}8\,\%$.

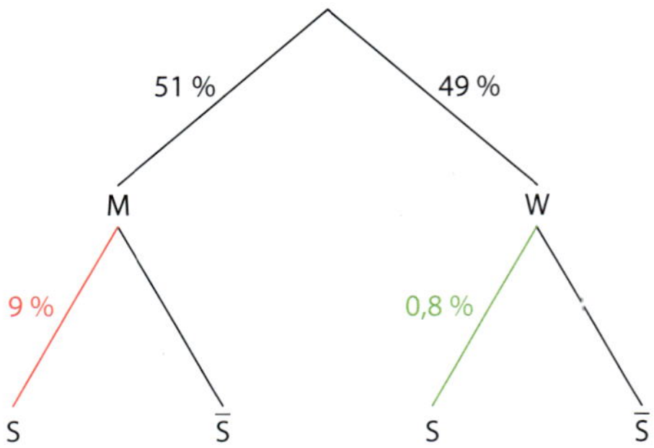

Erinnerung

$\overline{A}$ ist das Gegenereignis zu A. Es gilt:
$P(A) + P(\overline{A}) = 1$

Wissen

$\mathbf{P_A(B)}$ ist die **bedingte Wahrscheinlichkeit**, dass das Ereignis B eintritt unter der Bedingung, dass das Ereignis A bereits eingetreten ist.

Beispiel 1 Leonie will eine 6 würfeln. Dabei ist der Würfel unter das Sofa gefallen. Ihr kleiner Bruder Max schaut hinunter und sagt: „Ich sehe auf der Seite eine 3."

a) Erstellen Sie ein Baumdiagramm zur Situation. Beschriften Sie es mit Wahrscheinlichkeiten der Form $P_A(B)$.
b) Berechnen Sie die Wahrscheinlichkeit, dass Leonie eine 6 gewürfelt hat.

Lösung:

a) Zeichnen Sie ein Baumdiagramm für die Ereignisse D und S:
D: Die 3 liegt auf der Seite.
S: Es wurde eine 6 gewürfelt.

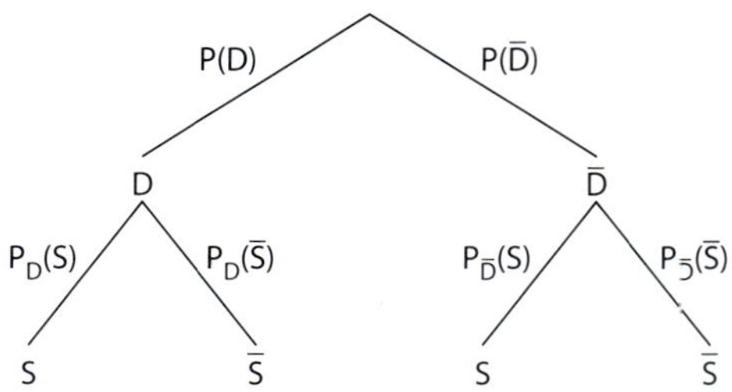

b) Geben Sie an, wie sich durch Max' Beobachtung die Ergebnismenge Ω ändert. Alle Ergebnisse aus Ω_D sind gleichwahrscheinlich. Bestimmen Sie damit $P_D(S)$.

Die 4 liegt der 3 gegenüber, also auch auf der Seite.
Reduzierte Ergebnismenge: $\Omega_D = \{1; 2; 5; 6\}$
$P_D(S) = \frac{1}{4} = 25\,\%$

Basisaufgaben

1 Auf dem Oktoberfest kommen die meisten Besucher aus Bayern (B). Viele Besucher tragen eine Tracht (T).

a) Formulieren Sie die bedingten Wahrscheinlichkeiten $P_B(T)$, $P_B(\overline{T})$, $P_{\overline{B}}(T)$ und $P_{\overline{B}}(\overline{T})$ in Worten.

b) Zeichnen Sie das zugehörige Baumdiagramm und beschriften Sie es mit diesen Wahrscheinlichkeiten.

c) Formulieren Sie die Wahrscheinlichkeit $P(B \cap T)$ in Worten und erklären Sie den Unterschied zu $P_B(T)$.

2 Aus einem Kartenblatt mit 32 Karten wird verdeckt eine Karte gezogen. Die Wahrscheinlichkeit, das Pik-Ass zu ziehen, beträgt $\frac{1}{32}$.

a) Geben Sie an, wie sich die Ergebnismenge ändert, wenn bekannt ist, dass die gezogene Karte die Farbe Pik hat (ein Ass ist).

b) Geben Sie die Wahrscheinlichkeiten P_{Pik}(Pik-Ass) und P_{Ass}(Pik-Ass) an.

3 Bei einem zweifachen Würfelwurf wird die Augensumme betrachtet.

a) Begründen Sie, dass die Wahrscheinlichkeit für die Augensumme 10 hier $\frac{3}{36}$ beträgt.

b) Bestimmen Sie die Wahrscheinlichkeiten für die Augensumme 10 unter den folgenden Bedingungen.

① Der erste Würfel zeigt eine 6.

② Der erste Würfel zeigt eine 2.

③ Beide Augenzahlen sind gerade.

④ Kein Würfel zeigt eine 6.

c) Geben Sie eine Bedingung für einen der Würfel an, sodass die Wahrscheinlichkeit für die Augensumme 5 größer (kleiner) wird als ohne diese Bedingung.

Hinweis

Eine „und"-Wahrscheinlichkeit ist eine Wahrscheinlichkeit der Form $P(A \cap B)$ für Ereignisse A und B.

4 Ein Klassiker der Literatur wurde neu verfilmt. Erläutern Sie, ob es sich bei der folgenden Wahrscheinlichkeit um eine bedingte Wahrscheinlichkeit oder eine „und"-Wahrscheinlichkeit handelt. Geben Sie die Schreibweise für die Wahrscheinlichkeit unter Verwendung der Ereignisse L: „Die befragte Person hat den Klassiker gelesen." und F: „Die befragte Person hat den Film gesehen." an: Die Wahrscheinlichkeit, dass eine

a) zufällig befragte Person, die den Film gesehen hat, das Buch gelesen hat,

b) zufällig befragte Person den Film gesehen hat und das Buch gelesen hat,

c) zufällig befragte Person den Film gesehen hat, ohne das Buch gelesen zu haben,

d) zufällig befragte Person, die das Buch gelesen hat, auch den Film gesehen hat.

5 Unter Gamern tobt seit Jahrzehnten die Diskussion, ob man besser am PC oder an der Konsole zockt. Beide Lager haben ihre überzeugten Fans, manche haben sowohl PC als auch Konsole zu Hause stehen. Betrachtet werden die Ereignisse P: „Die Person spielt am PC." und K: „Die Person spielt an der Konsole." Geben Sie die Schreibweise für die Wahrscheinlichkeit des Ereignisses an.

a) Ein zufällig befragter PC-Spieler spielt auch an der Konsole.

b) Eine zufällig befragte Konsolen-Spielerin spielt nicht am PC.

c) Eine zufällig befragte Person spielt weder am PC noch an der Konsole.

d) Führen Sie eine Umfrage in der Klasse durch und wählen Sie eine geeignete Darstellung für Ihre Ergebnisse.

Bedingte Wahrscheinlichkeiten mit absoluten Häufigkeiten

Vierfeldertafeln kann man auch mit absoluten Häufigkeiten aufstellen und damit bedingte Wahrscheinlichkeiten berechnen. Ereignisse enthalten verschiedene Ergebnisse. Fasst man die Ereignisse A und B als Mengen der zugehörigen Ergebnisse auf, so ist $|A|$ bzw. $|B|$ die Anzahl der Ergebnisse, die das Ereignis A bzw. B bilden. Die Wahrscheinlichkeit von A unter der Bedingung B erhält man durch $P_B(A) = \frac{|\text{günstige Ergebnisse}|}{|\text{mögliche Ergebnisse}|}$, also: $P_B(A) = \frac{|A \cap B|}{|B|}$

Beispiel 2

In einer Umfrage wurden Personen aus zwei Altersgruppen befragt, ob sie lieber das Fernsehen oder Streaming-Dienste nutzen.
Bestimmen Sie die Wahrscheinlichkeit, dass eine zufällig ausgewählte befragte Person bis 25 lieber Streaming-Dienste nutzt.

	Fernsehen	Streaming	gesamt
bis 25	190	360	550
über 25	310	140	450
gesamt	500	500	1000

Lösung:

Lesen Sie aus der Vierfeldertafel ab, wie viele der Befragten bis 25 Jahre (reduzierte Ergebnismenge) lieber Streaming-Dienste nutzen.
Berechnen Sie damit die bedingte Wahrscheinlichkeit.

B: Befragte Person ist bis 25 Jahre alt
S: Befragte Person nutzt lieber Streaming-Dienst
Ablesen aus der Vierfeldertafel:
$|B| = 550$ und $|B \cap S| = 360$
$P_B(S) = \frac{|B \cap S|}{|B|} = \frac{360}{550} \approx 65{,}5\,\%$

Basisaufgaben

6 Die Vierfeldertafel zeigt die Merkmale „Geschlecht“ und „rote Fellfarbe“ einer Katzenzüchtung. Da die Vererbung der Fellfarbe nur über das X-Chromosom erfolgt, haben Kater häufiger rotes Fell als weibliche Katzen. Eines der 49 Tiere wird zufällig ausgewählt.

a) Bestimmen Sie mithilfe der Vierfeldertafel die Wahrscheinlichkeit, dass das Tier weiblich ist unter der Bedingung, dass es rotes Fell hat.

b) Bestimmen Sie die Wahrscheinlichkeit, dass das Tier rotes Fell hat unter der Bedingung, dass es weiblich (männlich) ist.

	Katze	Kater	gesamt
rote Fellfarbe	3	17	20
andere Fellfarbe	19	10	29
gesamt	22	27	49

7 Die Vierfeldertafel zeigt das Resultat einer medizinischen Untersuchung.

a) Bestimmen Sie zu den Merkmalen Diabetes und Übergewicht alle acht bedingten Wahrscheinlichkeiten, die sich für einen zufällig gewählten Probanden bilden lassen.

b) Zeichnen Sie die beiden möglichen Baumdiagramme zu a) und markieren Sie die bedingten Wahrscheinlichkeiten.

	Diabetes	kein Diabetes	gesamt
Übergewicht	736	5684	6420
kein Übergewicht	185	3967	4152
gesamt	921	9651	10572

Formel für die bedingte Wahrscheinlichkeit

Statt ein Baumdiagramm zu erstellen oder Vierfeldertafeln zu nutzen, kann man bedingte Wahrscheinlichkeiten auch mit einer Formel berechnen.

In einem Kurs mit gleich vielen Mädchen und Jungen haben 70 % der Mädchen und 60 % der Jungen ein Haustier. Das Baumdiagramm zeigt: Die bedingte Wahrscheinlichkeit, dass ein Mädchen (Ereignis M) ein Haustier besitzt (Ereignis H), ist $P_M(H) = 0{,}7$. Sie steht in der 2. Stufe.

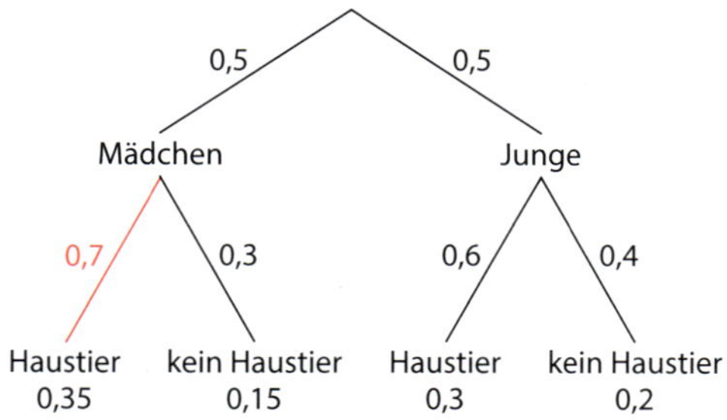

Nach der Pfadmultiplikationsregel gilt für den linken Pfad: $0{,}5 \cdot 0{,}7 = 0{,}35$ bzw.

$$P(M) \cdot P_M(H) = P(M \cap H) \quad | : P(M)$$

$$P_M(H) = \frac{P(M \cap H)}{P(M)}$$

Hinweis

Häufig wird auch die umgeformte Gleichung $P(A \cap B) = P(A) \cdot P_A(B)$ verwendet.

Wissen

Für die bedingte Wahrscheinlichkeit $P_A(B)$ gilt: $\mathbf{P_A(B) = \frac{P(A \cap B)}{P(A)}}$ mit $P(A) > 0$

Beispiel 3

a) Bestimmen Sie die Wahrscheinlichkeit für Kariesbildung unter der Bedingung, dass regelmäßig die Zähne geputzt werden.

b) Zeichnen Sie ein passendes Baumdiagramm mit Wahrscheinlichkeiten, das zuerst nach dem Zähneputzen verzweigt.

	Karies (K)	**kein Karies ($\overline{K}$)**	**gesamt**
regelmäßig geputzt (R)	6 %	71 %	77 %
unregelmäßig geputzt ($\overline{R}$)	13 %	10 %	23 %
gesamt	19 %	81 %	100 %

Lösung:

a) Wenden Sie die Formel zur Berechnung der bedingten Wahrscheinlichkeit an.

$$P_R(K) = \frac{P(R \cap K)}{P(R)} = \frac{0{,}06}{0{,}77} \approx 0{,}08$$

b) Lesen Sie die Wahrscheinlichkeiten für die Pfadenden aus der Vierfeldertafel ab, z. B. $P(R \cap K)$.
Berechnen Sie die bedingten Wahrscheinlichkeiten für die Äste der zweiten Stufe, z. B. $P_R(K)$.

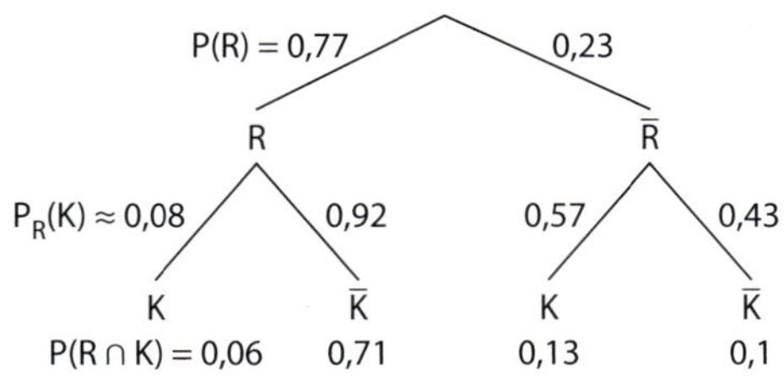

Aus einer Vierfeldertafel erhält man bedingte Wahrscheinlichkeiten, indem man einen Eintrag in einem inneren Feld durch einen zugehörigen Eintrag in einem äußeren Feld dividiert.

Beispiel: $P_A(B) = \frac{P(A \cap B)}{P(A)}$

	B	**$\overline{B}$**	**gesamt**
A	$P(A \cap B)$	$P(A \cap \overline{B})$	$P(A)$
$\overline{A}$	$P(\overline{A} \cap B)$	$P(\overline{A} \cap \overline{B})$	$P(\overline{A})$
gesamt	$P(B)$	$P(\overline{B})$	1

In einem Baumdiagramm stehen die bedingten Wahrscheinlichkeiten an den Ästen der 2. Stufe.

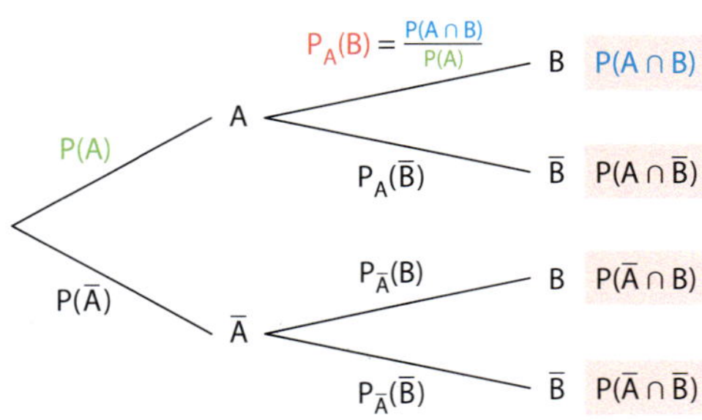

Basisaufgaben

8 Die Vierfeldertafel zeigt die Ergebnisse einer Impfstudie.

	erkrankt	nicht erkrankt	gesamt
geimpft	6 %	26 %	32 %
nicht geimpft	13 %	55 %	68 %
gesamt	19 %	81 %	100 %

a) Bestimmen Sie die Wahrscheinlichkeit, dass eine Person erkrankt (nicht erkrankt) unter der Bedingung, dass sie geimpft wurde.

b) Zeichnen Sie zu a) ein Baumdiagramm mit allen zugehörigen Wahrscheinlichkeiten.

9 a) Erstellen Sie mit den Daten Ihres Kurses eine Vierfeldertafel mit relativen Häufigkeiten zu den Ereignissen

W: ist weiblich, M: ist männlich,

F: kommt meistens mit dem Fahrrad, $\overline{F}$: kommt selten oder nie mit dem Fahrrad.

b) Notieren Sie Wahrscheinlichkeiten in Abkürzungen wie $P_M(F)$. Tauschen Sie untereinander und geben Sie die Wahrscheinlichkeiten in Worten wieder.

c) Formulieren Sie Fragen nach Wahrscheinlichkeiten in Worten. Tauschen Sie untereinander und berechnen Sie die Wahrscheinlichkeiten.

10 Aus einem Gefäß mit 10 Gewinnen und 40 Nieten werden zufällig zwei Lose gezogen. Bestimmen Sie mit der Formel $P(A \cap B) = P(A) \cdot P_A(B)$ die Wahrscheinlichkeit, dass es zwei Gewinne sind. Geben Sie an, was Sie als Ereignisse A und B gewählt haben.

Lösungen zu 11

$\frac{1}{5}$ $\frac{4}{5}$ $\frac{1}{10}$ $\frac{4}{5}$ $\frac{1}{2}$ $\frac{1}{10}$ $\frac{2}{5}$

11 Beim Drehen des Glücksrads werden die Ereignisse A und B betrachtet:
A: Die Farbe des Felds ist grün.
B: Die Zahl des Felds ist gerade.
Bestimmen Sie die angegebene Wahrscheinlichkeit und beschreiben Sie das Ereignis mit Worten.

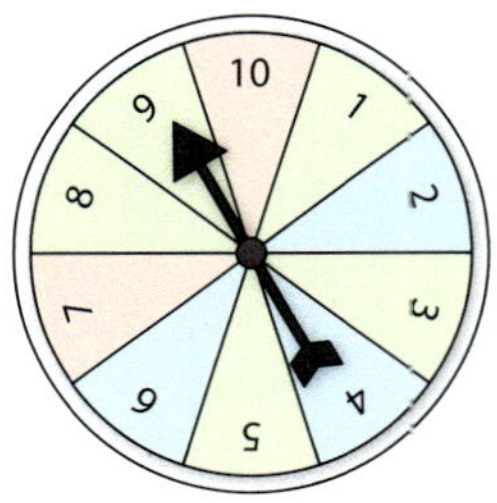

a) $P(A \cap B)$ b) $P_A(B)$ c) $P_A(\overline{B})$
d) $P(\overline{A} \cap \overline{B})$ e) $P(\overline{B})$ f) $P_{\overline{B}}(A)$

Weiterführende Aufgaben

Zwischentest

12 Die zwölf Seitenflächen eines Dodekaeder-Spielwürfels sind mit den Zahlen 1 bis 12 beschriftet. Die oben angezeigte Augenzahl bei einem Wurf ist ungerade (Ereignis U).

a) Berechnen Sie die Wahrscheinlichkeit, dass unter dieser Bedingung die geworfene Augenzahl prim ist (Ereignis P), indem Sie einmal die reduzierte Ergebnismenge verwenden und einmal die Berechnungsformel mit Wahrscheinlichkeiten.

b) Vergleichen Sie die beiden Berechnungen.

13 **Stolperstelle:** Leon hat aus der Vierfeldertafel ein Baumdiagramm erstellt.

	Raucher	Nichtraucher	gesamt
Bronchitis	40 %	6 %	46 %
keine Br.	10 %	44 %	54 %
gesamt	50 %	50 %	100 %

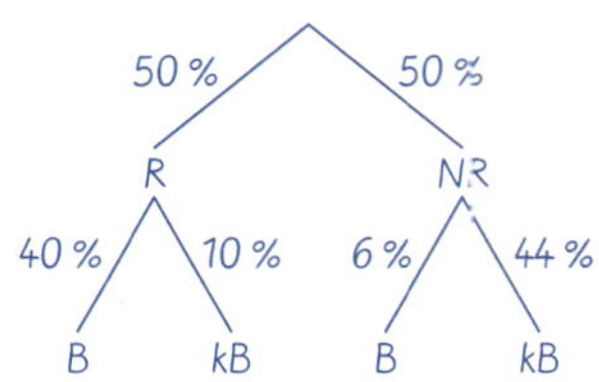

Beschreiben Sie seinen Fehler und korrigieren Sie das Baumdiagramm.

14 Ein Kartenspiel für „Schafkopf" besteht aus 32 Karten. Jede der vier „Farben" Herz (H), Schellen (S), Grün (G) und Eichel (E) besteht aus einem Satz der Karten 7, 8, 9, 10, Unter (U), Ober (O), König (K) und Ass (A). 7, 8 und 9 zählen keine Punkte, diese Karten werden deshalb auch als „Luschen" (L) bezeichnet.
Toni zieht eine Karte. Berechnen Sie die bedingte Wahrscheinlichkeit, dass die Karte

a) ein Ass ist, wenn sie ein Herz ist,
b) ein Herz ist, wenn sie ein Ass ist,
c) eine 7 ist, wenn sie eine Lusche ist,
d) eine Lusche ist, wenn sie eine 7 ist,
e) eine 7 oder eine 8 ist, wenn sie eine Lusche ist.

Fassen Sie in Worte und geben Sie die Wahrscheinlichkeit an.

f) $P(L)$ g) $P(\overline{L})$ h) $P_H(L)$ i) $P_H(\overline{L})$ j) $P_L(H)$ k) $P_L(\overline{H})$
l) $P_L(9)$ m) $P_9(L)$ n) $P_{\overline{L}}(A)$ o) $P_L(A)$ p) $P_{\overline{L}}(H)$ q) $P_A(\overline{L})$

Hilfe

15 Das Baumdiagramm zeigt die relativen Häufigkeiten einer repräsentativen Umfrage. Berechnen Sie mittels einer Vierfeldertafel mit absoluten Häufigkeiten die Wahrscheinlichkeit, dass ein zufällig befragter Vegetarier eine Frau ist.

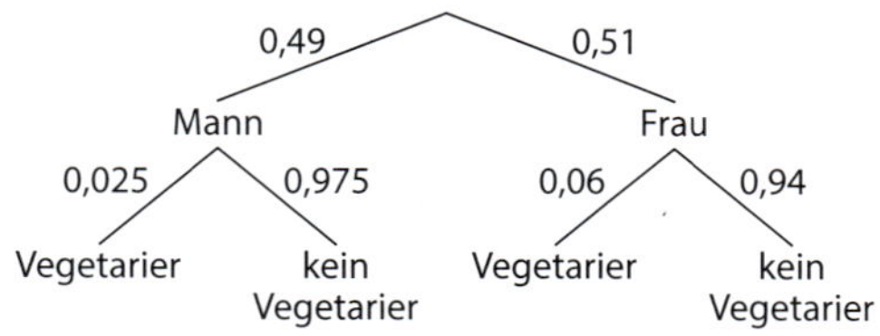

16 Die Kunden eines schwedischen Möbelhauses bauen die Möbel in der Regel selbst zusammen. Alle benötigten Schrauben und Kleinteile werden mitgeliefert. In 5 % der Fälle bemerkt ein Kunde, dass eine Schraube oder ein anderes Kleinteil fehlt. Mit einer unbekannten Wahrscheinlichkeit bauen Kunden in diesen Fällen das Möbelstück ohne dieses Teil auf und beschweren sich nicht. Es lässt sich schätzen, dass bei 3,5 % aller aufgebauten Möbelstücke ein Teil fehlt. Bestimmen Sie die im Text erwähnte unbekannte Wahrscheinlichkeit.

17 Aus einer Urne mit 2 schwarzen und 5 roten Kugeln wird dreimal hintereinander ohne Zurücklegen eine Kugel gezogen. Bestimmen Sie die Wahrscheinlichkeit, dass die dritte gezogene Kugel rot (schwarz) ist unter der Bedingung, dass zwei von drei gezogenen Kugeln rot sind.

18 Die Vierfeldertafel zeigt einen Teil der Auswertung einer Umfrage zum Wahlverhalten.

	Mann	Frau	gesamt
Partei A	125	350	475
Partei B		340	
gesamt	280		

a) Ergänzen Sie die Vierfeldertafel im Heft.
b) Nehmen Sie Stellung.
Anton: *„Die meisten Wähler von Partei B sind Frauen."*
Bela: *„Die meisten Frauen haben Partei B gewählt."*
Caro: *„Unter der Bedingung, dass Partei B genannt wurde, ist die Wahrscheinlichkeit höher, dass ein Mann befragt wurde."*
Djamila: *„Befragte Männer haben sich häufiger für Partei B entschieden."*

Hinweis
$P(A \cap B) + P(A \cap \overline{B}) = P(A)$

19 Zeigen Sie mithilfe der Formel für bedingte Wahrscheinlichkeiten, dass gilt:
$P_A(B) + P_A(\overline{B}) = 1.$

20 Zeigen Sie, dass die Formel für bedingte Wahrscheinlichkeiten auf Vierfeldertafeln mit absoluten Häufigkeiten übertragbar ist.

21 Es werden 1000 Computerchips hergestellt, von denen 910 getestet werden (T). Von allen Chips sind 2 % fehlerhaft (F). Es gibt 80 Chips, die nicht getestet und nicht fehlerhaft sind.

a) Berechnen Sie den Wert von $P(T \cap \overline{F})$ und formulieren seine Bedeutung im Sachzusammenhang.
b) Berechnen Sie die Wahrscheinlichkeit, dass ein zufällig ausgewählter getesteter Chip nicht fehlerhaft ist.

22 Prüfen Sie, ob sich die beiden Zeitungsmeldungen widersprechen. Beurteilen Sie sie hinsichtlich ihrer Aussagen und der Wirkung, die mit statistischen Daten erzielt werden kann.

Nach Angaben der Bundesagentur für Arbeit betrug im Juli 2018 die Arbeitslosenquote in Ostdeutschland 6,8 %, in Westdeutschland dagegen nur 4,8 %. Circa 20 % der arbeitsfähigen Bevölkerung leben derzeit in Ostdeutschland.

Im Juli 2018 betrug die deutschlandweite Arbeitslosenquote 5,2 %. Etwa jeder vierte Arbeitslose (26,2 %) lebt in den östlichen Bundesländern. Jedoch leben 80 % der erwerbsfähigen Bevölkerung in den westlichen Bundesländern.

23 In einer Urne befinden sich 7 rote und 3 weiße Kugeln. Es werden nacheinander zwei Kugeln ohne Zurücklegen gezogen.
Die folgenden Ereignisse werden betrachtet:
R1: Die erste gezogene Kugel ist rot.
R2: Die zweite gezogene Kugel ist rot.
R: Mindestens eine gezogene Kugel ist rot.

a) Formulieren Sie die bedingten Wahrscheinlichkeiten $P_{R1}(R2)$, $P_{R1}(\overline{R2})$, $P_{\overline{R1}}(R2)$ und $P_{\overline{R1}}(\overline{R2})$ in Worten.
b) Zeichnen Sie das zugehörige Baumdiagramm und beschriften Sie es mit den Wahrscheinlichkeiten aus a).
c) Formulieren Sie die Wahrscheinlichkeit $P(R1 \cap R2)$ in Worten und erklären Sie den Unterschied zu $P_{R1}(R2)$ sowie zu $P(R)$.
d) Berechnen Sie die bedingten Wahrscheinlichkeiten aus a) und $P(R)$.

Hilfe

24 Oft misslingt der Versuch, USB-Stecker ohne genaues Hinsehen einzustecken, obwohl der USB-Stecker richtig herum eingeführt wurde. Dann wird der Stecker gedreht und ein neuer Versuch gestartet, der natürlich ebenfalls misslingt. Auch wenn es keine wissenschaftlichen Untersuchungen dazu gibt, lässt sich annehmen, dass ein Einsteckversuch in 20 % der Fälle misslingt, obwohl der Stecker richtig herum ist. Nehmen Sie an, dass beim ersten Versuch zu 50 % die richtige Seite gewählt wird.

a) Bestimmen Sie die Wahrscheinlichkeit, dass zwei verschiedene USB-Sticks auf Anhieb korrekt eingesetzt werden.
b) Bestimmen Sie die Wahrscheinlichkeit, dass für einen USB-Stick drei Einsteckversuche gebraucht werden, bis der Stecker sitzt. Gehen Sie davon aus, dass der Stecker bei jedem Versuch gedreht wird.

25 Die Alarmanlage eines Autos gibt bei einem Einbruch mit einer Wahrscheinlichkeit von 99 % Alarm. Allerdings kann es in einer Nacht auch mit einer Wahrscheinlichkeit von 0,2 % zu Fehlalarm kommen. Von 10 000 abgestellten Autos wird im Mittel pro Nacht eines aufgebrochen.

a) Erstellen Sie für eine Zahl von 1 000 000 Autos eine Vierfeldertafel.
b) Berechnen Sie die Wahrscheinlichkeit, dass bei einem zufällig ausgewählten Auto ein Alarm ertönt.
c) Berechnen Sie die Wahrscheinlichkeit, dass wirklich eingebrochen wurde, wenn der Alarm ertönt.

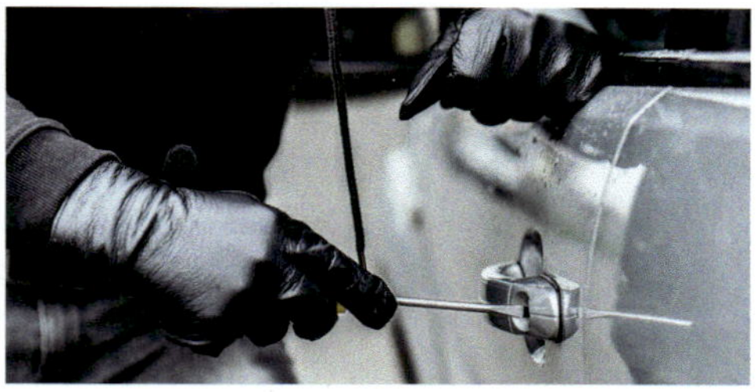

26 Bei Gepäckkontrollen werden gezielt Koffer geöffnet. Dadurch wird transportierte Schmuggelware mit einer Wahrscheinlichkeit von 80 % entdeckt. Einer von 250 Koffern enthält Schmuggelware. Ein Koffer wird mit einer Wahrscheinlichkeit von 16,9 % fälschlicherweise geöffnet. Bestimmen Sie,

a) mit welcher Wahrscheinlichkeit ein geöffneter Koffer Schmuggelware enthält,
b) wie viele von 1 000 000 Koffern Schmuggelware enthalten und unerkannt durch die Kontrolle kommen.

27 Ein Taschenspieler möchte einen Trick mit drei Münzen vorführen. Eine Münze ist regulär, hat also auf einer Seite „Kopf" und auf der anderen Seite „Zahl". Die zweite Münze hat auf beiden Seiten „Kopf" und die dritte Münze auf beiden Seiten „Zahl".
Eine der drei Münzen wird zufällig gewählt und geworfen. Sie zeigt „Kopf".

a) Bestimmen Sie die Wahrscheinlichkeit, dass die Unterseite der Münze „Zahl" zeigt.
b) Bestimmen Sie die Wahrscheinlichkeit aus a), wenn die beiden irregulären Münzen auf beiden Seiten „Kopf" haben.

28 **Sechsfeldertafel:**
Die Sechsfeldertafel zeigt die Anzahl der geborenen Zwillingspaare in einer Stadt. Eineiige Zwillinge sind immer zwei Mädchen (MM) oder zwei Jungen (JJ), zweieiige können auch gemischtgeschlechtlich (MJ) sein.

	MM	MJ	JJ	gesamt
eineiig (E)	200	0	200	400
zweieiig (Z)	300	600	300	1200
gesamt	500	600	500	1600

a) Geben Sie an, wie viel Prozent der Zwillingspaare eineiig bzw. zweieiig sind.
b) Geben Sie den Anteil der Zwillingspaare aus zwei Mädchen unter den eineiigen Paaren (den Anteil der Zwillingspaare aus zwei Jungen unter den zweieiigen Paaren) an.
c) Erstellen Sie ein Baumdiagramm zur Sechsfeldertafel. Beschriften Sie es mit den Wahrscheinlichkeiten.
d) Stellen Sie sich vor, Sie sehen einen Kinderwagen mit Zwillingen. Bestimmen Sie die Wahrscheinlichkeit, dass es sich um eineiige Mädchen handelt.

29 **Ausblick:** Im Baumdiagramm soll gelten $P(\overline{B}) = 0{,}175$.
Berechnen Sie alle fehlenden Wahrscheinlichkeiten und ergänzen Sie das Baumdiagramm.

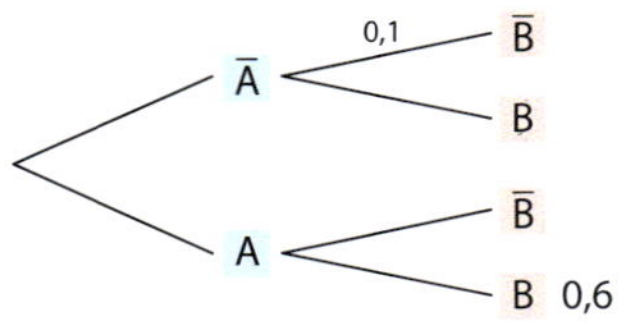

3.2 Umgekehrte bedingte Wahrscheinlichkeiten

Für die Werbekampagne eines neuen Proteinriegels wurde eine Umfrage durchgeführt. 45 % der befragten Männer und 75 % der befragten Frauen beurteilten den Riegel positiv. Von den 400 insgesamt Befragten waren 15 % Frauen und gaben ein negatives Urteil ab.
Erstellen Sie dazu ein Baumdiagramm und begründen Sie, warum auf der ersten Stufe das Geschlecht und nicht das Urteil der Befragten stehen muss.

Oft ist eine bedingte Wahrscheinlichkeit $P_A(B)$ gegeben, man interessiert sich aber für die umgekehrte bedingte Wahrscheinlichkeit $P_B(A)$. Dabei helfen Vierfeldertafeln.

Beispiel 1

Ein Corona-Schnelltest zeigt bei 96 % der Infizierten ein positives Testergebnis, zu 99 % werden Nicht-Infizierte korrekt erkannt. Nach einer Feier sind 10 % der Teilnehmer infiziert. Berechnen Sie die Wahrscheinlichkeit, dass eine Person, die ein positives Testergebnis erhält, auch tatsächlich infiziert ist.

Lösung:

Erstellen Sie ein Baumdiagramm mit den relativen Häufigkeiten, das zuerst nach der Infektion (I bzw. $\overline{I}$) und dann nach dem Testurteil (N bzw. $\overline{N}$) verzweigt.
Ergänzen Sie die fehlenden Werte.

I: Die getestete Person ist infiziert.
N: Das Testergebnis ist negativ.

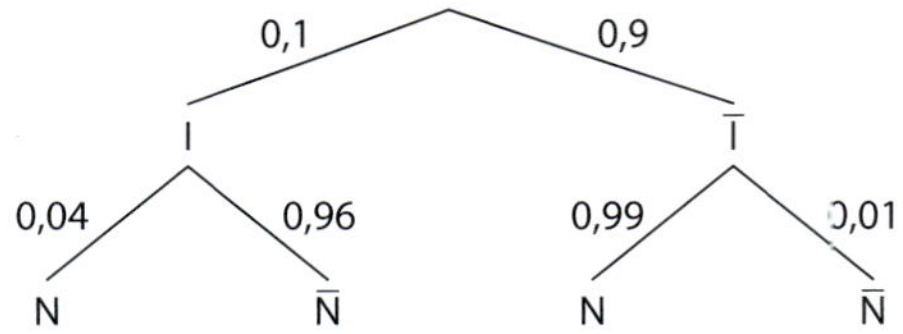

Erstellen Sie aus dem Baumdiagramm eine Vierfeldertafel, indem Sie die multiplizierten Wahrscheinlichkeiten der Äste in die inneren Felder eintragen. Berechnen Sie damit die gesuchte Wahrscheinlichkeit.
Die Wahrscheinlichkeit, dass eine Person mit positivem Testergebnis tatsächlich infiziert ist, beträgt 91,4 %.

	I	$\overline{I}$	gesamt
N	0,004	0,891	0,895
$\overline{N}$	0,096	0,009	0,105
gesamt	0,100	0,900	1

$P_{\overline{N}}(I) = \frac{P(I \cap \overline{N})}{P(\overline{N})} = \frac{0{,}096}{0{,}105} \approx 0{,}914 = 91{,}4\,\%$

Basisaufgaben

1 In einem Kurs mit gleich vielen Mädchen und Jungen haben 70 % der Mädchen und 60 % der Jungen ein Haustier. Erstellen Sie eine Vierfeldertafel zur Situation. Berechnen Sie die Wahrscheinlichkeit, dass eine zufällig ausgewählte Person mit Haustier ein Junge ist.

2 Rund 65 % aller Haushalte in Deutschland haben mindestens ein Haustier. Singles stellen etwa 32 % der Haustierhaushalte, während rund 13,8 % aller Haushalte Familienhaushalte ohne Haustier sind.

a) Erstellen Sie ein Baumdiagramm zur Situation.

b) Ermitteln Sie die Wahrscheinlichkeit, dass ein Single kein Haustier hat.

3 60 % aller Jugendlichen treiben in ihrer Freizeit gern Sport (S), 85 % schauen sich gern Videos auf Streamingplattformen an (V). 80 % der Sportler schauen gern Videos.

a) Erstellen Sie eine Vierfeldertafel mit den Ereignissen S, $\overline{S}$, V und $\overline{V}$.

b) Ermitteln Sie die Wahrscheinlichkeit, dass eine Person, die Sport treibt, nicht gern Videos schaut.

c) Berechnen Sie $P_V(S)$ und erläutern Sie die Bedeutung dieser Wahrscheinlichkeit im Sachzusammenhang.

4 20 % aller Spielenden eines Online-Rollenspiels spielen eine Magierin bzw. einen Magier (M). Von ihnen sind 70 % Mitglieder in einer Gilde. 65 % aller Spielenden sind Mitglieder in einer Gilde (G).

a) Berechnen Sie $P_G(M)$ und geben Sie die Bedeutung der Wahrscheinlichkeit im Sachzusammenhang an.

b) Berechnen Sie die Wahrscheinlichkeit, dass eine zufällig ausgewählte Person keinen Magier bzw. keine Magierin spielt und nicht Mitglied in einer Gilde ist.

5 Im Jahr 2020 waren 6,7 % aller neu zugelassenen Autos in Deutschland Elektroautos. 31,8 % aller neu zugelassenen Autos waren SUVs. 63,51 % aller Neuzulassungen waren weder Elektroautos noch SUVs.

a) Berechnen Sie die Wahrscheinlichkeit, dass ein zufällig ausgewählter SUV mit Erstzulassung 2020 einen Elektroantrieb besitzt.

b) Berechnen Sie die Wahrscheinlichkeit, dass ein 2020 erstzugelassenes Auto, das kein Elektroauto ist, auch kein SUV ist.

c) Diskutieren Sie in der Klasse, wie sich die Anteile entwickeln werden, und geben Sie Gründe für Ihre Vermutungen an. Recherchieren Sie die entsprechenden Zulassungsdaten aus anderen Jahren und beurteilen Sie, ob sie Ihren Vermutungen entsprechen.

6 Ein Mann zwischen 60 und 64 Jahren hat mit einer Wahrscheinlichkeit von 0,4 % Prostatakrebs. Die Wahrscheinlichkeit, dass ein Kranker bei einer Routineuntersuchung positiv getestet wird, beträgt 65 %. Der Befund eines Gesunden ist zu 70 % negativ. Berechnen Sie die Wahrscheinlichkeit, dass ein Mann mit positivem Befund Prostatakrebs hat. Begründen Sie, dass es im Fall eines positiven Befunds sinnvoll ist, einen weiteren, genaueren Test zu machen.

7 Ein Virus breitet sich aus. Man geht davon aus, dass 2 % aller Personen infiziert sind. Ein Schnelltest liefert für infizierte Personen in 75 % aller Fälle einen positiven Befund. Allerdings liefert er auch bei Gesunden in 10 % aller Fälle einen positiven Befund.

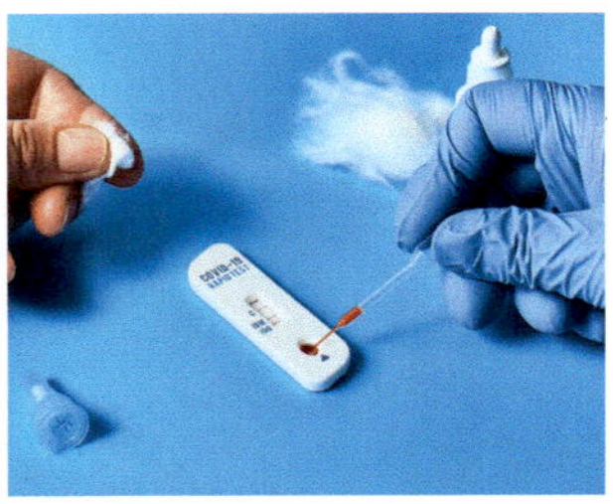

a) Zeichnen Sie ein mit den Wahrscheinlichkeiten beschriftetes Baumdiagramm.

b) Stellen Sie eine Vierfeldertafel zur Situation auf.

c) Jason unterzieht sich dem Test und erhält einen positiven Befund. Leo erhält einen negativen Befund. Berechnen Sie, mit welcher Wahrscheinlichkeit jeder der beiden infiziert ist.

d) Nach 4 Wochen sind 10 % der Bevölkerung infiziert. Tanja lässt sich jetzt testen und erhält einen positiven Befund. Berechnen Sie die Wahrscheinlichkeit, dass sie infiziert ist.

Umgedrehte Baumdiagramme und absolute Häufigkeiten

Baumdiagramme können auch mit absoluten Häufigkeiten erstellt werden. Manchmal hilft es, die Reihenfolge der Merkmale in einem Baumdiagramm zu vertauschen.

Beispiel 2

Um die Zuverlässigkeit eines Corona-Schnelltests zu überprüfen, wurden 10 000 Menschen ohne Krankheitssymptome getestet, von denen 50 Menschen mit Covid-19 infiziert waren. Dabei gab es 125 positive Testergebnisse, von denen 72 % falsch positive Resultate waren. 15 an Covid-19 erkrankte Personen erhielten ein negatives Testergebnis.
Überprüfen Sie, ob der Schnelltest die von der Weltgesundheitsorganisation (WHO) vorgegebenen minimalen Anforderungen erfüllt: Er soll mindestens 80 % der Infizierten identifizieren und bei zumindest 97 % der nicht Infizierten die Infektion korrekt ausschließen.

Lösung:

Erstellen Sie ein Baumdiagramm mit absoluten und relativen Häufigkeiten, das zuerst nach dem Testurteil (N bzw. $\overline{N}$) verzweigt und dann nach der Infektion (I bzw. $\overline{I}$). Tragen Sie die gegebenen Werte ein und ergänzen Sie die fehlenden Werte auf der linken Seite. Berechnen Sie dann die fehlenden Werte auf der rechten Seite.

N: Das Testergebnis ist negativ.
I: Die getestete Person ist infiziert.

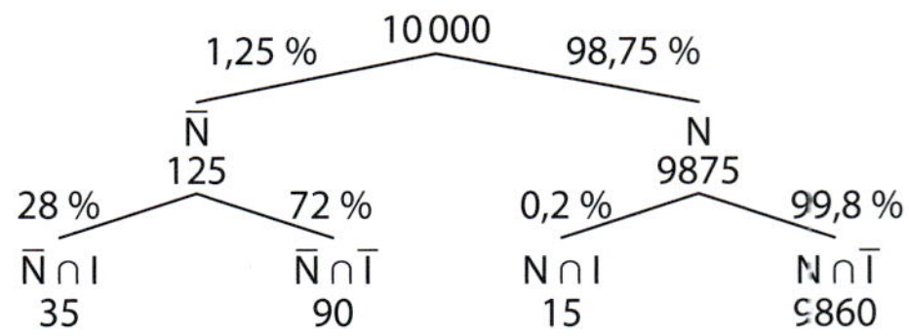

Erstellen Sie aus dem Baumdiagramm eine Vierfeldertafel. Leiten Sie daraus ein neues Baumdiagramm ab, das zuerst nach der Infektion und dann nach dem Testergebnis verzweigt.

	N	$\overline{N}$	gesamt
I	15	35	50
$\overline{I}$	9860	90	9950
gesamt	9875	125	10 000

Entnehmen Sie aus dem Baumdiagramm die bedingten Wahrscheinlichkeiten:

$P_I(\overline{N}) = \frac{P(I \cap \overline{N})}{P(I)} = \frac{35}{50} = 70\,\% < 80\,\%$

$P_{\overline{I}}(N) = \frac{P(\overline{I} \cap N)}{P(\overline{I})} = \frac{9860}{9950} \approx 99{,}1\,\% > 97\,\%$

Die erste Forderung der WHO wird von diesem Test nicht erfüllt.

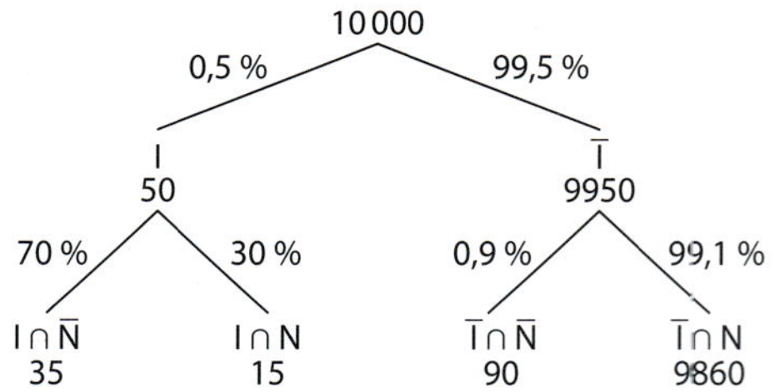

Basisaufgaben

8 a) Erstellen Sie zum Baumdiagramm eine zugehörige Vierfeldertafel.
b) Erstellen Sie ein Baumdiagramm, das zuerst nach B und $\overline{B}$ verzweigt.

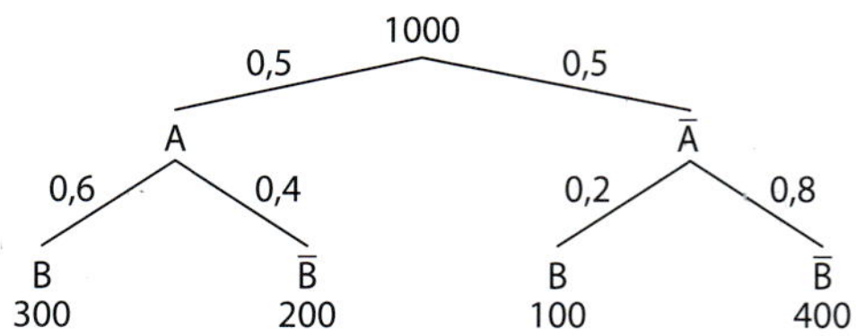

9 Die Besitzer von 200 Meerschweinchen wurden gefragt, ob sie die Tiere in Ställen auf dem Boden (B) oder in erhöhten Ställen halten sowie ob sich die Tiere verstecken (V), wenn ein Mensch den Raum betritt. Erstellen Sie ein Baumdiagramm, das zuerst nach V verzweigt.

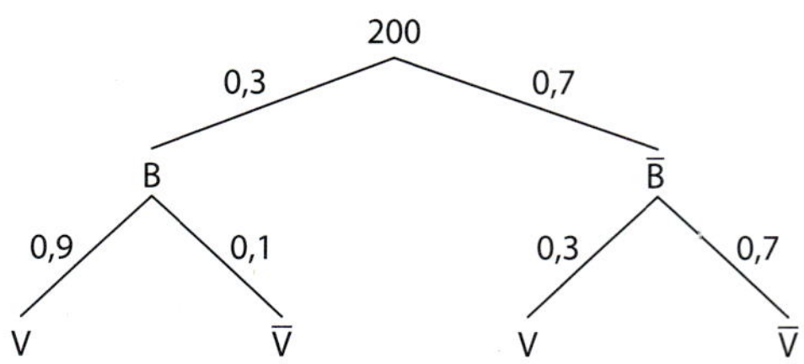

10 Eine Lostrommel mit 800 Losen enthält rote und blaue Lose. Gewinne und Nieten verteilen sich auf beide Farben, wie das Baumdiagramm zeigt.
Bestimmen Sie
a) die Anzahl der Nieten in der Lostrommel,
b) die Anzahl blauer Lose, die Gewinne sind,
c) die Anzahl roter Lose in der Trommel,
d) die Gewinnwahrscheinlichkeiten, wenn vor dem Ziehen nach Farben sortiert wurde.

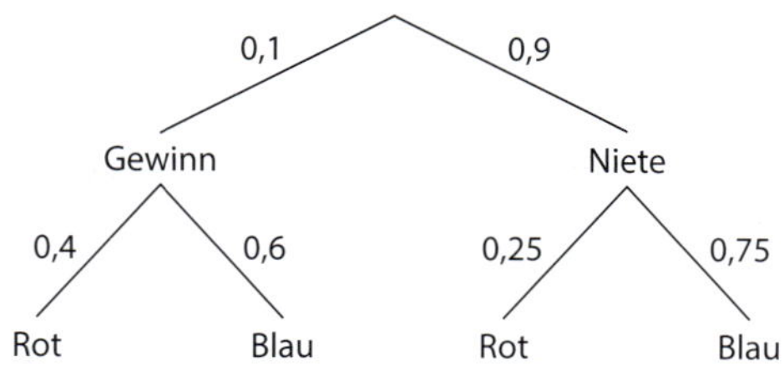

11 Das Baumdiagramm gehört zu einer Testreihe auf Brustkrebs.
a) Erstellen Sie das umgekehrte Baumdiagramm.
b) Ermitteln Sie die Wahrscheinlichkeit, dass eine zufällig ausgewählte negativ getestete Frau der Testreihe trotzdem Brustkrebs hat.
c) Nehmen Sie Stellung zu den absoluten Zahlen bei den positiven Tests.

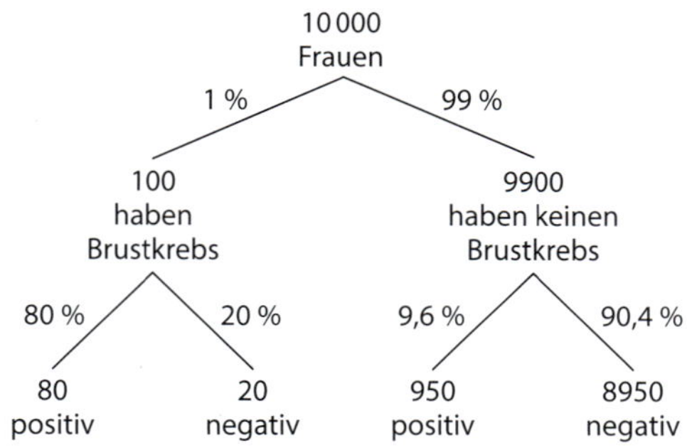

12 2000 Teilnehmer eines Festivals mussten sich einem Drogentest unterziehen. Die Vierfeldertafel zeigt das Ergebnis. Ein Teilnehmer wird zufällig ausgewählt.
a) Erstellen Sie ein Baumdiagramm, das zunächst nach „Drogen" und „keine Drogen" verzweigt, sowie eins, das zuerst nach „Test positiv" und „Test negativ" verzweigt.
b) Bestimmen Sie die Wahrscheinlichkeit, dass ein Festivalteilnehmer, der keine Drogen genommen hat, ein positives Testergebnis erhält.
c) Bestimmen Sie die Wahrscheinlichkeit, dass ein Festivalteilnehmer mit einem positiven Testergebnis in Wirklichkeit keine Drogen genommen hat.

	Drogen genommen	
	ja	**nein**
Test positiv	57	39
Test negativ	3	1901

13 Mia befürchtet, sich im Urlaub mit einer tropischen Krankheit angesteckt zu haben. Sie macht einen Test, der beim Vorliegen der Krankheit in 98 % der Fälle positiv ausfällt. Der Test ist aber auch zu 4 % positiv, wenn die Person nicht erkrankt ist. Aus Erfahrung weiß man, dass 0,1 % der Getesteten die Krankheit haben. Mia erhält ein positives Testergebnis.
a) Schätzen Sie beide die Wahrscheinlichkeit, dass Mia tatsächlich erkrankt ist.
b) Erstellen Sie ein Baumdiagramm, das zuerst nach „krank" bzw. „nicht krank" verzweigt.
c) Erstellen Sie eine Vierfeldertafel und ein Baumdiagramm, das zuerst nach „positives Testergebnis" und „negatives Testergebnis" verzweigt.
d) Bestimmen Sie die Wahrscheinlichkeit, dass Mia tatsächlich erkrankt ist. Prüfen Sie, wer von Ihnen besser geschätzt hat.
e) Erstellen Sie eine Vierfeldertafel mit absoluten Häufigkeiten für 100 000 getestete Personen. Erläutern Sie anhand der absoluten Werte das Ergebnis von d).

Weiterführende Aufgaben

Zwischentest

14 In den Morgenstunden haben 80 % der Fahrgäste in der U-Bahn eine Dauerkarte (Ereignis D), von denen 1 % ihren Fahrschein vergessen (Ereignis $\overline{F}$). Von den Fahrgästen ohne Dauerkarte sind in der U-Bahn 10 % ohne Fahrschein unterwegs.

a) Erstellen Sie ein Baumdiagramm zur Situation.

b) Erstellen Sie eine Vierfeldertafel für 1000 Fahrgäste mit absoluten Häufigkeiten.

c) Ermitteln Sie die Wahrscheinlichkeit, dass ein zufällig kontrollierter Fahrgast keinen Fahrschein bei sich hat.

d) Ermitteln Sie $P_{\overline{F}}(D)$ und $P_{\overline{F}}(\overline{D})$ und geben Sie die Bedeutung der Wahrscheinlichkeiten im Sachzusammenhang an.

15 DNA-Tests zur Überführung von Tätern gelten als sehr sicher. Zu Fehlern kann es bei der Entnahme der Proben und bei der anschließenden Testanalyse kommen. Das Diagramm zeigt ein mögliches Ergebnis, dabei bedeutet „Test positiv", dass eine Übereinstimmung der DNA der getesteten Person mit der am Tatort gefundenen DNA erkannt wurde. Gehen Sie davon aus, dass der Test kein falsch-negatives Ergebnis liefert.

a) Berechnen Sie den Anteil der Personen mit einem positiven Testergebnis unter den zu Unrecht Verdächtigten.

b) Erstellen Sie eine Vierfeldertafel mit relativen Häufigkeiten.

c) Jemand aus dem Kreis der möglichen Täter wird positiv getestet. Bestimmen Sie die Wahrscheinlichkeit, dass er tatsächlich der Täter ist.

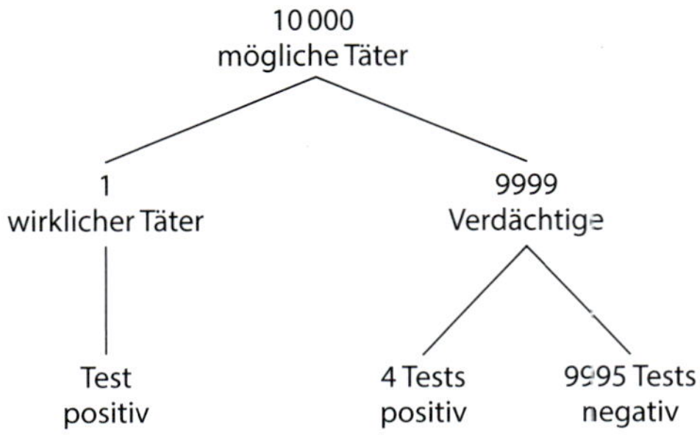

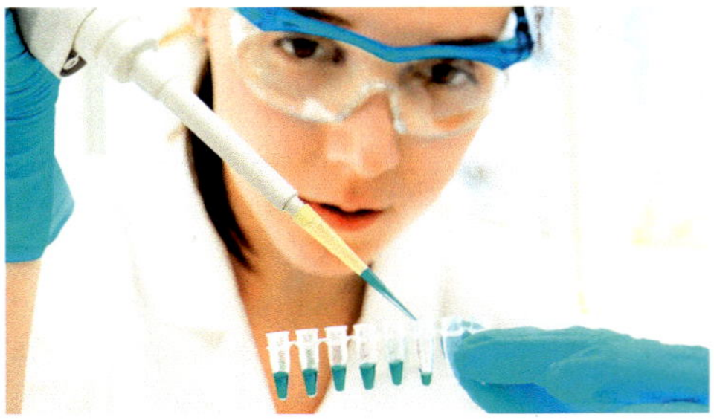

16 **Stolperstelle:** Lena hat zum linken Baumdiagramm das umgekehrte Baumdiagramm rechts erstellt. Erläutern Sie ihre Fehler und korrigieren Sie das Baumdiagramm.

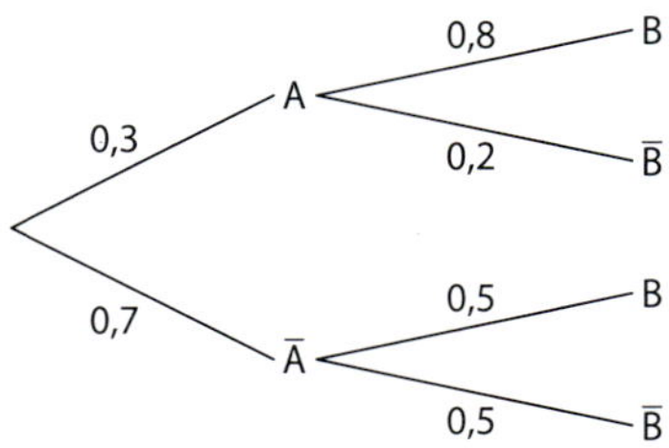

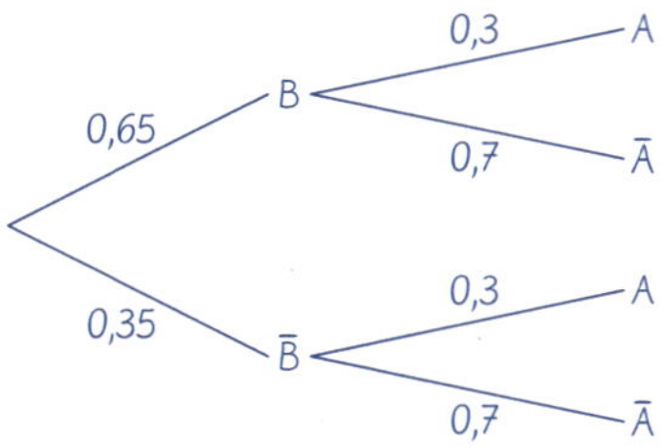

Hinweis zu 17

Bestimmen Sie die Wahrscheinlichkeit, dass die Kugel schwarz oder blau ist, als arithmetisches Mittel dieser Wahrscheinlichkeiten pro Urne.

17 Eine der abgebildeten Urnen wird zufällig ausgewählt und aus ihr verdeckt eine Kugel entnommen. Die gezogene Kugel ist schwarz oder blau. Bestimmen Sie die Wahrscheinlichkeit, dass die Kugel aus der linken Urne stammt.

18 Die Wahrscheinlichkeit, dass ein zufällig ausgewählter Mensch in Deutschland Vegetarier ist, liegt bei 8 %, bei Menschen, die in Großstädten wohnen, liegt sie bei 12 %. Es werden 100 Menschen, von denen 30 in einer Großstadt leben, gefragt, ob sie Vegetarier sind.

a) Eine zufällig ausgewählte Person der Befragung gibt an, Vegetarier zu sein. Bestimmen Sie die Wahrscheinlichkeit, dass die Person in einer Großstadt lebt.

b) „Großstädter sind überrepräsentiert!" - „Nein, der Anteil der Großstädter ist mit einem Drittel sogar zu niedrig für eine brauchbare Umfrage!" Geben Sie jeweils eine Gruppierung an, die diese Statements veröffentlichen könnte.

19 Eine Pharmafirma macht im Beipackzettel zur Verlässlichkeit ihres Antigen-Schnelltests folgende Angaben: An einer Studie haben insgesamt 1074 Probanden teilgenommen. Mit einem PCR-Test wurde zu Beginn ermittelt, wie viele Teilnehmer aktuell an Covid-19 erkrankt waren. Es wurden 204 positive Fälle entdeckt.

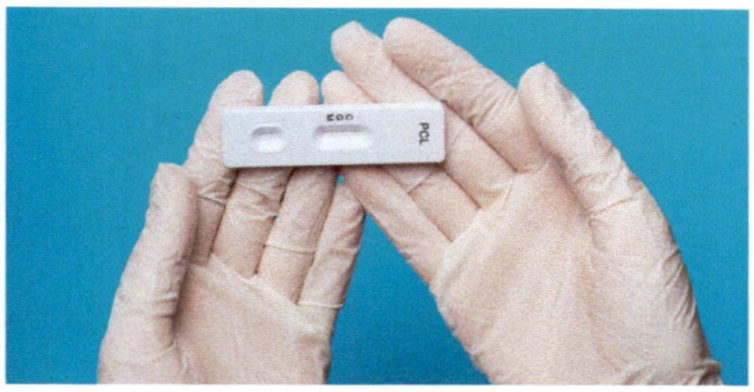

170 erkrankte Teilnehmer wurden anschließend durch den Antigen-Schnelltest bestätigt. Insgesamt lieferte der Antigen-Schnelltest in 178 Fällen ein positives Ergebnis.

a) Erstellen Sie je eine Vierfeldertafel mit absoluten und relativen Häufigkeiten.

b) Erstellen Sie die beiden möglichen Baumdiagramme.

c) Überprüfen Sie die folgenden Behauptungen der Pharmafirma:
① „Der Antigen-Schnelltest erkennt einen gesunden Menschen zu 99 %."
② „Der Antigen-Schnelltest erkennt zu 83 % einen an Covid-19 Erkrankten."

d) Bestimmen Sie die Wahrscheinlichkeit, dass
① jemand an Covid-19 erkrankt ist, wenn sein Antigen-Schnelltest positiv war,
② der Antigen-Schnelltest das korrekte Ergebnis anzeigt.

20 Die Wahrscheinlichkeit, dass ein Mitglied einer bestimmten Altersgruppe Darmkrebs hat, liegt bei 0,3 %. Wenn eine Person Darmkrebs hat, fällt der Test auf Darmkrebs mit einer Wahrscheinlichkeit von 50 % positiv aus. Wenn eine Person keinen Darmkrebs hat, liegt die Wahrscheinlichkeit für ein positives Testergebnis bei 3 %.

a) Schätzen Sie die Wahrscheinlichkeit, dass eine zufällig ausgewählte Person dieser Altersgruppe mit positivem Testergebnis wirklich Darmkrebs hat.

b) Ermitteln Sie die Wahrscheinlichkeit aus a) und vergleichen Sie mit dem Schätzwert.

c) Erstellen Sie dazu ein Baumdiagramm mit absoluten Häufigkeiten für 10 000 Personen und ermitteln Sie damit, wie viel Prozent der Personen mit negativem Testergebnis trotzdem Darmkrebs haben.

Hilfe

21 Bei einem Screening wird eine Erkrankung an Brustkrebs mit einer Wahrscheinlichkeit von 90 % richtig diagnostiziert. Mit einer Wahrscheinlichkeit von 94 % liefert der Test einen korrekt negativen Befund. In einer bestimmten Altersklasse sind 8 von 1000 Frauen tatsächlich an Brustkrebs erkrankt.

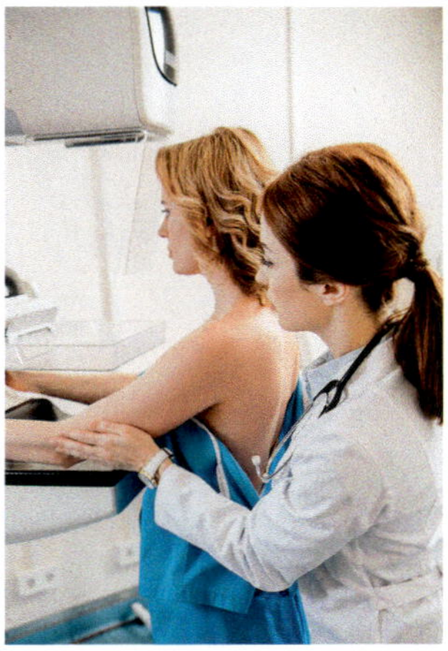

a) Ermitteln Sie, wie viele von 1000 Frauen bei dem Screening als krebskrank diagnostiziert werden.

b) Berechnen Sie die Wahrscheinlichkeit, mit der eine positiv getestete Frau nicht krank ist.

c) Berechnen Sie, wie viel Prozent der Frauen einen richtigen Befund erhalten.

d) Beurteilen Sie den Test und nehmen Sie zu den Ergebnissen Stellung.

22 Der im Februar 2022 ausgebrochene Ukraine-Krieg hat die Diskussion um Aufrüstung der Bundeswehr neubelebt. Auch der Umgang mit schweren Waffen war erneut ein gesellschaftliches Thema. In einer Umfrage sprachen sich 121 Männer und 13 Frauen für Waffenlieferungen an die Ukraine aus, 61 Männer und 5 Frauen waren dagegen.

a) Fertigen Sie eine Vierfeldertafel mit den Bezeichnungen M, F, W und $\overline{W}$ an.

b) Bestimmen Sie $P_M(\overline{W})$ und erläutern Sie die Bedeutung dieser Wahrscheinlichkeit.

c) Eine Zeitung schreibt: „Frauen sind viel pazifistischer, denn während 60,5 % der Männer für Waffenlieferungen sind, sind es bei den Frauen nur 6,5 %." Schreiben Sie einen Leserbrief, warum das falsch ist und wie es zu dieser Fehlvorstellung kommen konnte.

d) Eine andere Zeitung schreibt: „Frauen erstmals kriegerischer als Männer! Während normalerweise Frauen stärker für friedliche Lösungen sind, ist es bei diesem Krieg umgekehrt: Rund zwei Drittel der Männer, aber fast drei Viertel der Frauen sind für Waffenlieferungen." Zeigen Sie, dass die Zahlenwerte stimmen, und erklären Sie, warum die Schlussfolgerung dennoch so nicht gezogen werden sollte.

Hilfe

23 In einer Spielshow haben zwei Kandidaten Geld für ihr gemeinsames Konto erspielt. Im Finale, in dem beide nicht mehr miteinander sprechen dürfen, entscheidet sich in zwei Runden, wer von beiden wie viel Geld erhält. In jeder Runde wird um die Hälfte ihres erspielten Geldes gespielt. In den Finalrunden wählen beide Spieler verdeckt die Entscheidung „Behalten" oder „Teilen". Wählen beide Spieler in der ersten Runde „Behalten", endet das Spiel sofort. Gehen Sie davon aus, dass in der ersten Runde beide mit je 50 % Wahrscheinlichkeit „Behalten" oder „Teilen" wählen. Wählt ein Kandidat jedoch „Behalten" und der andere nicht, so wird sich dieser in der zweiten Runde mit einer Wahrscheinlichkeit von 80 % für „Behalten" entscheiden, während der andere Kandidat jede Option mit je 50 % Wahrscheinlichkeit wählt.

	A wählt Teilen	**A wählt Behalten**
B wählt Teilen	A und B erhalten jeweils 50 %	A erhält alles
B wählt Behalten	B erhält alles	A und B erhalten nichts

a) Bestimmen Sie die Wahrscheinlichkeiten der möglichen Gewinnbeträge beider Kandidaten nach der ersten Runde (es gibt vier Möglichkeiten).

b) Bestimmen Sie die Wahrscheinlichkeit, dass ein Kandidat alles gewinnt.

c) Bestimmen Sie die Wahrscheinlichkeiten für alle möglichen Gewinne eines Kandidaten nach zwei Runden. Geben Sie die scheinbar sinnvollste Strategie an.

24 Das Baumdiagramm ① soll umgekehrt werden. Bestimmen Sie Terme für die Zweigwahrscheinlichkeiten c, d, c_A, c_B, d_A, d_B des umgekehrten Baumdiagramms ②.

①
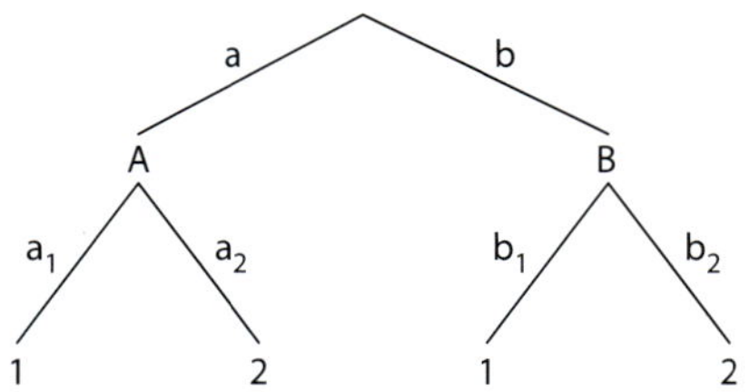

②
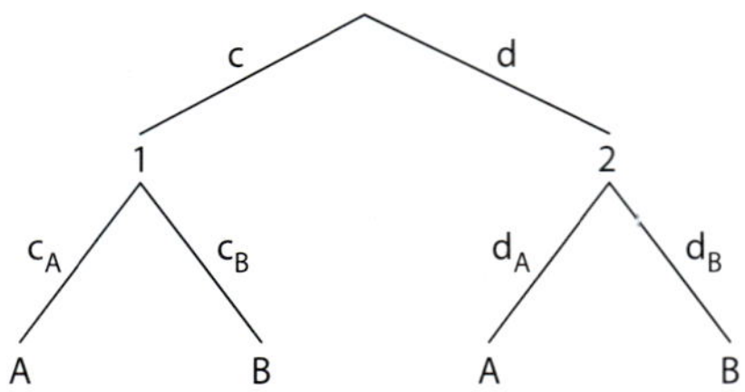

25 **Ausblick: Die Regel von Bayes**

Um aus der Wahrscheinlichkeit $P_A(B)$ die Wahrscheinlichkeit $P_B(A)$ zu bestimmen, kann man die Regel von Bayes verwenden:

$$P_B(A) = \frac{P(A) \cdot P_A(B)}{P(A) \cdot P_A(B) + P(\overline{A}) \cdot P_{\overline{A}}(B)}$$

Leiten Sie die Regel mithilfe des Baumdiagramms her.

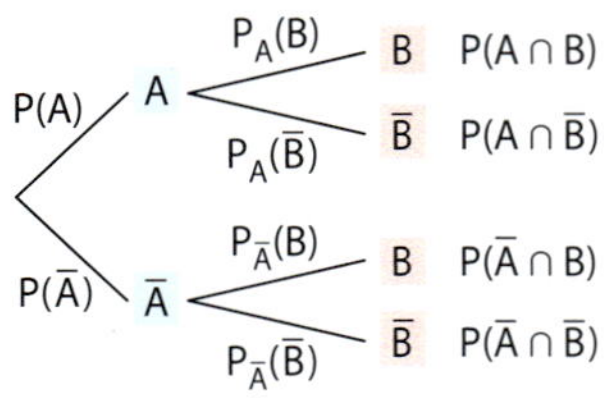

3.3 Stochastische Unabhängigkeit

Ein Fußballspieler hat in seiner Karriere 90 % aller Elfmeter verwandelt. Er tritt an, um den entscheidenden Elfmeter im Pokalfinale zu schießen. Diskutieren Sie, ob die Wahrscheinlichkeit für einen Treffer 90 % beträgt und was dafür- und was dagegenspricht.

Man nennt zwei Ereignisse eines Zufallsexperiments **(stochastisch) unabhängig**, wenn das Eintreten des einen Ereignisses die Wahrscheinlichkeit des Eintretens des anderen Ereignisses nicht beeinflusst. Den Unterschied zwischen stochastischer Abhängigkeit und stochastischer Unabhängigkeit kann man gut erkennen, wenn man einen Urnenversuch mit und ohne Zurücklegen betrachtet.

In einer Urne befinden sich 3 grüne und 4 rote Kugeln. Es werden nacheinander zwei Kugeln zufällig gezogen. Man betrachtet die Ereignisse G: „Grüne Kugel beim ersten Zug" und R: „Rote Kugel beim zweiten Zug" und unterscheidet:

Ziehen ohne Zurücklegen

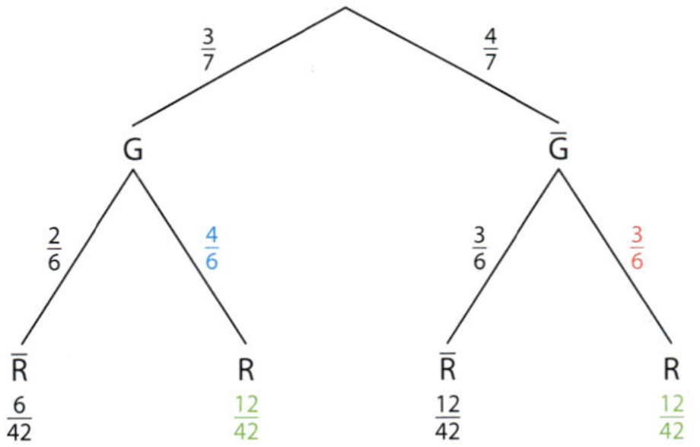

$P_G(R) = \frac{4}{6}$ und $P_{\overline{G}}(R) = \frac{3}{6}$

$P(R) = \frac{12}{42} + \frac{12}{42} = \frac{24}{42} = \frac{4}{7}$

Die beiden Teilbäume der zweiten Stufe sind verschieden. Daher sind beim Ziehen ohne Zurücklegen die bedingten Wahrscheinlichkeiten beim zweiten Zug vom Ergebnis des ersten Zugs **abhängig**.

Ziehen mit Zurücklegen

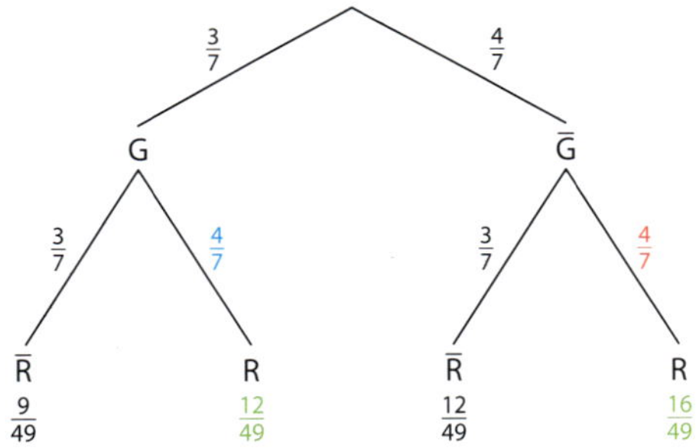

$P_G(R) = \frac{4}{7}$ und $P_{\overline{G}}(R) = \frac{4}{7}$

$P(R) = \frac{12}{49} + \frac{16}{49} = \frac{28}{49} = \frac{4}{7}$

Die beiden Teilbäume der zweiten Stufe sind gleich. Daher sind beim Ziehen mit Zurücklegen die bedingten Wahrscheinlichkeiten beim zweiten Zug vom Ergebnis des ersten Zugs **unabhängig**.

Info

Man kann zeigen: Wenn B stochastisch unabhängig von A ist, dann ist auch A stochastisch unabhängig von B.

Beim Ziehen mit Zurücklegen ist P(R) mit den bedingten Wahrscheinlichkeiten $P_G(R)$ und $P_{\overline{G}}(R)$ identisch. Allgemein gilt: Wenn für zwei Ereignisse A und B gilt $P_A(B) = P(B)$, so nennt man B **stochastisch unabhängig** von A.
Aus der Pfadregel $P(A \cap B) = P(A) \cdot P_A(B)$ folgt für unabhängige Ereignisse unmittelbar $P(A \cap B) = P(A) \cdot P(B)$.

Wissen

Zwei Ereignisse A und B mit $P(A) > 0$ und $P(B) > 0$ heißen **stochastisch unabhängig**, wenn gilt: $\mathbf{P_A(B) = P(B)}$ bzw. $\mathbf{P_B(A) = P(A)}$

Mit der **Multiplikationsregel** überprüft man Ereignisse auf stochastische Unabhängigkeit: A und B sind genau dann stochastisch unabhängig, wenn gilt: $\mathbf{P(A \cap B) = P(A) \cdot P(B)}$

Ist im Folgenden von Abhängigkeit oder Unabhängigkeit die Rede, so ist die stochastische Abhängigkeit bzw. die stochastische Unabhängigkeit gemeint.

Beispiel 1 Die Vierfeldertafel zeigt die Ergebnisse einer Umfrage zu Schlafqualität und Arbeitszeit. Prüfen Sie, ob die Ereignisse A: „eine zufällig ausgewählte Person schläft ruhig" und B: „eine zufällig ausgewählte Person arbeitet mehr als 40 h/Woche" stochastisch unabhängig sind, indem Sie
a) die Wahrscheinlichkeiten $P_A(B)$ und $P(B)$ berechnen,
b) die Multiplikationsregel verwenden.

	schläft ruhig	schläft unruhig	gesamt
arbeitet mehr als 40 h/Woche	213	132	345
arbeitet bis zu 40 h/Woche	126	50	176
gesamt	339	182	521

Lösung:

a) Bestimmen Sie die beiden Wahrscheinlichkeiten. Da die Wahrscheinlichkeiten nicht gleich sind, sind A und B abhängig.

$P_A(B) = \frac{213}{339} \approx 0{,}63;\quad P(B) = \frac{345}{521} \approx 0{,}66$
$P_A(B) \neq P(B)$

b) Berechnen Sie das Produkt aus P(A) und P(B) sowie die Wahrscheinlichkeit $P(A \cap B)$. Da sie nicht übereinstimmen, sind A und B nach der Multiplikationsregel abhängig.

$P(A) \cdot P(B) = \frac{339}{521} \cdot \frac{345}{521} \approx 0{,}43$

$P(A \cap B) = \frac{213}{521} \approx 0{,}41$

$P(A \cap B) \neq P(A) \cdot P(B)$

Basisaufgaben

1 Die Vierfeldertafel zeigt die Ergebnisse einer Untersuchung zu Handynutzung und Intelligenzquotient. Prüfen Sie, ob die Ereignisse A: „eine zufällig ausgewählte Person hat einen IQ > 130" und B: „eine zufällig ausgewählte Person nutzt das Handy intensiv" stochastisch unabhängig sind, indem Sie
a) die Wahrscheinlichkeiten $P_A(B)$ und $P(B)$ berechnen,
b) die Multiplikationsregel verwenden.

	Handynutzung		gesamt
	intensiv	nicht intensiv	
IQ > 130	60	90	150
IQ ≤ 130	140	110	250
gesamt	200	200	400

2 In einer Urne liegen 5 rote und 3 blaue Kugeln. Es wird zweimal hintereinander eine Kugel gezogen. Zeichnen Sie zum Experiment ein Baumdiagramm und prüfen Sie, ob das Ereignis „die zweite Kugel ist rot" unabhängig vom Ausgang der ersten Ziehung ist, wenn die zuerst gezogene Kugel zurückgelegt (nicht zurückgelegt) wird.

3 Prüfen Sie, ob die Merkmale in der Vierfeldertafel unabhängig sind.

a)

	B	$\overline{B}$	gesamt
A	32	128	160
$\overline{A}$	96	384	480
gesamt	128	512	640

b)

	geimpft	nicht geimpft	gesamt
krank	0,06	0,38	0,44
nicht krank	0,44	0,12	0,56
gesamt	0,5	0,5	1

c) Zeichnen Sie zu den Vierfeldertafeln aus a) und b) jeweils beide möglichen Baumdiagramme. Untersuchen Sie, in welchem Diagramm die Teilbäume der 2. Stufe übereinstimmen. Erläutern Sie den Zusammenhang mit der Unabhängigkeit der Ereignisse.

4 **Berechnung der Wahrscheinlichkeit bei gegebener stochastischer Unabhängigkeit:**
Von den Gästen eines Biergartens finden 15 % das Bier nicht kalt genug. 18 % der Gäste sind zwar mit der Temperatur des Biers zufrieden, aber nicht mit der Sauberkeit der Gläser. Die Ereignisse B: „Ein zufällig ausgewählter Gast ist mit der Temperatur des Biers zufrieden." und G: „Ein zufällig ausgewählter Gast ist mit der Sauberkeit der Gläser zufrieden." sind stochastisch unabhängig.

a) Erläutern Sie, wie Sie aus den gegebenen Wahrscheinlichkeiten die Wahrscheinlichkeit bestimmen können, dass ein zufällig ausgewählter Gast mit der Sauberkeit der Gläser unzufrieden ist.
b) Berechnen Sie die nötigen Wahrscheinlichkeiten und stellen Sie eine Vierfeldertafel zur Situation auf.

5 Beim Werfen zweier Würfel werden die folgenden Ereignisse betrachtet:

A: Die Augenzahl des ersten Würfels ist 4.

B: Die Augenzahl des zweiten Würfels ist 3.

C: Die Augensumme ist 7.

D: Die Augensumme ist 6.

a) Schätzen Sie, ob die Ereignisse A und B (A und C; A und D) unabhängig sind.
b) Überprüfen Sie Ihre Schätzungen rechnerisch.

6 Zwei Münzen werden geworfen. Das Ereignis A lautet „höchstens einmal Kopf" und das Ereignis B „mindestens einmal Kopf und mindestens einmal Zahl".

a) Prüfen Sie, ob A und B stochastisch unabhängig sind.
b) Prüfen Sie, ob A und B stochastisch unabhängig sind, wenn drei Münzen geworfen werden.

7 Ein Basketballspieler hat bei Freiwürfen eine durchschnittliche Trefferquote von 75 %.

a) Gehen Sie davon aus, dass die einzelnen Freiwürfe unabhängig voneinander sind. Berechnen Sie die Wahrscheinlichkeit, dass er bei zwei Freiwürfen beide Male trifft.
b) Nennen Sie mögliche Gründe gegen die Unabhängigkeit beider Freiwürfe.

8 Die Vierfeldertafel ist nicht vollständig.

a) Ergänzen Sie die fehlenden Werte im Heft, sodass die Merkmale A und B abhängig (unabhängig) sind.
b) Vergleichen Sie Ihre Ergebnisse aus a). Erklären Sie Ihre Beobachtung.

	B	$\overline{B}$	gesamt
A			
$\overline{A}$		40	160
gesamt			400

9 10 000 Personen nehmen an einem Farbsehtest teil, 9340 bestehen den Test. Von den 3000 teilnehmenden Frauen waren 30 farbenfehlsichtig.

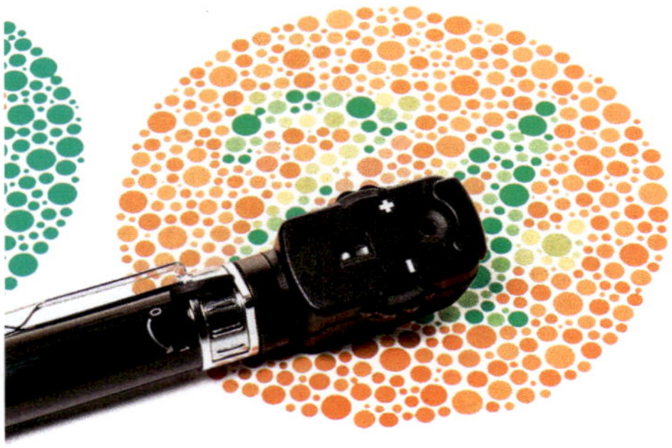

a) Überprüfen Sie folgende Ereignisse auf stochastische Unabhängigkeit:
F: „Eine aus den Getesteten zufällig ausgewählte Person ist farbenfehlsichtig."
W: „Eine aus den Getesteten zufällig ausgewählte Person ist weiblich."
b) Eine aus den Getesteten zufällig ausgewählte Person ist farbenfehlsichtig. Berechnen Sie die Wahrscheinlichkeit, dass es sich um eine Frau handelt. Vergleichen Sie sie mit der Wahrscheinlichkeit, dass eine zufällig ausgewählte Testperson eine Frau ist.

Korrelation und Kausalität

Besteht zwischen zwei Ereignissen eine stochastische Abhängigkeit, dann gibt es zwischen den zugehörigen Merkmalen einen Zusammenhang, den man in der Statistik auch als **Korrelation** bezeichnet. Eine Korrelation bedeutet aber nicht, dass sich die Merkmale im Sachzusammenhang direkt beeinflussen (**Kausalität**). Es ist auch möglich, dass beide Merkmale von einem oder mehreren weiteren Merkmalen beeinflusst werden. Dies macht Interpretationen in Sachzusammenhängen schwierig.

Beispiel 2

Die Vierfeldertafel zeigt die Ergebnisse einer im Herbst durchgeführten Befragung des Gesundheitsamts. 100 Personen wurden befragt, ob sie erkältet sind (E).
Bei der Befragung wurde auch erfasst, ob die befragte Person einen Schal trägt (S).

	E	$\overline{E}$	gesamt
S	35	15	50
$\overline{S}$	5	45	50
gesamt	40	60	100

a) Überprüfen Sie die Ereignisse auf Abhängigkeit.
b) Begründen Sie, ob ein kausaler Zusammenhang zwischen den Merkmalen besteht.

Lösung:

a) Lesen Sie z. B. $P(E)$ und $P_S(E)$ aus der Vierfeldertafel ab und vergleichen Sie.

$P(E) = \frac{40}{100} = 40\,\%$, $P_S(E) = \frac{35}{50} = 70\,\%$
$P(E) \neq P_S(E)$, also sind E und S abhängig.

b) Bestimmen Sie alle bedingten Wahrscheinlichkeiten für eine Erkältung und das Schaltragen.
Interpretieren Sie das Ergebnis.
Argumentieren Sie, warum bestimmte Abhängigkeiten im Sachzusammenhang sinnvoll oder nicht sinnvoll sein können.

$P_E(S) = \frac{35}{40} = 87{,}5\,\%$, $P_{\overline{E}}(S) = \frac{15}{60} = 25\,\%$
$P_S(E) = \frac{35}{50} = 70\,\%$, $P_{\overline{S}}(E) = \frac{5}{50} \approx 10\,\%$

Man könnte erwarten, dass Schalträger seltener erkältet sind als Nichtschalträger, das ist jedoch nicht der Fall. Es könnte aber sein, dass umgekehrt eine Erkältung eine Ursache für das Tragen eines Schals ist und somit ein kausaler Zusammenhang besteht.

Basisaufgaben

10 Die Vierfeldertafel zeigt die Ergebnisse einer für Deutschland repräsentativen Befragung von Personen ohne Partner im Haushalt.

	M	F	gesamt
Bis 65 J.	7267	5126	12393
Über 65 J.	1729	4531	6260
gesamt	8996	9657	18653

a) Überprüfen Sie die Ereignisse F: „eine zufällig ausgewählte Person ist eine Frau" und A: „eine zufällig ausgewählte Person ist älter als 65 Jahre" auf Unabhängigkeit.
b) Vergleichen Sie bei den über 65-jährigen Befragten den Prozentsatz der Männer mit dem Prozentsatz der Frauen. Nennen Sie eine Ursache für den Unterschied.
c) Begründen Sie, ob ein kausaler Zusammenhang zwischen den Merkmalen „Geschlecht" und „Alter" besteht.

11 Ein Würfel wird zweimal geworfen. Untersuchen Sie, ob das Ereignis A: „Die Augensumme ist 7." und das folgende Ereignis stochastisch unabhängig sind. Begründen Sie, ob ein Kausalzusammenhang besteht.
a) B: „Beim ersten Wurf ist die Augenzahl 1."
b) C: „Beim zweiten Wurf ist die Augenzahl gerade."
c) D: „Es wird zweimal die gleiche Zahl geworfen."

12 Erläutern Sie, warum bei einer Befragung im Sommer am Strand die Ereignisse E: „Ein zufällig ausgewählte Person isst Eis." und S: „Ein zufällig ausgewählte Person hat Sonnenbrand." vermutlich stochastisch abhängig sind, allerdings wohl kein kausaler Zusammenhang zwischen den Merkmalen besteht.

13 In einem Gymnasium werden in einer 5. Klasse zum Kennenlernen Steckbriefe der Schüler erstellt. Dazu werden über einen Fragebogen Alter, Geschlecht, Größe, Lieblingsfach und Lieblingsbuch erfasst. Stellen Sie begründete Vermutungen auf, welche Datenpaare voneinander abhängige Merkmale darstellen und zwischen welchen Merkmalen kausale Zusammenhänge bestehen.

14 In einem Jahr wurden ca. 300 000 Unfälle mit Personenschäden registriert, von denen ca. 13 000 unter Alkoholeinfluss verursacht wurden. Etwa 200 000 der Unfälle ohne Alkoholeinfluss ereigneten sich tagsüber, während von den Unfällen mit Alkoholeinfluss ca. 4000 tagsüber passierten.

a) Stellen Sie diesen Sachverhalt in einer Vierfeldertafel mit absoluten Häufigkeiten dar. Prüfen Sie die Ereignisse auf stochastische Unabhängigkeit.

b) Erläutern Sie, aus welchem Grund die Vermutung naheliegend ist, dass die betrachteten Merkmale kausal abhängig sind.

15 Recherchieren Sie im Kontext der Begriffe Korrelation und Kausalität zu der 2012 erschienenen Veröffentlichung „chocolate consumption enhances cognitive function". Erklären Sie das „positive Abschneiden" der Schweiz.

16 a) Beschreiben Sie das Diagramm und finden Sie mögliche Größen, für die die beiden Graphen stehen könnten.

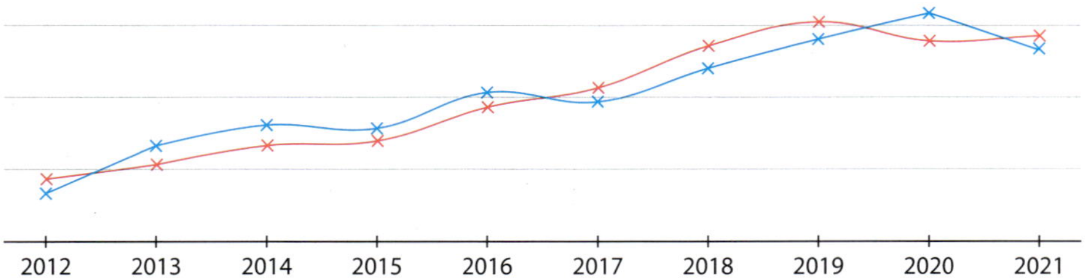

b) Angenommen, der rote Graph gäbe die Anzahl der jugendlichen Longboard-Fahrer in den Jahren 2012 bis 2021 an und der blaue Graph die Anzahl der Knieoperationen bei Jugendlichen im gleichen Zeitraum. Machen Sie auf Grundlage der Daten Aussagen zu Abhängigkeit und kausalem Zusammenhang der beiden Anzahlen.

c) Die Graphen stehen für den durchschnittlichen Käsekonsum und die Anzahl der Menschen, die sich beim Heruntersteigen vom Trampolin das Bein brechen. Erläutern Sie das Prinzip von Korrelation und Kausalität an diesem Beispiel.

17 Verfassen Sie einen Leserbrief. Nehmen Sie darin auf die Überschrift Bezug.

„G5-Strahlung macht krank"
Eine Untersuchung des Vereins „Gesund leben" hat ergeben, dass von 600 befragten Personen 240 nahe an neuen G5-Sendemasten wohnen. Von diesen 240 Personen leiden 54 häufig an Kopfschmerzen und Unkonzentriertheit. Insgesamt klagten 15 % aller befragten Personen über Kopfschmerzen und Unkonzentriertheit.

Weiterführende Aufgaben

Zwischentest

18 Bei einer Prüfung sind erfahrungsgemäß 25 % der Prüflinge Wiederholer. 15 % der Wiederholer und 28 % der anderen Prüflinge treten von der Prüfung zurück. Betrachten Sie die Ereignisse W: „ein zufällig ausgewählter Prüfling ist Wiederholer" und Z: „ein zufällig ausgewählter Prüfling ist von der Prüfung zurückgetreten".
a) Berechnen Sie die Wahrscheinlichkeit, dass ein zufällig ausgewählter Prüfling ein Wiederholer und von der Prüfung zurückgetreten ist.
b) Berechnen Sie die Wahrscheinlichkeit, dass ein zufällig ausgewählter Prüfling Wiederholer ist, wenn er an der Prüfung teilgenommen hat.
c) Überprüfen Sie die Ereignisse W und Z auf stochastische Unabhängigkeit.
d) Stellen Sie eine Vermutung auf, warum der Anteil der zurücktretenden Prüflinge bei Wiederholern so viel geringer ist.

19 Stolperstelle: Eine Umfrage hat ergeben, dass 53 % der Befragten weiblich waren und 39 % lange Haare hatten.
Erik: *„47 % der Befragten sind also männlich und 61 % haben kurze Haare. Also beträgt der Anteil an Männern mit kurzen Haaren nach der Multiplikationsregel $0{,}47 \cdot 0{,}61 \approx 0{,}29$."*
Nehmen Sie Stellung zu Eriks Gedanken.

20 Leiten Sie aus der 1. Pfadregel und der Gültigkeit der Gleichung $P(A \cap B) = P(A) \cdot P(B)$ die stochastische Unabhängigkeit der Ereignisse A und B her.

21 Zeigen Sie:
a) Sind A und B unabhängige Ereignisse, so sind auch A und $\overline{B}$, $\overline{A}$ und B sowie $\overline{A}$ und $\overline{B}$ unabhängig.
b) Sind A und B unabhängige Ereignisse, so ist die zugehörige Vierfeldertafel mit den Wahrscheinlichkeiten eine Multiplikationstafel.

22 Vervollständigen Sie im Heft die Vierfeldertafel für zwei unabhängige Ereignisse A und B. Erklären Sie Ihr Vorgehen.

	A	$\overline{A}$	gesamt
B			25 %
$\overline{B}$			
gesamt	75 %		

23 Überprüfen Sie die Ereignisse auf Unabhängigkeit.
a) A und B mit $A \cap B = \{\}$, die beide von $\{\}$ verschieden sind.
b) Das Ereignis A und sein Gegenereignis $\overline{A}$.

24 In Deutschland sind ca. 28 % aller produzierten Schokoladensorten keine Milchschokolade. Der Anteil von Milchschokolade mit Verunreinigungen beträgt 0,072 %. Für die zufällige Auswahl einer Tafel Schokolade seien die Ereignisse A: „die Sorte ist Milchschokolade" und B: „die Schokolade ist verunreinigt" stochastisch unabhängig. Bestimmen Sie die Wahrscheinlichkeiten für die Ereignisse B und $\overline{A} \cap \overline{B}$.

25 Beim Würfeln gibt es den weit verbreiteten Irrglauben, dass nach mehreren Versuchen ohne eine 6 beim nächsten Wurf die Wahrscheinlichkeit für eine 6 höher ausfällt. Zeigen Sie, dass die Ereignisse A und B unabhängig voneinander sind.
A: Die ersten drei Würfe fällt keine 6. B: Beim vierten Versuch fällt eine 6.

Hilfe

26 Die Ereignisse A und B seien unabhängig. Weisen Sie mithilfe der Vierfeldertafel und den gegebenen Wahrscheinlichkeiten nach, dass dann auch A und $\overline{B}$, $\overline{A}$ und B sowie $\overline{A}$ und $\overline{B}$ unabhängig voneinander sind.

	B	$\overline{B}$	gesamt
A	$a \cdot b$		a
$\overline{A}$			
gesamt	b	$1-b$	1

27 An einer Schule sind 40 % der Schülerinnen und Schüler eines Jahrgangs in der AG Tischtennis und 25 % in der AG Volleyball. 15 % dieses Jahrgangs sind in beiden AGs.

a) Ermitteln Sie die Wahrscheinlichkeit dafür, dass eine zufällig aus diesem Jahrgang ausgewählte Person in der AG Tischtennis oder in der AG Volleyball ist.

b) Begründen Sie, ob ein kausaler Zusammenhang zwischen der Mitgliedschaft in beiden AGs besteht.

28 a) Entwickeln Sie eine Formel zur Berechnung von $P(A \cup B)$ unter Verwendung von $P(A)$, $P(B)$ und $P(A \cap B)$. (Erinnerung: $A \cup B$ ist die Vereinigung der Ereignisse A und B.)

b) Berechnen Sie $P(A \cup B)$, wenn A und B unabhängig sind und $P(A) = P(B) = 50\,\%$ gilt.

Hilfe

29 In einer Urne befinden sich 18 Lose mit den Zahlen 1 bis 18. Ein Los wird zufällig gezogen und die gezogene Zahl notiert.

a) Zeigen Sie, dass die Ereignisse A: „Die zufällig gezogene Zahl ist kleiner als 7." und B: „Die zufällig gezogene Zahl ist eine ungerade Primzahl." unabhängig sind.

b) Ermitteln Sie zum Ereignis A ein unabhängiges Ereignis C mit $P(C) = 50\,\%$.

c) Begründen Sie, warum zwei Ereignisse X und Y mit $P(X) = P(Y) = \frac{5}{6}$ bei diesem Experiment abhängig sein müssen.

30 Die Güte medizinischer Tests wird nach zwei Kriterien beurteilt: Die **Sensitivität** ist der Anteil der Erkrankten, die vom Test als krank erkannt werden. Die **Spezifität** ist der Anteil der Gesunden, die vom Test als gesund erkannt werden.
Das Paul-Ehrlich-Institut (PEI) hat für Corona-Schnelltests als Mindestkriterien eine Sensitivität von über 80 % und eine Spezifität von über 97 % festgelegt. Ist das Ergebnis eines Corona-Schnelltests positiv, wird der aufwendigere, aber weitaus genauere PCR-Test zur Abklärung veranlasst. Laut Robert-Koch-Institut (RKI) stellt sich jeder zweite positive Corona-Schnelltest in der PCR-Kontrolle als falsch positiv heraus.

a) Erklären Sie, welcher scheinbare Widerspruch in diesen Informationen steckt und wie dieser mathematisch aufzulösen ist.

b) Beurteilen Sie den in diesem Zusammenhang gemachten Vorschlag: „Wenn man direkt einen 2. Corona-Schnelltest macht, steigt die Spezifität auf 99,91 % und man kann sich den aufwendigeren PCR-Test sparen."

31 **Ausblick:** Drei Ereignisse A, B und C sind stochastisch unabhängig, wenn die Ereignisse jeweils paarweise unabhängig sind (d. h., dass je zwei von ihnen unabhängig sind) und außerdem gilt $P(A \cap B \cap C) = P(A) \cdot P(B) \cdot P(C)$. Für den Nachweis sind alle Bedingungen zu prüfen. Aus einem Pokerspiel mit 52 Karten (in jeder Spielfarbe die Werte 2 bis 10, Bube, Dame, König und Ass) wird eine Karte zufällig ausgewählt.

a) Zeigen Sie, dass die Ereignisse A, B und C stochastisch unabhängig sind.

A: Die Karte ist schwarz.

B: Die Karte ist eine Dame.

C: Die Karte zeigt Pik oder Herz.

b) Entwickeln Sie am Beispiel des Pokerspiels ein neues Ereignis B so, dass alle Ereignisse A, B und C paarweise stochastisch unabhängig sind, nicht jedoch A, B, C zusammen.

Das Simpson-Paradoxon

Im Jahr 1973 wurde der University of Berkeley Frauenfeindlichkeit vorgeworfen: An den 101 Departements hatten sich 8442 Männer beworben, von denen 44 % angenommen wurden. Von 4321 Bewerberinnen erhielten nur 35 % eine Zusage.
Begründen Sie, ob man aus diesen Daten auf die Frauenfeindlichkeit der Universität schließen kann. Recherchieren Sie dazu, wie die Zahlen zustande kamen.

Das Simpson-Paradoxon (benannt nach dem britischen Statistiker Edward Hugh Simpson) beschreibt den Effekt, dass eine Gruppe in einer Bewertung scheinbar deutlich schlechter (oder besser) abschneidet als eine andere, sofern man verschiedene Kategorien zusammenfasst. Untersucht man jedoch die Kategorien einzeln, kann sich ein gegensätzliches Bild ergeben:

In einer Fahrschule haben zuletzt 75 % der Frauen, aber nur knapp 64 % der Männer die praktische Prüfung bestanden. Sind die Männer also schlechtere Autofahrer? Die Tabelle zeigt, dass man dies so nicht sagen kann:

	Männer		Frauen	
	Bestanden	**Nicht bestanden**	**Bestanden**	**Nicht bestanden**
Prüfer 1	3	3	1	1
Prüfer 2	4	1	8	2

Männer und Frauen haben beim gleichen Prüfer die gleichen Durchfallquoten. In den letzten Prüfungen wurden jedoch mehr Männer als Frauen vom strengeren Prüfer geprüft. Frauen schneiden also nicht generell besser ab als Männer.

Aufgaben

1 Eine Stadt hat die nebenstehende Kriminalstatistik veröffentlicht.
Eine Zeitschrift schreibt dazu:
„Ausländer weisen mit 2,76 % ein deutlich höheres Kriminalitätspotential auf als Einheimische mit 1,67 %."
Im Stadtanzeiger steht hingegen:
„Ausländische Männer werden genauso oft verurteilt wie einheimische."
Nehmen Sie zu den Aussagen Stellung.

	Einheimische	Ausländer
Bewohner insgesamt	211 630	23 042
davon männlich	103 419	20 913
wegen einer Straftat verurteilte Bewohner	3532	635
davon männlich	3102	627

2 Ein neues Medikament wird in klinischen Tests mit dem alten Medikament verglichen.

	Klinik A		Klinik B	
Medikament	**Anzahl der Testpersonen**	**Anzahl der Erfolge**	**Anzahl der Testpersonen**	**Anzahl der Erfolge**
alt	20	15	100	35
neu	100	65	20	5

a) Beurteilen Sie das neue Medikament.
b) Zeigen Sie, dass die Zusammenführung der Daten aus den zwei beteiligten Kliniken zu dem Ergebnis führt, dass das neue Medikament „um über 38 % wirksamer" ist.

3 In einer Studie zu Operationen von Gallensteinen wurden zwei Methoden A und B verglichen. Die Daten sind in der Tabelle rechts aufbereitet. Stellen Sie sich vor, Sie sind beauftragt, Methode A bzw. B mit einem geeigneten Werbeslogan besonders gut darzustellen.

Erfolgreiche Operationen	Methode A	Methode B
Kleiner Gallenstein	162 von 174	468 von 540
Großer Gallenstein	384 von 526	110 von 160

a) Losen Sie, wer welche Methode vertritt, und formulieren Sie einen passenden Werbeslogan für Ihre Methode unter Verwendung der Daten.
b) Vergleichen Sie Ihr Vorgehen und bewerten Sie gemeinsam beide Methoden.
c) Beurteilen Sie folgendes Vorgehen: Das arithmetische Mittel der relativen Häufigkeiten beträgt bei Methode A 83 % und bei Methode B nur 78 %, weshalb die Methode A immer den Vorzug bekommen sollte.

4 In einem Internetforum werden zwei Krankenhäuser hinsichtlich der Überlebenswahrscheinlichkeit bei einer Herzoperation verglichen. Bei je 1000 Herzoperationen haben im Krankenhaus A 50 % der Patienten nicht überlebt, im Krankenhaus B nur 10 %. Daher wird Krankenhaus B als Klinik der ersten Wahl empfohlen. Bei einer genaueren Recherche stellt sich Folgendes heraus:
Krankenhaus A ist eine Spezialklinik für schwere Fälle. 90 % der Operationen sind schwere Fälle. Bei den leichten Fällen überleben alle Patienten die Operation. Krankenhaus B hat nur 10 % schwere Fälle, bei denen 70 % der Patienten die Operation nicht überleben.

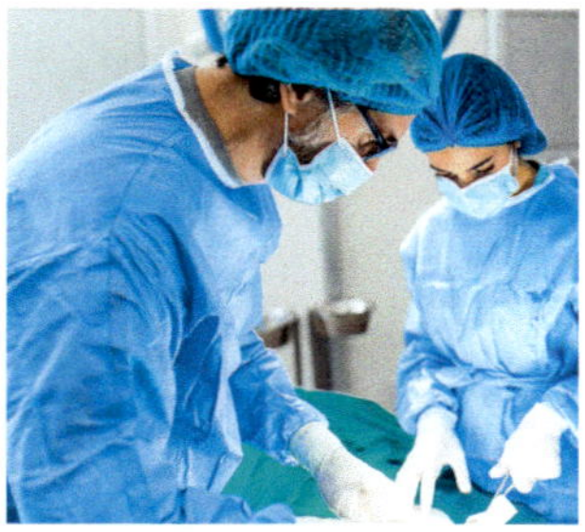

a) Vervollständigen Sie im Heft die Tabelle einmal für die schweren und einmal für die leichten Fälle mit absoluten Häufigkeiten.
b) Berechnen Sie für die schweren und für die leichten Fälle für beide Krankenhäuser die Wahrscheinlichkeit, dass ein zufällig ausgewählter Patient nicht überlebt.
c) Geben Sie nun eine begründete Empfehlung ab.

Schwere/ leichte Fälle	Krankenhaus A	Krankenhaus B
Überlebt Operation		
Überlebt nicht		

5 **Gender Pay Gap 2020:**
Laut Statistischem Bundesamt verdienten Frauen im Jahr 2020 etwa 18 % weniger als Männer. Recherchieren Sie zu den Gehaltsunterschieden zwischen Männern und Frauen und erläutern Sie, inwiefern die Gehaltsunterschiede teilweise mit dem Simpson-Paradoxon erklärbar sind.

6 In der Presse und in Internetforen ist immer wieder zu lesen, dass Migranten einerseits eine höhere Abiturquote haben und andererseits krimineller sind als Einheimische.
a) Erläutern Sie, wie es zu diesen Ergebnissen kommt und was zur Entkräftung dieser Aussagen angeführt werden kann.
b) Recherchieren Sie zu Ihren Gegenargumenten und suchen Sie Daten als Belege.

3.4 Klausur- und Abiturtraining

Aufgaben ohne Hilfsmittel

1 In einer neuen Siedlung entstehen 5000 Häuser, von denen 3200 mit Erdwärme geheizt werden. 80 % der neuen Häuser verfügen über eine Photovoltaikanlage. Nur jedes vierte Haus mit Photovoltaikanlage wird nicht mit Erdwärme beheizt.
a) Stellen Sie die Situation in einer Vierfeldertafel dar.
b) Bestimmen Sie die Wahrscheinlichkeit, dass ein zufällig ausgewähltes Haus ohne Photovoltaikanlage nicht mit Erdwärme beheizt wird.
c) Erstellen Sie eine Übersicht über verschiedene Heizsysteme, deren initiale und laufende Kosten sowie ihre Nachhaltigkeit. Führen Sie eine Umfrage in der Klasse durch, wie viele sich für welches Heizsystem entscheiden würden.

2 In einer Urne befinden sich rote und grüne Kugeln.
a) Vervollständigen Sie das Baumdiagramm und beschreiben Sie ein Zufallsexperiment, das dazu passt.
b) Erklären Sie, in welcher Situation es wahrscheinlicher ist, im zweiten Zug eine grüne Kugel zu ziehen.
① Im ersten Zug wird eine grüne Kugel gezogen.
② Im ersten Zug wird eine rote Kugel gezogen.
c) Das Zufallsexperiment wird als Gewinnspiel durchgeführt, bei dem man gewinnt, wenn man zwei rote Kugeln zieht. Es nehmen 10 Personen nacheinander teil. Begründen Sie, ob die Ereignisse „Person 1 gewinnt" und „Person 2 gewinnt" stochastisch unabhängig sind.

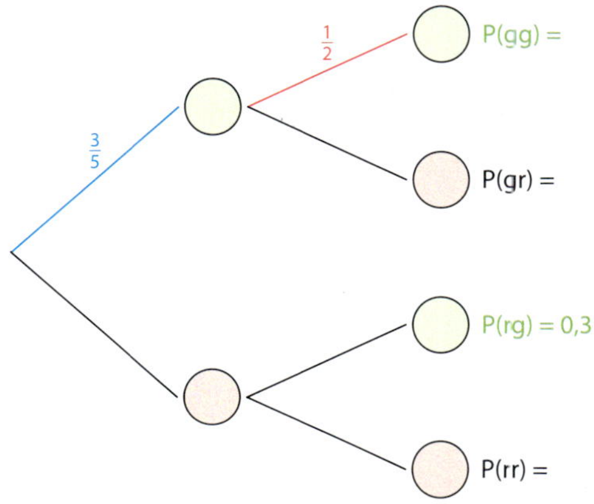

3 In einem Mathematikstudium gibt es vor jeder Abschlussklausur eine Vorklausur. Betrachten Sie die Ereignisse A: „Eine zufällig ausgewählte Person besteht die Abschlussklausur." und V: „Eine zufällig ausgewählte Person besteht die Vorklausur." Im letzten Semester bestanden 50 % der Studierenden die Abschlussklausur zur Analysis I, aber nur 40 % die Vorklausur. Für Studierende, die die Vorklausur bestanden hatten, betrug das Verhältnis von $|A|$ zu $|\overline{A}|$ sogar 7 : 1.
a) Begründen Sie, welcher dieser Werte im Kontext einer sinnvollen Vorklausur am höchsten bzw. am niedrigsten sein sollte:
$P_{\overline{A}}(\overline{V})$ $P_{\overline{A}}(V)$ $P_A(\overline{V})$ $P_A(V)$
b) Prüfen Sie rechnerisch, ob die Vorklausur sinnvoll war.

4 In einem blickdichten Beutel befinden sich vier normale Spielwürfel sowie zwei Sonderwürfel, von denen je zwei Seiten mit den Zahlen 2, 4 und 6 beschriftet sind. Aus dem Beutel werden zwei Würfel blind gezogen.
a) Geben Sie die Wahrscheinlichkeit dafür an, dass ein normaler Würfel und ein Sonderwürfel gezogen wurden.
b) Es wird mit den gezogenen Würfeln gewürfelt. Bestimmen Sie die Wahrscheinlichkeit für eine gerade Augensumme unter der Bedingung, dass ein normaler Würfel und ein Sonderwürfel gezogen wurden.
c) Es wird mit den gezogenen Würfeln gewürfelt. Geben Sie einen Term für die Wahrscheinlichkeit an, dass die Augensumme größer als 8 ist.

Aufgaben mit Hilfsmitteln

5 In einer repräsentativen Umfrage zur Pandemie 2021 wurden 2500 männliche und 2000 weibliche (W) Jugendliche befragt, wie sich ihr Sportverhalten verändert hat. 360 gaben an, dass sie „gleich viel oder mehr Sport" getrieben haben (Ereignis A), die anderen antworteten „eher weniger Sport". Dabei traf das Ereignis A auf doppelt so viele Mädchen wie Jungen zu.

a) Stellen Sie den Sachverhalt in einer Vierfeldertafel mit absoluten Häufigkeiten dar. Geben Sie an, wie viele weibliche Jugendliche eher weniger Sport als vor der Pandemie betrieben.

b) Zeigen Sie, dass die Ereignisse W und A stochastisch abhängig sind.

c) Formulieren Sie die folgende Ungleichung im Sachzusammenhang in Worten und überprüfen Sie, ob sie zutrifft: $P_{\overline{A}}(W) > P(\overline{A} \cap W)$

6 Ein Hersteller für Knabbergebäck produziert neben üblichen Produkten auch fettreduzierte und Bio-Produkte. Der Anteil der nicht als fettreduziert gekennzeichneten Tüten ist doppelt so groß wie der Anteil der Tüten, die als Bio gekennzeichnet sind. 40 % der Tüten, die als fettreduziert gekennzeichnet sind, sind zusätzlich auch als Bio ausgewiesen. Insgesamt sind 45 % der Tüten weder als fettreduziert noch als Bio gekennzeichnet. Betrachtet werden folgende Ereignisse:

F: „Eine zufällig ausgewählte Tüte ist als fettreduziert ausgewiesen."

B: „Eine zufällig ausgewählte Tüte ist als Bio ausgewiesen."

a) Drücken Sie folgendes Ereignis im Sachzusammenhang aus: $\overline{F \cup \overline{B}}$

b) Stellen Sie eine Vierfeldertafel und ein Baumdiagramm zur Situation auf.

c) Bestimmen sie die Wahrscheinlichkeiten $P(\overline{B})$ und $P_{\overline{F}}(B)$.

d) Begründen Sie ohne Rechnung, dass $P_{\overline{F}}(B) > P(\overline{F} \cap B)$ gelten muss.

e) Beschreiben Sie die Bedeutung des Terms $1 - P_{\overline{F}}(B)$ im Sachzusammenhang.

f) Zeigen Sie, dass die Ereignisse F und B stochastisch abhängig sind. Ermitteln Sie, wie groß der Anteil der nicht als fettreduziert gekennzeichneten Tüten im Vergleich zum Anteil der Tüten, die als Bio gekennzeichnet sind, sein muss, damit F und B stochastisch unabhängig sind.

7 Die Vierfeldertafel zeigt die stochastisch unabhängigen Ereignisse W: „Eine zufällig ausgewählte Person ist weiblich." und B: „Eine zufällig ausgewählte Person trägt eine Brille."

	W	$\overline{W}$	gesamt
B	0,12		
$\overline{B}$			
gesamt		0,5	

a) Bestimmen Sie die fehlenden Werte.

b) Beschreiben Sie den Unterschied zwischen den Wahrscheinlichkeiten $P_B(W)$ und $P(W)$ im Sachzusammenhang. Begründen Sie, dass beide Wahrscheinlichkeiten gleich sind.

c) Geben Sie die Wahrscheinlichkeit an, dass eine zufällig ausgewählte Person
① ein männlicher Brillenträger ist,
② keine Brille trägt oder weiblich ist,
③ weder eine Brille trägt noch weiblich ist,
④ entweder männlich ist oder keine Brille trägt,
⑤ nicht gleichzeitig männlich und ein Brillenträger ist.

d) Zeigen Sie: Wenn mit $P(W \cap B) = 0{,}12$ das Verhältnis aus P(W) und P(B) 1 : 3 betragen soll, muss es 50 % mehr Personen mit Brille als ohne Brille geben.

Lösungen
→ S. 192

1 Ein Hotel in einem französischen Urlaubsort fragt die ankommenden Gäste nach ihren Sprachkenntnissen. Von 100 ankommenden Deutschen geben 75 % an, Englisch zu sprechen, 30 % antworten, dass sie Französisch sprechen. 25 Befragte geben an, Englisch und Französisch zu sprechen.

a) Erstellen Sie eine Vierfeldertafel für die Ereignisse E: „Ein zufällig ausgewählter deutscher Gast spricht Englisch." und F: „Ein zufällig ausgewählter deutscher Gast spricht Französisch."
b) Formulieren Sie $P_E(F)$ in Worten und berechnen Sie die Wahrscheinlichkeit.
c) Erstellen Sie ein Baumdiagramm zur Situation, das zuerst nach den Englischkenntnissen verzweigt. Bilden Sie dazu auch das umgekehrte Baumdiagramm.

2 Die Vierfeldertafeln beschreiben mit Anzahlen bzw. Anteilen für zwei Gymnasien Zusammenhänge zwischen dem Geschlecht und der Aktivität in einem Sportverein.
Ereignis A: Eine zufällig ausgewählte Person ist männlich.
Ereignis B: Eine zufällig ausgewählte Person ist in einem Sportverein aktiv.

Gymnasium 1

	B	$\overline{B}$	gesamt
A	100		330
$\overline{A}$			
gesamt	150		600

Gymnasium 2

	B	$\overline{B}$	gesamt
A		28 %	
$\overline{A}$	18 %		60 %
gesamt			100 %

a) Ergänzen Sie die fehlenden Felder im Heft.
b) Prüfen Sie mit der Multiplikationsregel für jedes Gymnasium, ob die Ereignisse A und B stochastisch unabhängig sind.

3 Ein Spielwürfel wird zweimal nacheinander geworfen.
a) Berechnen Sie die Wahrscheinlichkeit, dass die erste Augenzahl 6 ist unter der Bedingung, dass die erste Augenzahl gerade ist.
b) Berechnen Sie die Wahrscheinlichkeit, dass die Augensumme beider Würfe 8 ist unter der Bedingung, dass die erste Augenzahl 6 ist.
c) Berechnen Sie die Wahrscheinlichkeit, dass die erste Augenzahl 6 ist unter der Bedingung, dass die Augensumme beider Würfe 8 ist.

4 In einer Schale liegen vier gleichartige Kugeln, die mit den Zahlen 1, 2, 3 und 4 beschriftet sind. Es wird nacheinander mit Zurücklegen zweimal genau je eine Kugel gezogen. Betrachten Sie folgende Ereignisse:

A: „Im 1. Zug wird die 2 gezogen." B: „Im 2. Zug wird die 2 gezogen."
C: „Im 1. Zug wird eine Primzahl gezogen." D: „Die Summe ist 4."
a) Schätzen Sie, ob Ereignis A von Ereignis B (von C; von D) stochastisch unabhängig ist.
b) Überprüfen Sie Ihre Schätzungen rechnerisch und begründen Sie die Ergebnisse.

5 An der Hörerbefragung eines Rundfunksenders nahmen 1000 Personen teil. Von den 600 teilnehmenden Männern beurteilten 450 die Sendung positiv, von den 400 Frauen gaben 75 % ein positives Urteil ab. Untersuchen Sie die Ereignisse M: „Eine zufällig ausgewählte teilnehmende Person ist ein Mann." und P: „Eine zufällig ausgewählte teilnehmende Person beurteilt die Sendung positiv." auf stochastische Unabhängigkeit.

Lösungen
→ S. 192

6 In zwei älteren Zeitschriften finden sich diese Artikel.

> **Bildungschancen hängen vom Elternhaus ab**
> Der Anteil der Jugendlichen, die ein Gymnasium besuchen, liegt bei 37 %. Von diesen Jugendlichen haben aber nur 35 % Eltern, die auch auf einem Gymnasium waren. Lediglich 8 % der Nicht-Gymnasiasten haben Eltern, die das Gymnasium besucht haben.

> **Keine Experimente: Eltern und ihre Kinder besuchen mehrheitlich die gleiche Schulform**
> Haben Eltern ein Gymnasium absolviert, so besuchen ihre Kinder zu 72 % ebenfalls eins. Die Kinder von Eltern, die kein Gymnasium besuchten, gehen zu 71 % ebenfalls nicht aufs Gymnasium. Dennoch steigt der Anteil der Gymnasiasten, mittlerweile liegt er bei 37 %.

Überprüfen Sie, ob sich beide Meldungen widersprechen. Bewerten Sie den Eindruck, der durch die jeweilige Aufbereitung der Daten entsteht.

7 Die Grafik zeigt Ergebnisse aus dem Mikrozensus 2019.

a) Nennen Sie Gründe für den ersten Anstieg in der Grafik.

b) Nennen Sie Gründe für die Annahme einer Kausalität zwischen den Ereignissen A: „Eine zufällig ausgewählte Frau ist mindestens 55 Jahre alt." und B: „Eine zufällig ausgewählte Frau lebt allein."

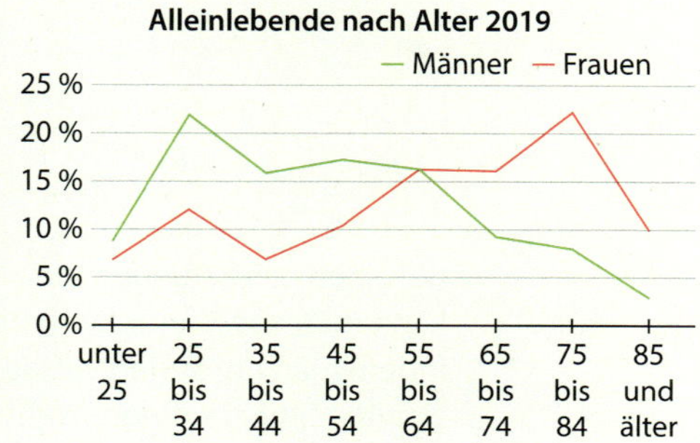

Info

Als Placeboeffekt bezeichnet man in der Medizin das Auftreten einer therapeutischen Wirkung durch die Gabe von Tabletten ohne Wirkstoff (Placebos).

8 Ein Pharmaunternehmen testet einen neuen Wirkstoff an Versuchspersonen. Um einen Placeboeffekt auszuschließen, bekommen 25 % der Testpersonen ein Medikament ohne Wirkstoff. Bei 72 % der Testpersonen, die den Wirkstoff erhielten, trat eine Linderung ein. Aber es trat auch bei 18 % der Testpersonen, die keinen Wirkstoff erhielten, eine Linderung ein. Betrachten Sie die Ereignisse:
L: „Bei einer zufällig ausgewählten Person trat eine Linderung ein."
W: „Eine zufällig ausgewählte Person erhielt das Medikament mit Wirkstoff."

a) Stellen Sie den Sachverhalt in einem vollständig beschrifteten Baumdiagramm und einer Vierfeldertafel dar.

b) Erstellen Sie das umgekehrte Baumdiagramm zu Ihrem Diagramm aus a) und erläutern Sie es.

c) Bestimmen Sie die Wahrscheinlichkeit, dass eine zufällig ausgewählte Versuchsperson, die eine Linderung angab, ein Medikament mit Wirkstoff erhalten hatte.

d) Berechnen Sie $P(\overline{W} \cap \overline{L})$ und $P_{\overline{L}}(\overline{W})$ und erklären Sie die inhaltliche Bedeutung beider Ergebnisse im Sachzusammenhang.

Wo stehe ich?

	Ich kann...	Aufgabe	Nachschlagen
3.1	... bedingte Wahrscheinlichkeiten aus reduzierten Ergebnismengen und mithilfe einer Formel bestimmen. ... mit Vierfeldertafeln mit absoluten Häufigkeiten umgehen.	1, 2, 3, 6	S. 72 Beispiel 1, S. 74 Beispiel 2, S. 75 Beispiel 3
3.2	... umgekehrte Baumdiagramme aufstellen.	1, 8	S. 80 Beispiel 1, S. 82 Beispiel 2
3.3	... Ereignisse auf stochastische Unabhängigkeit untersuchen. ... Ereignisse im Sachzusammenhang auf Kausalität untersuchen.	2, 4, 5, 7	S. 88 Beispiel 1, S. 90 Beispiel 2

Bedingte Wahrscheinlichkeit

$P_A(B)$ ist die bedingte Wahrscheinlichkeit, dass das Ereignis B eintritt unter der Bedingung, dass das Ereignis A bereits eingetreten ist. Es gilt für $P(A) > 0$:

$P_A(B) = \frac{P(A \cap B)}{P(A)}$ bzw. $P(A \cap B) = P(A) \cdot P_A(B)$

Aus einer **Vierfeldertafel** erhält man bedingte Wahrscheinlichkeiten, indem man einen Eintrag in einem inneren Feld durch einen zugehörigen Eintrag in einem äußeren Feld dividiert. Beispiel: $P_A(B) = \frac{P(A \cap B)}{P(A)}$

	B	$\overline{B}$	gesamt
A	$P(A \cap B)$	$P(A \cap \overline{B})$	$P(A)$
$\overline{A}$	$P(\overline{A} \cap B)$	$P(\overline{A} \cap \overline{B})$	$P(\overline{A})$
gesamt	$P(B)$	$P(\overline{B})$	1

Werfen eines Würfels:
A: Primzahl B: gerade Augenzahl
$A \cap B$: gerade Primzahl
$P(A) = \frac{3}{6} = \frac{1}{2}$ $P(A \cap B) = \frac{1}{6}$
$P_A(B) = \frac{P(A \cap B)}{P(A)} = \frac{\frac{1}{6}}{\frac{1}{2}} = \frac{2}{6} = \frac{1}{3}$

Bei einem Baumdiagramm gibt es bedingte Wahrscheinlichkeiten an den Ästen der 2. Stufe.

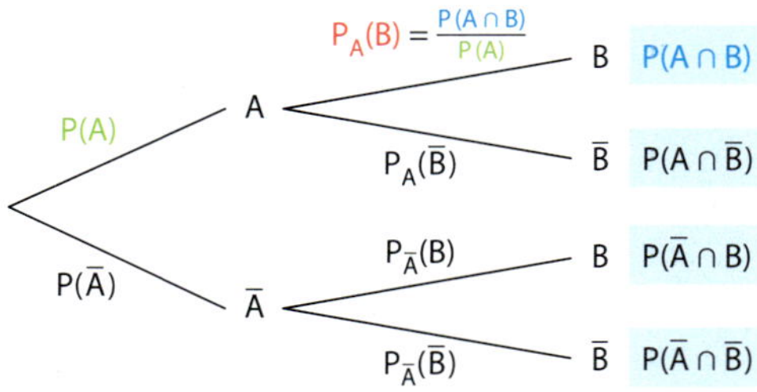

Umgedrehte Baumdiagramme

Bei einem zweistufigen Zufallsexperiment kann man das Baumdiagramm umdrehen, indem man die Stufen vertauscht. Da auf der zweiten Stufe bedingte Wahrscheinlichkeiten stehen, ändern sich diese, wenn man das Baumdiagramm umdreht. Somit kann man andere bedingte Wahrscheinlichkeiten ablesen.

Bei 500 Personen wird der Zusammenhang zwischen Geschlecht und Haarfarbe untersucht. Von den 200 Männern sind 50 blond, von 300 Frauen sind 100 blond.

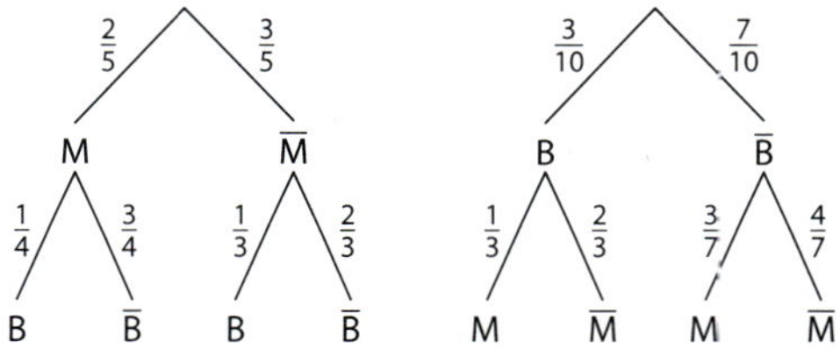

Stochastische Unabhängigkeit

Zwei Ereignisse A und B mit $P(A) > 0$, $P(B) > 0$ heißen **stochastisch unabhängig**, wenn gilt: $\mathbf{P_A(B) = P(B)}$ und $\mathbf{P_B(A) = P(A)}$
Dies ist genau dann der Fall, wenn die Multiplikationsregel gilt:
$\mathbf{P(A \cap B) = P(A) \cdot P(B)}$

Zwei Spielwürfel werden geworfen.
A: Erster Würfel zeigt eine 4.
B: Zweiter Würfel zeigt eine 2.
$P(A) = P(B) = \frac{1}{6}$; $\mathbf{P(A \cap B)} = \frac{1}{36} = \mathbf{P(A) \cdot P(B)}$
A und B sind stochastisch unabhängig.

Korrelation und Kausalität

Die stochastische Abhängigkeit von zwei Merkmalen bedeutet noch nicht, dass die Merkmale sich direkt beeinflussen. Selbst wenn die Zahlen Abhängigkeiten zeigen (**Korrelation**), heißt dies nicht, dass sich die Merkmale im Sachzusammenhang direkt beeinflussen (**Kausalität**). Es ist auch möglich, dass beide Merkmale von einem oder mehreren weiteren Merkmalen beeinflusst werden. Dies macht Interpretationen in Sachzusammenhängen schwierig.

E: Person ist erkältet
S: Person trägt einen Schal

	E	$\overline{E}$	gesamt
S	35	15	50
$\overline{S}$	5	45	50
gesamt	40	60	100

$P(E) = \frac{40}{100} = 40\,\%$, $P_S(E) = \frac{35}{50} = 70\,\%$

$P(E) \neq P_S(E)$, also sind E und S abhängig.

$P_E(S) = \frac{35}{40} = 87{,}5\,\%$, $P_{\overline{E}}(S) = \frac{15}{60} = 25\,\%$
$P_S(E) = \frac{35}{50} = 70\,\%$, $P_{\overline{S}}(E) = \frac{5}{50} \approx 10\,\%$

Schalträger sind häufiger erkältet als Nichtschalträger. Evtl. ist eine Erkältung eine Ursache für das Tragen eines Schals.

4

Grundlagen der Differenzialrechnung

Nach diesem Kapitel können Sie
→ lokale und mittlere Änderungsraten bestimmen und interpretieren,
→ Funktionen auf Differenzierbarkeit prüfen,
→ ganzrationale Funktionen ableiten,
→ Tangentengleichungen und Steigungswinkel bestimmen.

Lösungen → S. 193

Terme umformen

1 Berechnen Sie den Termwert.

a) $\frac{2}{3} - \frac{1}{6}$ b) $\frac{5}{6} - 2$ c) $0{,}5 - \frac{2}{5}$ d) $\frac{2}{3} - \frac{2}{5}$ e) $\frac{1}{4} - \frac{2}{3}$

f) $\frac{2 \cdot 3^2 - 2 \cdot 2^2}{3 - 2}$ g) $\frac{\frac{1}{2} \cdot 6^2 - \frac{1}{2} \cdot 4^2}{6 - 4}$ h) $\frac{-3 \cdot 2^2 - (-3 \cdot 1^2)}{2 - 1}$ i) $\frac{-\frac{1}{2} \cdot 2^2 - \left(-\frac{1}{2} \cdot 4^2\right)}{2 - 4}$ j) $\frac{2^2 - 5^2}{2 - 5}$

2 Kürzen Sie, falls möglich.

a) $\frac{a + 2a^2}{2a^2}$ b) $\frac{xy - 1}{y - 1}$ c) $\frac{3 + 4a^2}{3a^2}$ d) $\frac{2x^3 - x}{2x - x^2}$

3 Begründen Sie, dass der Term richtig umgeformt wurde.

a) $\frac{x^2 - y^2}{x - y} = x + y \; (x \neq y)$ b) $\frac{(u + 3)^2 - 9}{u} = u + 6 \; (u \neq 0)$ c) $\frac{2xy + y^2}{y} = 2x + y \; (y \neq 0)$

4 Überprüfen Sie, ob die Termumformung korrekt ist. Begründen Sie Ihre Entscheidung und korrigieren Sie falsche Umformungen.

a) $\frac{(2 + x)^2 - 4}{x} = x + 4$ b) $\frac{(1 + x)^2 - 1}{1 + x} = x$ c) $\frac{-4a^2 - (-4 \cdot 2^2)}{a - 2} = -4 \cdot (a + 2)$

5 Vereinfachen Sie.

a) $\frac{3 - x}{x + 3} + \frac{2x - 2}{x + 3}$ b) $\frac{x}{x - 2} - \frac{x - 3}{x - 2}$ c) $\frac{4}{3y} - \frac{3}{y} + \frac{5}{2y}$ d) $\frac{3}{a} - \frac{2}{a^2} + \frac{1}{3a}$

e) $\frac{4}{xy} - \frac{3}{x^2} + \frac{5}{y^2}$ f) $\frac{1}{(x - 3)} - \frac{x - 1}{x \cdot (x - 3)}$ g) $\frac{3}{x(x - 3)} - \frac{x - 1}{x}$ h) $\frac{x + y}{x - y} - \frac{x - y}{y}$

Gleichungen lösen

6 Bestimmen Sie die Lösungsmenge der Gleichung.

a) $x - 6 = 3x$ b) $x^2 + 3x = 4$ c) $(x - 2)(x + 2) = 5$ d) $(x - 1)^2 = 3 - x$

e) $x^2 + 3 = 4x - 1$ f) $x^2 - 1 = x - x^2$ g) $3x^2 + 4x = 3 - x^2$ h) $2x^4 - 8 = 24$

7 Lösen Sie die Gleichung und machen Sie die Probe.

a) $2x^3 + 3 = 5$ b) $x^4 + x^2 = 0$ c) $x^3 = 2x^2 - x$ d) $x^5 - x^3 = 0$

Lineare Funktionen

8 Die Abbildung zeigt die Graphen von drei linearen Funktionen. Ermitteln Sie die zugehörigen Funktionsgleichungen und geben Sie jeweils die Nullstelle der Funktion an.

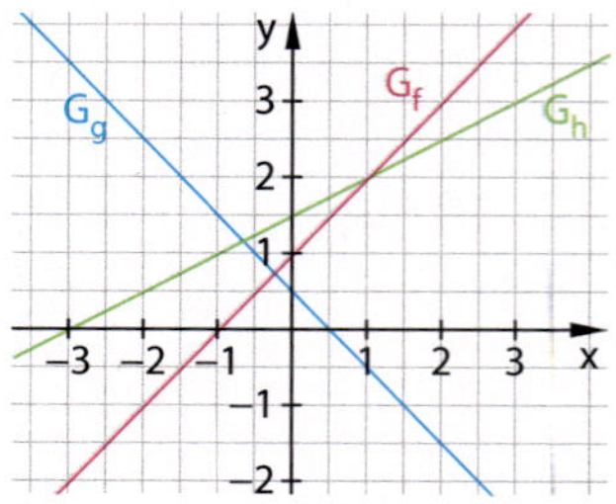

9 Vom Graphen einer linearen Funktion f sind die Punkte A und B gegeben. Bestimmen Sie die Funktionsgleichung von f.

a) $A(2\,|\,-1)$; $B(3\,|\,-0{,}5)$ b) $A(-3\,|\,1)$; $B(3\,|\,-5)$

c) $A(-2\,|\,-2{,}5)$; $B(4\,|\,-1)$ d) $A(0\,|\,0{,}5)$; $B(1\,|\,2{,}5)$

10 Von einer linearen Funktion f sind die Nullstelle x_0 und ein Punkt des Graphen bekannt. Ermitteln Sie den Funktionsterm von f.

a) $x_0 = 1$ und $(2\,|\,1)$ b) $x_0 = 0$ und $(-2\,|\,2)$ c) $x_0 = 0{,}5$ und $(3\,|\,5)$

d) $x_0 = -3$ und $(-1\,|\,2)$ e) $x_0 = 10$ und $(0\,|\,-5)$ f) $x_0 = -7$ und $(2\,|\,-3)$

Lösungen
→ S. 193

Quadratische Funktionen

11 Geben Sie zu jeder der Parabeln einen Funktionsterm sowie die Nullstellen der Funktion an.

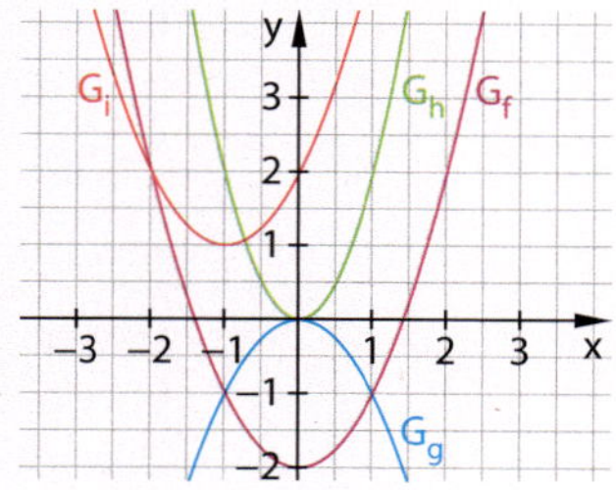

12 Gegeben ist die Funktion f mit $f(x) = x^2 - 2x - 3$.
a) Bestimmen Sie die Schnittpunkte des Graphen von f mit den Koordinatenachsen.
b) Bestimmen Sie alle Schnittpunkte der Graphen von f und g mit $g(x) = -x^2 - 4x + 1$.

13 Beschreiben Sie die Veränderung des Graphen von g gegenüber dem Graphen von f mit $f(x) = x^2$. Geben Sie den Wertebereich, alle Nullstellen und – falls möglich – den größten (kleinsten) Funktionswert von g an.

a) $g(x) = 0{,}5x^2$ b) $g(x) = -3x^2$ c) $g(x) = -x^2 - 1$
d) $g(x) = (x - 2)^2$ e) $g(x) = (x + 2)^2 - 9$ f) $g(x) = x^2 - 4x + 3$

Vermischtes

14 Sara läuft zum 4 km entfernten Nachbarort. Der Weg führt bergauf, da der Nachbarort 80 Meter höher liegt.
a) Berechnen Sie die durchschnittliche Steigung des Wegs.
b) Geben Sie die durchschnittliche Steigung für den Rückweg vom Nachbarort zum Ausgangsort an.

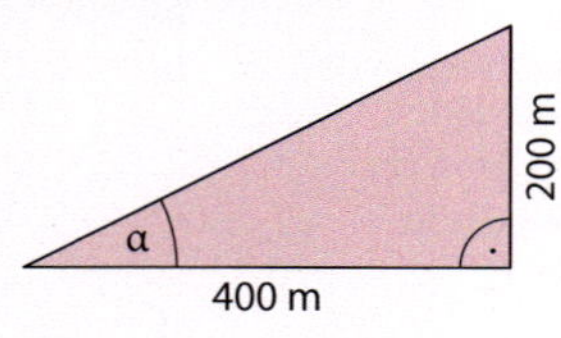

15 Berechnen Sie im abgebildeten Dreieck die Steigung in Prozent und mithilfe des Tangens den Steigungswinkel.

16 Die Abbildung zeigt eine Gerade.
a) Stellen Sie eine passende Geradengleichung auf.
b) Berechnen Sie den Steigungswinkel und die Steigung in Prozent.

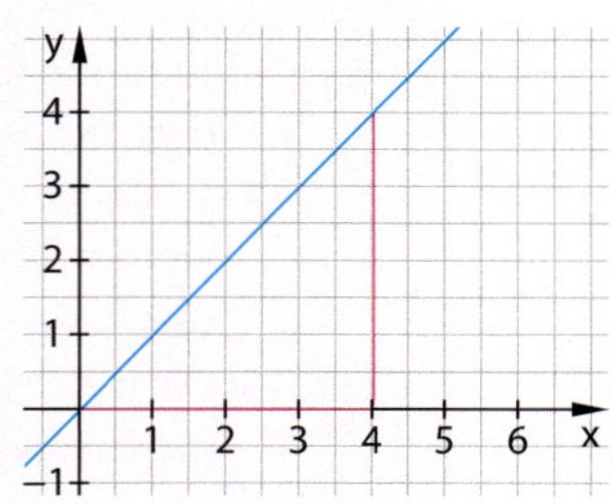

17 Frank hat die 24 km bis zum Freibad „ADRIA" in $1\frac{1}{4}$ h mit dem Fahrrad zurückgelegt. Berechnen Sie die Durchschnittsgeschwindigkeit für die gesamte Strecke.

18 a) Zeichnen Sie in ein Koordinatensystem einen Kreis mit dem Mittelpunkt M(0|0) und mit dem Durchmesser 6 LE. Zeichnen Sie die Sekante durch die Punkte A(0|3) und B(3|0) und geben Sie eine Gleichung für diese Sekante an.
b) Zeichnen Sie eine Tangente an den Kreis, die parallel zu dieser Sekante verläuft, und geben Sie ihre Steigung an.

19 Zeichnen Sie die Parabel zur Funktion f mit $f(x) = x^2$ und die Gerade g mit $g(x) = 2x - 1$ in ein gemeinsames Koordinatensystem. Erläutern Sie, dass man hier analog zur Kreistangente von einer Tangente an die Parabel sprechen kann.

20 Zeichnen Sie die Graphen von f und g mit $f(x) = (x + 2)^2 + 1$ und $g(x) = -x^2 + 3$ sowie die Gerade zu $y = 2x + 4$ in ein gemeinsames Koordinatensystem. Erläutern Sie die besondere Lage der Gerade bezüglich der Funktionsgraphen.

4.1 Änderungsraten

Die Tabelle zeigt die Messwerte eines Fahrers auf einer Etappe der Tour de France.

Zeit (in h)	0,5	2	2,5	2,75	3,5
Strecke (in km)	24	56	84,5	96	110

a) Berechnen Sie für die gesamte Strecke und für die einzelnen Zeitabschnitte die Durchschnittsgeschwindigkeit in km/h.

b) Beschreiben Sie, was Ihnen auffällt.

Grafische Deutung von Änderungen

In vielen Situationen spielt das Änderungsverhalten der untersuchten Größe eine wichtige Rolle. Dabei ist es hilfreich, die Zusammenhänge mithilfe von Funktionen und Graphen zu beschreiben, aus denen sich die Änderungen ablesen lassen.

Hinweis

Die Steigung ist von den Graphen linearer Funktionen bekannt. Sie kann auch für andere Graphen definiert werden, ändert sich dann aber möglicherweise in jedem Punkt.

- Ist der Graph fallend, so entspricht diese negative Änderung einer Verringerung der untersuchten Größe.
- Ist der Graph steigend, so entspricht diese positive Änderung einer Zunahme der untersuchten Größe.

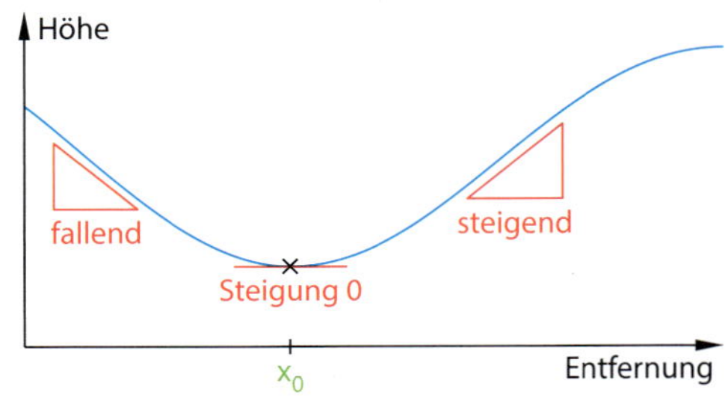

Das Änderungsverhalten kann man auch als Änderungsgraphen darstellen:

- Je steiler es bergab geht, desto kleiner werden die y-Werte des Änderungsgraphen.
- Je steiler es bergauf geht, desto größer werden die y-Werte des Änderungsgraphen.
- Die x-Achse des Änderungsgraphen hat die gleiche Einheit wie die des Funktionsgraphen. Die y-Achse hat eine andere Einheit.

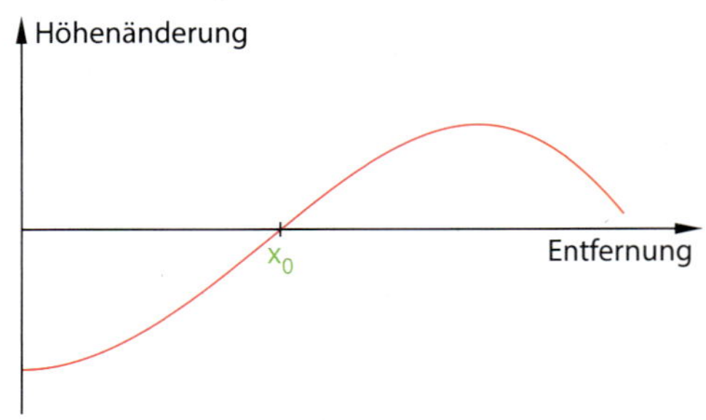

Beispiel 1

Der Graph zeigt die Entwicklung einer Bakterienkultur in Abhängigkeit von der Zeit. Beschreiben Sie die Änderung des Bakterienbestands mit eigenen Worten und skizzieren Sie den zugehörigen Änderungsgraphen.

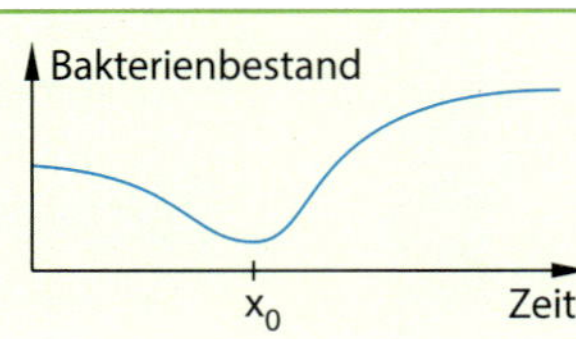

Lösung:

Zu Beginn nimmt der Bestand immer stärker ab, dann wird die Abnahme pro Zeiteinheit schwächer. Zum Zeitpunkt x_0 erreicht der Bestand sein Minimum.

Danach steigt er zunächst immer stärker an, dann wird der Anstieg schwächer. Am Ende ändert sich der Bestand nicht mehr.

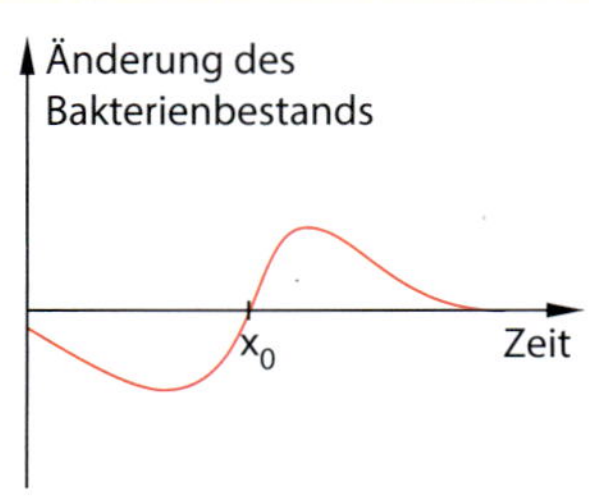

Basisaufgaben

1 Die Graphen ①–④ zeigen jeweils die Geschwindigkeit eines anfahrenden Autos in Abhängigkeit von der Zeit. Beschreiben Sie die Beschleunigung des Autos mit eigenen Worten und ordnen Sie jedem Graphen den passenden Änderungsgraphen aus Ⓐ–Ⓓ zu.

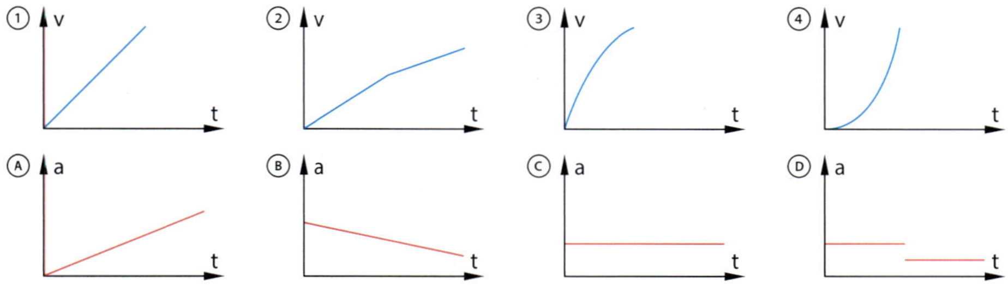

2 Die Abbildung zeigt die Entwicklung der Bevölkerungszahl eines Landes in Abhängigkeit von der Zeit. Beschreiben Sie das Bevölkerungswachstum. Skizzieren Sie einen Graphen, der die Änderung der Bevölkerungszahl pro Zeitschritt abbildet.

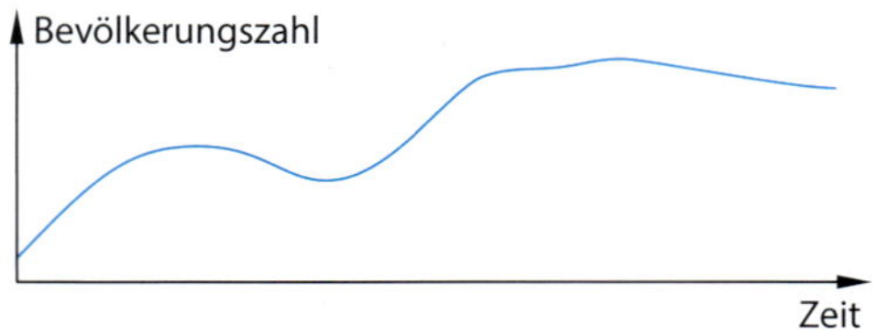

3 Vervollständigen Sie die Tabelle im Heft und vergleichen Sie untereinander.

Situation	Änderung
Zurückgelegter Weg eines Motorrads in km	Geschwindigkeit des Motorrads in km/h
Geländeprofil einer Straße in m	
Flughöhe eines Heißluftballons in m	
	Wasserzuflussrate einer Badewanne in cm/min
Per Bluetooth übertragene Datenmenge in MB	
	Beschleunigung eines Rennwagens in $\frac{m}{s^2}$

4 Die Abbildungen zeigen jeweils die Bestandsänderung eines Wolfsrudels in Abhängigkeit von der Zeit. Ordnen Sie jeder Aussage den passenden Graphen zu.

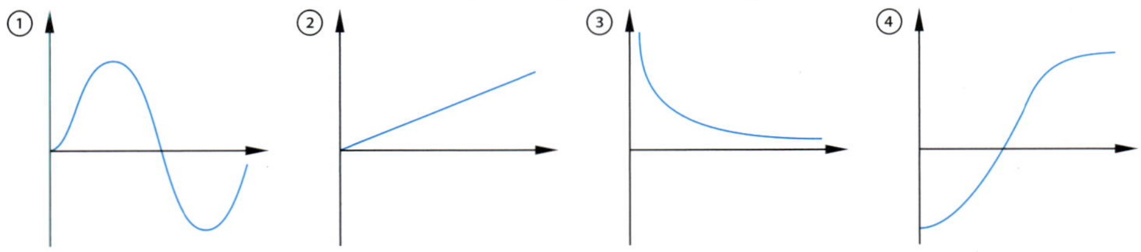

A Der Bestand wächst zunächst, dann verringert er sich.

B Die Zunahme des Bestands verlangsamt sich.

C Der Bestand verringert sich zunächst, dann wächst er.

D Die Population wächst immer schneller.

5 Der Graph zeigt die Geschwindigkeit, mit der ein Heißluftballon zu Beginn seiner Fahrt in Abhängigkeit von der Zeit senkrecht steigt bzw. sinkt.

a) Bestimmen Sie den Zeitpunkt, zu dem der Ballon seine maximale Flughöhe erreicht.

b) Skizzieren Sie den Graphen, der die Höhe des Ballons in Abhängigkeit von der Zeit darstellt.

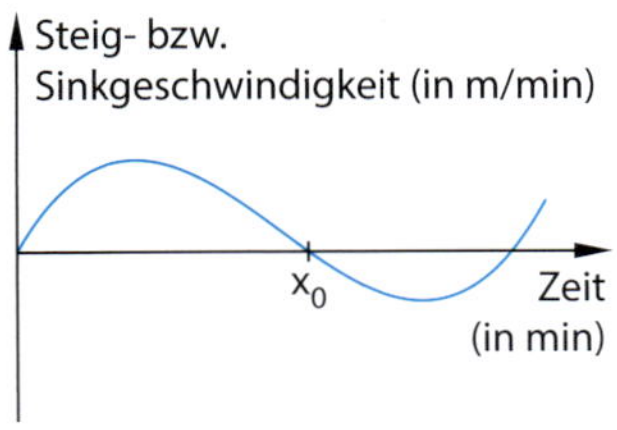

Mittlere Änderungsrate

Die Tabelle zeigt die Höhen einer Wanderstrecke. Aus diesen Angaben kann man die durchschnittliche Steigung der einzelnen Etappen berechnen.
Man dividiert dazu den Höhenunterschied (Etappe 1: 400 m) durch die horizontale Entfernung (Etappe 1: 2000 m). Die durchschnittliche Steigung von Etappe 1 ist also $m = \frac{y_2 - y_1}{x_2 - x_1} = \frac{400}{2000}$.

horizontale Distanz (in km)	0	2	4	6
Höhe (in m)	860	1260	1870	870

Abschnitt	Durchschnittliche Steigung
1. Etappe	$m = \frac{1260 - 860}{2000 - 0} = \frac{400}{2000} = 0{,}2$
2. Etappe	$m = \frac{1870 - 1260}{4000 - 2000} = \frac{610}{2000} = 0{,}305$
3. Etappe	$m = \frac{870 - 1870}{6000 - 4000} = \frac{-1000}{2000} = -0{,}5$

Erinnerung

Sekante am Kreis

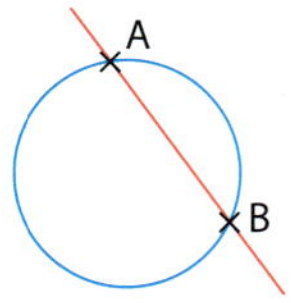

Die horizontale Entfernung ist auf der x-Achse und die Höhe auf der y-Achse eingetragen. Die Punkte wurden geradlinig zu einem Geländeprofil verbunden.
Die durchschnittliche Steigung entspricht der Steigung der **Sekante** vom Anfangs- bis zum Endpunkt jeder Etappe.
Die Steigung an einzelnen Stellen innerhalb der Etappen kann davon mal mehr, mal weniger abweichen, wie das tatsächliche Geländeprofil zeigt.

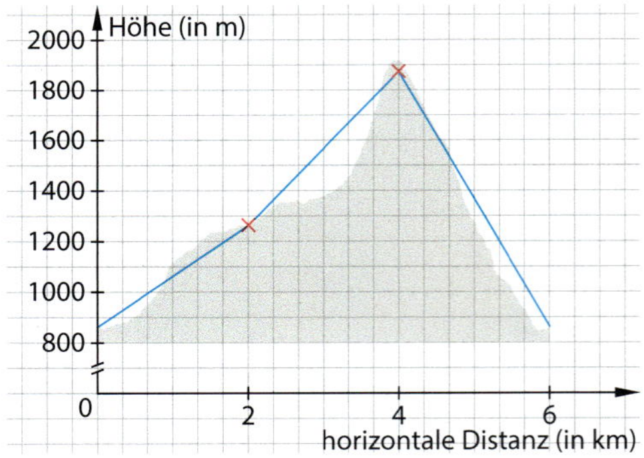

Wissen

Der **Differenzenquotient** $\frac{f(b) - f(a)}{b - a}$ gibt die **mittlere Änderungsrate** der Funktion f im Intervall [a; b] an.

Sie entspricht anschaulich der **Steigung** der **Sekante** durch die Punkte $A(a \mid f(a))$ und $B(b \mid f(b))$.

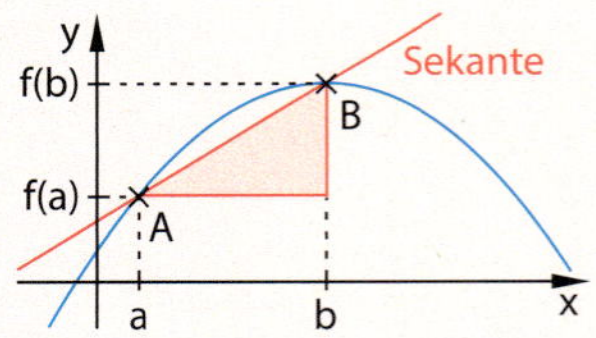

Beispiel 2

Berechnen Sie die mittlere Änderungsrate der Funktion $f: x \mapsto 3x^2 - x$ im Intervall [−1; 2].

Lösung:

Setzen Sie die Intervallgrenzen $a = -1$ und $b = 2$ in den Differenzenquotienten $m = \frac{f(b) - f(a)}{b - a}$ ein und berechnen Sie seinen Wert.

$$m = \frac{f(2) - f(-1)}{2 - (-1)}$$
$$= \frac{(3 \cdot 2^2 - 2) - (3 \cdot (-1)^2 - (-1))}{3} = \frac{10 - 4}{3} = 2$$

Beispiel 3

Die Funktion f mit $f(x) = 2x^2$ beschreibt den zurückgelegten Weg (in m) eines anfahrenden Autos in Abhängigkeit von der Zeit (in s). Berechnen Sie die Durchschnittsgeschwindigkeit des Autos zwischen den Zeitpunkten $x = 1$ und $x = 3$.

Lösung:

Berechnen Sie die Durchschnittsgeschwindigkeit mit dem Differenzenquotienten. Setzen Sie dazu die Intervallgrenzen $a = 1$ und $b = 3$ in den Differenzenquotienten $m = \frac{f(b) - f(a)}{b - a}$ ein und berechnen Sie.

$$m = \frac{f(3) - f(1)}{3 - 1} = \frac{18 - 2}{2} = 8$$

Das Auto fährt zwischen der 1. und der 3. Sekunde durchschnittlich 8 m/s.

Basisaufgaben

Lösungen zu 6

−4 5 4
1 15
−9 7
15
−7 1

6 Berechnen Sie für die Funktion f die mittlere Änderungsrate in den Intervallen $I = [1; 3]$, $J = [-3; -1]$ und $K = [-1; 2]$.
a) $f(x) = x^2$ b) $f(x) = x^3 + 2x$ c) $f(x) = 2x^2 - x$

7 Die Funktion f mit $f(x) = 2{,}3x^2$ beschreibt den zurückgelegten Weg (in m) eines 100-m-Läufers in Abhängigkeit von der Zeit (in s) nach dem Start. Berechnen Sie die Durchschnittsgeschwindigkeit des Läufers in den ersten beiden Sekunden.

8 Bestimmen Sie zu den Funktionen f und g die Sekantensteigungen im Intervall $[-1; 2]$.

a)
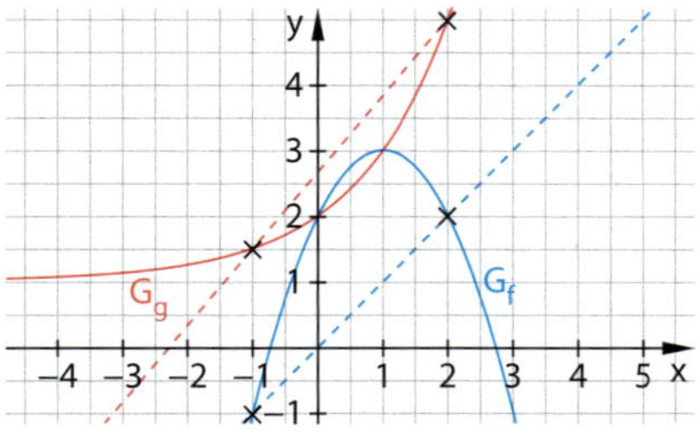

b)
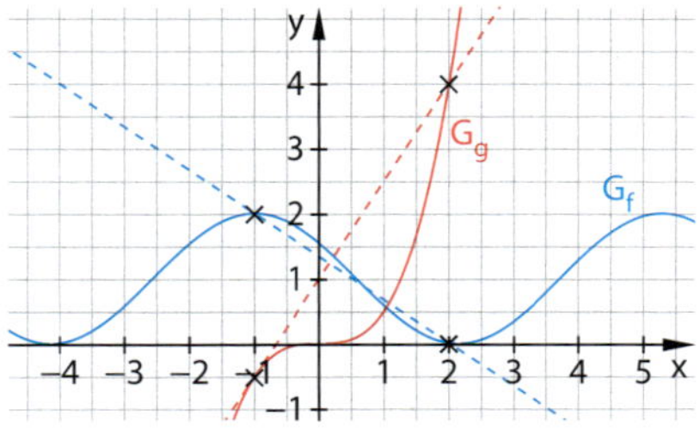

9 a) Betrachten Sie $f: x \mapsto 2x - 3$ und $g: x \mapsto \frac{1}{2}x + 1$. Berechnen Sie zu f und g die Sekantensteigungen im Intervall $[2; 6]$. Vergleichen Sie mit den Funktionstermen von f und g.
b) Erklären Sie das Ergebnis aus a), indem Sie die Graphen von f und g skizzieren. Erläutern Sie, dass das Ergebnis aus a) auch für beliebige Intervalle zutrifft.

10 Geben Sie an, was die mittlere Änderungsrate beschreibt. Nennen Sie auch ihre Einheit.
a) vergangene Zeit in s $\mapsto$ zurückgelegter Weg in m beim Laufen
b) horizontale Entfernung in m $\mapsto$ Höhe in m beim Fahrradfahren
c) Zeit in Tagen $\mapsto$ Anzahl der Infizierten bei einer Epidemie

11 Die Tabelle zeigt die Entwicklung des Verbrauchs an Plastiktüten in Deutschland.

Jahr	2000	2012	2015	2016	2017	2018	2019
Verbrauch Plastiktüten in Mrd.	7	6,1	5,6	3,7	2,4	2	1,7

a) Berechnen Sie die mittlere Änderungsrate des Plastiktütenverbrauchs für den Zeitabschnitt von 2000 bis 2012 und interpretieren Sie das Ergebnis im Sachzusammenhang.
b) Berechnen Sie die mittleren Änderungsraten für die übrigen Zeitabschnitte und geben Sie die Zeitabschnitte der stärksten und schwächsten Abnahme an.
c) Recherchieren Sie die Entwicklung des Plastiktütenverbrauchs in den folgenden Jahren und geben Sie Gründe für diese Entwicklung an.

12 Die Tabelle zeigt Messwerte einer Autobahnfahrt. Ermitteln Sie den Abschnitt mit der größten Durchschnittsgeschwindigkeit.

a)

h	0	1,5	3	4,5	6
km	0	120	330	480	660

b)

h	0	1,4	3,8	4,7	6,8
km	0	150	400	520	750

Hinweis

Die CO_2-Konzentration wird in ppm (parts per million) gemessen.

13 Der Graph zeigt die Messwerte einer CO_2-Ampel während einer Unterrichtsstunde.
a) Beschreiben Sie den Verlauf der CO_2-Konzentration.
b) Bestimmen Sie die mittlere Änderungsrate der CO_2-Konzentration zwischen der 25. und der 30. Minute.

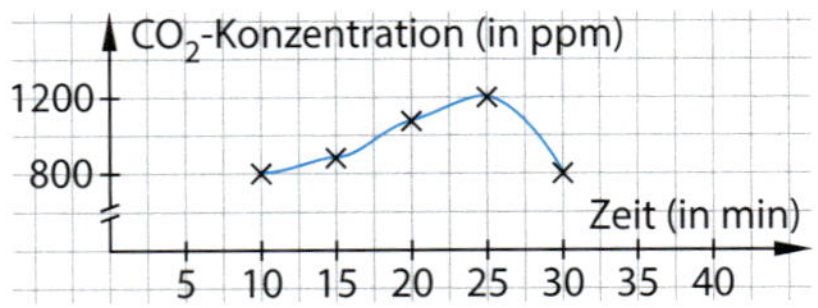

Lokale Änderungsrate – Ableitung

Mit der mittleren Änderungsrate kann man die Durchschnittsgeschwindigkeit in einem Zeitintervall berechnen. Nun soll die Momentangeschwindigkeit zu einem Zeitpunkt bestimmt werden.

Ein startendes Auto legt in t Sekunden die Strecke $s(t) = 2t^2$ in Metern zurück. Die mittlere Änderungsrate im Intervall [1; 2] ist die Durchschnittsgeschwindigkeit in $\frac{m}{s}$ zwischen der ersten und der zweiten Sekunde und beträgt $\frac{s(2) - s(1)}{2 - 1} = \frac{8 - 2}{1} = 6$.

[1; t]	$\frac{s(t) - s(1)}{t - 1}$
[1; 2]	6
[1; 1,5]	5
[1; 1,1]	4,2
[1; 1,01]	4,02
[1; 1,0001]	4,0002

Die **Momentangeschwindigkeit** des Autos genau zum Zeitpunkt $t = 1$ kann man nicht mit dem Differenzenquotienten berechnen, da man nicht durch 0 dividieren darf. Mithilfe immer kleiner werdender Zeitintervalle lassen sich aber Näherungswerte bestimmen.

Die **Näherungstabelle** zeigt, dass sich die Durchschnittsgeschwindigkeit in $\frac{m}{s}$ dem Wert 4 annähert. Man kann also vermuten, dass die Momentangeschwindigkeit $4\frac{m}{s}$ beträgt. Die mittlere Änderungsrate entspricht der Steigung der Sekante durch die Punkte P und Q. Wählt man das Intervall für die mittlere Änderungsrate immer kleiner, so bedeutet dies am Graphen, dass der Punkt Q immer näher an den Punkt P heranwandert. Die **Sekanten** nähern sich einer **Tangente** an. Dabei spielt es keine Rolle, aus welcher Richtung Q sich P annähert. Die Steigung der Tangente entspricht der Steigung des Graphen im Berührpunkt P und der lokalen Änderungsrate der Funktion.

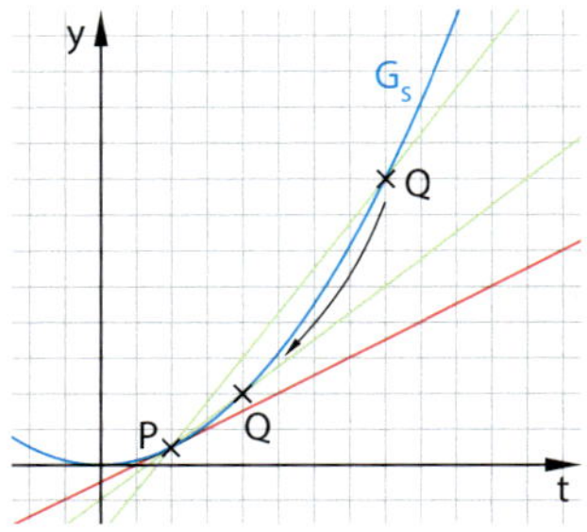

Hinweis

Eine Tangente berührt den Graphen.
Zur Veranschaulichung der Sekanten und Tangente mit einer DGS siehe S. 134.

Info

Diese Methode zur Bestimmung der Steigung in einem Punkt wurde fast zeitgleich Ende des 17. Jahrhunderts von Isaac Newton und Gottfried Wilhelm Leibniz entdeckt. Es folgte ein jahrzehntelanger Streit, in dem sich beide Gelehrten gegenseitig des Plagiats beschuldigten.

Wissen

Wenn sich der Wert des Differenzenquotienten $\frac{f(x) - f(x_0)}{x - x_0}$ für $x \to x_0$ von beiden Seiten dem gleichen festen Wert annähert, so heißt dieser Wert **Ableitung** $f'(x_0)$. Er gibt die **lokale Änderungsrate** der Funktion f an der Stelle x_0 an.
Die Ableitung $f'(x_0)$ entspricht der **Steigung der Tangente** an den Graphen von f im Punkt $P(x_0 | f(x_0))$. Dies ist die **Steigung des Graphen von f im Punkt P.**

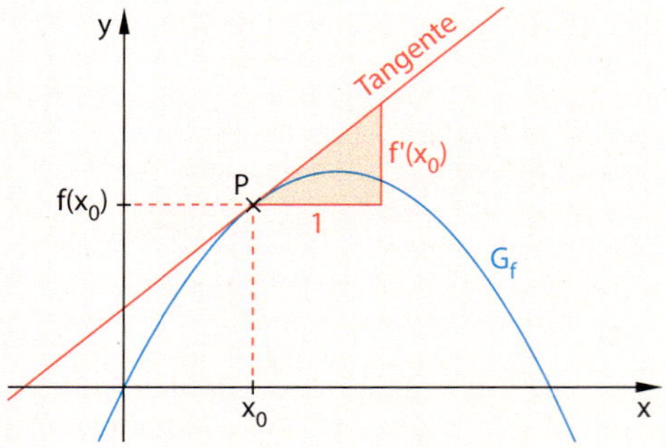

Beispiel 4 Bestimmen Sie näherungsweise die Ableitung der Funktion f mit $f(x) = x^2$ an der Stelle $x_0 = 4$.

Lösung:
Erstellen Sie eine Näherungstabelle. Setzen Sie in den Differenzenquotienten Werte für x ein, die immer näher bei 4 liegen.
Die Tabelle zeigt, dass sich die Werte des Differenzenquotienten immer stärker 8 annähern.
Bei einer Annäherung an x_0 von unten erhalten Sie das gleiche Ergebnis.
Also gilt vermutlich $f'(4) \approx 8$.

[4; x]	$\frac{f(x) - f(x_0)}{x - x_0}$
[4; 5]	$\frac{5^2 - 4^2}{5 - 4} = 9$
[4; 4,1]	$\frac{4{,}1^2 - 4^2}{4{,}1 - 4} = 8{,}1$
[4; 4,01]	$\frac{4{,}01^2 - 4^2}{4{,}01 - 4} = 8{,}01$
[4; 4,001]	$\frac{4{,}001^2 - 4^2}{4{,}001 - 4} = 8{,}001$

Basisaufgaben

14 Bestimmen Sie näherungsweise die Ableitung an der Stelle $x_0 = 1$. Stellen Sie dazu eine Näherungstabelle für den Differenzenquotienten auf und veranschaulichen Sie die zugehörigen Sekanten sowie die Tangente bei $x_0 = 1$ mit einer Software.

a) $f(x) = x^2$ b) $f(x) = x^3$ c) $f(x) = x^2 + 3$ d) $f(x) = 2x^3 - 1$

15 Bestimmen Sie $f'(x_0)$ mithilfe der Steigung der eingezeichneten Tangente.

a) $x_0 = 0$

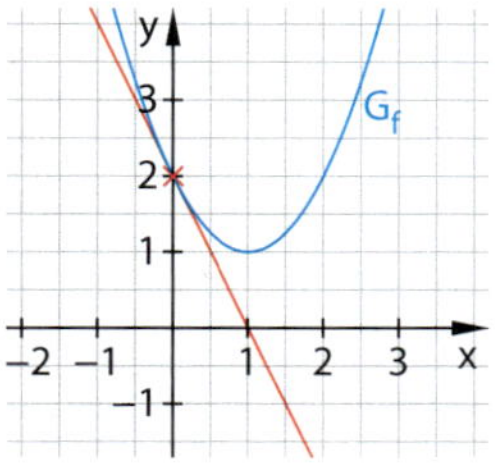

b) $x_0 = 1$

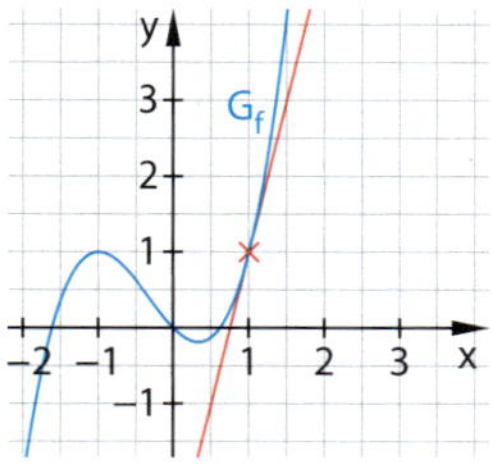

c) $x_0 = \frac{\pi}{2}$

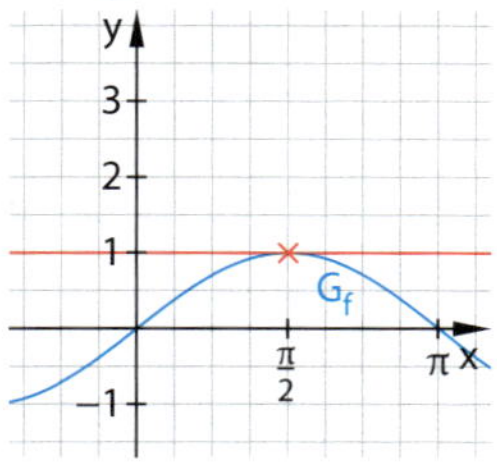

16 a) Zeichnen Sie den Graphen der Funktion f mit $f(x) = -\frac{1}{4}x^2 + 2$ für $0 \leq x \leq 4$. Zeichnen Sie möglichst exakt die Tangente an der Stelle 1 ein. Lesen Sie ihre Steigung ab.

b) Überprüfen Sie Ihr Ergebnis aus a) mit einer Mathematik-Software.

17 Die Ableitung einer Funktion an einer Stelle ist 0. Beschreiben Sie, wie die Tangente an dieser Stelle aussieht.

18 Die von einem Schlitten zurückgelegte Strecke s (in Metern) wird durch die Funktion s mit $s(t) = \frac{1}{2}t^2$ ($t \geq 0$ in Sekunden) beschrieben.

a) Berechnen Sie die Durchschnittsgeschwindigkeit des Schlittens während der ersten 5 Sekunden und für die Intervalle [4; 5], [4,9; 5] und [4,99; 5].

b) Geben Sie einen Wert für die Momentangeschwindigkeit nach 5 Sekunden an.

c) Bestimmen Sie wie in a) und b) einen Näherungswert für die Momentangeschwindigkeit nach 2 Sekunden und nach 3 Sekunden.

19 Bestimmen Sie zu zweit näherungsweise die Ableitung der Funktion f mit $f(x) = \frac{2}{3}x^2$ an der Stelle $x_0 = 6$ mithilfe einer Näherungstabelle. Legen Sie vorher fest, wer für x die Werte 7, 6,5, 6,1 und 6,01 und wer die Werte 5, 5,5, 5,9 und 5,99 einsetzt. Vergleichen Sie Ihre Ergebnisse und formulieren Sie eine Beobachtung.

20 Durch ein Ventil wird Wasser in einen Tank gefüllt bzw. aus dem Tank gelassen. Der Graph zeigt die Füllmenge des Tanks über einen Zeitraum von 40 Stunden.

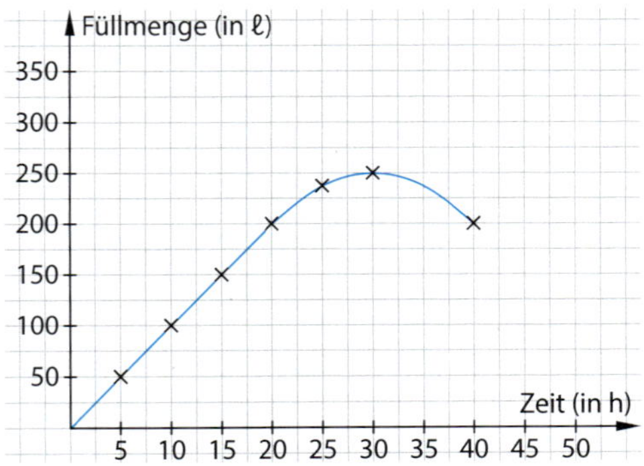

a) Beschreiben Sie den Wasserzulauf bzw. -ablauf in den Zeitintervallen [0; 20], [20; 25], [25; 30] und [30; 40] in Worten.

b) Bestimmen Sie die momentane Zulaufrate des Wassers zu den Zeitpunkten $t_1 = 15$ und $t_2 = 30$.

Weiterführende Aufgaben

Zwischentest

Hilfe

21 Durch ein Ventil wird Wasser in ein quaderförmiges Gefäß gefüllt bzw. herausgelassen. Der Graph zeigt das Volumen des Wassers im Gefäß in Abhängigkeit von der Zeit. Beschreiben Sie die Zuflussgeschwindigkeit des Wassers in Worten und skizzieren Sie den Änderungsgraphen.

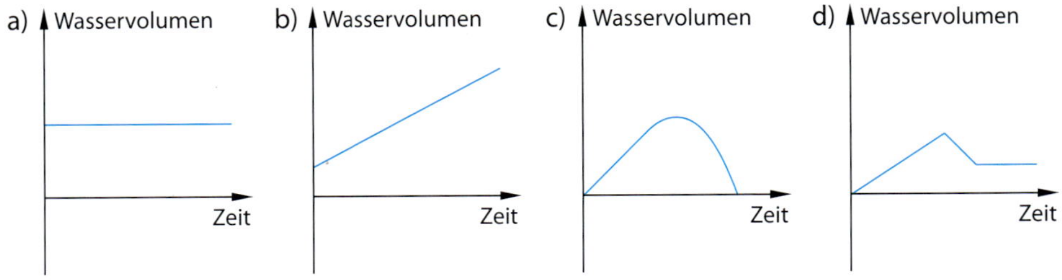

22 Der Graph gibt im Intervall [0; 19] in etwa das Profil einer Mountainbiketour wieder.

a) Lesen Sie die Koordinaten der Punkte A–G ab und berechnen Sie die durchschnittliche Steigung zwischen je zwei benachbarten Punkten.
b) Geben Sie an, in welchem Abschnitt die Strecke am steilsten ist.
c) Geben Sie die Bedeutung des Vorzeichens der Steigung für den Fall an, dass das Profil von links nach rechts durchfahren wird.
d) Begründen Sie, in welchem Abschnitt die durchschnittliche Steigung das Profil besonders schlecht wiedergibt.

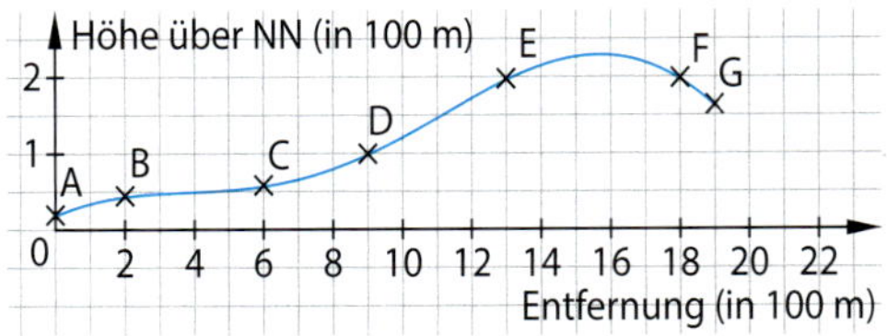

23 Die Funktion f mit $f(t) = 5t^2$ beschreibt näherungsweise, welche Strecke ein Körper im freien Fall zurücklegt, wenn er zum Zeitpunkt $t = 0$ losgelassen wird ($f(t)$ in m; t in s). Berechnen Sie die durchschnittliche Geschwindigkeit des Körpers

a) für die ersten zwei, drei und vier Sekunden des Fallvorgangs,
b) für die erste, zweite, dritte und vierte Sekunde des Fallvorgangs.

24 Stolperstelle:
Tim soll die mittlere Änderungsrate der Funktion f mit dem abgebildeten Graphen im Intervall [0; 1] bestimmen. Er hat dazu die Tangente an der Stelle $x = 1$ eingezeichnet und meint: *„Die Tangente hat die Steigung 2, also ist die mittlere Änderungsrate 2.“* Nehmen Sie Stellung.

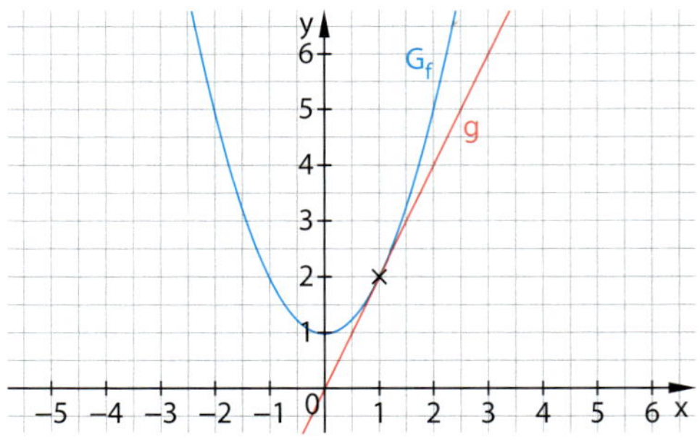

25 Begründen Sie, dass man die mittlere Änderungsrate einer Funktion f auf einem Intervall [a; b] auch als $\frac{f(a) - f(b)}{a - b}$ berechnen kann.

26 Skizzieren Sie einen Funktionsgraphen im Intervall [−4; 4], für den Folgendes gilt.

a) Die Steigung ist für $x < 1$ negativ, für $x = 1$ null und für $x > 1$ positiv.
b) Die Steigung ist überall negativ und wird für zunehmendes x größer.

27 Es ist möglich, dass in einem Intervall die Sekantensteigung 0 ist, obwohl der Graph der Funktion in diesem Intervall nicht horizontal verläuft.

a) Prüfen Sie dies bei der Funktion f mit $f(x) = (x + 1)^2 - 2$ im Intervall $[-3; 1]$ durch eine Skizze des Graphen und Berechnung der Sekantensteigung.

b) Geben Sie zur Funktion f mit $f(x) = (x - 3)^2$ ein Intervall mit der Sekantensteigung 0 an.

28 a) Ordnen Sie die Steigung an den Punkten A, B, C, D, E und F des abgebildeten Funktionsgraphen der Größe nach.

b) Skizzieren Sie im Intervall $[0; 10]$ den Graphen einer Funktion f mit $f'(7) > f'(3) > f'(5) > f'(9) > f'(1)$ und $f'(5) = 0$.

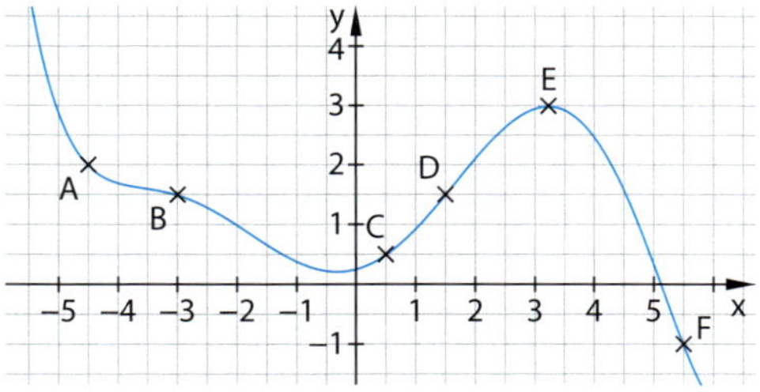

29 Herr Müller wurde an einer Baustelle mit 120 km/h geblitzt. „Das kann nicht sein“, meint er, „ich habe für die 90 km Autobahn 54 Minuten gebraucht!“ Spielen Sie zu zweit das Streitgespräch zwischen Herrn Müller und der Polizistin, die ihm seinen Denkfehler erklärt, nach.

30 Die Tabelle zeigt die aktiven Covid-19-Infektionen in Deutschland von 2020 bis 2021.

15.08.20	15.09.20	15.10.20	15.11.20	15.12.20	15.01.21	15.02.21	15.03.21	15.04.21	15.05.21
12 288	16 299	54 406	287 852	351 526	335 964	152 121	146 170	278 775	233 703

a) Berechnen Sie die mittlere Änderungsrate der Fallzahlen im Beobachtungszeitraum.

b) Bestimmen Sie den stärksten täglichen Anstieg und die stärkste tägliche Abnahme der Fallzahlen innerhalb eines Monats. Geben Sie mögliche Gründe für diese Entwicklungen an und recherchieren Sie, wie sich die Fallzahlen in den folgenden Monaten entwickelten.

31 Die Abbildung zeigt die zurückgelegte Strecke zweier Läufer (in m) in Abhängigkeit von der Zeit (in min).

a) Beschreiben Sie die Situation.

b) Berechnen Sie die ungefähre durchschnittliche Geschwindigkeit der Läufer bis zum Zeitpunkt t = 15.

c) Nennen Sie einen möglichen Grund dafür, dass Läufer 2 kurz vor t = 10 deutlich schneller wird.

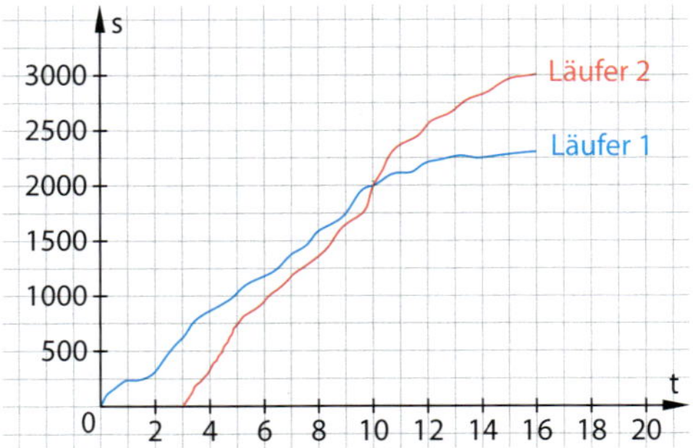

Hilfe

32 **Ausblick:** Ein Fahrstuhl beginnt seine Fahrt im Erdgeschoss und wird von dort aus nach oben oder nach unten gerufen. Der abgebildete Änderungsgraph zeigt, wie viele Meter der Fahrstuhl pro Sekunde nach oben bzw. nach unten zurücklegt. Brems- und Beschleunigungsphasen werden dabei vernachlässigt.

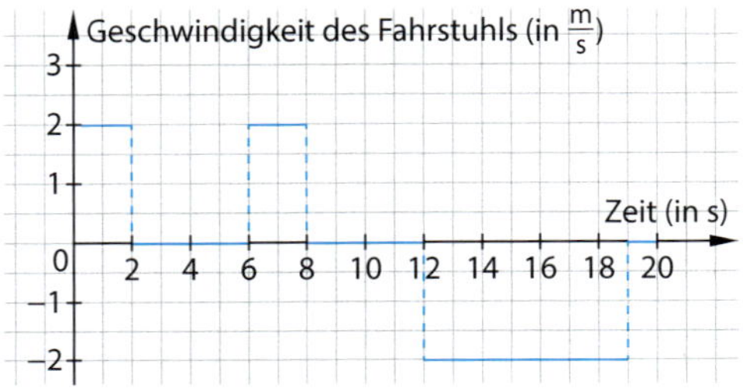

a) Beschreiben Sie die Fahrt des Fahrstuhls mit eigenen Worten.

b) Geben Sie an, wie viele Meter der Fahrstuhl nach 8 Sekunden zurückgelegt hat.

c) Begründen Sie, wann sich der Fahrstuhl wieder im Erdgeschoss befindet.

d) Stellen Sie die Höhe des Fahrstuhls in Abhängigkeit von der Zeit grafisch dar.

4.2 Differenzierbarkeit

Die Abbildung zeigt den Graphen der Funktion f mit $f(x) = |x^2 - 1|$. Begründen Sie, dass an den Stellen $x = -1$ und $x = 1$ keine eindeutige Tangente an den Graphen eingezeichnet werden kann.

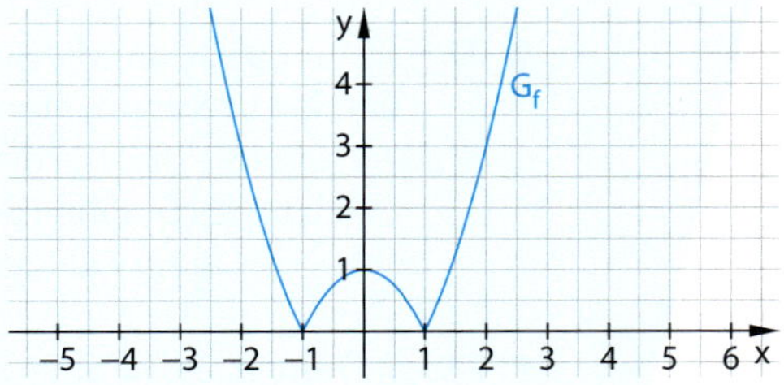

Lokale Differenzierbarkeit

Bei abschnittsweise definierten Funktionen kann es an den Nahtstellen passieren, dass die Steigung des Graphen bei links- und rechtsseitiger Annäherung nicht gegen denselben Wert strebt. Der Graph hat an dieser Stelle einen „Knick", es existiert keine Tangente an dieser Stelle und die Ableitung ist dort nicht definiert. Die Funktion ist dort **nicht differenzierbar**.

$$f(x) = \begin{cases} 0{,}5x^2 & \text{für } x < 0 \\ 0{,}5x^3 & \text{für } x \geq 0 \end{cases}$$

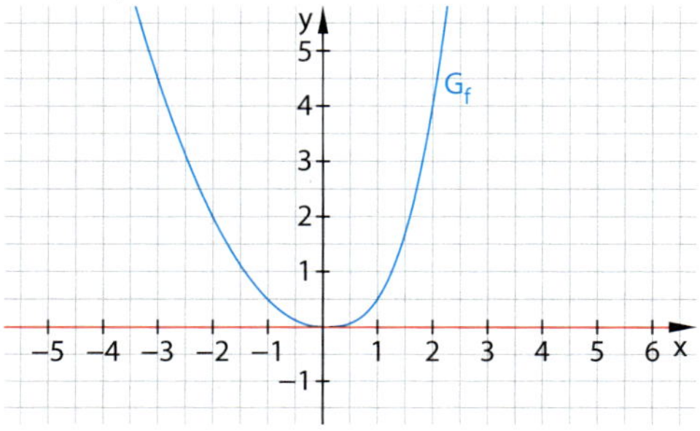

Der Graph von f hat keinen Knick. Es existiert eine (eindeutige) Tangente an den Graphen an der Stelle $x = 0$. Die Funktion f ist somit bei $x = 0$ differenzierbar.

$$g(x) = |x| = \begin{cases} -x & \text{für } x < 0 \\ x & \text{für } x \geq 0 \end{cases}$$

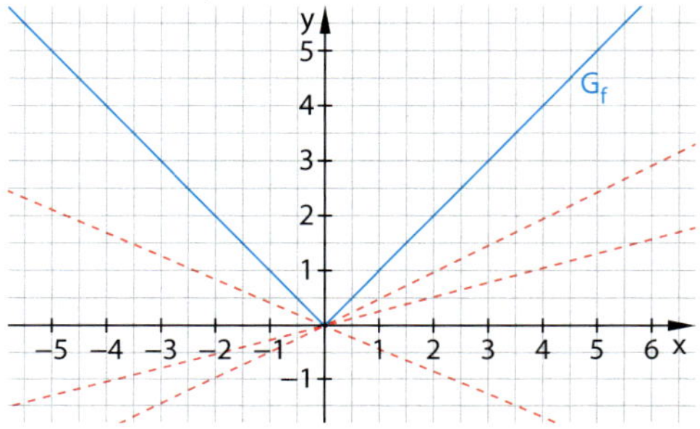

Der Graph von g hat im Punkt $(0|0)$ einen Knick. Es existiert keine Tangente an den Graphen bei $x = 0$. Die Funktion g ist somit bei $x = 0$ nicht differenzierbar.

Wissen

Eine Funktion f heißt an einer Stelle x_0 ihres Definitionsbereichs **differenzierbar**, wenn der Grenzwert des Differenzenquotienten $\lim\limits_{x \to x_0} \frac{f(x) - f(x_0)}{x - x_0}$ an dieser Stelle existiert. Dieser Grenzwert heißt **Differenzialquotient** und entspricht dann der Ableitung $f'(x_0)$.

Beispiel 1

Geben Sie den Term einer Funktion an, die an der Stelle $x = 2$ nicht differenzierbar ist, und skizzieren Sie ihren Graphen.

Lösung:

Wählen Sie eine abschnittsweise definierte Funktion mit der Nahtstelle $x = 2$.
Die Steigungen der Graphen links und rechts der Nahtstelle müssen sich unterschiedlichen Werten annähern.

z. B. $f(x) = |x - 2| = \begin{cases} -x + 2 & \text{für } x < 2 \\ x - 2 & \text{für } x \geq 2 \end{cases}$

Für $x < 2$ ist die Steigung -1, für $x > 2$ ist die Steigung 1. Also ist f bei $x = 2$ nicht differenzierbar.

Skizzieren Sie dann den Graphen von f. An der Stelle $x = 2$ hat der Graph einen Knick.

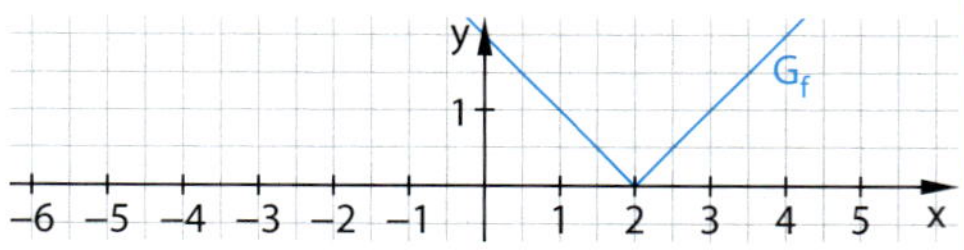

Basisaufgaben

1 Begründen Sie anhand des Graphen, an welchen Nahtstellen die Funktion nicht differenzierbar ist.

a) 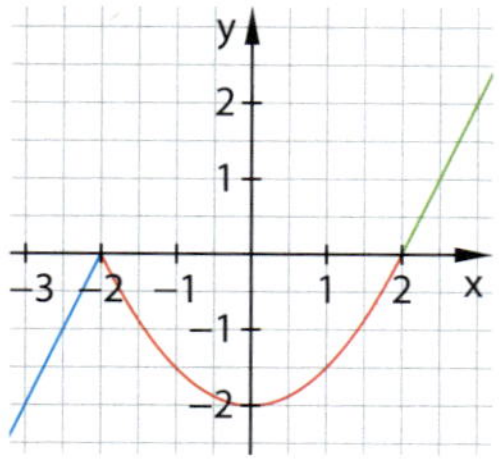

b) 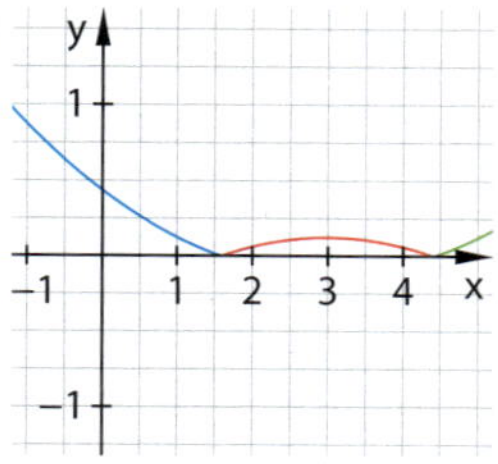

c) 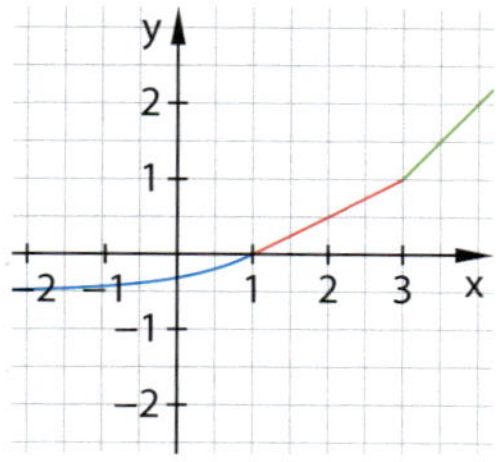

DGS **2** Untersuchen Sie die Funktion f mithilfe einer dynamischen Geometrie-Software auf Differenzierbarkeit an der Nahtstelle.

a) $f(x) = \begin{cases} \cos(x) & \text{für } x < \pi \\ (x-\pi)^2 - 1 & \text{für } x \geq \pi \end{cases}$

b) $f(x) = \begin{cases} \sin(x) & \text{für } x < 0 \\ x & \text{für } x \geq 0 \end{cases}$

c) $f(x) = \begin{cases} 2 & \text{für } x < 1 \\ 0{,}5(x-1)^2 + 2 & \text{für } x \geq 1 \end{cases}$

d) $f(x) = \begin{cases} x^2 - 2x + 2 & \text{für } x < 2 \\ \frac{4}{x} & \text{für } x \geq 2 \end{cases}$

3 Die Funktion f mit $f(x) = \begin{cases} 0{,}5x & \text{für } x < 4 \\ x - 3 & \text{für } x \geq 8 \end{cases}$ ist für $4 \leq x < 8$ nicht definiert. Sie wird in diesem Bereich durch g ergänzt. Skizzieren Sie den Graphen der so entstehenden Funktion und begründen Sie, ob sie an den Nahtstellen differenzierbar ist.

a) $g(x) = \frac{3}{4}x - 1$ b) $g(x) = \frac{1}{16}x^2 + 1$ c) $g(x) = x - 3$

4 Geben Sie den Term einer Funktion an, die

a) im Punkt $(0\,|\,-2)$, b) im Punkt $(3\,|\,0)$, c) im Punkt $(3\,|\,4)$

nicht differenzierbar ist. Kontrollieren Sie sich gegenseitig zu zweit.

Ableitung an einer Stelle berechnen

Hinweis

Streben Zähler und Nenner für $x \to x_0$ gegen 0, lässt sich keine Aussage über das Verhalten des Bruchs treffen.

Bisher wurde die Ableitung als Grenzwert der Sekantensteigungen näherungsweise ermittelt. Wenn man den Differenzenquotienten mit $x - x_0$ kürzen kann, verschwindet der Bruchterm und man kann die Ableitung exakt berechnen.

Das Kürzen gelingt leichter, wenn man $x - x_0 = h$ setzt (**h-Methode**), also statt $[x_0; x]$ die Intervalle $[x_0; x_0 + h]$ betrachtet.

Dann gilt mit $x = x_0 + h$:

$$\frac{f(x) - f(x_0)}{x - x_0} = \frac{f(x_0 + h) - f(x_0)}{h}$$

Zur exakten Berechnung der Ableitung an der Stelle x_0 muss man dann den Grenzwert für $h \to 0$ statt für $x \to x_0$ bestimmen.

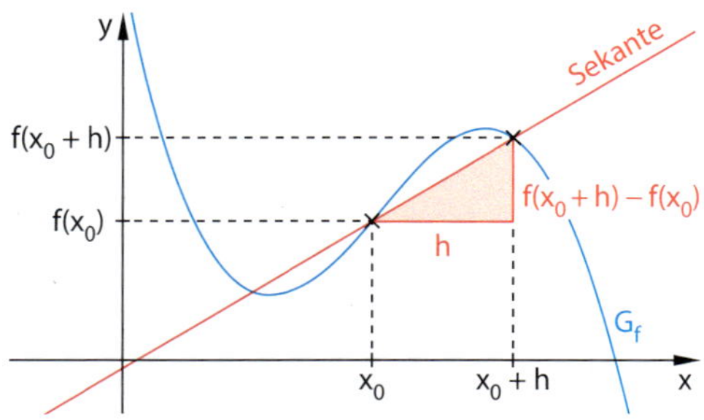

Hinweis

Zur Berechnung der Ableitung mit einer Software siehe S. 134.

Wissen **Berechnung der Ableitung mit dem Differenzialquotienten**

Die Ableitung der Funktion f an der Stelle x_0 kann man mit dem **Grenzwert (Limes) des Differenzenquotienten** berechnen. Schreibweise:

$$f'(x_0) = \lim_{h \to 0} \frac{f(x_0 + h) - f(x_0)}{h}$$

Beispiel 2 Berechnen Sie mithilfe des Differenzialquotienten die Ableitung der Funktion f mit $f(x) = x^2$ an der Stelle $x_0 = 4$. Überprüfen Sie Ihr Ergebnis grafisch.

Lösung:

Setzen Sie $x_0 = 4$ in den Differenzenquotienten mit h ein und formen Sie ihn für $f(x) = x^2$ so lange um, bis h aus dem Nenner gekürzt werden kann.
Damit lässt sich der Grenzwert für $h \to 0$ ablesen. Er entspricht der Ableitung $f'(4)$.

$$\frac{f(x_0+h)-f(x_0)}{h} = \frac{f(4+h)-f(4)}{h} = \frac{(4+h)^2-4^2}{h}$$
$$= \frac{16+8h+h^2-16}{h} = \frac{8h+h^2}{h} = \frac{h(8+h)}{h}$$
$$= 8 + h$$

$$f'(4) = \lim_{h\to 0} \frac{f(4+h)-f(4)}{h} = \lim_{h\to 0} (8+h) = 8$$

Zeichnen Sie zur Überprüfung den Graphen von f und die Tangente an den Graphen bei $x_0 = 4$ ein. Bestimmen Sie die Steigung der Tangente und vergleichen Sie sie mit Ihrer berechneten Ableitung.

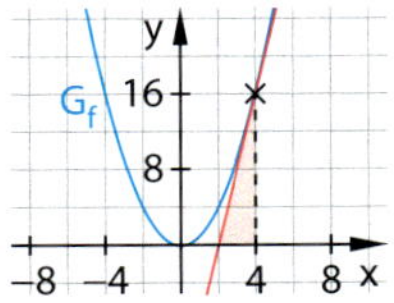

Die Steigung der Tangente entspricht der Ableitung von f.

Beispiel 3 Die beim freien Fall eines Gegenstands zurückgelegte Strecke s (in m) lässt sich näherungsweise durch die Funktion s mit $s(t) = 5t^2$ in Abhängigkeit von der Zeit t (in s) beschreiben. Bestimmen Sie die Momentangeschwindigkeit des Gegenstands zum Zeitpunkt $t_0 = 2$.

Lösung:

Setzen Sie $t_0 = 2$ in den Differenzenquotienten ein und formen Sie ihn für $s(t) = 5t^2$ so lange um, bis h aus dem Nenner gekürzt werden kann. Lesen Sie dann den Grenzwert für $h \to 0$ ab.

$$\frac{s(t_0+h)-s(t_0)}{h} = \frac{s(2+h)-s(2)}{h}$$
$$= \frac{5(2+h)^2-5\cdot 2^2}{h} = \frac{20h+5h^2}{h}$$
$$= 20 + 5h$$

$$s'(2) = \lim_{h\to 0} (20+5h) = 20$$

Die Momentangeschwindigkeit zum Zeitpunkt $t_0 = 2$ beträgt 20 m/s.

Basisaufgaben

Lösungen zu 5

4 −8 12 −4 −0,8

5 Berechnen Sie die Ableitung der Funktion an der Stelle $x_0 = 2$.
a) $f(x) = x^2$ b) $f(x) = 3x^2$ c) $f(x) = -x^2$ d) $f(x) = -\frac{1}{5}x^2 + 1$

6 Berechnen Sie mithilfe des Differenzialquotienten die Ableitung der Funktion f mit $f(x) = x^3$ an der Stelle $x_0 = -2$. Kontrollieren Sie Ihr Ergebnis mit einer Mathematik-Software.
Hinweis: $(a+b)^3 = a^3 + 3a^2b + 3ab^2 + b^3$

7 Die Strecke, die ein Formel-1-Auto bei stehendem Start zurücklegt, lässt sich durch die Funktion $f(t) = 6t^2$ beschreiben (t: Zeit seit dem Start in s; f(t): zurückgelegte Strecke in m). Nach 2,5 Sekunden muss der Fahrer für die erste Kurve bremsen. Berechnen Sie zu diesem Zeitpunkt die Momentangeschwindigkeit in km/h.

8 Vervollständigen Sie die Tabelle.

Bezeichnung des Terms	grafische Interpretation	Anwendung	Art der Geschwindigkeit
Differenzenquotient	Sekantensteigung		
↓	↓	$\lim_{h\to 0}$ ↓	↓
Ableitung		lokale Änderungsrate	

Weiterführende Aufgaben

Zwischentest

9 Nehmen Sie Stellung zum Dialog.

Paul: „Laut Steigungsdreieck ist die Steigung zwischen 0,5 und 1,5 gleich 1."

Lisa: „Aber bei A ist sie flacher und bei B steiler als 1. Wie groß ist denn die Steigung in den beiden Punkten?"

Paul: „In einem Punkt kann ich kein Steigungsdreieck zeichnen. Überhaupt: Innerhalb eines Punkts steigt doch gar nichts! Eine Steigung in einem Punkt gibt es doch gar nicht."

Lisa: „Aber man sieht doch, dass die Steigung in jedem Punkt anders ist!"

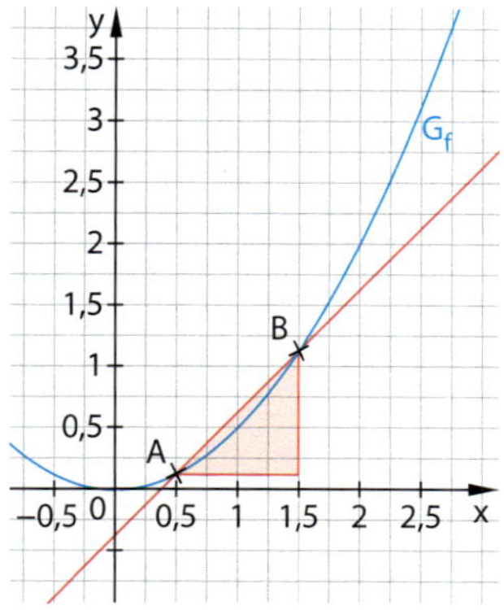

10 Geben Sie zwei verschiedene Funktionsterme an, die die folgenden Bedingung erfüllen. Überprüfen Sie Ihre Ergebnisse mit einer dynamischen Mathematik-Software.

a) Die Funktion ist bei $x = 2$ differenzierbar und hat die Nullstellen $x = -2$ und $x = 4$.

b) Die Funktion ist an der Stelle $x = 2$ nicht differenzierbar.

c) Die Funktion ist an den Stellen $x = -2$ und $x = 2$ nicht differenzierbar.

11 **Stolperstelle:** Die Abbildung zeigt den Graphen der Funktion f mit $f(x) = \begin{cases} \frac{1}{3}x^3 & \text{für } x \leq 0 \\ \frac{1}{2}x^2 - 1 & \text{für } x > 0. \end{cases}$

Sophie untersucht die Funktion auf Differenzierbarkeit bei $x = 0$:

Es gibt zwei Tangenten in x = 0, je nachdem, ob man von links oder rechts kommt. Beide haben die Steigung 0. Also ist f bei x = 0 differenzierbar.

Nehmen Sie Stellung.

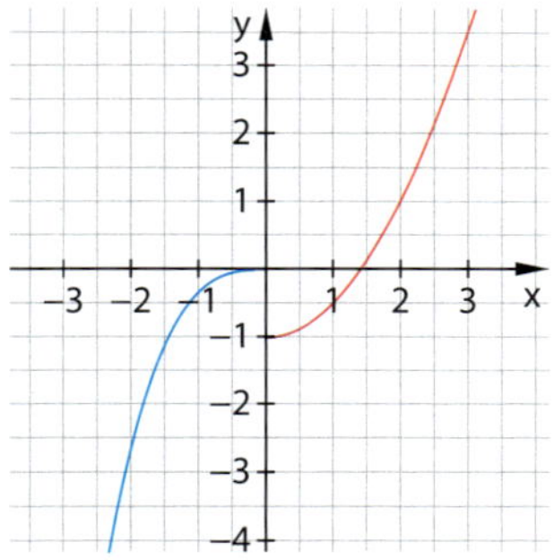

12 **Grenzwertberechnung ohne h-Methode:** Ella bestimmt die Ableitung der Funktion f mit $f(x) = -4x^2$ an der Stelle $x_0 = 2$ so:

$$f'(2) = \lim_{x \to 2} \frac{f(x) - f(2)}{x - 2} = \lim_{x \to 2} \frac{-4x^2 - (-4 \cdot 2^2)}{x - 2} = \lim_{x \to 2} \frac{-4(x^2 - 2^2)}{x - 2} = \lim_{x \to 2} \frac{-4(x + 2)(x - 2)}{x - 2}$$

$$= \lim_{x \to 2} -4(x + 2) = -4(2 + 2) = -16$$

Erklären Sie die einzelnen Rechenschritte von Ella. Bestimmen Sie $f'(2)$ mithilfe der h-Methode und geben Sie begründet an, welcher Weg Ihnen einfacher erscheint.

Hilfe

13 Ermitteln Sie anhand der Funktionsgleichung – ohne konkrete Berechnungen anzustellen – das Vorzeichen der Ableitung an den Stellen $x = -3$, $x = -1$, $x = 0$, $x = 1$ und $x = 3$.

a) $g(x) = \frac{1}{2}(x - 2)^2 + 1$

b) $k(x) = -(x + 1)^2 - 2$

14 a) Zeichnen Sie den Graphen zu f mit $f(x) = (x - 2)^2$ in ein Koordinatensystem. Zeichnen Sie vom Punkt $A(1 \mid 1)$ des Graphen aus vier Sekanten zu Punkten $(1 + h \mid f(1 + h))$ für $h = 2$, $h = 1{,}5$, $h = 1$ und $h = 0{,}5$ ein.

b) Weisen Sie rechnerisch nach, dass $f(1 + h) = 1 - 2h + h^2$ gilt.

c) Zeigen Sie mithilfe des Differenzenquotienten, dass für die Steigungen der Sekanten aus a) gilt: $m_h = -2 + h$.

d) Überprüfen Sie die Sekantensteigungen aus c) anhand Ihrer Zeichnung.

e) Bestimmen Sie die Steigung im Punkt A rechnerisch und zeichnen Sie die Tangente.

15 Gegeben sind die Funktionen f und g mit $f(x) = -x^2 + 4x$ und $g(x) = -x^3 + 4x^2$.

a) Bestimmen Sie näherungsweise die Steigung der Tangenten an die Graphen von f und g an der Stelle $x_0 = 1$ mithilfe einer Näherungstabelle.

b) Berechnen Sie $f'(1)$ und $g'(1)$ mithilfe der h-Methode und vergleichen Sie mit a).

16 Zeigen Sie mithilfe des Differenzialquotienten, dass die Funktion f mit $f(x) = \frac{1}{x}$ auf dem gesamten Definitionsbereich differenzierbar ist.
Begründen Sie damit, dass die Steigung des Graphen von f in jedem Punkt negativ ist.

17 Berechnen Sie die Ableitung $f'(x_0)$ für eine beliebige Stelle x_0 mit der h-Methode.
Begründen Sie Ihr Ergebnis mithilfe des Graphen von f.

a) $f(x) = x$ b) $f(x) = c$ mit $c \in \mathbb{R}$ c) $f(x) = mx + t$

18 Geben Sie den Term einer passenden Funktion f an. Vergleichen Sie zu zweit.

a) f ist für $x < 4$ streng monoton fallend, für $x > 4$ streng monoton steigend und bei $x = 4$ nicht differenzierbar.

b) f hat bei $x = -1$ eine senkrechte Asymptote, ist bei $x = 0$ nicht differenzierbar und hat keine Nullstelle.

19 Jede differenzierbare Funktion ist stetig, aber nicht jede stetige Funktion ist differenzierbar.
Geben Sie den Term einer Funktion an, die im Punkt $(1|2)$

a) stetig und differenzierbar, b) stetig, aber nicht differenzierbar,

c) weder stetig noch differenzierbar ist.

20 Untersuchen Sie mit einem Plotter, für welche Werte von a die Funktion f an der Nahtstelle stetig ist. Geben Sie an, für welche der Werte die Funktion f zusätzlich differenzierbar ist.

a) $f(x) = \begin{cases} x^2 - a & \text{für } x < 1 \\ 2x - 2 & \text{für } x \geq 1 \end{cases}$ b) $f(x) = \begin{cases} -ax + 1 & \text{für } x < 0 \\ \frac{x^2}{a} - 2x + 1 & \text{für } x \geq 0 \end{cases}$

c) $f(x) = \begin{cases} x^2 + a^2x + 2 & \text{für } x < 0 \\ 2ax + 2 & \text{für } x \geq 0 \end{cases}$ d) $f(x) = \begin{cases} ax^2 - ax & \text{für } x < 1 \\ ax - a & \text{für } x \geq 1 \end{cases}$

Hilfe

21 Das Kirchenmittelschiff der Heilig-Kreuz-Kirche in Gelsenkirchen wird von steilen Parabelbögen überspannt. Ein Parabelbogen ist 10 m breit und 15 m hoch.

a) Skizzieren Sie den Parabelbogen in ein geeignetes Koordinatensystem.

b) Bestimmen Sie die Funktionsgleichung der Parabel.

c) Überprüfen Sie Ihr Ergebnis mit einem Funktionenplotter.

d) Bestimmen Sie die Steigung des Parabelbogens in seinen Endpunkten rechnerisch und grafisch.

22 Begründen Sie, dass jede differenzierbare Funktion stetig ist.

23 **Ausblick:** Der britische Mathematiker und Physiker Oliver Heaviside hat die nach ihm benannte **Heaviside-Funktion** H zum Beschreiben physikalischer Vorgänge eingeführt:

$H(x) = \begin{cases} 0 & \text{für } x \leq 0 \\ 1 & \text{für } x > 0 \end{cases}$

a) Zeichnen Sie den Graphen G_H der Heaviside-Funktion.

b) Zeigen Sie, dass H an der Stelle $x = 0$ nicht differenzierbar ist.

c) Zeichnen Sie die Graphen der Funktionen f mit $f(x) = x \cdot H(x)$ und g mit $g(x) = x^2 \cdot H(x)$.
Untersuchen Sie, ob f und g an der Stelle $x = 0$ differenzierbar sind.

4.3 Ableitungsfunktion

Eine Sprungschanze für Snowboarder soll im gekrümmten Teil durch den Graphen der Funktion f mit $f(x) = \frac{1}{4}x^2$ beschrieben werden. (1 LE entspricht 10 m.)

a) Bestimmen Sie die Steigung der Rampe bei $x = -1$, $x = 0{,}5$, $x = 1$ und $x = 1{,}5$.

b) Geben Sie eine Vermutung für die Steigung von f an einer beliebigen Stelle x an.

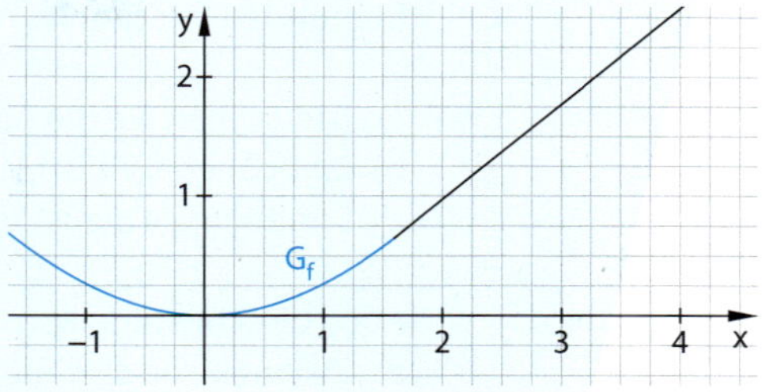

Wenn man den Wert der Ableitung einer Funktion an mehreren Stellen sucht, ist es aufwendig, für jede Stelle einzeln den Differenzenquotienten zu bilden. Berechnet man allgemein für eine beliebige Stelle x die Ableitung, muss man den Differenzenquotienten nur einmal bilden und davon den Grenzwert bestimmen. Dadurch wird jeder Stelle x_0 ihre Ableitung $f'(x_0)$ zugeordnet. Diese eindeutige Zuordnung heißt **Ableitungsfunktion f′** von f oder kurz Ableitung von f.

Hinweis

Die Ableitungsfunktion f′ existiert an allen Stellen x, an denen f differenzierbar ist.

Definition

Die **Ableitungsfunktion f′** einer Funktion f ordnet jeder Stelle x die Ableitung $f'(x)$ zu.

Die Ableitungsfunktion f′ beschreibt das gesamte Steigungsverhalten des Graphen von f.

Hinweis

Das Berechnen der Ableitungsfunktion nennt man **Ableiten**. Spricht man von „**Ableitung**“ ohne Angabe einer Stelle, so ist damit die Ableitungsfunktion gemeint.

Beispiel 1

a) Bestimmen Sie zur Funktion f mit $f(x) = x^2 + 4$ den Term der Ableitungsfunktion f′.

b) Berechnen Sie $f'(3)$ sowie die Steigung der Tangente im Punkt $(-5\,|\,f(-5))$ mithilfe der Ableitungsfunktion.

c) Berechnen Sie die Stellen, an denen der Graph von f die Steigung 7 hat.

Lösung:

a) Bilden und vereinfachen Sie den Differenzenquotienten. Verwenden Sie dafür die erste binomische Formel.

$$\frac{f(x+h)-f(x)}{h} = \frac{(x+h)^2+4-(x^2+4)}{h}$$
$$= \frac{x^2+2xh+h^2+4-x^2-4}{h} = \frac{2xh+h^2}{h} = \frac{h(2x+h)}{h}$$
$$= 2x + h$$

Bestimmen Sie den Grenzwert des vereinfachten Differenzenquotienten.

$$f'(x) = \lim_{h \to 0} \frac{f(x+h)-f(x)}{h} = \lim_{h \to 0} (2x+h) = 2x$$

b) Setzen Sie $x = 3$ bzw. $x = -5$ in die Gleichung von f′ ein.

$f'(3) = 2 \cdot 3 = 6$

Tangentensteigung: $f'(-5) = 2 \cdot (-5) = -10$

c) Setzen Sie $f'(x) = 7$ und lösen Sie nach x auf.

$f'(x) = 7$

$2x = 7$ also $x = 3{,}5$

Basisaufgaben

1 Bestimmen Sie den Funktionsterm der Ableitungsfunktion mit dem Grenzwert des Differenzenquotienten.

a) $f(x) = 0{,}5x$ b) $f(x) = 2x + 3$ c) $f(x) = x^2 + 5$
d) $f(x) = 3x^2$ e) $f(x) = -x^2 + 7x$ f) $f(x) = 3x^2 - 2x + 4$

2 Bestimmen Sie die Ableitungsfunktion als Grenzwert des Differenzenquotienten von f mit $f(x) = mx + t$. Die Ableitung beschreibt die Steigung des Graphen. Stellen Sie einen Zusammenhang mit dem Steigungsparameter m einer Geraden her.

3 Erstellen Sie mit einer Software die Graphen der Funktionen f, g, h und i mit $f(x) = x^3 - 3x^2 + 2x + 1$, $g(x) = -4x + 4$, $h(x) = -2x^2 + 4x - 2$ und $i(x) = 3x^2 - 6x + 2$. Begründen Sie, welche Funktion die Ableitung welcher anderen Funktion ist.

4 a) Bestimmen Sie die Ableitung der Funktion f mit $f(x) = -2x^2 + 4x$.
b) Berechnen Sie $f'(0)$ und geben Sie die Steigung der Tangente im Punkt $P(2|0)$ an.
c) Ermitteln Sie die x-Werte, für die gilt: $f'(x) = -2$

5 Auch die Ableitung konstanter Funktionen lässt sich mit Differenzenquotienten ermitteln.
a) Zeichnen Sie den Graphen der konstanten Funktion f mit $f(x) = 3$.
b) Geben Sie die Funktionswerte $f(4)$, $f(-7)$ und $f(1000)$ an.
c) Stellen Sie eine Vermutung auf, was die Ableitungsfunktion von f sein könnte.
d) Überprüfen Sie Ihre Vermutung aus c), indem Sie den Grenzwert des Differenzenquotienten bilden.

Hinweis zu 6

$(a + b)^3 = a^3 + 3a^2b + 3ab^2 + b^3$

6 Bestimmen Sie die Ableitungsfunktion der Funktion f mit $f(x) = x^3$ mit dem Grenzwert des Differenzenquotienten. Überprüfen Sie Ihr Ergebnis mit einer Mathematik-Software.

7 Bestimmen Sie die Stelle x, an der die Graphen der Funktionen f mit $f(x) = 0{,}5x^2 + x - 1$ und g mit $g(x) = x^2 - 1{,}5x + 2$ die gleiche Steigung haben.

8 In 14,80 m Höhe lässt Annika eine Kugel aus dem Fenster fallen. Die Höhe der Kugel zum Zeitpunkt t ist näherungsweise gegeben durch $s(t) = 14{,}8 - 5t^2$ (s in Metern, t in Sekunden).
a) Bestimmen Sie die Funktionsgleichung für die Momentangeschwindigkeit $v(t) = s'(t)$ der Kugel. Begründen Sie, warum $s'(t)$ die Momentangeschwindigkeit beschreibt.
b) Geben Sie an, wie schnell die Kugel nach 1,4 s ist.
c) Berechnen Sie, wann und mit welcher Geschwindigkeit die Kugel am Boden aufprallt.

9 Der Start eines Airbus A320 kann bis zum Abheben von der Rollbahn (ohne Luftwiderstand) durch die Zeit-Weg-Funktion s mit $s(t) = 1{,}5t^2$ modelliert werden (s in Metern, t in Sekunden).

a) Berechnen Sie die Funktionsgleichung der Momentangeschwindigkeit $v(t) = s'(t)$.
b) Geben Sie die Momentangeschwindigkeit nach 10 und nach 20 Sekunden an.
c) Bei einer Geschwindigkeit von ca. 72 m/s hebt der A320 ab. Berechnen Sie, nach wie vielen Sekunden das Flugzeug diese Abhebgeschwindigkeit erreicht.
d) Ermitteln Sie, welche Strecke das Flugzeug bis zum Abheben zurücklegt.

10 Die Funktion f beschreibt die von einem Windrad bis zum Zeitpunkt t (in h) erzeugte Energiemenge in Kilowattstunden (kWh). Die Ableitung f′ mit $f'(t) = 6t^2 - 72t + 216$ beschreibt für $0 \le t \le 12$ die Leistung (in kW), die das Windrad zum Zeitpunkt t bereitstellt.

a) Skizzieren Sie den Graphen von f′.
b) Beschreiben Sie den Verlauf des Graphen der Ableitungsfunktion.
c) Bestimmen Sie die Werte $f'(2)$, $f'(4)$ und $f'(10)$ und geben Sie ihre Bedeutung jeweils im Sachzusammenhang an. Interpretieren Sie auch den Wert $f'(6)$ im Sachzusammenhang.

Grafisches Ableiten

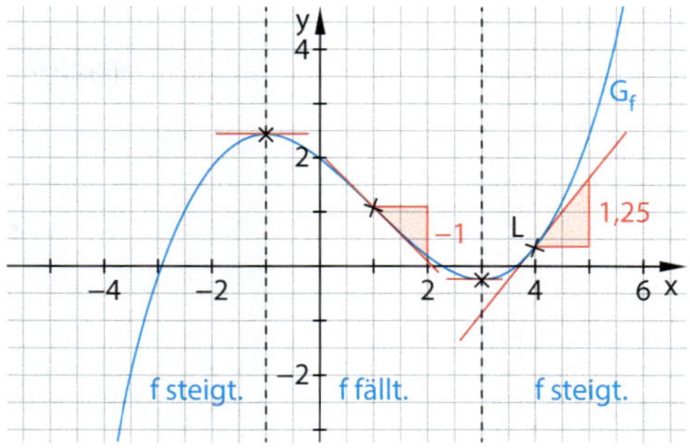

Der Funktionswert der Ableitungsfunktion f′ an einer Stelle x entspricht der Steigung des Graphen von f an dieser Stelle.

In den Intervallen, in denen der Graph von f steigt (bzw. fällt), in denen also die Steigung positiv (bzw. negativ) ist, verläuft der Graph von f′ oberhalb (bzw. unterhalb) der x-Achse.

An den Hoch- und Tiefpunkten (hier bei $x = -1$ und $x = 3$) hat der Graph von f eine waagerechte Tangente. Seine Steigung ist dort 0 und f′ hat Nullstellen.

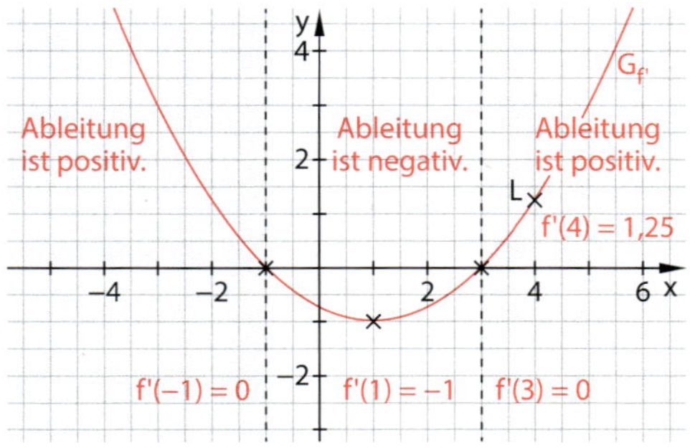

Für $x \geq 3$ wird der Graph von f immer steiler, die Funktionswerte von f′ also immer größer.
Der Graph von f fällt bei $x = 1$ am steilsten ab. An dieser Stelle hat der Graph von f′ einen Tiefpunkt.
Die Tangente bei $x = 4$ hat die Steigung 1,25. Der Graph von f′ verläuft durch den Punkt $L(4\,|\,1{,}25)$.

Beispiel 2 Skizzieren Sie zum abgebildeten Graphen von f den Graphen der Ableitungsfunktion f′.
Markieren Sie die Nullstellen von f′ sowie die Intervalle, in denen die Ableitung positiv bzw. negativ ist.

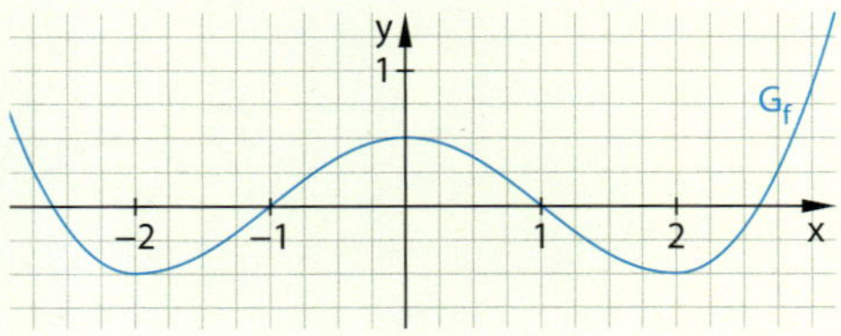

Lösung:
Der Graph von f hat Tiefpunkte bei $x = -2$ und $x = 2$ sowie einen Hochpunkt bei $x = 0$. An diesen Stellen hat f′ daher Nullstellen.

In den Bereichen $x < -2$ und $0 < x < 2$ fällt der Graph von f, hier ist $f'(x)$ negativ.

In den Bereichen $-2 < x < 0$ und $x > 2$ steigt der Graph von f, hier ist $f'(x)$ positiv.

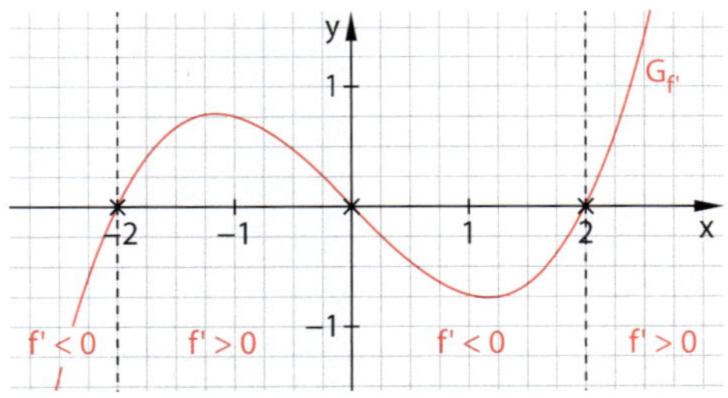

Hinweis

$f' < 0$ ist die Kurzschreibweise für $f'(x) < 0$ für alle x im betrachteten Intervall.

Basisaufgaben

11 Skizzieren Sie den Graphen von f′.

a)

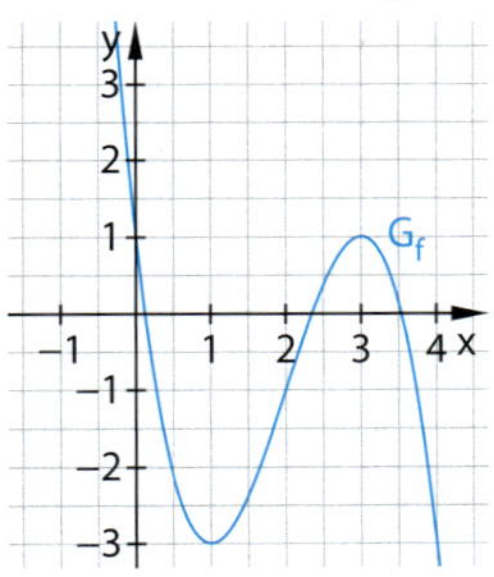

b)

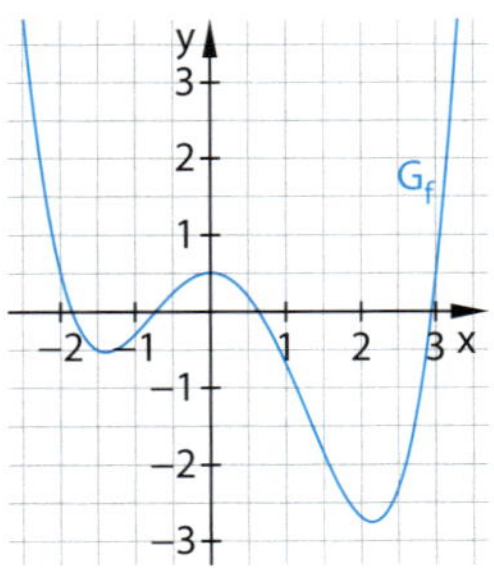

c)

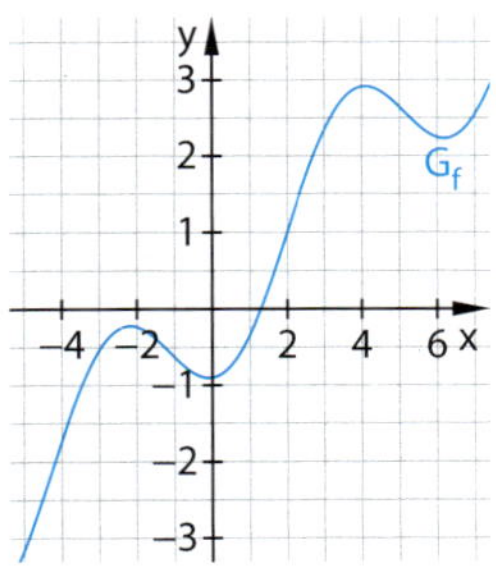

12 a) Notieren Sie möglichst viele Zusammenhänge, die zwischen dem Graphen einer Funktion f und dem ihrer Ableitungsfunktion f′ bestehen.

b) Überprüfen Sie die Graphen von f und g auf die Zusammenhänge aus a) und entscheiden Sie so, ob g die Ableitungsfunktion von f sein kann.

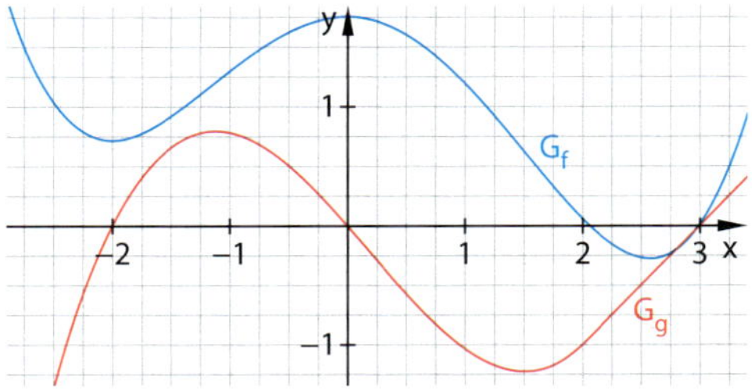

13 Skizzieren Sie die Graphen zu f und f′ und erläutern Sie die Zusammenhänge.

a) $f(x) = x^2 - 4$

b) $f(x) = \frac{4}{3}x^3 - 4x$

14 Schätzen Sie die Tangentensteigungen an den Punkten A bis K. Tragen Sie die diesen Steigungen entsprechenden Punkte des Graphen der Ableitung f′ in ein Koordinatensystem ein und skizzieren Sie so den Graphen der Ableitung von f.

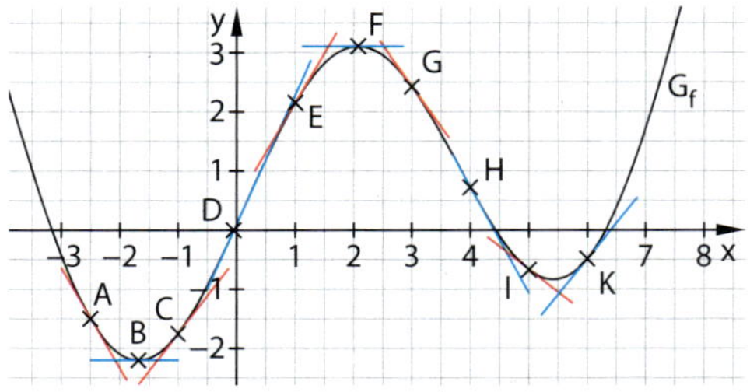

15 Ordnen Sie jeder der Funktionen $f_1, ..., f_5$ ihre Ableitung aus den Funktionen $g_1, ..., g_5$ zu. Begründen Sie Ihre Entscheidung.

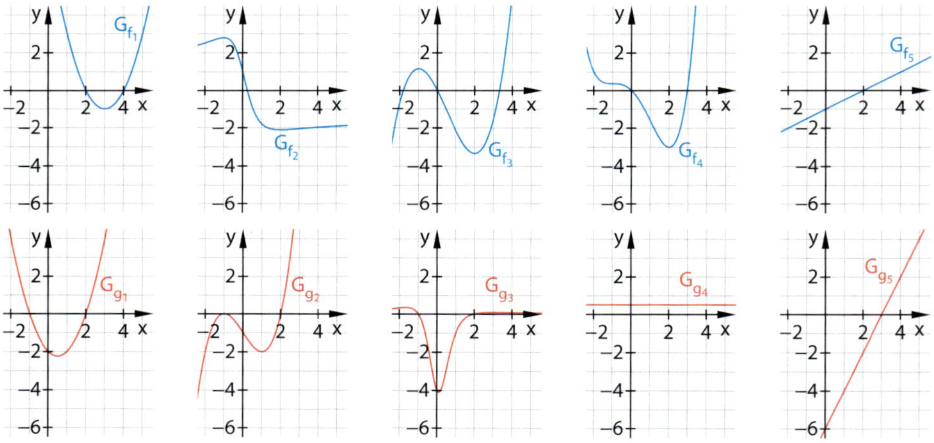

16 Jede der Funktionen f, g, h und k ist die Ableitung einer der anderen drei Funktionen. Ordnen Sie begründet zu.

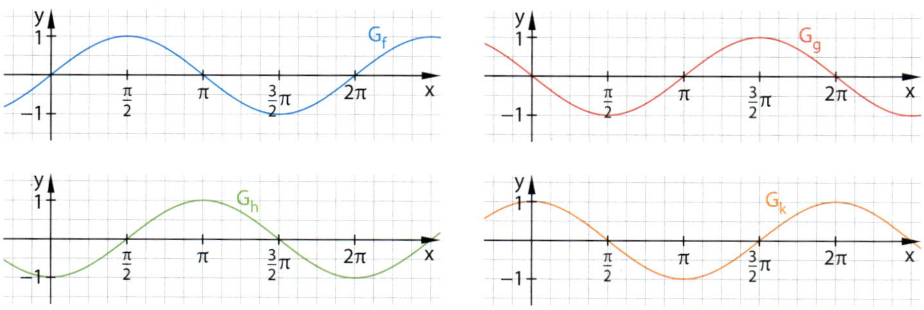

17 Zeichnen Sie den Graphen einer beliebigen Funktion in ein Koordinatensystem. Tauschen Sie untereinander und skizzieren Sie in dasselbe Koordinatensystem den Verlauf des Graphen der Ableitungsfunktion. Überprüfen Sie gegenseitig Ihre Ergebnisse.

Weiterführende Aufgaben

Zwischentest

18 Ordnen Sie jeder Eigenschaft des Graphen einer Funktion die zugehörige Eigenschaft des Graphen der Ableitung zu. Legen Sie dazu eine Tabelle an.

Graph der Funktion: fallend · steilster Anstieg · Gerade · Hoch- oder Tiefpunkt · Parallele zur x-Achse · steilster Abfall · steigend

Graph der Ableitung: Tiefpunkt · unterhalb der x-Achse · Parallele zur x-Achse · Schnittpunkt mit der x-Achse · oberhalb der x-Achse · Hochpunkt · x-Achse

19 Abgebildet ist der Graph von f. Prüfen Sie, ob die Aussage über die Ableitungsfunktion f′ wahr sein kann.

a) f′ hat die Nullstelle $x = -2$.
b) f′ hat die Nullstelle $x = -3{,}19$.
c) Der Graph von f′ hat bei $x = -0{,}04$ einen Hochpunkt.
d) $f'(x)$ ist für $x > 2{,}14$ negativ.
e) Der Graph von f′ hat bei $x = 2{,}14$ einen Tiefpunkt.
f) $f'(-2) < 0$

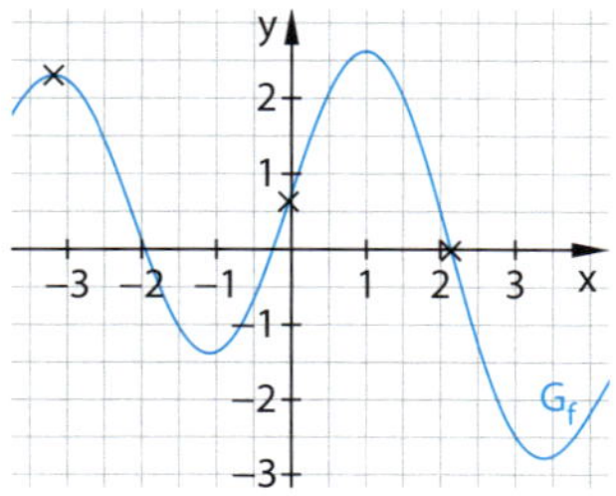

20 Gegeben ist die Funktion f mit $f(x) = \frac{1}{2}x^2 + 1$.

a) Bestimmen Sie die Ableitung als Grenzwert des Differenzenquotienten.
b) Zeichnen Sie die Graphen von f und f′ im Bereich $-3 < x < 3$ in ein Koordinatensystem.
c) Zeichnen Sie an den Stellen $x = -2$, $x = 0$ und $x = 1{,}5$ mithilfe von f′ Tangenten an den Graphen ein.

21 **Stolperstelle:** Erläutern Sie den Fehler beim Skizzieren des Graphen von f′ und korrigieren Sie ihn.

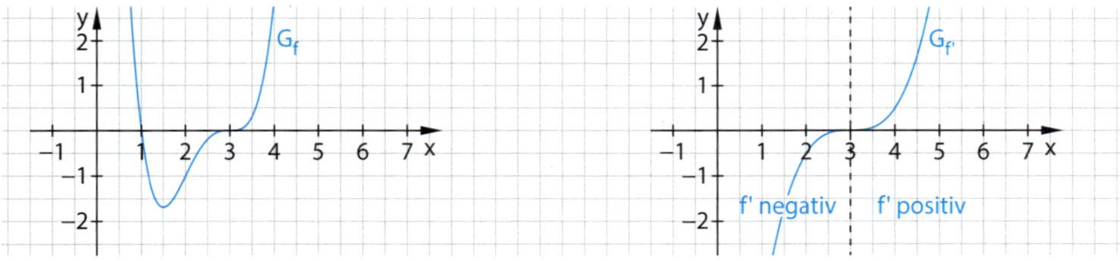

22 Die Rechnung zur Bestimmung der Ableitung von f mit $f(x) = x^2 - 2x$ ist fehlerhaft:

$$\frac{f(x+h) - f(x)}{h} = \frac{(x+h)^2 - 2(x+h) - x^2 - 2x}{h} = \frac{x^2 + 2xh + h^2 - 2x - 2h - x^2 - 2x}{h} = \frac{2xh + h^2 - 2h - 4x}{h}$$

Korrigieren Sie den Fehler und berechnen Sie die Ableitung von f.

23 Die Abbildung zeigt die Graphen einer Funktion f und ihrer Ableitungsfunktion f′.
Benennen Sie die Besonderheit des Graphen von f′ an den Punkten A, B und C und erläutern Sie ihre Bedeutung für den Graphen von f.

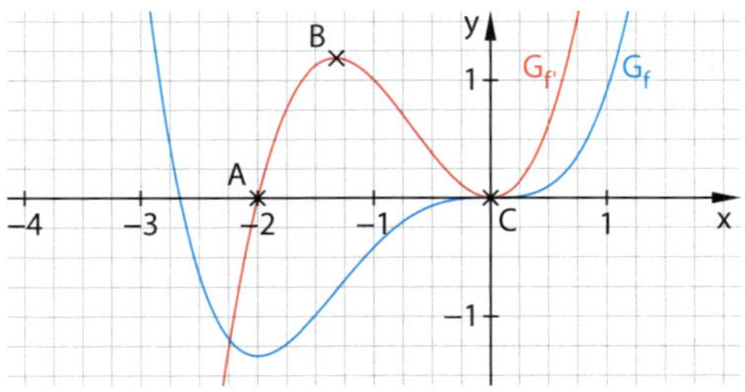

24 Untersuchen Sie an einem Beispiel, wie sich der Graph von f an den Hoch- und Tiefpunkten von f′ verhält.

25 Die Abbildung zeigt den Graphen der Funktion f, die für einen Zeitraum von 8 Tagen die Höhe des Wasserstands im Ausgleichsbecken einer Kanalisation beschreibt.

a) Skizzieren Sie den Graphen der Ableitung f′.

b) Es gilt f′(3) = −0,45. Erklären Sie die Bedeutung dieser Zahl im Sachzusammenhang.

c) Beschreiben Sie den Verlauf des Graphen von f′ im Sachzusammenhang.

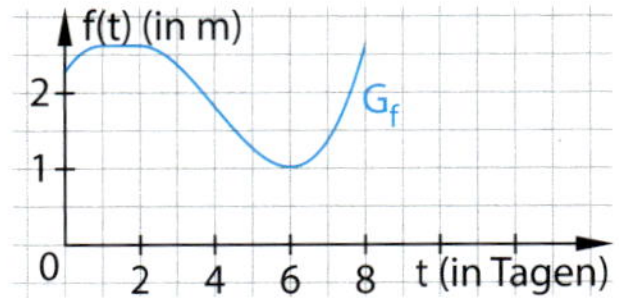

Hilfe

26 Der Graph von f stellt die Anzahl der Infizierten (in 100) während einer Epidemie dar.

a) Interpretieren Sie die Koordinaten des Hochpunktes mit dem größten Funktionswert sowie die Nullstelle im Sachzusammenhang.

b) Skizzieren Sie den Graphen der Ableitung und beschreiben Sie den Verlauf der Infektionsrate.

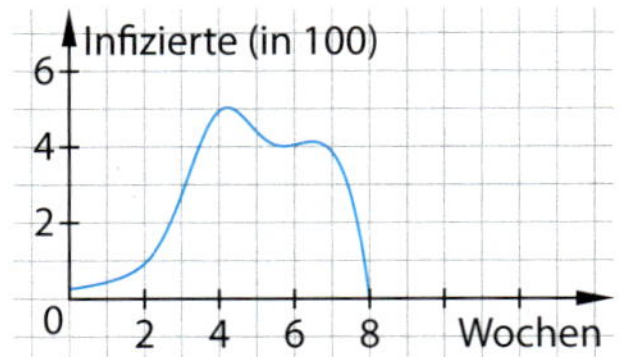

Hilfe

Hinweis zu 27

Knickfrei bedeutet, dass die Gerade und die Parabel an der Übergangsstelle dieselbe Steigung besitzen.

27 Der aus Stücken einer Geraden und einer Parabel knickfrei zusammengesetzte Graph beschreibt den Querschnitt eines 20 m hohen Damms. Die Steigung von g ist 0,8, die Parabel ist der Graph von f mit $f(x) = -\frac{1}{20}x^2 + 20$.

a) Berechnen Sie die Geradengleichung und die Länge des Querschnitts $\overline{CD}$.

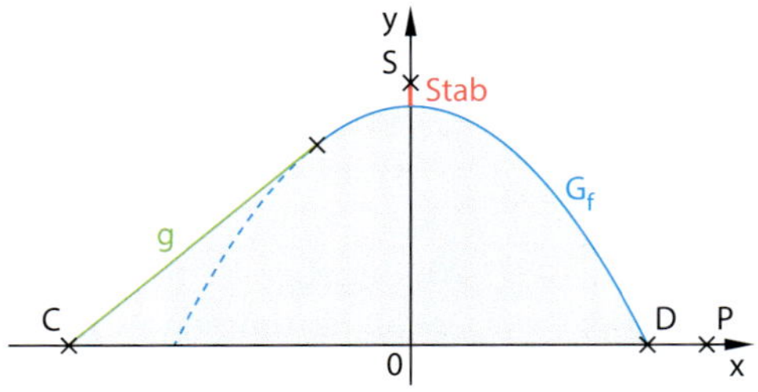

b) Auf dem Damm steht ein 2 m hoher Stab. Prüfen Sie, ob man vom Punkt P(25 | 0) die Spitze des Stabs sehen kann.

28 Die Funktion w mit $w(t) = -\frac{4}{3}t^2 + \frac{10}{3}t + 2$ beschreibt näherungsweise die Höhe eines zum Zeitpunkt t = 0 senkrecht nach oben geworfenen Tennisballs (t: Zeit in s; w(t): Höhe in m).

a) Skizzieren Sie den Graphen von w.

b) Ermitteln Sie den Zeitpunkt, zu dem der Tennisball wieder auf den Boden auftrifft.

c) Berechnen Sie die mittlere Änderungsrate bis zum Erreichen des höchsten Punktes über dem Boden. Geben Sie die Bedeutung dieser Änderungsrate im Sachzusammenhang an.

d) Bestimmen Sie die Ableitung w′ von w und zeichnen Sie den Graphen von w′.

29 Gegeben sind eine beliebige Funktion f und ihre Ableitung f′. Beschreiben Sie begründet, was mit dem Graphen von f′ geschieht, wenn der Graph von f

a) um 3 Einheiten nach oben verschoben wird,

b) um 1 Einheit nach rechts verschoben wird,

c) an der x-Achse gespiegelt wird,

d) an der y-Achse gespiegelt wird.

30 Louis behauptet: „Wenn der Graph von f achsensymmetrisch zur y-Achse ist, dann ist der Graph von f′ punktsymmetrisch zum Ursprung." Nehmen Sie begründet Stellung.

31 **Ausblick:** Gegeben ist die Ableitung einer Funktion f durch $f'(x) = (x-2)^2 - 1$. Skizzieren Sie einen möglichen Verlauf des Graphen von f. Erläutern Sie, weshalb es mehrere Lösungen gibt.

4.4 Ableitung ganzrationaler Funktionen

Die Tabelle zeigt die Terme einiger Funktionen und ihrer Ableitungen. Formulieren Sie aufgrund dieser Ableitungen eine Vermutung für die Ableitung zu $f(x) = x^n$ für ein beliebiges $n \in \mathbb{N}$.

f(x)	f′(x)
x^2	$2x$
x^3	$3x^2$
x^4	$4x^3$

Ableitung von Potenzfunktionen mit natürlichen Exponenten

Es gibt Regeln, die das Ableiten erheblich vereinfachen. Beim Ableiten von $f(x) = x^3$ oder $f(x) = x^2$ wird der Exponent von f(x) zum Vorfaktor von f′(x). Außerdem verkleinert sich der Exponent um 1. Dies gilt allgemein für alle Potenzfunktionen mit natürlichen Exponenten.

$f(x) = x^3$
$f'(x) = 3x^2$

$f(x) = x^2$
$f'(x) = 2x^1 = 2x$

Hinweis

Der Beweis ist Thema von Aufgabe 21.

Satz **Potenzregel für Potenzen mit natürlichen Exponenten**

Die Funktion f mit $f(x) = x^n$ und $n \in \mathbb{N}$, $n > 1$, hat die Ableitung $f'(x) = n \cdot x^{n-1}$.

Auch die Ableitungen zu $f: x \mapsto x$ und $g: x \mapsto 1$ lassen sich für $x \neq 0$ mithilfe dieser Regel bestimmen (siehe rechts). Für den Fall $x = 0$ lässt sich die Ableitung mithilfe des Differenzenquotienten bestimmen.

$f(x) = x = x^1$
$f'(x) = 1 \cdot x^{1-1} = 1 \cdot x^0 = 1$

$g(x) = 1 = x^0$
$g'(x) = 0 \cdot x^{0-1} = 0 \cdot x^{-1} = 0$

Beispiel 1

Berechnen Sie $f'(-2)$ für die Funktion f mit $f(x) = x^6$.

Lösung:

Beim Ableiten von f wird der Exponent 6 zum Vorfaktor, der Exponent von x wird um 1 verkleinert.

$f(x) = x^6$
$f'(x) = 6x^5$

Setzen Sie $x = -2$ in f′(x) ein.

$f'(-2) = 6 \cdot (-2)^5 = 6 \cdot (-32) = -192$

Basisaufgaben

1 Bestimmen Sie die Ableitung der Funktion.
a) $f(x) = x^7$ b) $f(x) = x^9$ c) $h(x) = x^{100}$
d) $f(x) = x^{m+1}$ e) $g(x) = x^{2n}$ f) $v(t) = t^2$

Lösungen zu 2

80 −6 1 0 48 7 −32

2 Bestimmen Sie die Ableitung der Funktion an der Stelle x_0.
a) $f(x) = x^5$; $x_0 = 2$ b) $f(x) = x^2$; $x_0 = -3$ c) $f(x) = x^3$; $x_0 = 4$
d) $f(x) = x^4$; $x_0 = -2$ e) $f(x) = x^7$; $x_0 = -1$ f) $f(x) = x$; $x_0 = 9$

3 Begründen Sie, warum die Potenzregel für die Funktionen f und g mit $f(x) = x^1 = x$ und $g(x) = x^0 = 1$ an der Stelle $x = 0$ nicht angewendet werden kann. Weisen Sie mithilfe des Differenzenquotienten nach, dass dennoch $f'(x) = 1$ und $g'(x) = 0$ für alle $x \in \mathbb{R}$ gilt.

4 Untersuchen Sie mithilfe der Ableitung der Potenzfunktion f mit $f(x) = x^n$ und $n \in \mathbb{N}$, $n \geq 2$, für welche x die Steigung des Graphen positiv, negativ oder null ist. Unterscheiden Sie die Fälle, ob n ungerade oder n gerade ist.

Faktorregel

Der Graph von f mit $f(x) = 3x^3$ entsteht aus dem Graphen von g mit $g(x) = x^3$ durch eine Streckung in y-Richtung mit dem **konstanten Faktor** 3.

Bei der Streckung des Graphen wird jede beliebige Tangente dreimal so steil, wie das gestreckte Steigungsdreieck veranschaulicht. Es gilt: $f'(x) = 3 \cdot g'(x)$

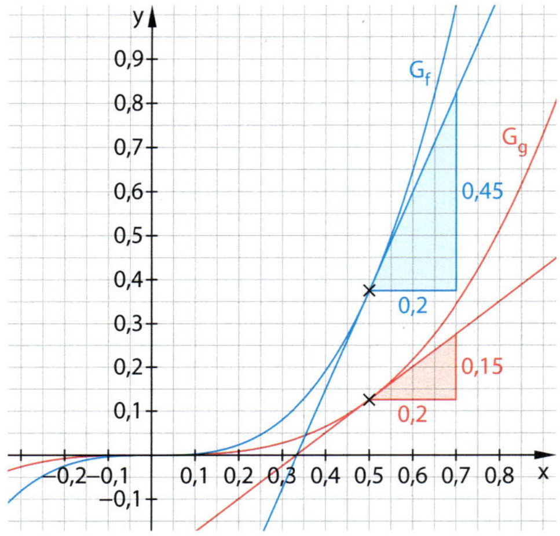

Das lässt sich auf beliebige Funktionen g und f mit $f(x) = k \cdot g(x)$, $k \in \mathbb{R}$, verallgemeinern. Für die Sekantensteigung m_f von f gilt dann:

$$m_f = \frac{f(x+h) - f(x)}{h} = \frac{k \cdot g(x+h) - k \cdot g(x)}{h} = k \cdot \frac{g(x+h) - g(x)}{h} = k \cdot m_g$$

Die Ableitung ist der Grenzwert der Sekantensteigungen:

$$\begin{aligned} m_f &= k \cdot m_g \\ \downarrow h \to 0 \quad & \downarrow h \to 0 \\ f'(x) &= k \cdot g'(x) \end{aligned}$$

Merkregel

Ein konstanter Faktor bleibt beim Ableiten erhalten.

Satz **Faktorregel**

Für differenzierbare Funktionen f und g mit $f(x) = k \cdot g(x)$ und der Konstanten $k \in \mathbb{R}$ gilt:
$f'(x) = k \cdot g'(x)$

Beispiel 2

Bestimmen Sie die Ableitungen zu f und g mit $f(x) = -6x^3$ und $g(x) = \frac{2}{3}x$.

Lösung:

Leiten Sie jeweils den Term ab, der x enthält. Der konstante Faktor bleibt unverändert erhalten.

$f'(x) = [-6x^3]' = -6 \cdot [x^3]' = -6 \cdot 3x^2 = -18x^2$

$g'(x) = \left[\frac{2}{3}x\right]' = \frac{2}{3} \cdot [x]' = \frac{2}{3} \cdot 1 = \frac{2}{3}$

Basisaufgaben

5 Bestimmen Sie die Ableitung der Funktion.
a) $f(x) = 3x^4$ b) $f(x) = 0{,}5x^2$ c) $f(x) = -\frac{3}{4}x$ d) $f(x) = \frac{1}{3}x^3$ e) $f(x) = 2x^7$

6 Schreiben Sie den Funktionsterm so um, dass ein konstanter Faktor entsteht, und leiten Sie dann ab.
a) $f(x) = \frac{x^4}{2}$ b) $f(x) = \frac{3x^2}{2}$ c) $f(x) = \frac{-x}{2}$
d) $f(x) = -6 \cdot \frac{x^3}{5}$ e) $f(x) = (3x)^3$ f) $f(x) = -(-2x)^2$

Lösungen zu 7

−1 0,5 0 −2 24 5 $-\frac{3}{8}$

7 Bestimmen Sie die Ableitung der Funktion an der Stelle x_0.
a) $f(x) = -4x^2$; $x_0 = -3$ b) $f(x) = -\frac{2}{3}x^3$; $x_0 = -1$ c) $f(x) = -x$; $x_0 = 0$
d) $f(x) = \frac{-3x^4}{4}$; $x_0 = 0{,}5$ e) $f(x) = 8$; $x_0 = 2$ f) $f(x) = 5x$; $x_0 = -9$

8 Bestimmen Sie die Ableitungsfunktion.
a) $f(x) = ax^2$ b) $g(y) = -2y^3$ c) $h(t) = vt$

9 Geben Sie die Funktionsterme der Funktion f und ihrer Ableitungsfunktion f′ an.
a) $g(x) = x^2$; $f(x) = 5 \cdot g(x)$ b) $g(x) = 2x^2$; $f(x) = 2 \cdot g(x)$ c) $g(x) = 5x^4$; $f(x) = \frac{1}{3} \cdot g(x)$

Summenregel

Um für f mit $f(x) = \frac{1}{3}x^2 + \frac{1}{2}x$ die Steigung der Tangente bei $x = 2$ zu ermitteln, kann man f als **Summe** der Funktionen g und k mit $g(x) = \frac{1}{3}x^2$ und $k(x) = \frac{1}{2}x$ auffassen:

Es gilt z. B. $f(2) = g(2) + k(2) = \frac{4}{3} + \frac{2}{2} = \frac{7}{3}$.

Mit der Faktor- und Potenzregel erhält man $g'(x) = \frac{2}{3}x$ und $k'(x) = \frac{1}{2}$, also $g'(2) = \frac{4}{3} \approx 1{,}33$ und $k'(2) = \frac{1}{2} = 0{,}5$.

Die Abbildung zeigt, dass $f'(2) = g'(2) + k'(2)$ gilt.
Das lässt sich auf beliebige Funktionen g, k und f mit $f(x) = g(x) + k(x)$ für alle $x \in D$ verallgemeinern. Für die Sekantensteigung m_f von f gilt dann:

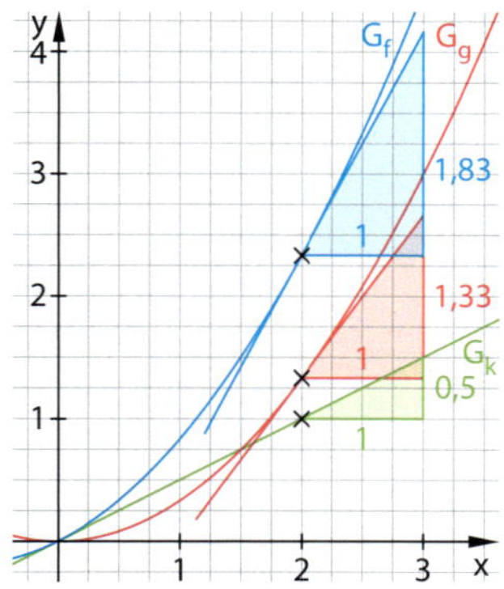

$$m_f = \frac{f(x+h) - f(x)}{h} = \frac{[g(x+h) + k(x+h)] - [g(x) + k(x)]}{h} = \frac{g(x+h) - g(x) + k(x+h) - k(x)}{h}$$

$$= \frac{g(x+h) - g(x)}{h} + \frac{k(x+h) - k(x)}{h} = m_g + m_k$$

Grenzwerte dürfen summandenweise gebildet werden:

$$\begin{array}{ccccc} m_f & = & m_g & + & m_k \\ \downarrow h \to 0 & & \downarrow h \to 0 & & \downarrow h \to 0 \\ f'(x) & = & g'(x) & + & k'(x) \end{array}$$

Satz **Summenregel**
Für die differenzierbaren Funktionen f, g und k mit $f(x) = g(x) + k(x)$ gilt: $f'(x) = g'(x) + k'(x)$

Beispiel 3 Bestimmen Sie die Ableitung.
a) $f(x) = x^3 + 7x$ b) $g(x) = 1 + x^2 - 2x$

Lösung:
Leiten Sie die Summanden einzeln ab und bilden Sie die Summe.
a) $f'(x) = 3x^2 + 7$
b) $g'(x) = 0 + 2x - 2 = 2x - 2$

Basisaufgaben

10 Bestimmen Sie die Ableitung.
a) $f(x) = x^3 + x^2$ b) $f(x) = x^4 - x^3 + 5$ c) $f(x) = x - 3$
d) $f(x) = x^3 - x^2 + x$ e) $f(x) = 3 + x^5 + x^2$ f) $f(x) = -x^7 + x^3 - x^4 + \frac{1}{2}$

11 Bestimmen Sie die Ableitung.
a) $f(x) = 7x^3 - 5x^2 + 9x - 2$ b) $f(x) = 5 - 6x^3$ c) $f(x) = -4x + 2$
d) $f(x) = \frac{1}{3}x^3 + \frac{1}{2}x^2 + x$ e) $f(x) = \frac{1}{5} - \frac{2}{5}x^5 - 4x^4$ f) $f(x) = 3x + \frac{1}{3} - x^8$

12 Bestimmen Sie die Ableitung der Funktion an der Stelle x_0.
a) $f(x) = 3x^4 - 2x^3; x_0 = -1$ b) $f(x) = 2x - 6; x_0 = 8$ c) $f(x) = 3x + 2x^2; x_0 = 3$
d) $f(x) = \frac{4}{5}x - \frac{2}{5}; x_0 = 0$ e) $f(x) = -3x^3 + 2x; x_0 = -\frac{1}{3}$ f) $f(x) = \frac{3}{4}\left(x^3 - \frac{1}{2}x^2\right); x_0 = 1$

Lösungen zu 12
2 15 1 −18 3 $\frac{3}{2}$ $\frac{4}{5}$

13 Multiplizieren Sie den Funktionsterm aus und bestimmen Sie die Ableitungsfunktion.
a) $f(x) = x(x^2 - 3)$ b) $f(x) = (x - 2)(x + 4)$ c) $f(x) = (x - 3)(x + 3)$
d) $f(x) = 2(x - 9)^2$ e) $f(x) = 4(x^2 + 1)^2(x^2 - 1)$ f) $f(x) = (x - 2)^3$

Weiterführende Aufgaben

Zwischentest

14 Bestimmen Sie alle Stellen, an denen die Graphen der Funktionen f und g dieselbe Steigung haben. Überprüfen Sie Ihre Ergebnisse, indem Sie mithilfe eines Funktionenplotters die Steigungen an den berechneten Stellen anzeigen lassen.
a) $f(x) = x^2$; $g(x) = x - 2$ b) $f(x) = x$; $g(x) = x^3$ c) $f(x) = x$; $g(x) = x + 4$

15 Begründen Sie, welcher Funktionsterm die Ableitung von f mit $f(x) = 2x^2 - x + 3$ beschreibt.
(A) $2x - 1$ (B) $4x + 1$ (C) $4x - 1$ (D) $4x - 1 + 3$

16 Bestimmen Sie alle Stellen, an denen die Funktion die Steigung m hat.
a) $f(x) = 2x^3$; $m = 6$ b) $f(x) = \frac{3x^4}{2}$; $m = 48$ c) $f(x) = 0{,}5x^2 + 1{,}5$; $m = -0{,}5$
d) $f(x) = \frac{x^2}{5}$; $m = 10$ e) $f(x) = 3x$; $m = 3$ f) $f(x) = 5x$; $m = 3$
g) $f(x) = \frac{2}{3}x^3 - 1$; $m = -2$ h) $f(x) = -3x^2 + x$; $m = 7$ i) $f(x) = 2x^3 - 3x^2 - x$; $m = 0$

17 **Stolperstelle:** Beschreiben und korrigieren Sie die Fehler.
a) $f(x) = x^2 - 6$
$f'(x) = 2x - 6$
b) $f(x) = a^2 + x$
$f'(x) = 2a + 1$
c) $f(x) = x^2(3x - 1)$
$f'(x) = 2x \cdot 3$

18 Bestimmen Sie die Ableitung und erläutern Sie Ihren Rechenweg.
a) $f(x) = \frac{1}{10}(3x^7 - 5x^2 + 2)$ b) $f(x) = \frac{x^3 + x^2}{3}$
c) $f(x) = -2(3 - 2x + 2x^2 - x^3)$ d) $f(x) = (x^2 - 3x)^2$

19 Die Lenggrieser Weltcup-Abfahrtsstrecke beginnt mit dem Garland-Hang. Das Profil des Hangs wird näherungsweise durch die Funktion f mit $f(x) = 0{,}0001x^2 + 1004$ im Intervall [1400; 2350] beschrieben (x, f(x) in m).
a) Geben Sie den Funktionsterm der Funktion an, die die Steigung des Hangs beschreibt.
b) Berechnen Sie die Steigung des Hangs am Start- und am Zielpunkt der Strecke.

Hilfe

20 Es sei f eine Potenzfunktion mit $f(x) = x^n$ und $n \in \mathbb{N}$. Zeigen Sie:
a) Für jedes $n \geq 2$ hat f genau eine Stelle mit waagerechter Tangente.
b) Ist n ungerade, so gibt es zu jeder Tangente an den Graphen von f mit Steigung $m > 0$ eine parallele Tangente. Erläutern Sie, welcher besondere Fall sich für $n = 1$ ergibt.

21 **Herleitung der Potenzregel:**
a) Es gilt: $(x + h)^4 = x^4 + 4x^3h + 6x^2h^2 + 4xh^3 + h^4 = x^4 + 4x^3h + h^2 \cdot (\ldots)$
Bestimmen Sie den Term in der blauen Klammer. Begründen Sie, warum es möglich ist, h^2 auszuklammern.
b) Zeigen Sie, dass die Funktion f mit $f(x) = x^4$ die Ableitung $f'(x) = 4x^3$ hat. Erläutern Sie dazu die folgende Umformung und führen Sie die Bestimmung des Grenzwerts zu Ende.
$$\lim_{h \to 0} \frac{(x+h)^4 - x^4}{h} = \lim_{h \to 0} \frac{x^4 + 4x^3h + h^2 \cdot (\ldots) - x^4}{h} = \lim_{h \to 0} \frac{4x^3h + h^2 \cdot (\ldots)}{h} = \ldots$$
c) Zeigen Sie, dass die Funktion f mit $f(x) = x^n$ und $n \in \mathbb{N}$ auch für $n > 4$ die Ableitung $f'(x) = nx^{n-1}$ hat. Gehen Sie vor wie in b). Verwenden Sie die Umformung
$(x + h)^n = x^n + nx^{n-1}h + \frac{n \cdot (n-1)}{2}x^{n-2}h^2 + \ldots + nxh^{n-1} + h^n = x^n + nx^{n-1}h + h^2 \cdot (\ldots)$.

22 Prüfen Sie am Beispiel der Funktion f mit $f(x) = x^2 \cdot x^3$, ob die Ableitung eines Produkts zweier Funktionen das Produkt der Ableitungen der beiden Funktionen ist.

23 Begründen Sie mithilfe der Summenregel: Zwei Funktionen, die sich nur um einen konstanten Summanden unterscheiden, haben die gleiche Ableitungsfunktion.

24 Bestimmen Sie die Ableitung der Funktion.
a) $f(s) = s^2 - 3sy - 2$ b) $f(x) = ax^3 + bx^2$ c) $f(t) = k - t$
d) $g(x) = mx + t$ e) $s(t) = \frac{9}{2}t^2 - 0{,}3t + 2$ f) $f(x) = ax^4 + bx^3 + cx^2 + dx + e$

25 Bestimmen Sie die Ableitung der Funktion.
a) $f(x) = x^n + x^{n-1}$ b) $f(x) = x^{2n} - 2x^n$ c) $f(x) = \frac{1}{n}x^n + \frac{1}{2}x^{2n}$

26 Ermitteln Sie die Ableitungsfunktion zu $f: x \mapsto 6x^2$ mit dem Grenzwert des Differenzenquotienten $\lim\limits_{h \to 0} \frac{f(x+h) - f(x)}{h}$. Vergleichen Sie den Aufwand mit dem Anwenden der Faktorregel.

27 a) Bestimmen Sie die Steigung des Graphen von f mit $f(x) = x^2 - 1$ in seinen Schnittpunkten mit der x-Achse.
b) Berechnen Sie, in welchen Punkten der Graph von f mit $f(x) = x^3 - 3x - 1$ waagerechte Tangenten hat.
c) Begründen Sie ohne Rechnung mithilfe des Graphen, dass für f mit $f(x) = 5x - 5$ für alle $x \in \mathbb{R}$ gilt: $f'(x) \neq 0$

28 Tom hat Merkregeln aufgeschrieben. Überprüfen und korrigieren Sie sie, falls nötig.
a) *Die Streckung der Funktion mit dem Faktor a in y-Richtung ändert die Ableitung nicht.*
b) *Die Verschiebung des Graphen in y-Richtung verändert die Ableitung nicht.*
c) *Die Ableitung einer Summe erhält man durch Ableiten der Summanden.*
d) *Die Ableitung einer ganzrationalen Funktion mit Grad n hat den Grad n – 1.*
e) *Der Graph der Ableitung einer quadratischen Funktion ist eine Gerade. Ihre Steigung ist so groß wie der Vorfaktor von x^2.*

Hilfe

29 Die Funktion f mit $f(t) = 5t^3 - 30t^2 + 60t$ gibt für $0 \leq t \leq 3$ die seit Freitag 0 Uhr gefallene Niederschlagsmenge (in mm) an einem verregneten Wochenende wieder (t in Tagen).

a) Zeichnen Sie den Graphen von f mit einem Funktionenplotter.
b) Berechnen Sie die Niederschlagsmenge für das Ende des ersten, zweiten und dritten Tages.
c) Berechnen Sie $f'(1)$ und geben Sie die Bedeutung dieser Zahl im Sachkontext an.
d) Weisen Sie rechnerisch nach, dass es am Ende des zweiten Tages eine (sehr kurze) Regenpause gab.
e) Entnehmen Sie dem Graphen von f den Zeitpunkt t mit $0 \leq t \leq 3$, an dem es am stärksten geregnet hat. Berechnen Sie die Stärke des Regens in mm/Tag zu diesem Zeitpunkt.

30 Ausblick: Höhere Ableitungen
Leitet man Ableitungsfunktion f' einer Funktion f erneut ab, erhält man die **zweite Ableitung f''**. Die Ableitung der zweiten Ableitung heißt **dritte Ableitung f'''**.
Leitet man eine Funktion f n-mal ab, erhält man die **n-te Ableitung $f^{(n)}$**.
Bestimmen Sie die ersten drei Ableitungen der Funktion f. Geben Sie an, ab welchem n für die n-te Ableitung $f^{(n)} = 0$ gilt.
a) $f(x) = x^2 - 3x + 1$ b) $f(x) = 3x^4 - 2x^3 + x^2 - 5x - 3$
c) $f(x) = -x^5 + x^4 - x$ d) $f(x) = x - 3$

4.5 Tangenten und Steigungswinkel

Gegeben sind die Funktion f mit $f(x) = -\frac{1}{8}x^2 + 3$ sowie drei Geraden:
① $y = -0{,}5x + 3$ ② $y = -0{,}25x + 3$
③ $y = -0{,}5x + 3{,}5$
Untersuchen Sie, welche dieser Geraden die Tangente an den Graphen von f an der Stelle $x = 2$ ist.

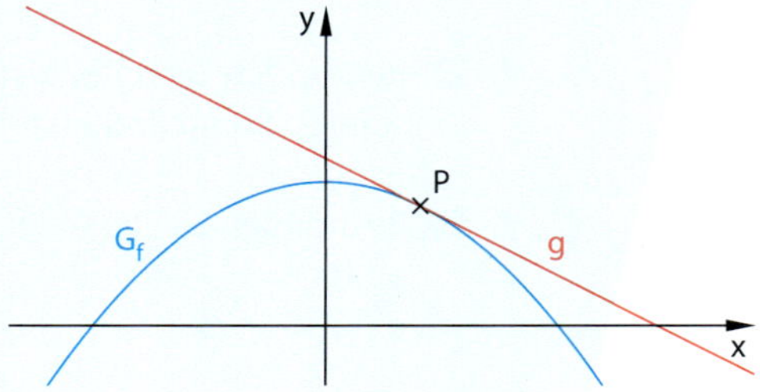

Tangentengleichung

Die Tangente an den Graphen im Punkt $P(x_0 | f(x_0))$ hat die Steigung $m = f'(x_0)$. Mithilfe von P und der Steigung lässt sich die Geradengleichung $g(x) = mx + t$ der Tangente bestimmen.

Wissen

Bestimmen der Gleichung $g(x) = mx + t$ der Tangente g an den Graphen von f im Punkt $P(x_0 | f(x_0))$:
① Steigung $m = f'(x_0)$ berechnen.
② Einsetzen der Koordinaten von P in die Tangentengleichung ergibt $f(x_0) = m \cdot x_0 + t$. Diese Gleichung nach t auflösen und t berechnen.

Beispiel 1 Gegeben ist die Funktion f mit $f(x) = -x^3 + 2x^2 + 4$.
a) Bestimmen Sie die Gleichung der Tangente an den Graphen von f an der Stelle $x_0 = 2$.
b) Bestimmen Sie die Stelle, an der die Tangente die x-Achse schneidet.

Lösung:

a) Bestimmen Sie die Ableitung f'. Die Ableitung an der Stelle $x_0 = 2$ ergibt die Steigung m der Tangente. Berechnen Sie den Funktionswert an der Stelle $x_0 = 2$. Setzen Sie den x-Wert 2, den Funktionswert 4 und $m = -4$ in den Ansatz $g(x) = mx + t$ ein und lösen Sie die Gleichung nach t auf.

Ansatz: $g(x) = mx + t$
① $f'(x) = -3x^2 + 4x$
$m = f'(2) = -4$
② $f(2) = 4$
$4 = -4 \cdot 2 + t$, also $t = 12$

Tangentengleichung: $g(x) = -4x + 12$

b) Die gesuchte Stelle ist die Nullstelle von g. Setzen Sie g(x) gleich null und lösen Sie nach x auf.

$-4x + 12 = 0$, also $x = 3$
Die Tangente schneidet die x-Achse bei $x = 3$.

Basisaufgaben

1 Gegeben ist die Funktion f mit $f(x) = \frac{1}{2}x^2 - 3x + 1$. Bestimmen Sie die Gleichung der Tangente an den Graphen von f im Punkt P.
a) $P(4 | -3)$ b) $P(1 | -1{,}5)$ c) $P(-4 | 21)$ d) $P(0 | 1)$

2 Bestimmen Sie die Gleichung der Tangente an den Graphen der Funktion f im Punkt $P(x_0 | f(x_0))$.
a) $f(x) = 2x^3 - 1$; $x_0 = -1$
b) $f(x) = -x^4 + x^2 + 2$; $x_0 = 1$
c) $f(x) = \frac{1}{3}x^2 + x$; $x_0 = -3$
d) $f(x) = x^2 - 5x$; $x_0 = -2$

3 Bestimmen Sie die Gleichung der Tangente an den Graphen der gegebenen Funktion an der Stelle x_0 und die Schnittpunkte der Tangente mit den Koordinatenachsen. Überprüfen Sie Ihr Ergebnis mit einem Funktionenplotter.

a) $f(x) = -\frac{1}{2}x^2 + \frac{3}{2}$; $x_0 = 1$
b) $g(x) = x^2 - 2x + 1$; $x_0 = 0$
c) $h(x) = x^3 - 4x$; $x_0 = 1$
d) $k(x) = (x+2)^2$; $x_0 = -5$

4 Gegeben ist die Funktion f mit $f(x) = x^3 + 3x$.

a) Bestimmen Sie die Gleichung der Tangente g an den Graphen von f bei $x = -2$.
b) Ermitteln Sie die Gleichung einer zweiten Tangente, welche zu g parallel ist.

5 a) Zeichnen Sie den Graphen von f mit $f(x) = \frac{1}{2}x^2 - 2x$ und die Sekante durch die Punkte $A(0\,|\,f(0))$ und $B(6\,|\,f(6))$.
b) Bestimmen Sie die Steigung der Sekante.
c) Berechnen Sie die Ableitungsfunktion von f.
d) Bestimmen Sie einen Punkt C des Graphen von f, in welchem die Tangente parallel zur Sekante AB verläuft. Ermitteln Sie die Gleichung der Tangente und zeichnen Sie diese.

6 Gegeben ist die Funktion f mit $f(x) = \frac{1}{3}x^3 - \frac{3}{2}x^2$.

a) Bestimmen Sie diejenigen Punkte des Graphen von f, an denen die Tangente von f waagerecht verläuft.
b) Bestimmen Sie die Gleichungen derjenigen Tangenten an den Graphen von f, die parallel zur Geraden h mit $h(x) = -2x + 5$ verlaufen.
c) Eine Tangente an den Graphen von f verläuft durch die Punkte $P\left(0\,\middle|\,\frac{9}{8}\right)$ und $N\left(\frac{1}{2}\,\middle|\,0\right)$. Bestimmen Sie den Berührpunkt der Tangente mit dem Graphen von f und geben Sie die Gleichung der Tangente an.

Steigungswinkel

Der **Steigungswinkel** des Graphen einer Funktion f an der Stelle x_0 entspricht dem Steigungswinkel der zugehörigen Tangente im Punkt $(x_0\,|\,f(x_0))$.

Der Steigungswinkel der Tangente ist dabei der kleinere der Winkel, den die Tangente mit der x-Achse einschließt. Im abgebildeten Steigungsdreieck ist der Tangens des Steigungswinkels α der Quotient aus der Gegenkathete der Länge $m = f'(x_0)$ und der Ankathete der Länge 1:

$$\tan(\alpha) = \frac{m}{1} = f'(x_0)$$

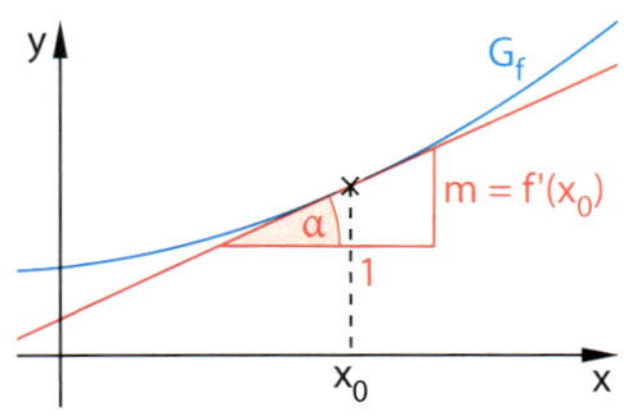

Hinweis

Für negative Steigungen ist der Steigungswinkel ebenfalls negativ, z. B. $g(x) = -x$, $\alpha = -45°$.

Wissen

Für den **Steigungswinkel** α des Graphen einer Funktion f an der Stelle x_0 gilt: $f'(x_0) = \tan(\alpha)$

Beispiel 2

Gegeben ist die Funktion f mit $f(x) = -\frac{1}{4}x^2 + 5x + 1$.
Bestimmen Sie die Steigung sowie den Steigungswinkel des Graphen an der Stelle $x_0 = 2$.

Lösung:

Bestimmen Sie die Ableitung von f und setzen Sie die Stelle 2 ein. Wenden Sie die Umkehrtaste $\tan^{-1}$ Ihres Taschenrechners auf den Wert $f'(2) = 4$ an.

$f'(x) = -\frac{1}{2}x + 5$, $f'(2) = 4$
$\tan(\alpha) = f'(2) = 4$, also $\alpha \approx 75{,}96°$
G_f hat an der Stelle $x_0 = 2$ die Steigung 4 und den Steigungswinkel $\alpha \approx 75{,}96°$.

Hinweis

Achten Sie darauf, dass Ihr Taschenrechner auf das Gradmaß (meist DEG oder D) eingestellt ist.

Basisaufgaben

7 Bestimmen Sie die Steigung und den Steigungswinkel des Graphen G_f an der Stelle x_0.

a) $f(x) = 2x^3$; $x_0 = -1$
b) $f(x) = -x^4 + x^3$; $x_0 = 0$
c) $f(x) = -x^2 - 5x$; $x_0 = 0$
d) $f(x) = 2x^5$; $x_0 = -1$
e) $f(x) = (2x + 1)^2$; $x_0 = -\frac{1}{2}$
f) $f(x) = (x - 1)(x + 2)$; $x_0 = 0$

8 Bestimmen Sie die Steigung und den Steigungswinkel des Graphen von f an der Stelle x_0. Überprüfen Sie Ihre Ergebnisse mit einem Funktionenplotter.

a) $f(x) = -x^2 - 1$; $x_0 = -2$
b) $f(x) = (x - 1)^2$; $x_0 = 2$
c) $f(x) = -3x^2 + 5x + 1$; $x_0 = 1$
d) $f(x) = x^3 + 2x^2 + x$; $x_0 = 1$

9 Gegeben sei die Funktion f mit $f(x) = x^2 + 2x - 3$.

a) Bestimmen Sie die Winkel, unter denen der Graph von f die x-Achse schneidet.
b) Ermitteln Sie die Stelle x_0, an der der Graph von f einen Steigungswinkel von 45° hat.

10 Der Graph einer Funktion hat an der Stelle $x_0 = 1$ den Steigungswinkel 30°. Treffen Sie eine Aussage über den Term der Tangente.

Weiterführende Aufgaben

Zwischentest

11 Untersuchen Sie, welche der Geraden in der Abbildung Tangenten an den Graphen von f mit $f(x) = -\frac{1}{4}x^2 + x$ sind.

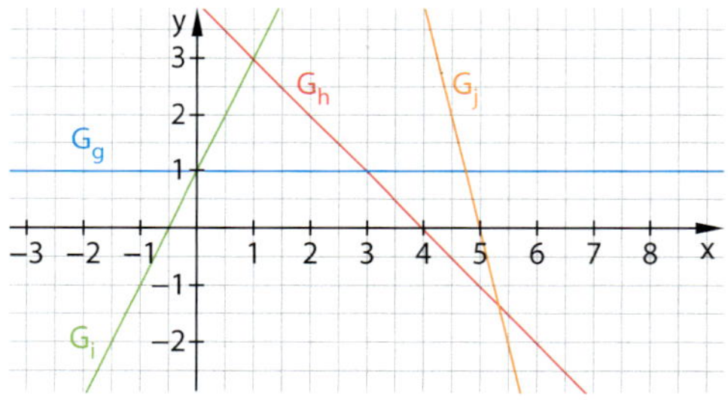

12 **Stolperstelle:** Amy möchte mit $f(2) = -3$ und $f'(2) = 4$ die Gleichung der Tangente an den Graphen von f an der Stelle 2 aufstellen und den Steigungswinkel berechnen. Beschreiben Sie ihre Fehler.

g: $2 = 4 \cdot (-3) + t$, also $t = 14$, also $g(x) = 4x + 14$ *$\tan(4) \approx 0{,}07$, also $\alpha \approx 0{,}07°$*

13 Der Verlauf einer Kaimauer ist zwischen den Punkten A und B gegeben durch den Graphen zu $f(x) = x^3 - 3x^2 + 4$, zwischen A und N_1 durch die Tangente g_1 an den Graphen von f im Punkt $A\left(-\frac{1}{2}\middle|f\left(-\frac{1}{2}\right)\right)$ und zwischen B und N_2 durch die Tangente g_2 im Punkt B.

a) Ermitteln Sie die Steigung und die Gleichung von g_1.
b) Die Gerade g_2 hat die Steigung $m_2 = -3$. Berechnen Sie die Koordinaten von B und die Gleichung von g_2.
c) N_1 und N_2 sind die Schnittpunkte der beiden Tangenten mit der x-Achse. Berechnen Sie die Koordinaten dieser Punkte.
d) Ermitteln Sie den Schnittpunkt S der beiden Tangenten und den Flächeninhalt des Dreiecks N_1N_2S. Sie erhalten damit einen Näherungswert für den Flächeninhalt der Figur.

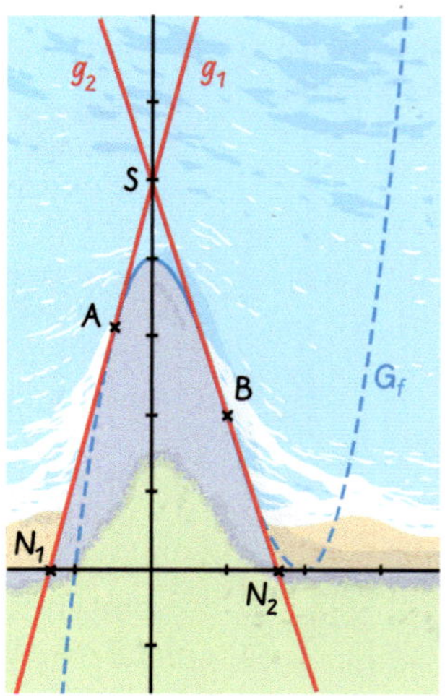

Erinnerung

Ein Dreieck mit Grundseite g und Höhe h hat den Flächeninhalt $A = \frac{g \cdot h}{2}$.

14 Tim möchte seinen ferngesteuerten Rennwagen den abgebildeten Hügel vom linken Fußpunkt aus hinauffahren lassen. Der Wagen hat eine Steigfähigkeit von höchstens 45°. Die Profilkurve des Hügels wird näherungsweise durch die Funktion h mit $h(x) = -\frac{1}{4}x^2 + 3x - 6$ beschrieben (x, h(x) in Metern).

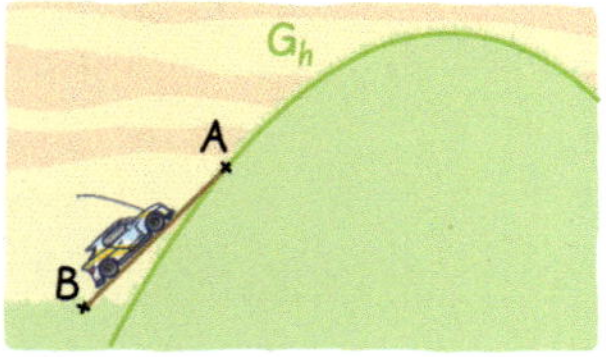

a) Weisen Sie nach, dass der Hügel zu steil für den Rennwagen ist.
b) Tim lehnt ein Brett als Rampe an, so dass dieses den Hügel in 1,5 Metern Höhe vom Boden aus berührt. Prüfen Sie, ob der Wagen es schafft, die Rampe hochzufahren.
c) Bestimmen Sie die niedrigste Höhe, an der Tim die Rampe am Hügel anlehnen muss, damit das Auto den Anstieg noch schafft. Bestimmen Sie, in welcher Entfernung vom linken Fußpunkt des Hügels aus diese Rampe auf den Boden aufgesetzt werden muss.

15 Gegeben ist der parabelförmige Graph der Ableitungsfunktion f'. Entscheiden Sie begründet, ob die Aussage wahr oder falsch ist:
„Zu jeder Tangente g an den Graphen von f gibt es eine weitere Tangente an den Graphen von f, die parallel zu g verläuft."

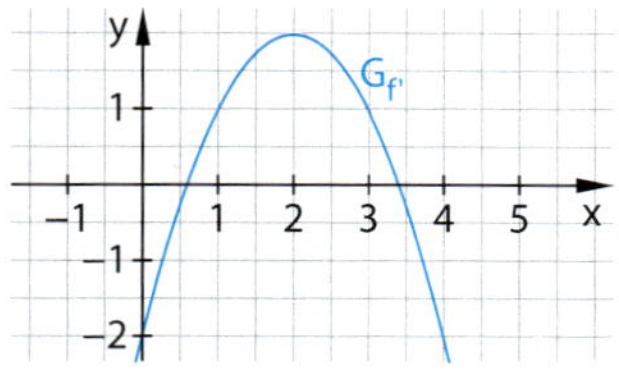

16 **Formel für Tangentengleichung:**
Zur Bestimmung der Gleichung der Tangente g an den Graphen der Funktion f im Punkt $(x|f(x_0))$ gibt es die Formel $g(x) = f'(x_0) \cdot (x - x_0) + f(x_0)$.
Weisen Sie die Gültigkeit der Formel nach, indem Sie den Punkt und die Steigung der Tangente in die allgemeine Form der Geradengleichung einsetzen und nach dem y-Achsenabschnitt t auflösen.

Wissen **Normale**
Die Gerade, die senkrecht zur Tangente an den Graphen einer Funktion f im Punkt $P(x_0|f(x_0))$ verläuft, heißt **Normale** an den Graphen von f im Punkt P.
Für die Steigung der Normalen gilt: $m = -\frac{1}{f'(x_0)}$

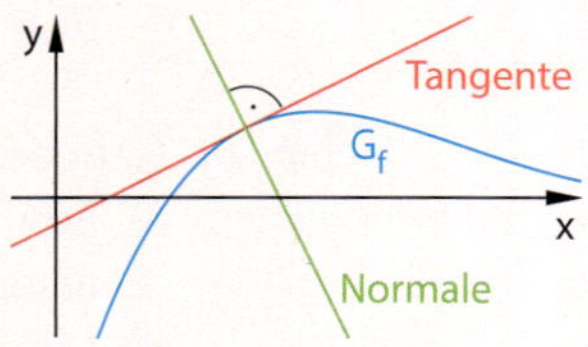

17 Gegeben ist die Funktion f mit $f(x) = (x - 1)^2 - 2$.
a) Bestimmen Sie die Gleichung der Tangente an den Graphen von f an der Stelle $x_0 = 2$.
b) Zeichnen Sie den Graphen von f in ein Koordinatensystem und tragen Sie die Tangente im Punkt $P(2|f(2))$ ein.
c) Zeichnen Sie die Normale an den Graphen von f im Punkt P ein und lesen Sie deren Steigung ab. Vergleichen Sie mit dem Wert, der sich aus $m = -\frac{1}{f'(x_0)}$ ergibt.
d) Stellen Sie die Gleichung der Normalen auf.

18 Bestimmen Sie die Gleichungen der Tangente und der Normalen an der Stelle x_0. Überprüfen Sie Ihr Ergebnis mit einem Funktionenplotter.
a) $f(x) = x^3 - 2x + 6;\ x_0 = 1$
b) $f(x) = 2x^2 + 6x;\ x_0 = -2$
c) $f(x) = x^4 - 6x;\ x_0 = -0{,}5$

19 **Formel für Normalengleichung:**
Zur Bestimmung der Normalengleichung an den Graphen der Funktion f im Punkt $P(x_0|f(x_0))$ gibt es die Formel $n(x) = -\frac{1}{f'(x_0)} \cdot (x - x_0) + f(x_0)$.
Stellen Sie mithilfe der Formel die Gleichung der Normalen auf.
a) $f(x) = -x^2 + 4;\ x_0 = 2$
b) $f(x) = x^3 + 2x^2;\ x_0 = 1$
c) $f(x) = 0{,}5x^4 - x - 3;\ x_0 = 0$

20 a) Zeichnen Sie mit einem Funktionenplotter den Graphen der Funktion f mit $f(x) = -x^3 + 9x^2$. Bestimmen Sie alle Punkte, in denen der Graph die Steigung −9 hat.
b) Bestimmen Sie den Punkt P, in dem die Gerade g mit $g(x) = 15x - 7$ eine Tangente an den Graphen ist. Lassen Sie die Normale in diesem Punkt anzeigen und geben Sie ihre Gleichung an.

21 a) Bestimmen Sie die Gleichungen der Tangente und der Normale an den Graphen der Funktion f mit $f(x) = 0{,}1x^3 - x^2$ im Punkt $P(8\,|\,f(8))$.
b) Die Tangente und die Normale schließen mit den Achsen des Koordinatensystems ein Viereck ein. Bestimmen Sie den Flächeninhalt dieses Vierecks.

22 Schnittwinkel zweier Graphen:
Der Schnittwinkel zweier Graphen in einem Punkt ist der kleinere der beiden Winkel, unter denen sich die Tangenten der Graphen in diesem Punkt schneiden. Die Graphen der Funktionen f und g mit $f(x) = x^2$ und $g(x) = -(x-2)^3$ schneiden sich im Punkt $(1\,|\,1)$. Erklären Sie anhand der Abbildung, wie man den Schnittwinkel der Graphen von f und g bestimmen kann. Berechnen Sie ihn anschließend.

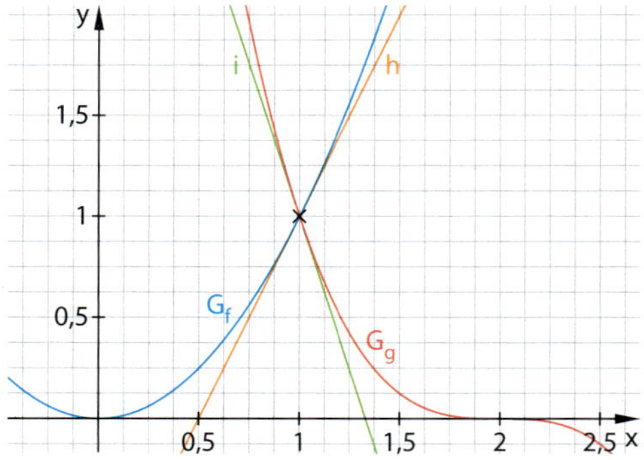

23 Bestimmen Sie alle Schnittstellen und zugehörigen Schnittwinkel der Graphen von f und g.
a) $f(x) = x^3 + 2x + 2$
$g(x) = 2 - x^3$
b) $f(x) = -\frac{1}{2}x^2 - 3x + 1$
$g(x) = 2x + 1$
c) $f(x) = (x+1)^2 - 1$
$g(x) = -1{,}5x + 4{,}5$
d) $f(x) = 2x^2 + 4x - 7$
$g(x) = -\frac{1}{2}x^2 - 42$
e) $f(x) = (x-3)^2 + 1$
$g(x) = -\frac{1}{2}x^2 + 3x - 5$
f) $f(x) = 2$
$g(x) = x^2 - 1$

24 Gegeben ist die Funktion f mit $f(x) = 0{,}5x^2 - 2x$.
a) Ermitteln Sie den Funktionsterm einer Funktion g, sodass sich die Graphen von f und g an der Stelle $x_0 = 1$ im Winkel von 40° schneiden.
b) Untersuchen Sie die Graphen von f und g auf weitere Schnittpunkte. Bestimmen Sie die weiteren Schnittwinkel, falls vorhanden.

Hilfe

25 Gegeben ist die Funktion f mit $f(x) = \frac{1}{3}x^3 - x^2 + x + \frac{1}{3}$.
a) Bestimmen Sie die Gleichung der Tangente im Punkt $A(-1\,|\,f(-1))$. Berechnen Sie auch ihren Steigungswinkel.
b) Ermitteln Sie die Gleichungen der Tangenten des Graphen, die mit der x-Achse einen Winkel von 45° einschließen.

26 Gegeben sind die Funktion f mit $f(x) = -\frac{1}{2}x^4 + 4x^2 - 3x - 5$ und die Gerade g mit $g(x) = -3x + 3$.
a) Weisen Sie rechnerisch nach, dass g in zwei Punkten P und Q eine Tangente an den Graphen von f ist. Geben Sie die Koordinaten von P und Q an.
b) Der Graph von f wird um eine Einheit nach links und um a Einheiten nach oben verschoben, sodass die Gerade g wieder in zwei Punkten Tangente an den neuen Graphen ist. Geben Sie a an und begründen Sie Ihre Angabe.

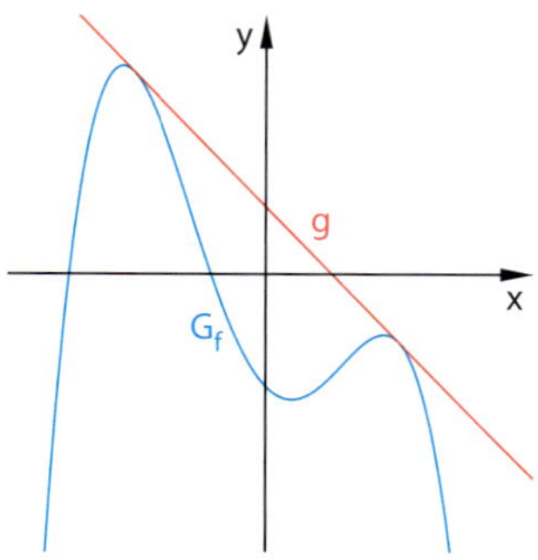

Hilfe

27 Die Abbildung zeigt den Graphen von f mit $f(x) = -x^2 + 4$.

a) Ermitteln Sie die Koordinaten der Punkte A, B und D.

b) Berechnen Sie den Flächeninhalt des Dreiecks ABD.

c) Bestimmen Sie die Gleichungen der Tangenten an den Schnittpunkten A und B des Graphen mit der x-Achse.

d) Berechnen Sie den Schnittpunkt C der beiden Tangenten. Ermitteln Sie auch ihren Schnittwinkel.

e) Zeigen Sie, dass die Flächeninhalte der Dreiecke ABC und ABD zueinander im Verhältnis 2 : 1 stehen.

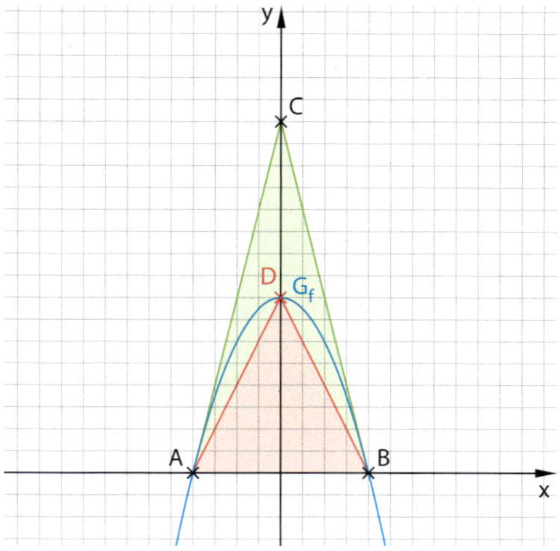

28 Gegeben sind die Funktionen f und h mit $f(x) = 0{,}2x^2 + 1{,}2x - 1$ und $h(x) = -0{,}1(x - 1)(x - 10)$. Pascal behauptet: „Im Punkt $A(0|-1)$ haben die beiden Graphen dieselbe Tangente."
Begründen Sie mithilfe eines Funktionenplotters, ob Pascal recht hat.

29 Eine Skisprungschanze steht an einem Hang, dessen Profil durch den Graphen von h mit $h(x) = -\frac{2}{5}x^3 + \frac{6}{5}x^2 - \frac{359}{250}x + \frac{9}{10}$ (in 100 m) gegeben ist.
Die Schanze entspricht dem Graphen von s mit $s(x) = -\frac{5}{8}x^5 + \frac{3}{4}x^4 + \frac{1}{2}x^3 - \frac{3}{2}x + \frac{6}{5}$.

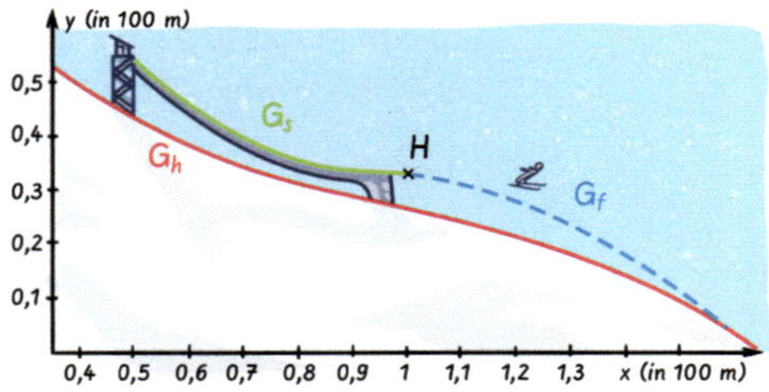

a) Zeigen Sie, dass bei $x = 0{,}8$ die Schanze genau so steil ist wie der Hang.

b) Eine Kugel, die die Schanze herunterrollt, würde ohne Erdanziehung ab dem Punkt $H(1|0{,}325)$ geradlinig weiterfliegen. Ermitteln Sie die Gleichung dieser Geraden.

c) Zeigen Sie, dass der Graph von f mit $f(x) = -\frac{3}{5}x^2 + \frac{43}{40}x - \frac{3}{20}$ eine mögliche Flugbahn eines Skispringers beschreibt, indem Sie nachweisen, dass der Graph von f im Punkt H knickfrei an den Graphen von s anschließt.

d) Ermitteln Sie die Steigung sowie den Steigungswinkel der Schanze an ihrem höchsten Punkt bei $x = 0{,}5$.

e) Bestimmen Sie den Winkel, unter dem der Skispringer auf dem Hang landet.

30 a) Beschreiben Sie, wie dieses Bild entstanden ist.

b) Erzeugen Sie mithilfe eines geeigneten digitalen Hilfsmittels ähnliche Bilder.

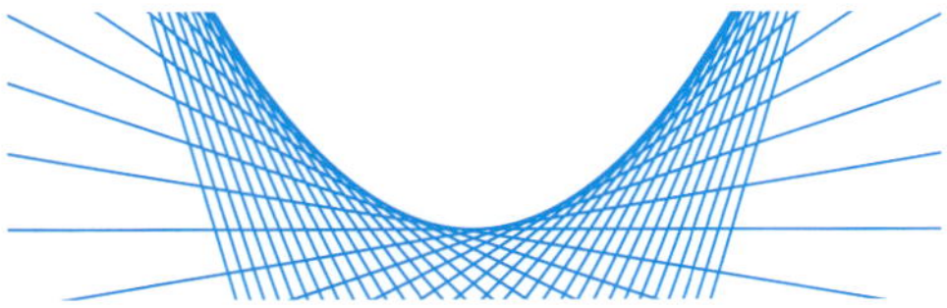

31 **Ausblick:** Gegeben ist der Graph G_f von f.

a) Geben Sie die Gleichung der Normale an der Stelle $x = 1$ an. Erläutern Sie, dass Sie ihre Steigung nicht mit der Formel aus der Tangentensteigung erhalten.

b) Entscheiden Sie begründet, ob ein Funktionsgraph eine Normale mit der Steigung 0 haben kann.

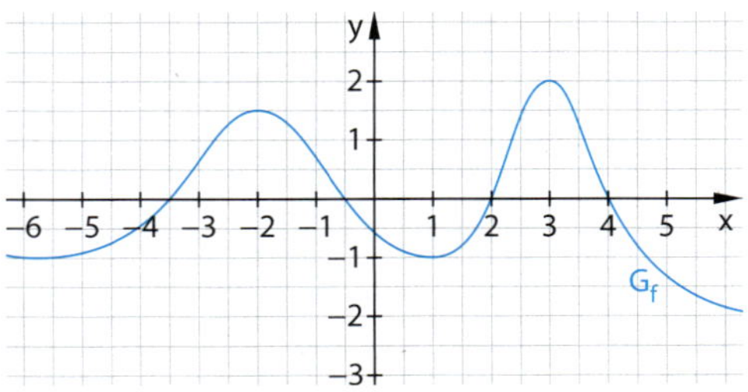

Ableitungen mit einer Mathematik-Software durchführen

a) Ermitteln Sie mithilfe einer geeigneten Mathematik-Software die Sekantensteigungen der Funktion f mit $f(x) = \frac{1}{5}x^3 - \frac{3}{2}x^2 + 2x + 2$ zwischen den Punkten $P(0|2)$ und $Q(a|f(a))$ für a = 1, a = 0,5 und a = 0,1.

b) Lassen Sie von der Software die Ableitungsfunktion f′ zeichnen und bestimmen Sie damit die Steigung von f an den Stellen 0, 2 und 5.

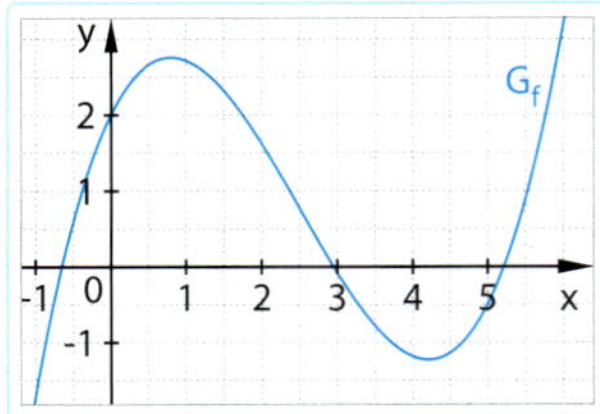

Von der Sekante zur Tangente

Die mittlere Änderungsrate einer Funktion wird an ihrem Graphen durch eine Sekante dargestellt. Wird das betrachtete Intervall immer kleiner, so nähert sich die mittlere Änderungsrate immer mehr der lokalen Änderungsrate an, im Schaubild nähert sich die Sekante immer mehr einer Tangente an. Dieser Übergang lässt sich mit einer Software gut veranschaulichen.

Beispiel 1 Untersuchen Sie die Funktion f mit $f(x) = \frac{1}{4}x^2$ mit einer Mathematik-Software.

a) Ermitteln Sie einen Näherungswert für die Steigung der Tangente an den Graphen von f im Punkt $A(2|1)$, indem Sie die Steigungen verschiedener Sekanten betrachten.

b) Überprüfen Sie Ihren Näherungswert aus a), indem Sie die Tangente einzeichnen.

Lösung:

a) Gehen Sie wie folgt vor:
- Erstellen Sie einen Schieberegler. Wählen Sie als Minimalwert und als Schrittweite jeweils 0,1.
- Lassen Sie den Graphen von f zeichnen.
- Erstellen Sie den Punkt $A(2|1)$ auf dem Graphen von f.
- Definieren Sie den Punkt B mit der x-Koordinate „x-Wert von A plus Wert des Schiebereglers" und der y-Koordinate „zugehöriger Funktionswert". Der Punkt B liegt auf dem Graphen und lässt sich mithilfe des Schiebereglers verschieben.
- Erstellen Sie die Gerade durch A und B und lassen Sie ihre Steigung angeben.

Die verschiedenen Sekantensteigungen lassen vermuten, dass die gesuchte Tangentensteigung den Wert 1 hat.

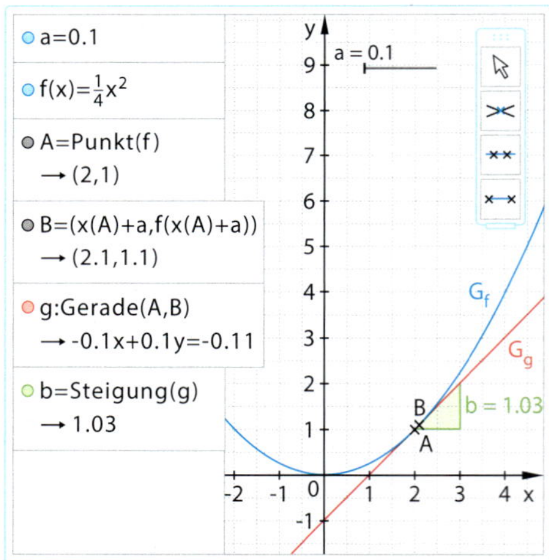

Schieberegler	2	1	0,5	0,1
Sekantensteigung	1,5	1,25	1,13	1,03

Vermuteter Näherungswert: 1

b) Erstellen Sie die Tangente in A an den Graphen von f. Ihre Steigung ist wie vermutet 1.

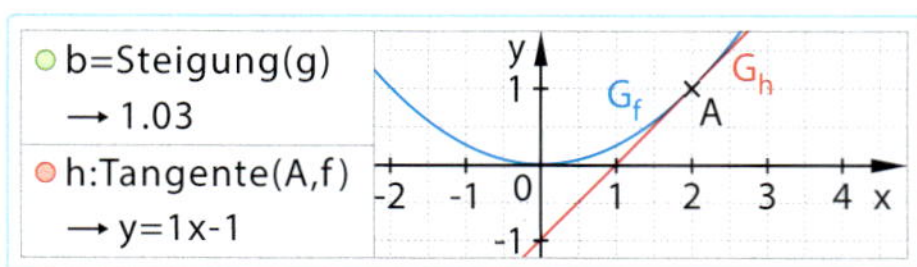

Aufgaben

1 Ermitteln Sie mithilfe eines Schiebereglers die mittlere Änderungsrate der Funktion f mit $f(x) = -0{,}1x^2 + x + 2$ in den Intervallen [0; 2], [0; 5] und [0; 10].

2 Zeichnen Sie mit einer Mathematik-Software den Graphen der Funktion f und die Tangente an den Graphen an der Stelle x_0. Geben Sie auch die Tangentengleichung an.

a) $f(x) = 2x^2 + 4x + 1$; $x_0 = 0$ b) $f(x) = -0{,}5x^3 + 2x^2$; $x_0 = 1$

3 Die Funktion f mit der Funktionsgleichung $f(x) = -\frac{500}{27}x^3 + \frac{2000}{3}x^2 - 7500x + 27\,000$ beschreibt näherungsweise die Anzahl der Personen in einem Vergnügungspark um x Uhr.

a) Zeichnen Sie den Graphen von f mit einer Mathematik-Software. Wählen Sie eine geeignete Skalierung für die Achsen.

b) Ermitteln Sie die Öffnungszeiten des Parks. Erläutern Sie, für welche Uhrzeiten die Funktion den Sachverhalt nicht beschreibt.

c) Ermitteln Sie, zwischen welchen vollen Stunden die Besucherzahl am stärksten steigt.

d) Geben Sie an, wann sich die meisten Personen im Park aufhalten. Ermitteln Sie auch die Anzahl der Personen im Park um diese Uhrzeit.

Ableitungsfunktion

Wenn eine Funktion f in eine Mathematik-Software eingegeben ist, erhält man mit dem Befehl „f'(x)" die zugehörige Ableitungsfunktion.

4 Zeichnen Sie mit einer Mathematik-Software die Graphen der Funktion f und ihrer Ableitungsfunktion f'.

a) $f(x) = x^2 - 5x - 3$ b) $f(x) = x^4 - x^2 + x + 2$ c) $f(x) = 0{,}1x^5 - 0{,}5x^3 + 1$

5 Skizzieren Sie den Graphen der Ableitungsfunktion auf Papier. Prüfen Sie dann Ihr Ergebnis, indem Sie den Graphen von f' mit einer Mathematik-Software zeichnen.

a) $f(x) = -0{,}25x^3 - x^2 + x + 2$ b) $f(x) = -0{,}5x^4 + 3x^2 - 1$ c) $f(x) = 2 \cdot \sin(x) + 2$

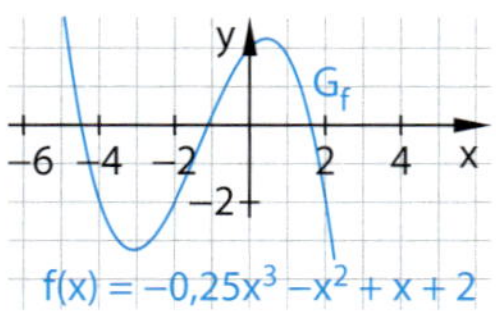

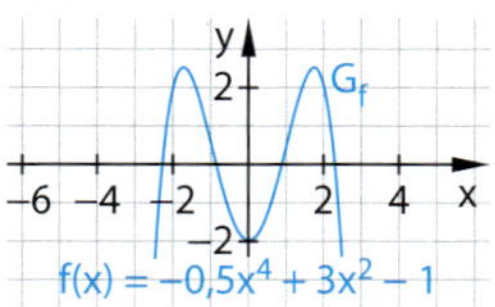

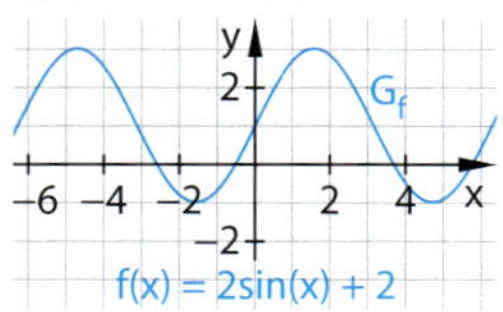

6 Eine Straße im Gebirge kann für $0 \le x \le 12$ durch die Funktion f mit $f(x) = -\frac{1}{1080}x^3 + \frac{1}{60}x^2$ modelliert werden. Eine Längeneinheit entspricht 100 m.

a) Zeichnen Sie die Graphen von f und f' sowie den Graphen der Ableitungsfunktion f'' von f'. Bestimmen Sie die Nullstelle von f''.

b) Die Nullstelle von f'' ist die Stelle, an der f die größte Steigung hat. Ermitteln Sie den Wert dieser Steigung.

c) Geben Sie die Gleichung der Tangente an den Graphen von f im steilsten Punkt an. Ermitteln Sie die maximale Steigung der Straße in %.

4.6 Klausur- und Abiturtraining

Aufgaben ohne Hilfsmittel

1 Geben Sie eine Funktion mit dem Definitionsbereich $D = \mathbb{R}$ an, die an der Stelle $x = 3$ nicht differenzierbar ist. Begründen Sie anschaulich, warum das so ist.

2 Bestimmen Sie die Ableitungen der Funktionen f, g und h. Vergleichen Sie und begründen Sie Ihre Beobachtung.
$f(x) = -0{,}5x^4 + 4x^2 - x + 1$ $\quad g(x) = -0{,}5x^4 + 4x^2 - x + 8$ $\quad h(x) = -0{,}5x^4 + 4x^2 - x - 2$

3 Gegeben ist die Funktion f mit $f(x) = x(x-2)(x-6)$.
a) Stellen Sie die Gleichung der Tangente an den Graphen von f im Punkt $P(3 \mid f(3))$ auf.
b) Bestimmen Sie die gemeinsamen Punkte des Graphen von f mit seiner Tangente im Ursprung.

4 Der Graph der Funktion f mit $f(x) = ax^2 + c$ besitzt im Punkt $P(2 \mid 0)$ die Tangente g mit der Gleichung $g(x) = -x + 2$. Bestimmen Sie a und c.

5 Überprüfen Sie, ob der Graph von f mit $f(x) = 0{,}5(x-2)x(x+2)$ punktsymmetrisch ist. Bestimmen Sie alle Tangenten des Graphen, die parallel zur Geraden durch die Punkte $(0 \mid 0)$ und $(1 \mid 4)$ sind.

6 a) Berechnen Sie mithilfe des Differenzialquotienten die lokale Änderungsrate der Funktion A mit $A(r) = \pi r^2$ an der Stelle r. Erklären Sie die anschauliche Bedeutung von A und A'.
b) Bestimmen Sie mithilfe der h-Methode die lokale Änderungsrate der Funktion $V(a) = a^3$ an der Stelle a.

7 Skizzieren Sie den Funktionsgraphen einer Funktion, für die gleichzeitig gilt:
① $D = [-4; 4]$
② Nullstelle bei $x = 0$
③ nicht differenzierbar bei $x = 0$
④ Ableitung abschnittsweise konstant

8 Die Abbildung zeigt den Graphen von f'. Entscheiden Sie begründet, ob die Aussage wahr oder falsch ist.
a) Der Graph von f hat an drei Stellen waagerechte Tangenten.
b) Der stärkste Anstieg einer Tangente von f ist bei $x = 2$.
c) Der Graph von f verläuft von links oben nach rechts oben und hat in $x = 0$ eine Nullstelle.

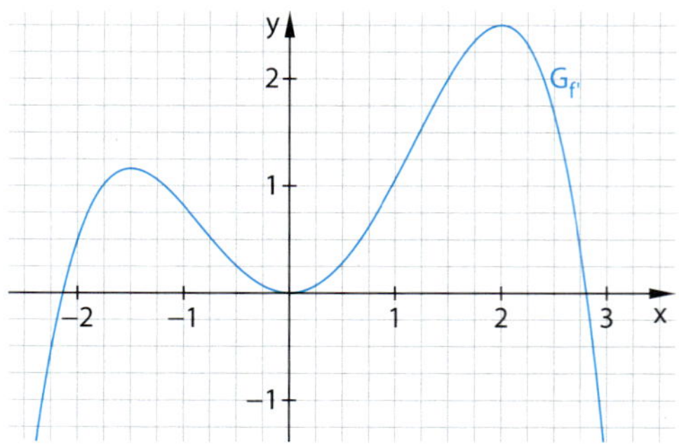

9 Gegeben ist die Funktion f mit $f(x) = x^2 - 4$.
a) Berechnen Sie die Stelle x_0, an der die momentane Änderungsrate identisch mit der mittleren Änderungsrate im Intervall $[-1; 2]$ ist. Skizzieren Sie die Situation.
b) Betrachten Sie nun das Intervall $[a; 2]$. Berechnen Sie alle a, für die die Sekante die x-Achse im 45°-Winkel schneidet.
c) Zeigen Sie: Es existiert immer eine Stelle x, in der die Tangente parallel zur Sekante auf dem Intervall $[a; b]$ verläuft. Dabei ist x der Mittelwert der Intervallgrenzen.

Aufgaben mit Hilfsmitteln

10 Ein Baumarkt plant ein neues, ungewöhnliches Kinderspielhaus. Die Abbildung zeigt einen Querschnitt des Hauses. Der linke Dachteil kann durch den Graphen der Funktion f mit $f(x) = \frac{2}{3}x^2 + 2x + 3$ im Intervall $\left[-\frac{3}{2}; 0\right]$ beschrieben werden. Für den rechten Teil des Dachs wird der Graph der Funktion g mit $g(x) = \frac{192}{125}x^3 - \frac{72}{25}x^2 + 3$ im Intervall $\left[0; \frac{3}{2}\right]$ verwendet $(x, f(x), g(x)$ in m$)$.

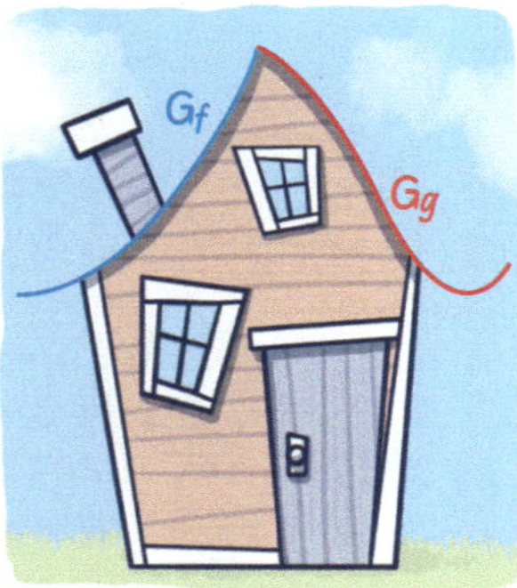

a) Weisen Sie nach, dass der linke Dachteil waagerecht beginnt. Der rechte Dachteil verläuft an seiner tiefsten Stelle waagerecht. Bestimmen Sie die Höhe h des Dachs über dem Erdboden an dieser Stelle.

b) Zeigen Sie, dass der Steigungswinkel des linken Dachteils bei $x = 0$ ca. $63{,}43°$ beträgt. Berechnen Sie auch den Steigungswinkel des rechten Dachteils bei $x = 0$ und beschreiben Sie, wie man damit den Schnittwinkel der beiden Dachteile bestimmen kann.

c) Das Gefälle eines Dachs ist entscheidend dafür, wie schnell Wasser abfließen kann. Berechnen Sie das mittlere Gefälle des linken und des rechten Dachteils.
Zeigen Sie, dass $g'(x) = \frac{576}{125}\left(x^2 - \frac{5}{4}x\right)$ gilt, und bestimmen Sie mithilfe quadratischer Ergänzung die Scheitelpunktform von g'. Begründen Sie, dass Sie aus diesem Funktionsterm ablesen können, an welcher Stelle der rechte Dachteil das größte Gefälle hat. Geben Sie für diese Stelle den Steigungswinkel des Dachs an.

d) Der Baumarkt hat noch 1,6 m hohe, vorgefertigte Seitenwände vorrätig, die für die schrägen Seitenwände des Hauses verwendet werden sollen. Der Dachvorsprung soll auf beiden Seiten jeweils 0,25 m (waagerecht gemessen) betragen. Berechnen Sie die Breite des Hausbodens. Ermitteln Sie, wie steil dann die Seitenwände sind.

e) Auf halber Dachhöhe soll am linken Dachteil ein 1 Meter langer Fahnenmast senkrecht zur Dachfläche angebracht werden. Untersuchen Sie, ob die Spitze des Fahnenmasts über die Firsthöhe hinausreicht.

11 Der linke und der rechte Rand einer Minigolfbahn werden in der Draufsicht durch die Graphen der Funktionen f und g mit $f(x) = x^3 + x$ und $g(x) = -(x-4)^3 - (x-4)$ beschrieben.

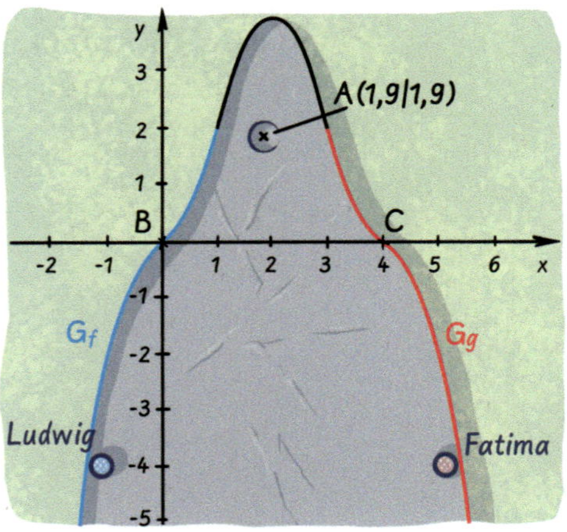

a) Beschreiben Sie, wie der Graph von g aus dem Graphen von f hervorgeht. Begründen Sie damit die Symmetrie der beiden Graphen zur Geraden $x = 2$.

b) Ermitteln Sie die Gleichung der Parabel, die das Mittelstück im Intervall $[1; 3]$ beschreibt. Beachten Sie dabei, dass die Randlinie an den Nahtstellen knickfrei verlaufen soll.

c) Ludwig hat den Ball so geschlagen, dass er am linken Rand der Bahn am Graphen von f entlangläuft und dann vom Punkt B aus geradlinig weiterrollt. Zeigen Sie, dass der Ball das Loch im Punkt A trifft.

d) Fatimas Ball rollt am rechten Rand der Bahn am Graphen von g entlang und vom Punkt C aus geradlinig weiter. Untersuchen Sie, ob Fatima das Loch im Punkt A trifft. Begründen Sie, dass die Laufbahnen der Bälle ab den Punkten B bzw. C mit der x-Achse ein gleichschenkliges Dreieck bilden. Ermitteln Sie damit den Schnittpunkt und den Schnittwinkel der beiden Bahnen.

4 Prüfen Sie Ihr neues Fundament

Lösungen
→ S. 194

1 Der Graph zeigt den Einparkversuch eines Fahrschülers in Abhängigkeit von der Zeit t.

a) Interpretieren Sie den Graphen im Sachzusammenhang.

b) Geben Sie die Zeitpunkte an, an denen die Fahrlehrerin vehement auf die Bremse getreten ist.

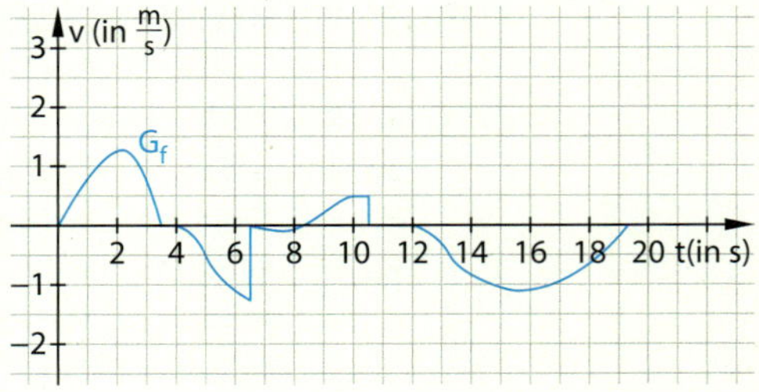

2 Die Bevölkerungszahl der Erde betrug im Jahr 1700 etwa 600 Millionen, im Jahr 1800 etwa 900 Millionen, im Jahr 1900 etwa 1,6 Milliarden Menschen und im Jahr 2000 ca. 6 Milliarden Menschen. Für das Jahr 2100 wird die Erdbevölkerung auf etwa 10 Milliarden Menschen geschätzt.

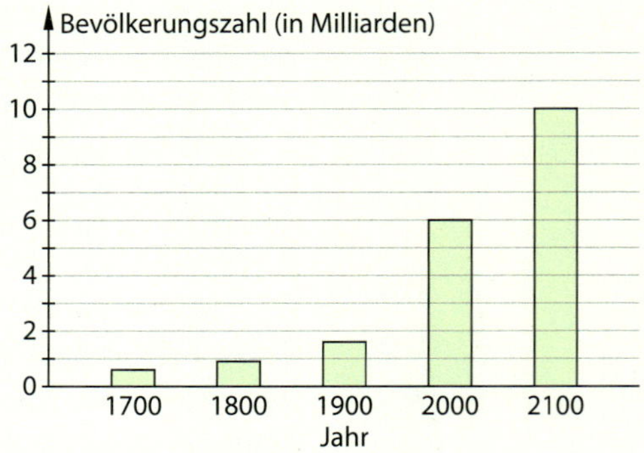

a) Berechnen Sie die mittlere Zuwachsrate der Erdbevölkerung während des gesamten Zeitraums.

b) Ermitteln Sie, in welchem der vier Zeitintervalle die Erdbevölkerung am stärksten (am wenigsten) wuchs.

3 a) Zeichnen Sie den Graphen der Funktion f mit $f(x) = x - x^2$ für $-1 \le x \le 2$.

b) Zeichnen Sie die Sekante zum Differenzenquotienten $\frac{f(1) - f(-1)}{1 - (-1)}$ und geben Sie eine Gleichung dieser Sekante an.

c) Ermitteln Sie die Steigung von f an der Stelle $x_0 = 1$ mit dem Grenzwert des Differenzenquotienten.

d) Geben Sie die Gleichung der Tangente an den Graphen von f an der Stelle $x_0 = 1$ an.

4 Gegeben ist die Funktion f mit $f(x) = \frac{1}{4}x^2$.

a) Ermitteln Sie die mittlere Änderungsrate von f im Intervall [0; 1].

b) Bestimmen Sie die Ableitungsfunktion $f'(x)$ mit dem Grenzwert des Differenzenquotienten.

5 Bestimmen Sie die Ableitung der Funktion f an der Stelle x_0.

a) $f(x) = x^2$; $x_0 = 5$ b) $f(x) = x^3$; $x_0 = \sqrt{2}$ c) $f(x) = 4x^4$; $x_0 = -0{,}5$ d) $f(x) = 2^4$; $x_0 = \pi$

6 Ermitteln Sie zur Funktion f die Ableitung f′. Alle Exponenten sind natürliche Zahlen.

a) $f(x) = x^3$	b) $f(x) = 2x$	c) $f(t) = 3t^2$	d) $f(x) = \frac{1}{3}x^3$
e) $f(x) = \frac{1}{3}x^n$	f) $f(u) = 2u^0$	g) $f(x) = a \cdot x^3$	h) $f(x) = 3^2$
i) $f(x) = x^{n+2}$	j) $f(p) = p^{n-1}$	k) $f(t) = 0{,}5t^{2n}$	l) $f(v) = a^n v^{n+1}$

7 Geben Sie zwei verschiedene Funktionen f mit der Ableitungsfunktion $f'(x) = 5$ an.

8 Der zurückgelegte Weg eines Turmspringers vom 10-m-Brett (freier Fall) lässt sich mit der Funktion s mit $s(t) = 5t^2$ berechnen. Dabei gibt t die Zeit in Sekunden und s den Weg in Metern an.

a) Ermitteln Sie die Momentangeschwindigkeit des Turmspringers nach einer halben Sekunde und nach einer Sekunde.

b) Berechnen Sie die Geschwindigkeit, mit der der Turmspringer in das Wasser eintaucht.

Lösungen
→ S. 195

9 Ordnen Sie den Graphen ①–③ die Graphen ihrer Ableitungsfunktionen Ⓐ–Ⓒ zu.

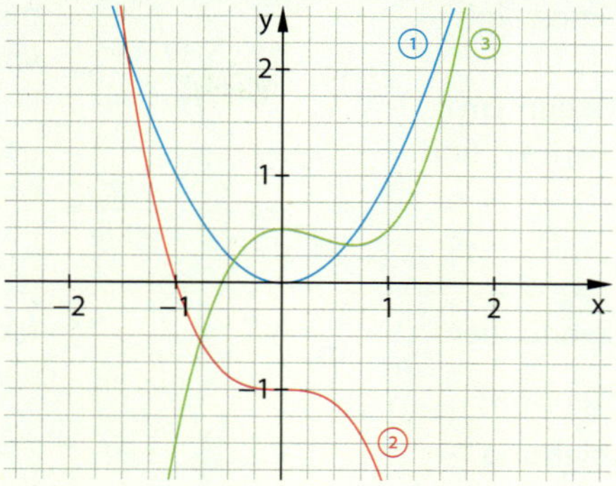

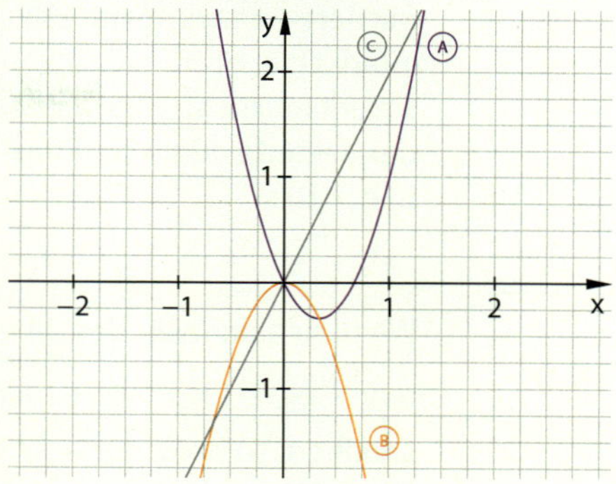

10 Bestimmen Sie den Funktionsterm der Ableitung der Funktion f.
a) $f(x) = 3x^3 + 2x^2$ b) $f(t) = t^4 - t + 1$ c) $f(x) = (3 + x)(3 - x)$ d) $f(x) = 3x^3 \cdot 2x^2$
e) $f(x) = 3x^2 - 4a^2$ f) $f(a) = 3x^2 - 4a^2$ g) $f(x) = 2(x - a)^2$ h) $f(t) = t^2 - (2 - t)^2$

11 Ermitteln Sie, an welchen Stellen die Tangente an den Graphen der Funktion f mit $f(x) = 0{,}2x^3 - 0{,}3x^2 - 3{,}6x + 2$ parallel zur x-Achse verläuft.

12 Bestimmen Sie für die Funktion f mit $f(x) = (x + 0{,}5)(x - 1{,}5)$ die Tangenten an den Graphen G_f in den Nullstellen von f sowie ihre Schnittwinkel mit der x-Achse.

13 Das Profil einer Rutsche kann näherungsweise durch die Funktion f mit $f(x) = 0{,}1x^3 - 0{,}6x^2 + 3{,}2$ für $0 \le x \le 4$ beschrieben werden.
a) Berechnen Sie ihr durchschnittliches Gefälle.
b) Das Gefälle der Rutsche ist bei x = 2 am größten. Berechnen Sie ihren Neigungswinkel gegenüber der Horizontalen an dieser Stelle.

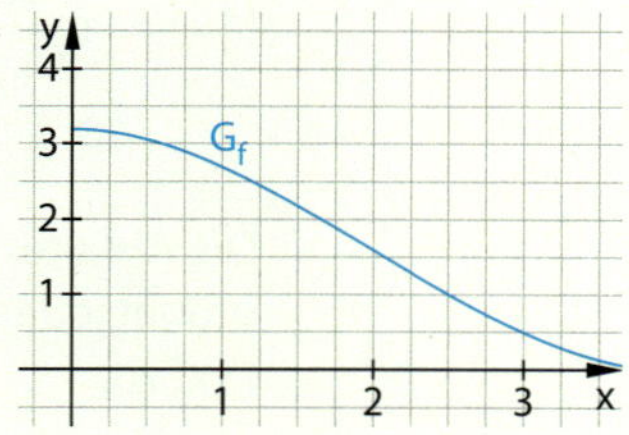

Wo stehe ich?

	Ich kann…	Aufgabe	Nachschlagen
4.1	… Änderungen grafisch und im Sachzusammenhang interpretieren. … mittlere und lokale Änderungsraten berechnen.	1, 2, 3, 4	S. 104 Beispiel 1, S. 106 Beispiel 2, S. 106 Beispiel 3, S. 108 Beispiel 4
4.2	… Funktionen auf lokale Differenzierbarkeit überprüfen. … die Ableitung einer Funktion an einer Stelle berechnen.	2, 3, 5, 8	S. 112 Beispiel 1, S. 114 Beispiel 2, S. 114 Beispiel 3
4.3	… rechnerisch die Ableitungsfunktion einer Funktion bestimmen. … Funktionen grafisch ableiten.	7, 9	S. 117 Beispiel 1, S. 119 Beispiel 2
4.4	… ganzrationale Funktionen mithilfe der Potenzregel, der Faktorregel und der Summenregel ableiten.	6, 10, 13	S. 123 Beispiel 1, S. 124 Beispiel 2, S. 125 Beispiel 3
4.5	… Gleichungen von Tangenten an einen Graphen bestimmen. … den Steigungswinkel eines Graphen an einer bestimmten Stelle berechnen.	2, 4, 11, 12, 13	S. 128 Beispiel 1, S. 129 Beispiel 2

Mittlere Änderungsrate

Der **Differenzenquotient** $\frac{f(b)-f(a)}{b-a}$ gibt die **mittlere Änderungsrate** der Funktion f im Intervall [a; b] an.
Sie entspricht anschaulich der **Steigung m der Sekante** durch die Punkte $A(a|f(a))$ und $B(b|f(b))$.

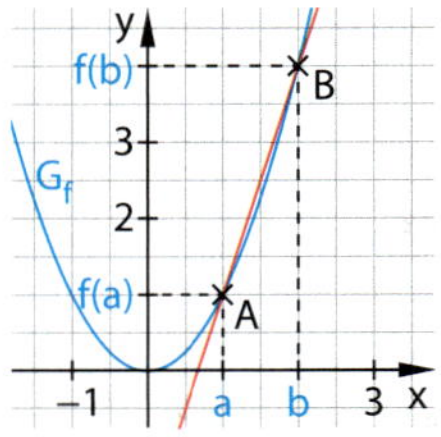

$f(x) = x^2$
mittlere Änderungsrate von f im Intervall [1; 2]:
$\frac{f(2)-f(1)}{2-1} = \frac{2^2-1^2}{1} = 3$

Lokale Änderungsrate, Steigung und Ableitung

Wenn sich der Wert des Differenzenquotienten $\frac{f(x)-f(x_0)}{x-x_0}$ für $x \to x_0$ einem festen Wert annähert, so heißt dieser Wert **Ableitung** $\mathbf{f'(x_0)}$. Er gibt die **lokale Änderungsrate** der Funktion f an der Stelle x_0 an.

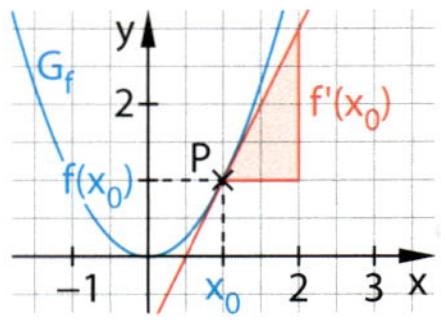

$f(x) = x^2$

Die Ableitung $f'(x_0)$ entspricht der **Steigung der Tangente** an den Graphen von f im Punkt $P(x_0|f(x_0))$.
Die Ableitung der Funktion f an der Stelle x_0 kann man mit dem **Grenzwert (Limes) des Differenzenquotienten** berechnen:

$f'(x) = \lim\limits_{x \to x_0} \frac{f(x)-f(x_0)}{x-x_0}$ oder

$f'(x) = \lim\limits_{h \to 0} \frac{f(x_0+h)-f(x_0)}{h}$

Näherungsweises Bestimmen von $f'(1)$:

x	$\frac{f(x)-f(x_0)}{x-x_0}$
1,1	$\frac{1{,}1^2-1^2}{1{,}1-1} = 2{,}1$
1,01	$\frac{1{,}01^2-1^2}{1{,}01-1} = 2{,}01$
1,001	$\frac{1{,}001^2-1^2}{1{,}001-1} = 2{,}001$

Vermutung: $f'(1) = 2$
Berechnen von $f'(1)$:

$$f'(1) = \lim_{h \to 0} \frac{f(1+h)-f(1)}{h} = \lim_{h \to 0} \frac{(1+h)^2-1}{h}$$
$$= \lim_{h \to 0} \frac{2h+h^2}{h} = \lim_{h \to 0} (2+h) = 2$$

Die **Ableitungsfunktion** f' zu einer Funktion f ordnet jeder Stelle x ihren Ableitungswert $f'(x)$ zu.

Ableitungsfunktion: $f'(x) = 2x$

Ableitung ganzrationaler Funktionen

Potenzregel für Potenzen mit natürlichen Exponenten
Die Funktion f mit $f(x) = x^n$, $n \in \mathbb{N}$, $n > 1$, hat die Ableitung $f'(x) = n \cdot x^{n-1}$.

$f(x) = x^5$ | $s(t) = t^9$
$f'(x) = 5x^4$ | $s'(t) = 9t^8$

Faktorregel
Die Funktion f mit $f(x) = k \cdot g(x)$, $k \in \mathbb{R}$, hat die Ableitung $f'(x) = k \cdot g'(x)$.

$f(x) = 3x^2$ | $s(t) = -2t^4$
$f'(x) = 3 \cdot 2x = 6x$ | $s'(t) = -8t^3$

Summenregel
Für die Funktion f mit $f(x) = g(x) + k(x)$ gilt:
$f'(x) = g'(x) + k'(x)$

$f(x) = x^2 + 4x$ | $s(t) = 2t^3 - 3t^2$
$f'(x) = 2x + 4$ | $s'(t) = 6t^2 - 6t$

Tangentengleichung und Steigungswinkel

Die **Tangente** an den Graphen von f im Punkt $P(x_0|f(x_0))$ hat die Steigung $m = f'(x_0)$. Den y-Achsenabschnitt t berechnet man durch Auflösen der Gleichung $f(x_0) = f'(x_0) \cdot x_0 + t$.
Für den Steigungswinkel α des Graphen von f an der Stelle x_0 gilt: $\tan(\alpha) = f'(x_0)$

$f(x) = 5x^2 + 3x$ $\quad x_0 = 1, f(x_0) = 8$
$f'(x) = 10x + 3$
$m = f(1) = 13$
$8 = 13 \cdot 1 + t$, also $t = -5$
Tangentengleichung:
$g(x) = 13x - 5$
Steigungswinkel bei $x_0 = 1$:
$\tan(\alpha) = 13$, also $\alpha \approx 85{,}60°$

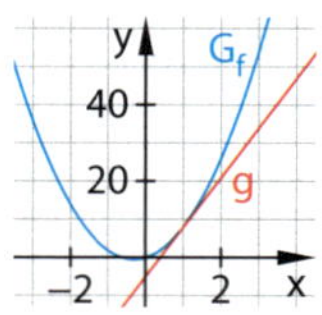

5

Anwendung der Differenzialrechnung bei der Untersuchung ganzrationaler Funktionen

Nach diesem Kapitel können Sie

- → ganzrationale Funktionen und ihre Graphen mithilfe der Ableitungen auf Monotonie und Krümmungsverhalten untersuchen,
- → Extrempunkte, Terrassenpunkte und Wendepunkte von Graphen ganzrationaler Funktionen bestimmen,
- → mit dem Newton-Verfahren näherungsweise Nullstellen ganzrationaler Funktionen ermitteln.

Lösungen
→ S. 195

Monotonie

1 Geben Sie die Intervalle an, in denen der Funktionsgraph steigt bzw. fällt.

a)
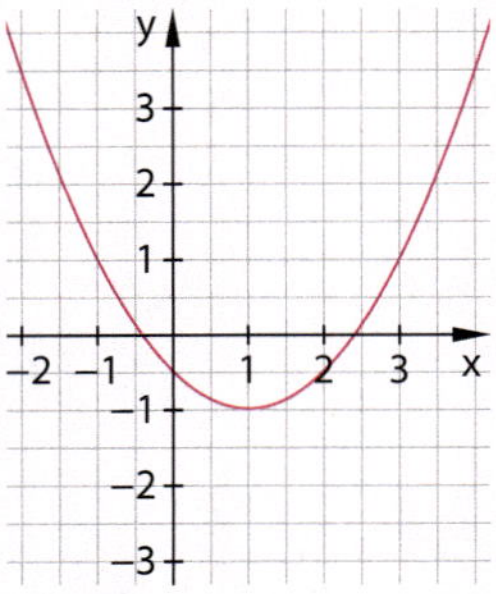

b)
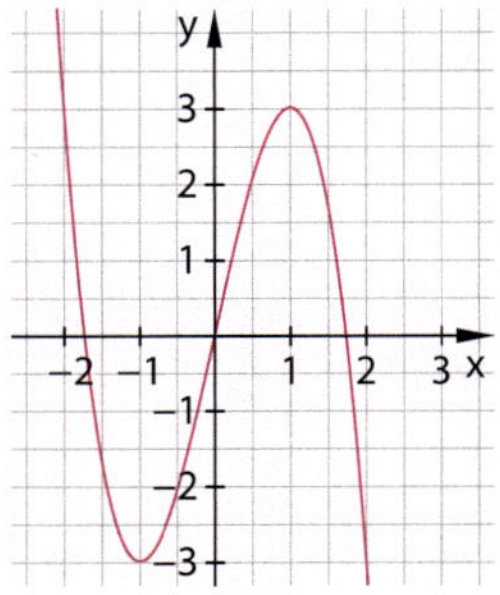

c)
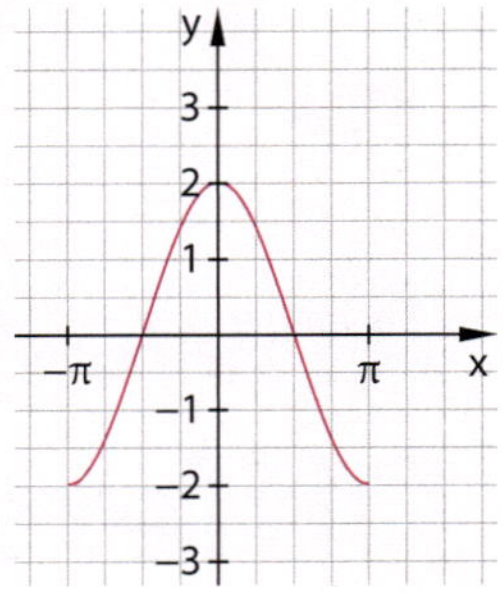

2 Geben Sie die Intervalle der Definitionsmenge an, in denen der Graph der Funktion f steigt bzw. fällt.

a) $f(x) = -\frac{1}{3}x + 3$ b) $f(x) = (x + 3)^2 - \pi$ c) $f(x) = x^4 - 3$
d) $f(x) = -(x - 1)^2 + 3$ e) $f(x) = -x^3 - 3$ f) $f(x) = (x + 3)^3$

3 Geben Sie die Gleichung einer linearen Funktion an, deren Nullstelle bei $x = 1$ liegt und deren Graph von links nach rechts fällt.

4 Zeichnen Sie die Graphen zweier quadratischer Funktionen, die für $x \le 2$ monoton fallen und für $x \ge 2$ monoton steigen. Geben Sie jeweils eine passende Funktionsgleichung an.

Größte und kleinste Funktionswerte

5 Geben Sie den größten und den kleinsten Funktionswert von f an, falls möglich.

a) $f(x) = x^2 - 2$ b) $f(x) = -x^2 - 3$ c) $f(x) = x^3$ d) $f(x) = x^4 - 2$

6 Lesen Sie den größten und den kleinsten Funktionswert sowie die zugehörigen x-Werte des dargestellten Funktionsgraphen in den angegebenen Intervallen ab.

a)
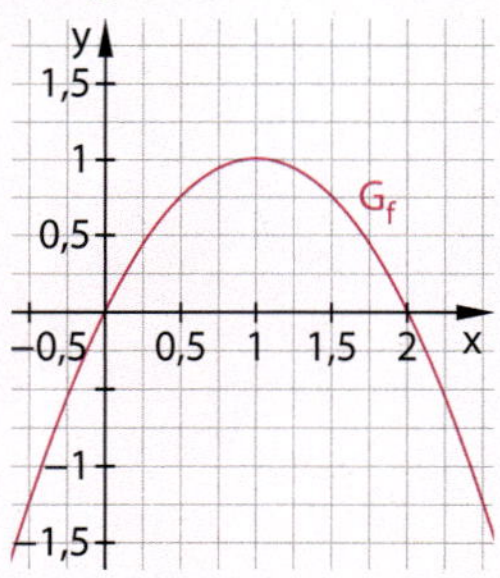

① $0 \le x \le 1{,}5$
② $0 \le x \le 2$

b)
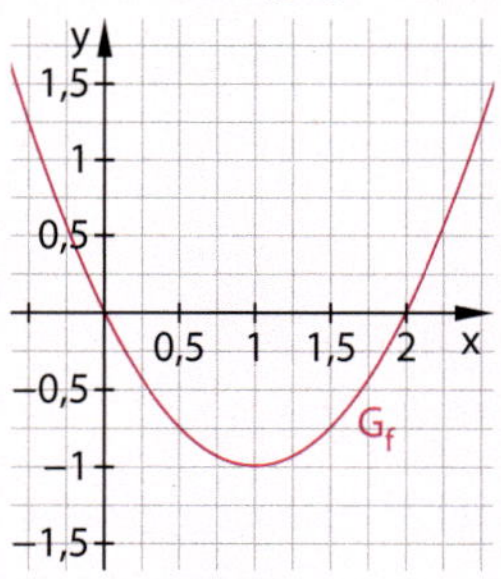

① $-0{,}5 \le x \le 2$
② $0 \le x \le 1$

c)
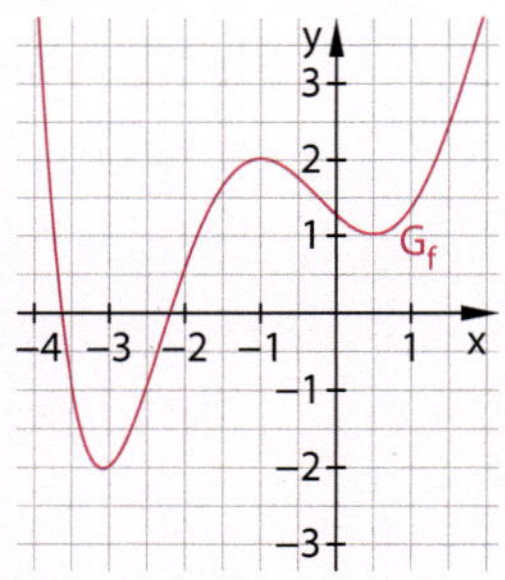

① $-3 \le x \le 1$
② $-1{,}5 \le x \le 1$

7 Ermitteln Sie den größten und den kleinsten Funktionswert sowie die zugehörigen x-Werte der Funktion f im angegebenen Intervall.

a) $f(x) = -3x - 5;\ 0 \le x \le 2$ b) $f(x) = -x^2 + 4;\ -2 \le x \le 1$ c) $f(x) = x^2 - 4;\ -2 \le x \le -1$

8 Skizzieren Sie den Graphen einer Funktion, die im angegebenen Intervall die angegebenen größten und kleinsten Funktionswerte hat.

a) $0 \le x \le 4$, kleinster Wert: 0, größter Wert: 3
b) $-3 \le x \le 2$, kleinster Wert: −5, größter Wert: 1

Lösungen
→ S. 196

Gleichungen lösen und Nullstellen ermitteln

9 Lösen Sie die Gleichung.
a) $4x + 2 = 2x - 4$ b) $x^2 + 5x = 0$ c) $2x^2 = 32$
d) $y(y + 2)(y - 4) = 0$ e) $t^2 - 81 = 0$ f) $s^2 + 5 = 3$

10 Ermitteln Sie die Nullstellen der Funktion f.
a) $f(x) = 2(x + 2) - 1$ b) $f(x) = x^2 - 1$ c) $f(x) = x^2 + 1$
d) $f(x) = x^3$ e) $f(x) = 3(x + 3)(x - 4)$ f) $f(x) = x^2 - 8x + 15$
g) $f(x) = x^2 + 18x + 77$ h) $f(x) = \frac{1}{x}$ i) $f(x) = \sin(x)$

11 Geben Sie eine quadratische Gleichung mit den angegebenen Lösungen an.
a) $-2; 2$ b) $0; 3$ c) $-5; 1$
d) keine Lösung e) 4 f) 0

12 Gegeben ist die Funktion f mit $f(x) = -x^4 + b$. Geben Sie an, für welche Werte von b die Funktion f
a) genau zwei Nullstellen, b) genau eine Nullstelle, c) keine Nullstelle hat.

Funktionswerte untersuchen

13 Geben Sie alle x-Werte an, für die die Funktionswerte positiv, negativ bzw. null sind.
a) $f(x) = 2x - 5$ b) $f(x) = 2x + 1$ c) $f(x) = x^2 - 1$ d) $f(x) = x^3 + 1$

14 Eine Funktion und ihre Nullstellen sind gegeben. Geben Sie die Bereiche an, in denen die Funktionswerte positiv bzw. negativ sind.
a) $f(x) = 4x - 3;\ x_0 = 0{,}75$ b) $f(x) = -2x - 3;\ x_0 = -1{,}5$ c) $f(x) = 4 - x^2;\ x_1 = 2;\ x_2 = -2$

15 Ermitteln Sie alle x-Werte, sodass für die Funktion f Folgendes gilt.
a) $f(x) = 0{,}5x + 3 < 0$ b) $f(x) = 0{,}5x^2 - 8 < 0$ c) $f(x) = x^3 - x^2 > 0$

16 Berechnen Sie die Koordinaten der Schnittpunkte des Graphen von f mit den Koordinatenachsen.
a) $f(x) = 3 - 7x$ b) $f(x) = x^2 + 3x + 4$ c) $f(x) = 2x^3 - 2x^2 + x$

Vermischtes

17 Berechnen Sie die Ableitung der ganzrationalen Funktion f.
a) $f(x) = x^5 - 3x^3 + 2x$ b) $f(x) = 2x^7 + x^4 + 1$ c) $f(x) = -x^6 + 4x^2 - x$
d) $f(x) = (x + 1)^2$ e) $f(x) = -x^2(x^2 - 4)$ f) $f(x) = (x - 2)(x + 2) + 5x^2$

18 Begründen Sie, dass die Funktion f genau eine Nullstelle hat.
a) $f(x) = x^3 + 3x$ b) $f(x) = \frac{1}{3}x^3 + x^2 + x$ c) $f(x) = -3x^5 - 5x^3$

19 Ermitteln Sie eine Gleichung der Tangente an den Graphen der Funktion f im Punkt $P(1\,|\,f(1))$ und berechnen Sie die Nullstelle der Tangente.
a) $f(x) = -x^3 - 3$ b) $f(x) = (x - 3)^2$ c) $f(x) = x^4 - 3$

20 Bestimmen Sie die Gleichung einer quadratischen Funktion f, die die Nullstellen $x_1 = 2$ und $x_2 = -1$ hat und deren Graph den Punkt $A(0\,|\,6)$ enthält.

5.1 Monotonie und erste Ableitung

Gegeben ist der Graph von f mit $f(x) = \frac{1}{3}x^3 - x^2 + 2$.

a) Geben Sie die Intervalle an, in denen der Graph von f monoton steigt bzw. monoton fällt.

b) Untersuchen Sie die Ableitungsfunktion f′ in diesen Intervallen. Beschreiben Sie Ihre Beobachtungen.

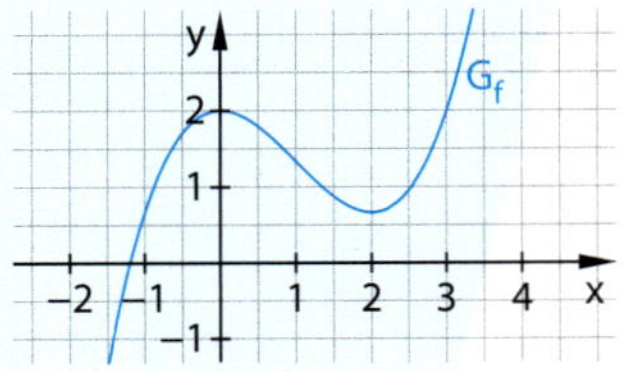

Steigt der Graph einer Funktion von links nach rechts, so wachsen die Funktionswerte in diesem Bereich. Fällt der Graph, so werden die Funktionswerte für zunehmende x-Werte kleiner.

Definition **Strenge Monotonie**

Ist f eine Funktion mit Definitionsbereich D und A eine Teilmenge von D, so heißt f
- **streng monoton steigend** auf A, wenn für alle x_1 und x_2 aus A mit $x_1 < x_2$ gilt $f(x_1) < f(x_2)$.
- **streng monoton fallend** auf A, wenn für alle x_1 und x_2 aus A mit $x_1 < x_2$ gilt $f(x_1) > f(x_2)$.

f heißt **streng monoton steigend (fallend)**, wenn f auf ganz D streng monoton steigend (fallend) ist.

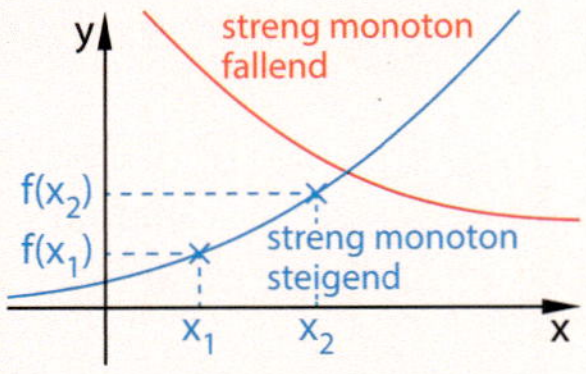

Der bisher verwendete Begriff der Monotonie ist etwas schwächer als die strenge Monotonie: f ist **monoton steigend**, wenn für alle x_1 und x_2 mit $x_1 < x_2$ auch $f(x_1) \leq f(x_2)$ gilt, und **monoton fallend**, wenn $f(x_1) \geq f(x_2)$ gilt. Anders als bei streng monotonen Funktionen können die Graphen monotoner Funktionen auch streckenweise waagerecht verlaufen.

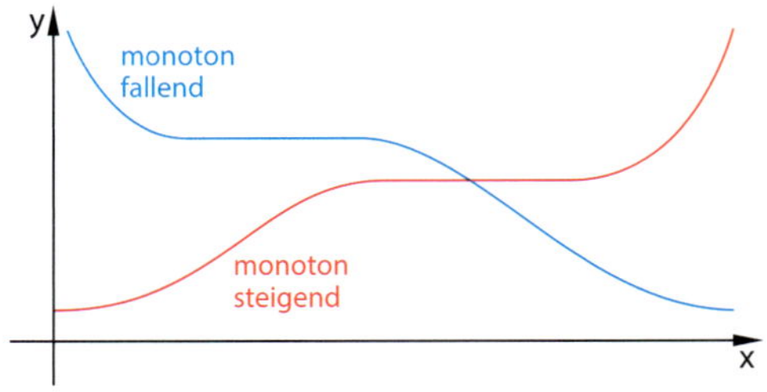

Da die Ableitungsfunktion f′ die Steigung des Graphen der Funktion f beschreibt, kann man das Monotonieverhalten von f mithilfe von f′ untersuchen.
In den Bereichen, in denen die Ableitung f′ positiv ist, ist die Funktion f streng monoton steigend. Dort, wo f′ negativ ist, ist die Funktion f streng monoton fallend.

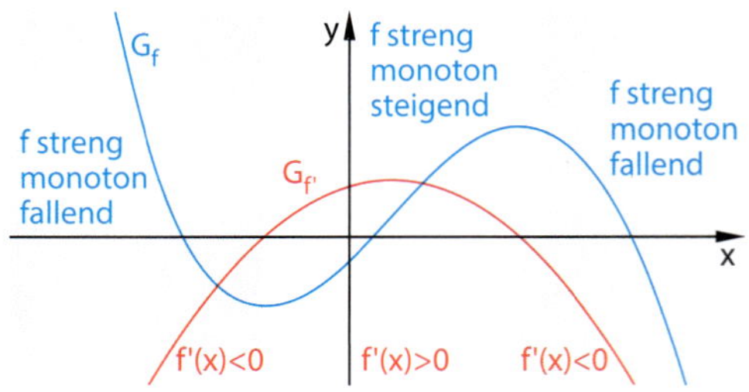

Satz **Monotoniekriterium**

Die Funktion f sei im Intervall I =]a; b[differenzierbar.
- Gilt **$f'(x) > 0$** für alle x aus I, dann ist die Funktion f **streng monoton steigend** auf I.
- Gilt **$f'(x) < 0$** für alle x aus I, dann ist die Funktion f **streng monoton fallend** auf I.

Gehört die Intervallgrenze a bzw. b zum Definitionsbereich der Funktion f und handelt es sich um eine stetige Funktion, so ist f sogar auf [a; b[bzw.]a; b] bzw. [a; b] streng monoton.

Hinweis

Gilt $f'(x) = 0$ an einzelnen Stellen aus I, kann f trotzdem noch streng monoton steigend oder fallend auf I sein. Siehe dazu Aufgabe 13.

Die Nullstellen der Ableitungsfunktion f′ teilen den Definitionsbereich von f in **Monotonieintervalle** auf. Nur an diesen Nullstellen kann sich das Monotonieverhalten von f ändern. Das Monotonieverhalten auf einem dieser Intervalle lässt sich bestimmen, indem man eine beliebige Teststelle aus dem Inneren dieses Intervalls in f′ einsetzt.

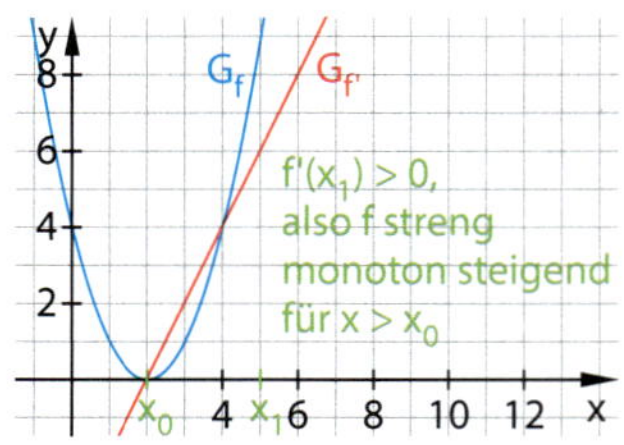

Beispiel 1

Untersuchen Sie die Funktion f mit $f(x) = \frac{1}{3}x^3 - 2x^2 + 3x$ mithilfe ihrer Ableitung auf Monotonie.

Lösung:

Bilden Sie die Ableitung.

$f(x) = \frac{1}{3}x^3 - 2x^2 + 3x$
$f'(x) = x^2 - 4x + 3$

Berechnen Sie die Nullstellen von f'.

$x^2 - 4x + 3 = 0$, also $x_1 = 1$ und $x_2 = 3$

f' hat zwei Nullstellen. Diese teilen den Definitionsbereich von f in drei Monotonieintervalle auf.
Setzen Sie aus jedem Intervall eine Teststelle (0, 2 und 5) in f'(x) ein.

$x < 1$: $f'(0) = 0^2 - 4 \cdot 0 + 3 = 3 > 0$
f ist streng monoton steigend für $x \leq 1$.

$1 < x < 3$: $f'(2) = 2^2 - 4 \cdot 2 + 3 = -1 < 0$
f ist streng monoton fallend für $1 \leq x \leq 3$.

Das Vorzeichen des Ergebnisses gibt das Monotonieverhalten von f an.

$x > 3$: $f'(5) = 5^2 - 4 \cdot 5 + 3 = 8 > 0$
f ist streng monoton steigend für $x \geq 3$.

Das Monotonieverhalten kann auch in einer **Monotonietabelle** festgehalten werden.

	$x < 1$	$x = 1$	$1 < x < 3$	$x = 3$	$x > 3$
f'(x)	+	0	−	0	+
f bzw. G_f	↗		↘		↗

Hinweis

f ist für $x_1 = 1$ und $x_2 = 3$ definiert und auf dem gesamten Definitionsbereich stetig. Also gehören $x_1 = 1$ und $x_2 = 3$ mit zu den Monotonieintervallen.

Basisaufgaben

1 Geben Sie an, auf welchen maximalen Intervallen die dargestellte Funktion f streng monoton steigend bzw. streng monoton fallend ist.
Geben Sie auch das Vorzeichen der Ableitung im Inneren dieser Intervalle an.

a)
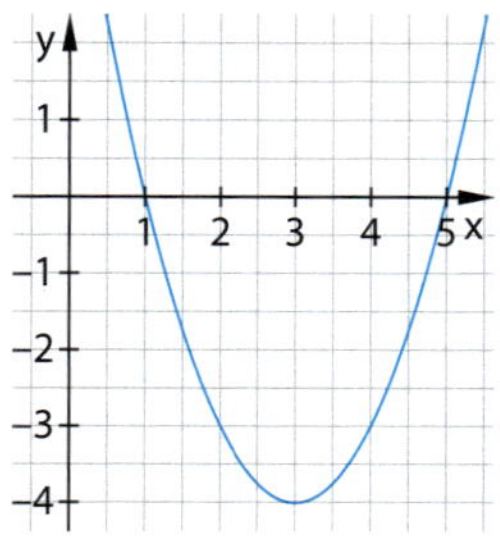

b)
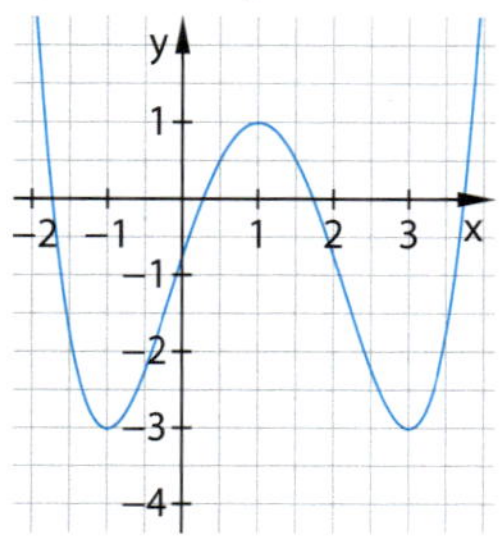

c)
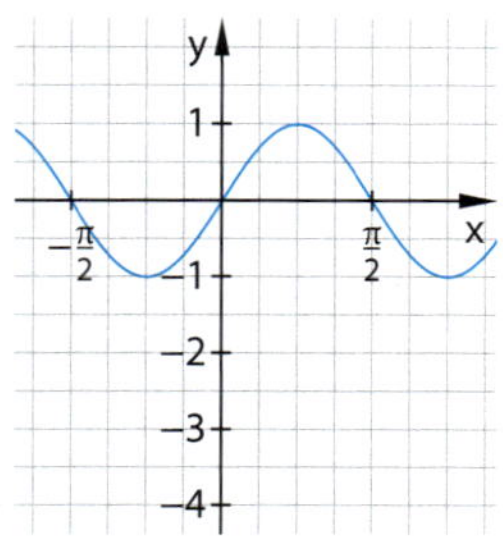

2 Untersuchen Sie die Funktion mithilfe der Ableitung auf Monotonie.
a) $f(x) = 3x^2 - 4$
b) $f(x) = x^3 - 3x^2 - 24x + 6$
c) $f(x) = x^3 + 2x$
d) $f(x) = -5x$
e) $f(x) = -x^3 + 6x - 12$
f) $f(x) = \frac{1}{9}x^3 - \frac{1}{3}x^2 - \frac{8}{3}x + \frac{26}{9}$

Lösungen zu 2

Monotonieintervalle a)–c)

$x \leq 0$ $x \leq -2$ $\mathbb{R}$ $x \geq 0$ $-2 \leq x \leq 4$ $x \leq 4$ $x \geq 4$

3 Arbeiten Sie zu zweit und kontrollieren Sie sich gegenseitig. Skizzieren Sie den Graphen einer Funktion, die
a) für $x \leq -2$ streng monoton steigend und für $x \geq -2$ streng monoton fallend ist,
b) für $x \leq -2$ und $x \geq 3$ streng monoton fallend und für $-2 \leq x \leq 3$ streng monoton steigend ist.

4 Geben Sie eine geeignete Funktion zum angegebenen Monotonieverhalten an.
Untersuchen Sie diese Funktion mithilfe ihrer Ableitung auf Monotonie und bestätigen Sie so das Monotonieverhalten.
a) linear und streng monoton steigend auf ganz $\mathbb{R}$
b) für $x \leq 3$ streng monoton fallend und für $x \geq 3$ streng monoton steigend
c) für $x \leq -1$ streng monoton steigend und für $x \geq -1$ streng monoton fallend

5 Die Abbildungen zeigen den Graphen der Ableitung einer Funktion f.

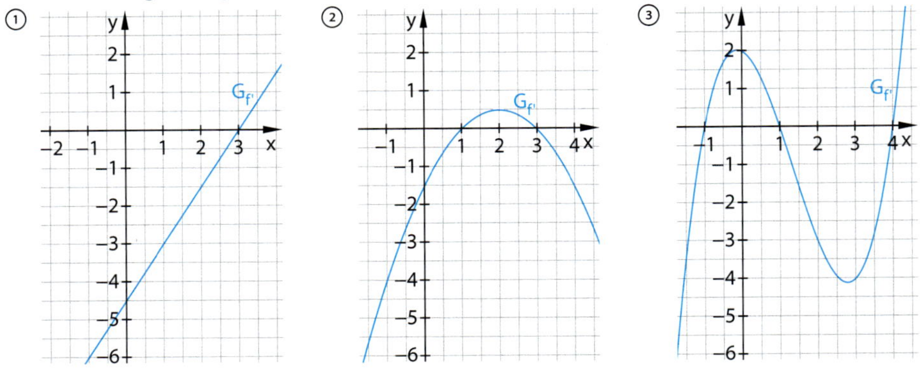

a) Geben Sie an, auf welchen Intervallen f streng monoton steigend bzw. fallend ist.
b) Skizzieren Sie einen möglichen Verlauf des Graphen von f.

6 Der Graph einer Funktion f ist streng monoton fallend auf ℝ und verläuft durch die Punkte $P(1\,|\,5), Q(3\,|\,2)$ und $R(5\,|\,0)$. Skizzieren Sie einen passenden Graphen.

7 Von einer ganzrationalen Funktion f dritten Grades ist bekannt, dass sie nur eine Nullstelle hat und dass $f'(x)$ für $x < 2$ und für $x > 5$ positiv ist. Außerdem existiert ein Intervall, auf dem f streng monoton fallend ist. Skizzieren Sie einen möglichen Graphen von f.

Weiterführende Aufgaben

Zwischentest

8 Gegeben ist der Graph der Ableitung einer Funktion f. Beurteilen Sie begründet, ob die Aussage wahr oder falsch ist. Achtung: Nicht alle Aussagen sind entscheidbar!
a) An der Stelle 0 steigt der Graph von f.
b) $f'(2) > 0$
c) An der Stelle 2 steigt der Graph von f.
d) f hat eine Nullstelle zwischen −2 und −1.
e) Der Graph von f fällt zwischen −1 und 0,5.
f) $f(2) > 0$

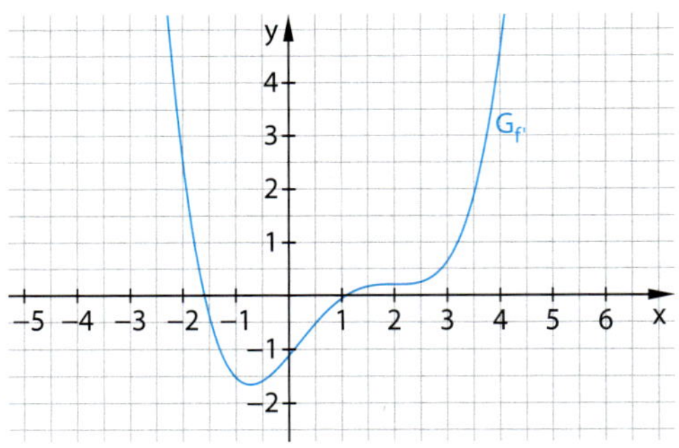

9 Gegeben ist eine Funktion f. Die Funktionsgleichung ihrer Ableitungsfunktion f′ hat die Linearfaktordarstellung $f'(x) = 5(x+3)(x-7)$.
a) Erläutern Sie die Herleitung des Monotonieverhaltens von f mithilfe der Tabelle.

	$x < -3$	$-3 < x < 7$	$x > 7$
$x + 3$	−	+	+
$x - 7$	−	−	+
$f'(x)$	+	−	+
Graph	↗	↘	↗

b) Ermitteln Sie analog das Monotonieverhalten der Funktionen g und h, wenn g′ und h′ gegeben sind: $g'(x) = (x+1)(x-2)$ und $h'(x) = (x-4)(x-6)^2(x-8)$

10 Monotone und streng monotone Graphen skizzieren:
Kontrollieren Sie sich zu zweit gegenseitig. Skizzieren Sie den Graphen einer Funktion, die
a) für $x \le 1$ streng monoton fallend und für $x \ge 1$ monoton, aber nicht streng monoton steigend ist,
b) für $x \le -0{,}5$ streng monoton steigend, für $x \ge 2$ monoton fallend und für $-0{,}5 \le x \le 2$ weder monoton fallend noch monoton steigend ist.

11 Die Funktion f ist streng monoton steigend (streng monoton fallend) auf ℝ.

a) Begründen Sie, dass f höchstens eine Nullstelle hat.

b) Geben Sie eine Beispielfunktion f an, die keine Nullstelle hat.

12 Stolperstelle: Die Abbildung zeigt den Graphen einer Ableitungsfunktion f'.
Ein Schüler sagt: *„f ist streng monoton fallend für x < 0 und streng monoton steigend für x > 0."*
Beurteilen Sie seine Aussage.

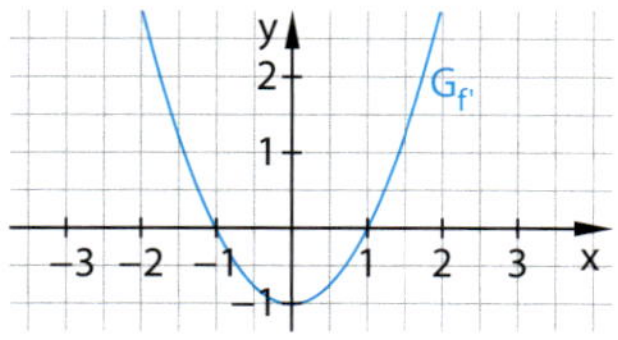

13 Wenn die Ableitung einer Funktion f auf ganz ℝ negativ ist, dann ist f streng monoton fallend. Zeigen Sie anhand der Funktion f mit $f(x) = -x^3$, dass die Umkehrung des Satzes nicht gilt.

Hilfe

14 a) Beschreiben Sie das Monotonieverhalten der auf ℝ definierten Funktion. Geben Sie die dazu passenden maximalen Intervalle für Monotonie bzw. strenge Monotonie an.

b) Erläutern Sie, ob und inwiefern sich das Vorzeichen der Ableitungsfunktion f' im Definitionsbereich ändert.

c) Zeichnen Sie den Graphen einer Funktion g, die folgende drei Eigenschaften besitzt:
- g ist monoton fallend auf ℝ
- g ist streng monoton fallend für $x \in]-\infty; 1]$
- g ist konstant für $x \in [1; 5]$

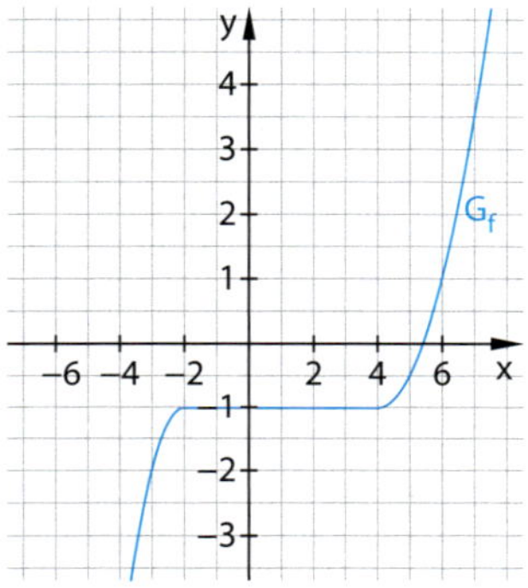

Hilfe

15 Monotonie und Parameter:
Gegeben ist eine auf ℝ differenzierbare Funktion f mit dem Parameter $a \in \mathbb{R}$.
Bestimmen Sie das Monotonieverhalten von f in Abhängigkeit von a.

a) $f(x) = ax$ b) $f(x) = ax^2$ c) $f(x) = \frac{1}{2}ax^2 - a^2x$

16 Die Funktion f mit $f(x) = 0{,}002x^3 - 0{,}09x^2 + 1{,}35x + 7{,}65$ beschreibt für $0 \leq x \leq 24$ das Geländeprofil einer Bergetappe bei einem Radrennen. Die Werte auf der x-Achse beschreiben hierbei die horizontale Entfernung vom Start in km, die auf der y-Achse die Höhe über dem Meeresspiegel in 100 m.

a) Berechnen Sie die Steigung, die beim Start zu überwinden ist, in Prozent.

b) Geben Sie an, in welchen Abschnitten des Rennens es bergauf bzw. bergab geht.

c) Ermitteln Sie, welche Höhe man im Ziel erreichen würde, wenn ab einer horizontalen Entfernung von 10 km vom Start die Steigung konstant bliebe.

d) Bestimmen Sie den Steigungswinkel der Strecke nach 10 km horizontaler Entfernung.

17 Ausblick: Monotonie und Definitionslücken
Konstantin behauptet: *„Die Funktion f mit $f(x) = \frac{1}{x}$ ist streng monoton fallend auf ℝ, da entlang jedes der beiden Hyperbeläste die Funktionswerte immer kleiner werden."*
Widerlegen Sie die Behauptung mit einem Gegenbeispiel. Erläutern Sie, wie es zu dieser Fehlannahme kommen konnte.

5.2 Lokale Extrempunkte und Terrassenpunkte

Die Flugbahn einer Kugel wird näherungsweise durch die Funktion f mit $f(x) = -\frac{1}{20}x^2 + x + 1{,}8$ beschrieben.

a) Zeichnen Sie den Graphen von f für $0 \leq x \leq 22$ mit einer DGS. Lesen Sie den höchsten Punkt der Flugbahn ab.

b) Überlegen Sie, wie sich das Monotonieverhalten von f am höchsten Punkt der Flugbahn ändert. Beschreiben Sie, wie man dies nutzen kann, um mithilfe der Ableitung die Koordinaten des höchsten Punktes zu berechnen.

Der unten abgebildete Graph einer Funktion f ist streng monoton fallend für $x < -1$ und $1 < x < 2$ und streng monoton steigend für $-1 < x < 1$ und $x > 2$.

Hinweis

Ändert eine Funktion ihr Verhalten von streng monoton steigend auf streng monoton fallend, ohne dass an dieser Stelle eine Definitionslücke vorliegt, liegt an dieser Stelle ein Hochpunkt des Graphen. Im umgekehrten Fall liegt dort ein Tiefpunkt.

An den Übergangsstellen $x = -1$, $x = 1$ und $x = 2$ liegen die **Hoch- und Tiefpunkte** des Graphen.

Bei $T_1(-1\,|\,-1)$ und $T_2(2\,|\,0{,}7)$ hat der Graph jeweils einen Tiefpunkt, bei $H(1\,|\,1)$ hat er einen Hochpunkt.

Die y-Koordinaten der Tiefpunkte (hier $y_1 = -1$ und $y_2 = 0{,}7$) heißen lokale Minima, die y-Koordinate des Hochpunktes (hier $y = 1$) heißt lokales Maximum.

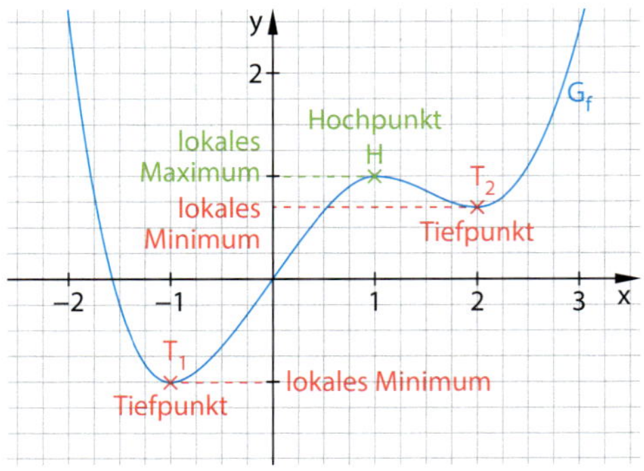

Definition **Hoch- und Tiefpunkt; lokales Maximum und Minimum**

Der Graph einer Funktion f hat an der Stelle x_E einen **Hochpunkt** bzw. **Tiefpunkt**, wenn $f(x_E)$ in einer Umgebung von x_E der größte bzw. kleinste Funktionswert von f ist. Den Funktionswert $f(x_E)$ nennt man **lokales Maximum** bzw. **lokales Minimum**.

Hoch- und Tiefpunkte bezeichnet man als **lokale Extrempunkte**, ihre x-Werte als **lokale Extremstellen** und ihre y-Werte als **lokale Extrema**.
Wenn ein lokales Extremum existiert, bedeutet das aber noch nicht, dass die Funktionswerte von f keinen größeren bzw. kleineren Wert annehmen können:

H ist zwar in seiner Umgebung der höchste Punkt, es gibt aber unendlich viele Punkte des Graphen, die höher liegen, z. B. der Punkt $P(3\,|\,2{,}4)$.

Dagegen ist der Tiefpunkt T_1 der Punkt des Graphen mit dem niedrigsten Funktionswert innerhalb der Definitionsmenge $\mathbb{R}$ (wenn im weiteren Verlauf des Graphen keine Änderungen im Monotonieverhalten auftreten). Dieser Funktionswert heißt **globales Minimum.**
Der Tiefpunkt T_2 ist kein globaler Tiefpunkt, sondern nur der tiefste Punkt seiner Umgebung, dort liegt nur ein lokales Minimum.

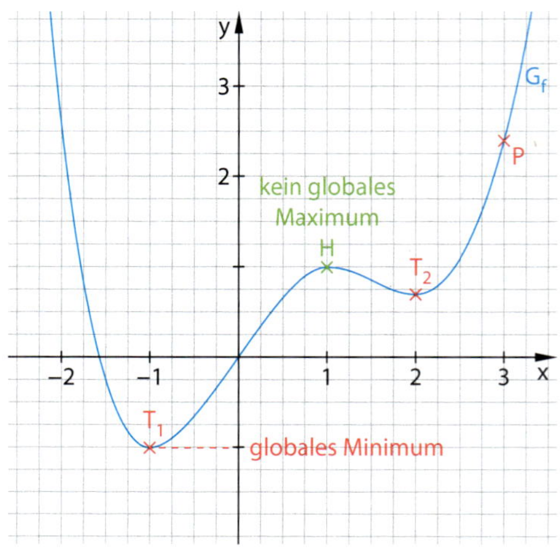

Beispiel 1

Die Funktion f ist eine ganzrationale Funktion vierten Grades. Lesen Sie die Koordinaten der Hoch- und Tiefpunkte sowie die lokalen Minima und Maxima aus dem Graphen von f ab. Geben Sie – falls möglich – die globalen Extrema von f an.

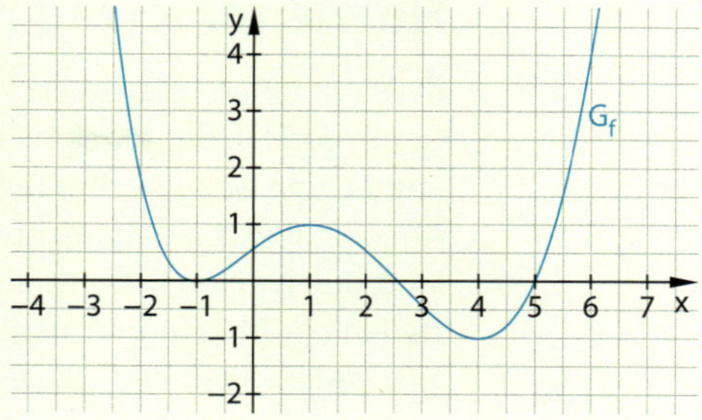

Lösung:

Bei Hoch- bzw. Tiefpunkten hat f den größten bzw. kleinsten Funktionswert in einer Umgebung (lokal).

Hochpunkt: $H(1\,|\,1)$
Tiefpunkte: $T_1(-1\,|\,0)$ und $T_2(4\,|\,-1)$

Die lokalen Minima und Maxima sind die y-Werte der Hoch- und Tiefpunkte.

lokales Maximum: $f(1) = 1$
lokale Minima: $f(-1) = 0$ und $f(4) = -1$

Die globalen Extrema sind der größte und der kleinste Funktionswert auf dem gesamten Definitionsbereich.

globales Minimum: $f(4) = -1$
Ein globales Maximum existiert auf $\mathbb{R}$ nicht, da $\lim\limits_{x \to \pm\infty} f(x) = +\infty$.

Basisaufgaben

1 Lesen Sie alle Hoch- und Tiefpunkte ab und geben Sie das globale Maximum oder Minimum an, falls es existiert. Gehen Sie davon aus, dass es im weiteren Verlauf des Graphen keine Änderungen im Monotonieverhalten gibt.

a) 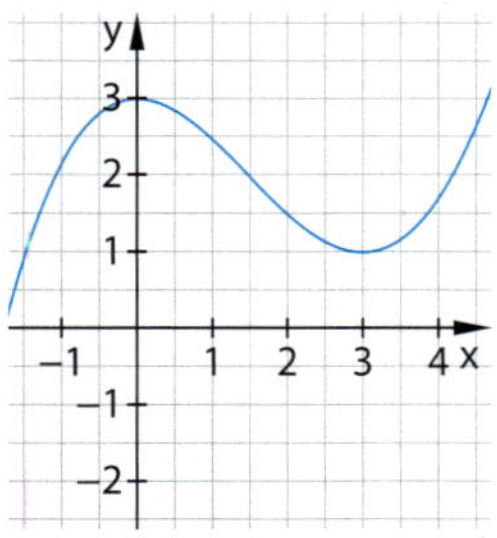

b) 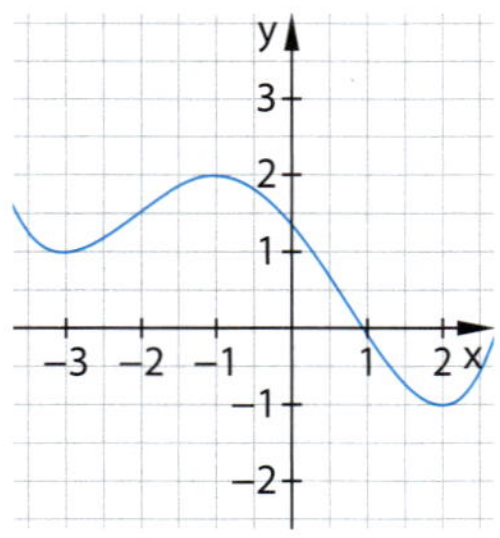

c) 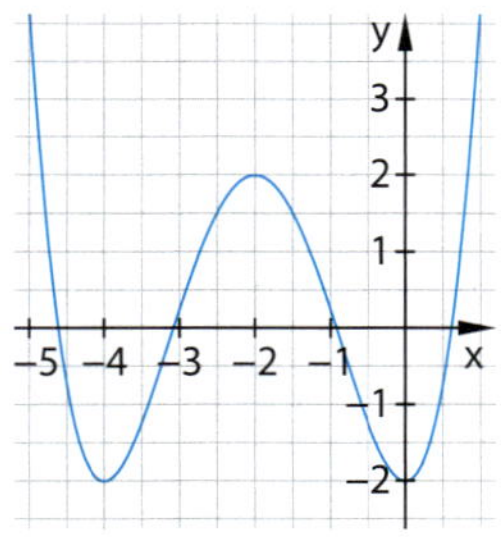

2 Skizzieren Sie einen passenden Graphen einer ganzrationalen Funktion. Überlegen Sie, welchen Einfluss der Grad auf das Verhalten des Graphen für $x \to \pm\infty$ hat.

a) Grad 2, globales Maximum 5 bei $x = -1$
b) Grad 3, lokales Minimum -3 bei $x = 2$
c) Grad 4, Tiefpunkt bei $T(3\,|\,0)$, lokales Maximum 3 und globales Maximum 5

3 Korrigieren Sie die Aussage, indem Sie die richtigen Fachbegriffe verwenden.

a) *„f hat eine lokale Extremstelle bei $(3{,}5\,|\,1{,}5)$."*
b) *„Das globale Maximum von f ist $x = -1$."*
c) *„f hat bei $(1{,}5\,|\,-1{,}5)$ ein globales Minimum."*
d) *„Die Extremwerte von f sind -1, $1{,}5$ und $3{,}5$."*

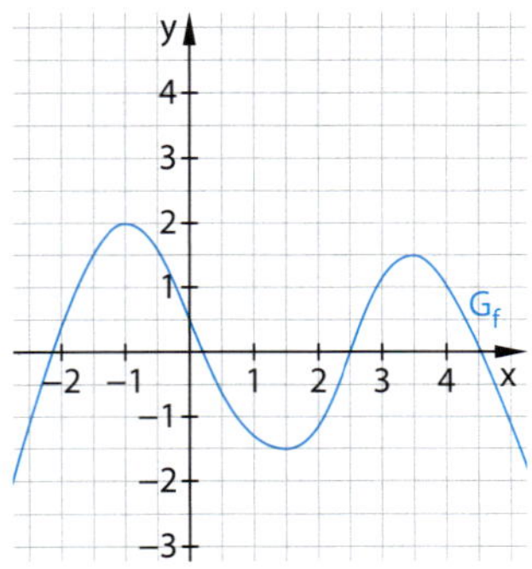

4 Zeichnen Sie den Graphen von f mit $f(x) = -0{,}125x^3 + 19{,}125x^2 - 973{,}875x + 16\,625{,}875$ mit einem Funktionenplotter. Lesen Sie die Hoch- und Tiefpunkte ab.

Notwendige und hinreichende Bedingungen für Extrema

Bei einer differenzierbaren Funktion f hat der Graph von f in den lokalen Extrempunkten immer eine waagerechte Tangente.
Aber nicht jede waagerechte Tangente verläuft durch einen Extrempunkt. Mit den Nullstellen der Ableitungsfunktion f′ erhält man alle Stellen, an denen lokale Extrempunkte vorliegen könnten.

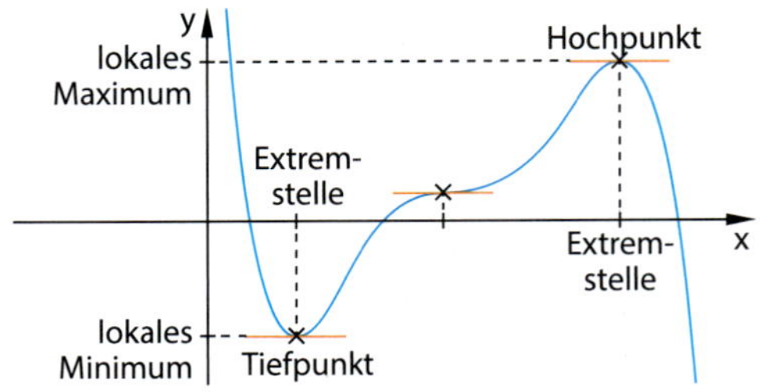

Hinweis

Notwendige Bedingung bedeutet:
Ist diese Bedingung nicht erfüllt, so liegt kein lokaler Extrempunkt vor.

Satz **Notwendige Bedingung für lokale Extrempunkte**

Wenn der Graph einer differenzierbaren Funktion f an der Stelle x_E einen **Hochpunkt** oder **Tiefpunkt** hat, dann gilt $\mathbf{f'(x_E) = 0}$.

Nur an den Nullstellen der Ableitungsfunktion f′ kann es lokale Extrempunkte geben. Ob es sich bei diesen „Kandidaten" wirklich um Extremstellen handelt und ob die zugehörigen Extrempunkte Hoch- oder Tiefpunkte sind, hängt vom Monotonieverhalten des Graphen von f ab.

Die Bilder zeigen, dass die Steigung links von einem Hochpunkt positiv und rechts von ihm negativ ist. An einem Tiefpunkt ist es umgekehrt.

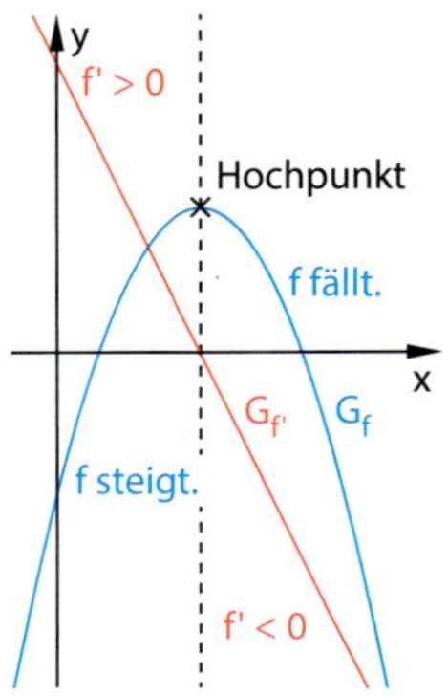

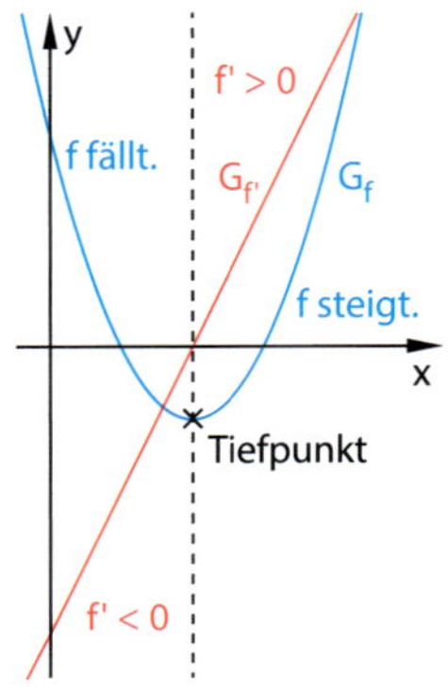

Hinweis

Hinreichende Bedingung bedeutet:
Ist diese Bedingung erfüllt, so liegt immer ein lokaler Extrempunkt vor.

Satz **Hinreichende Bedingung für lokale Extrempunkte (Vorzeichenwechselkriterium)**

- Wenn $\mathbf{f'(x_E) = 0}$ gilt und das **Vorzeichen von f′** an der Stelle x_E **von + nach –** wechselt, dann hat der Graph der Funktion f an der Stelle x_E einen **Hochpunkt**.
- Wenn $\mathbf{f'(x_E) = 0}$ gilt und das **Vorzeichen von f′** an der Stelle x_E **von – nach +** wechselt, dann hat der Graph der Funktion f an der Stelle x_E einen **Tiefpunkt**.

Hinweis

VZW ist die Abkürzung für Vorzeichenwechsel.

Beispiel 2

Bestimmen Sie die Hoch- und Tiefpunkte des Graphen der Funktion f mit $f(x) = -x^3 - 3x^2 + 1$.

Lösung:

Bilden Sie die Ableitung f′. Die Nullstellen von f′ liefern die „Kandidaten" $x_1 = -2$ und $x_2 = 0$ für mögliche Extremstellen.

$f'(x) = -3x^2 - 6x$
$-3x^2 - 6x = 0$
$\Leftrightarrow -3x \cdot (x + 2) = 0$, also $x_1 = -2$ und $x_2 = 0$

Prüfen Sie, ob an den möglichen Extremstellen ein VZW der Ableitung f′ stattfindet. Setzen Sie Teststellen aus den Intervallen zwischen den möglichen Extremstellen in f′(x) ein.

	$x < -2$	-2	$-2 < x < 0$	0	$x > 0$
Teststelle	-3		-1		1
f′(x)	–	0	+	0	–
Graph von f	↘		↗		↘

Bei $x_1 = -2$ liegt ein Tiefpunkt, bei $x_2 = 0$ ein Hochpunkt.

$x = -2$: VZW von – auf +, also Tiefpunkt
$f(-2) = -(-8) - 3 \cdot 4 + 1 = -3$ $\quad T(-2 \mid -3)$

Setzen Sie die Extremstellen in f(x) ein, um die y-Koordinaten der Extrempunkte zu berechnen.

$x = 0$: VZW von + auf –, also Hochpunkt
$f(0) = 1$ $\quad H(0 \mid 1)$

Basisaufgaben

5 Lesen Sie die Koordinaten der Hoch- und Tiefpunkte des Graphen ab. Geben Sie an, welche Art von Vorzeichenwechsel die Ableitungsfunktion an den Extremstellen hat. Geben Sie außerdem die Koordinaten der globalen Extrempunkte des Graphen von f an, falls diese existieren. Gehen Sie davon aus, dass es im weiteren Verlauf des Graphen keine Änderungen im Monotonieverhalten gibt.

a) 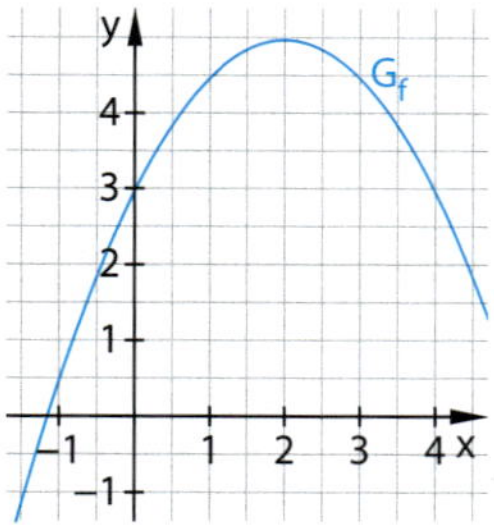

b) 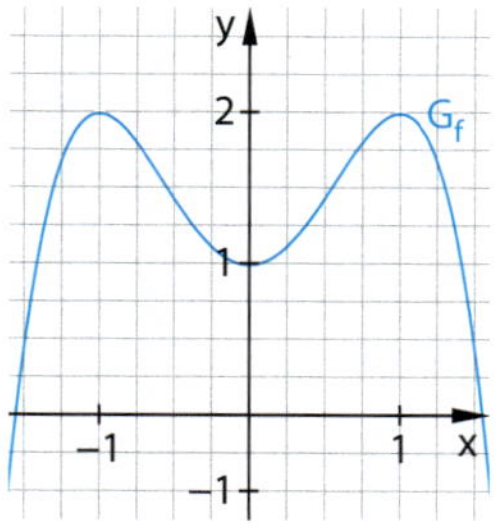

c) 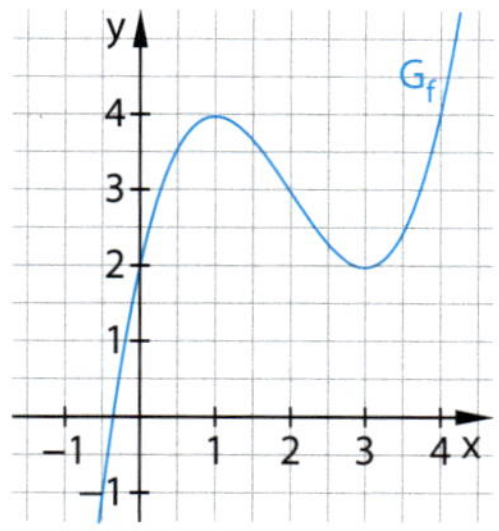

6 Bestimmen Sie die Ableitung der Funktion f und berechnen Sie mit $f'(x) = 0$ die möglichen Extremstellen von f. Überprüfen Sie anschließend mithilfe des Vorzeichenwechselkriteriums, ob an diesen Stellen ein lokales Maximum oder Minimum vorliegt.

a) $f(x) = x^2 - 8x + 15$
b) $f(x) = 2x^3 - 3x^2 - 12x + 4$

Lösungen zu 7

Nullstellen von f'

1 0 −3 5 3 2 0 4

7 Bestimmen Sie die Koordinaten der Hoch- und Tiefpunkte des Graphen von f. Überprüfen Sie Ihre Lösung mit einem Funktionenplotter.

a) $f(x) = 3x^2 + 2$
b) $f(x) = 4x^3 - 6x^2 + 5$
c) $f(x) = x^3 - 9x^2 + 24x - 16$
d) $f(x) = -\frac{1}{2}x^3 + 6x^2 - \frac{45}{2}x + 25$

8 Skizzieren Sie den Graphen einer Funktion f mit den angegebenen Hochpunkten H und Tiefpunkten T. Geben Sie an, in welchen Intervallen f streng monoton steigend bzw. streng monoton fallend ist. Geben Sie auch an, welches Vorzeichen die Ableitung f' jeweils hat.

a) $H(1|2), T(4|-1)$
b) $T(2|-3), H(5|1)$
c) $H_1(-2|2), T(1|1), H_2(4|6)$

Erinnerung

Extremstelle: x-Wert
Extremwert/Extremum: y-Wert
Extrempunkt: x- und y-Koordinate

9 Gegeben ist der Graph der Ableitung einer Funktion f. Bestimmen Sie die Stellen, an denen der Graph von f Hoch- oder Tiefpunkte hat.

a) 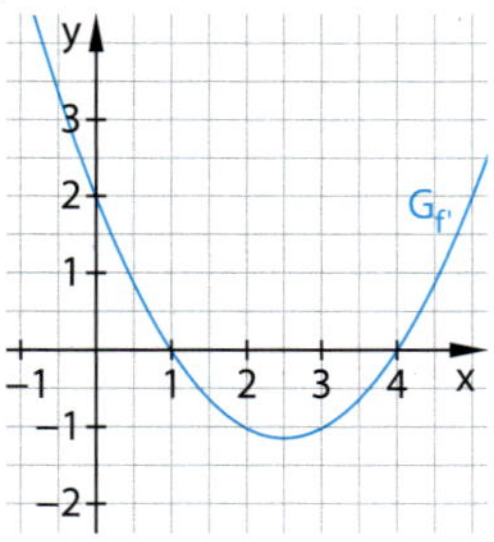

b) 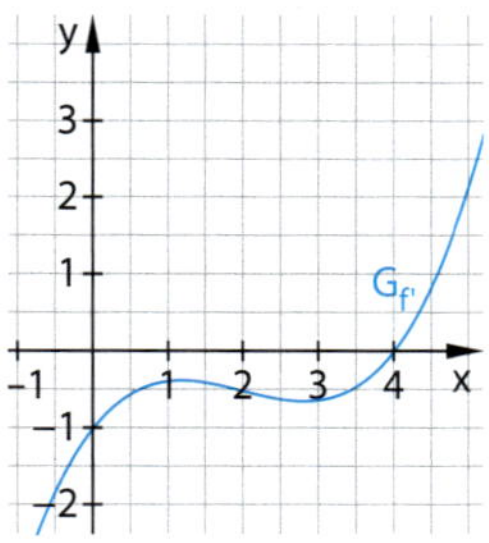

c) 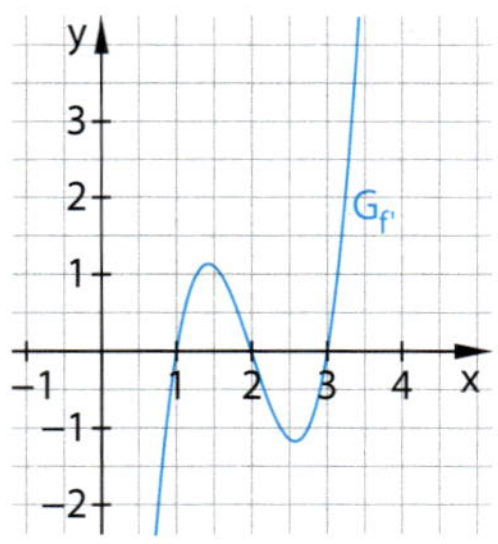

10 Die ganzrationale Funktion f hat die gegebenen Eigenschaften. Skizzieren Sie einen möglichen Graphen der Ableitungsfunktion f'.

a) Grad 2, globales Maximum bei $x = -2$
b) Grad 3, lokales Minimum bei $x = 0$
c) Grad 4, Hochpunkt $H(1|7)$, globales Maximum bei $x = 6$

11 Zeigen Sie, dass der Graph der Funktion f an der Stelle $x = 1$ einen lokalen Extrempunkt hat. Untersuchen Sie, ob es sich um einen Hoch- oder Tiefpunkt handelt.

a) $f(x) = x^3 - 3x + 1$
b) $f(x) = -\frac{3}{2}x^4 + 2x^3 - 5$

12 Bestimmen Sie zur Funktion Lage und Art der Extrempunkte des Graphen.

a) $f(x) = x^4 - \frac{9}{2}x^2 + 3$
b) $g(x) = -x^3 - x^2 + x + 1$
c) $h(x) = \frac{1}{9}x^4 - \frac{4}{3}x^3 + 4x^2 - 4$
d) $i(x) = \frac{1}{5}x^5 - \frac{1}{2}x^4 - x^3 + 1$

13 Entscheiden Sie, ob der erste Sachverhalt jeweils eine notwendige, hinreichende oder keine Bedingung für den zweiten Sachverhalt ist.

a) zur Bushaltestelle gehen/Busfahren
b) Regen/nasse Straße
c) Viereck mit vier gleich langen Seiten/Quadrat
d) Viereck mit vier gleich langen Seiten/Raute
e) Dreieck ist gleichschenklig/Innenwinkelsumme 180°
f) $f'(x_0) = 0/x_0$ ist lokale Extremstelle

14 Intervalle als Definitionsbereich – Randextrema:

Ist der Definitionsbereich einer Funktion nicht ganz $\mathbb{R}$, sondern auf ein Intervall eingeschränkt, können dadurch (andere) globale Extrema entstehen.

a) Erläutern Sie anhand der beiden Abbildungen die Auswirkungen einer Einschränkung des Definitionsbereichs auf das Intervall [a; b].

Definitionsbereich: $\mathbb{R}$

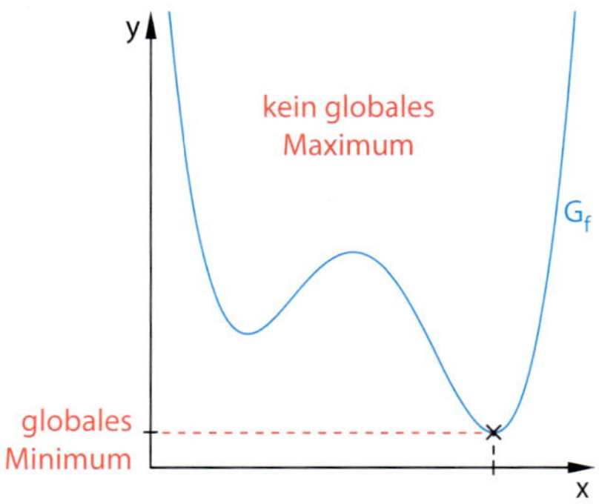

Definitionsbereich: [a; b]

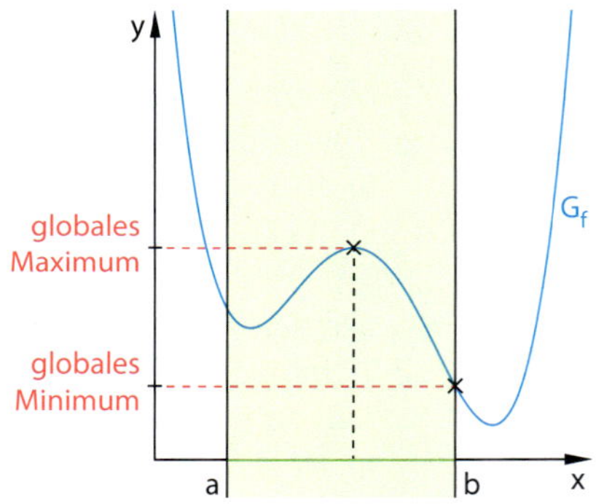

b) Bestimmen Sie erst die lokalen und dann die globalen Extrempunkte des Funktionsgraphen von f mit $f(x) = x^3 - 3x + 2$ auf dem Definitionsbereich [−2,2; 1,6]. Zeichnen Sie den zugehörigen Graphen.

15 Gegeben ist die Funktion f mit $f(x) = -x^3 + 9x^2 - 24x + 22$.

a) Bestimmen Sie alle lokalen Maxima und Minima von f.
b) Begründen Sie, dass f kein globales Maximum oder Minimum auf $\mathbb{R}$ hat.
c) Ermitteln Sie die globalen Maxima und Minima von f auf den Intervallen.
① [0; 6] ② [1; 6] ③ [1,5; 4,5] ④ [2,5; 3,5]

Hinweis

Eine auf einem Intervall streng monoton steigende bzw. fallende Funktion kann im Intervall eine Stelle mit der Steigung 0 (waagerechte Tangente) enthalten, siehe Aufgabe 36.

Terrassenpunkte

Wenn G_f an einer Stelle x_S zwar eine waagerechte Tangente hat $(f'(x_S) = 0)$, sich aber das Monotonieverhalten von f nicht ändert (kein Vorzeichenwechsel von f'), so liegt an dieser Stelle kein Extrempunkt, sondern ein **Terrassenpunkt**.
An der Stelle x_S berührt der Graph der Ableitungsfunktion f' die x-Achse, schneidet sie aber nicht.

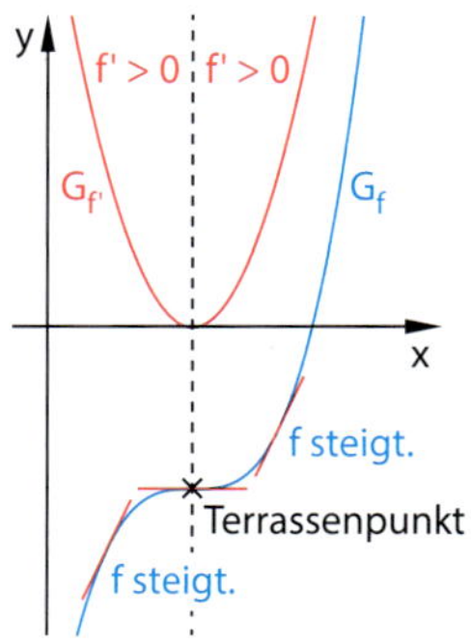

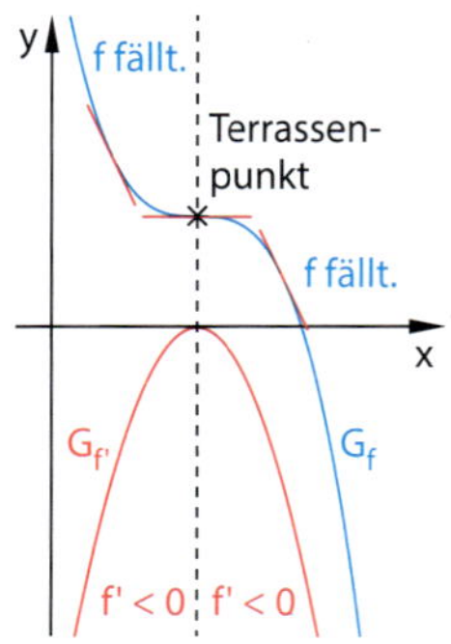

Hinweis

Der Terrassenpunkt wird oft auch als Sattelpunkt bezeichnet. Um Verwechslungen mit Tiefpunkten auszuschließen, schreibt man deshalb für Terrassenpunkte auch $S(x_S|y_S)$.

Satz – Hinreichende Bedingung für Terrassenpunkte

Wenn $f'(x_S) = 0$ gilt und das **Vorzeichen von f'** an der Stelle x_S **nicht** wechselt, dann hat der Graph der Funktion f an der Stelle x_S einen Terrassenpunkt.

Beispiel 3

Untersuchen Sie den Graphen der Funktion f mit $f(x) = -x^3 + 3x^2 - 3x + 3$ auf Extrem- und Terrassenpunkte.

Lösung:

Bilden Sie die Ableitung f'. Die Nullstellen von f' liefern den „Kandidaten" x = 1 als mögliche Stelle eines Extrem- oder Terrassenpunktes.

$f'(x) = -3x^2 + 6x - 3$

$-3x^2 + 6x - 3 = 0,$ also $x = 1$

Die Monotonietabelle zeigt, dass bei x = 1 kein VZW der Ableitung f' stattfindet. Also liegt an dieser Stelle ein Terrassenpunkt vor.

Es gibt keine Extrempunkte.

	$x < 1$	1	$x > 1$
Teststelle	0		2
f'(x)	–	0	–
Graph von f	↘		↘

Setzen Sie x = 1 in f(x) ein. Geben Sie die Koordinaten des Terrassenpunktes S an.

x = 1: kein VZW, also Terrassenpunkt

$f(1) = 2$ $S(1|2)$

Basisaufgaben

16 Geben Sie die Stellen an, an denen der Graph eine waagerechte Tangente hat. Geben Sie auch das Vorzeichen der Ableitung links und rechts von diesen Stellen an. Entscheiden Sie, ob sich an diesen Stellen ein Hochpunkt, Tiefpunkt oder Terrassenpunkt befindet.

a)

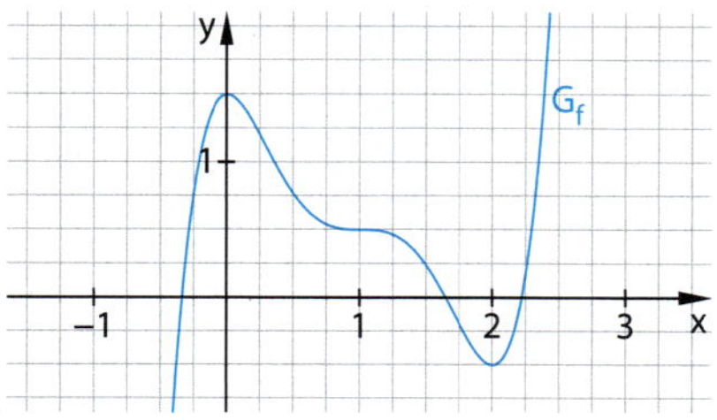

b)

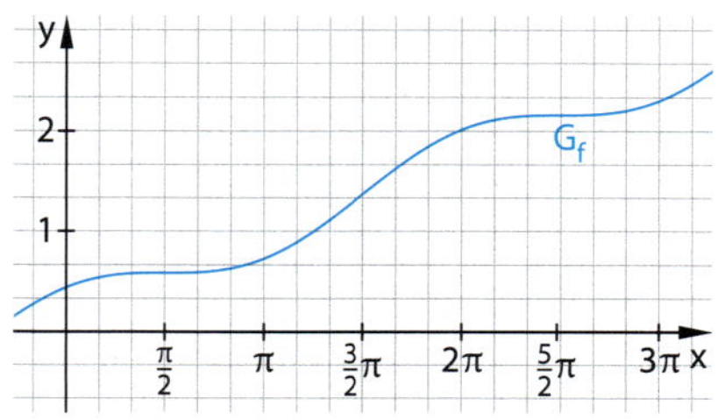

Lösungen zu 17

x-Koordinaten der Extrem- und Terrassenpunkte

0 0 3 2 3
−3 0 1
2 2
−1
−2 0
0 0 1

17 Untersuchen Sie ohne Hilfsmittel den Graphen der Funktion auf Extrem- und Terrassenpunkte. Überprüfen Sie Ihre Ergebnisse mit einem Funktionenplotter.

a) $f(x) = x^2 - 4$
b) $f(x) = \frac{1}{3}x^3 - 2x^2 + 4x$
c) $f(x) = x^3 + 3x^2 + 1$
d) $f(x) = \frac{1}{9}x^3 - x^2 + 3x$
e) $f(t) = t^4 - 2t^2$
f) $f(a) = -a^3 + 3a^2 + 3{,}5$
g) $f(x) = x^5 - 15x^3 - 30$
h) $f(x) = -3x^4 + 4x^3 + 8$

18 Bestimmen Sie Hoch-, Tief- und Terrassenpunkte des Graphen der Funktion. Überprüfen Sie Ihre Ergebnisse mit einem Funktionenplotter.

a) $f(x) = \frac{1}{5}x^5 - \frac{4}{3}x^3 + 2$
b) $g(x) = 2x^3 - 6x^2 + 6x + 4$
c) $h(x) = x^3 - 6x^2 + 9x - 4$
d) $i(x) = 5x^4 - 40x^2 + 15$
e) $k(x) = 0{,}25x^3 + 15x - 1$
f) $l(x) = -\frac{1}{20}x^5 + \frac{3}{4}x^3 - 7$

19 Skizzieren Sie den Graphen einer Funktion f mit einem Terrassenpunkt bei $S(3|2)$. Geben Sie $f'(3)$ sowie das Vorzeichen der Ableitung in der Umgebung von x = 3 an.

a) f ist streng monoton steigend auf ℝ.
b) f ist streng monoton fallend auf ℝ.

20 Zeigen Sie, dass der Graph der Funktion f an der Stelle x_S einen Terrassenpunkt hat. Geben Sie die Koordinaten des Terrassenpunktes an.
a) $f(x) = x^3 - 3x^2 + 3x + 2;\quad x_S = 1$
b) $f(x) = \frac{1}{8}x^4 - \frac{5}{3}x^3 + 8x^2 - 16x;\quad x_S = 4$

21 Erstellen Sie eine Übersichtstabelle dazu, welches Monotonieverhalten der Graph einer Funktion links und rechts seiner Hoch-, Tief- und Terrassenpunkte hat.

Weiterführende Aufgaben

Zwischentest

Hilfe

22 Ein Unternehmen stellt täglich ein bestimmtes Produkt in der Stückzahl x her. Die Funktion g mit $g(x) = -20x^3 + 240x^2 - 420x - 760$ gibt den täglichen Gewinn des Unternehmens in Euro an.
a) Berechnen Sie den monatlichen Gewinn des Unternehmens, wenn täglich 5 Stück des Produkts produziert werden. Rechnen Sie mit 21 Arbeitstagen pro Monat.
b) Berechnen Sie die Stückzahl x, für die das Unternehmen maximalen Gewinn erreicht. Geben Sie den maximalen täglichen Gewinn an.

23 Gegeben ist der Graph der Ableitung einer Funktion f. Geben Sie an, an welchen Stellen G_f Hoch-, Tief- bzw. Terrassenpunkte hat. Übertragen Sie den Graphen von f′ in ein Koordinatensystem und skizzieren Sie dort einen möglichen Graphen einer Ausgangsfunktion f.

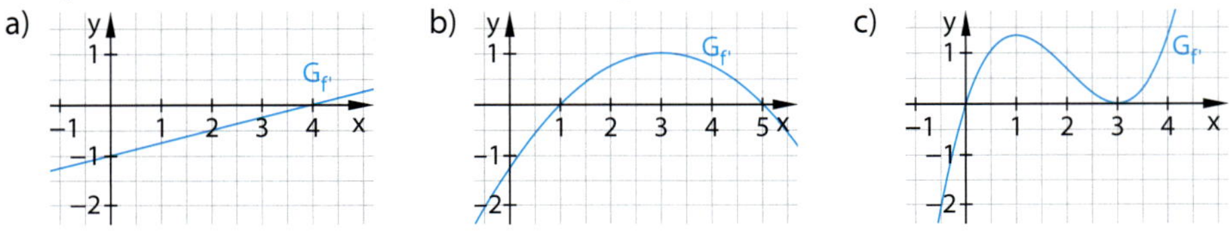

24 Begründen Sie anschaulich, dass der Graph einer ganzrationalen Funktion keine zwei Hochpunkte haben kann, ohne dass dazwischen ein Tiefpunkt liegt, und umgekehrt.

25 **Stolperstelle:** Die Klasse 11c analysiert den Graphen der Funktion f mit $f(x) = -0{,}5x^5 + 2x^4 + 0{,}5x^3 - 8x^2 + 6x - 2$. Nehmen Sie Stellung.
a) Marie: *„Bei x = 0,425 hat f ein globales Maximum."*
b) Gina: *„Die Funktion f besitzt drei lokale Extrema."*
c) Toni: *„Das globale Maximum von f liegt bei 0,314."*
d) Kilian: *„Auf dem Definitionsbereich [0; 4] ist −2,99 das globale Minimum von f."*

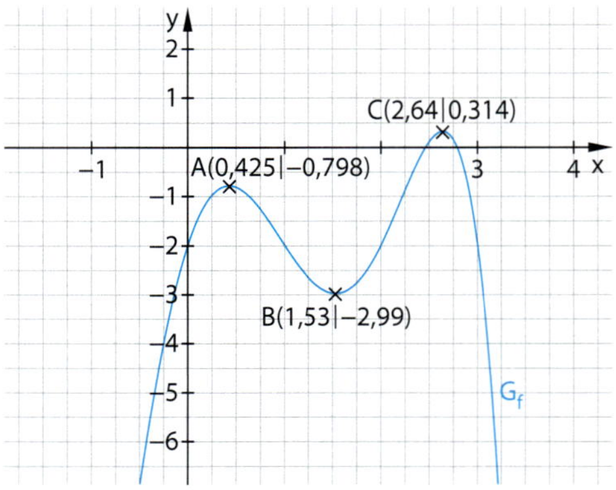

26 Stimmen Sie in der Klasse ab, ob die Aussage wahr oder falsch ist. Begründen Sie anschließend, falls die Aussage wahr ist, und geben Sie ein Gegenbeispiel an, falls sie falsch ist. Schafft Ihre Klasse es, bei der Abstimmung keine einzige falsche Antwort zu geben?
a) Wenn f′(a) = 0 ist, dann ist a lokale Extremstelle von f.
b) Bei einem Terrassenpunkt hat der Funktionsgraph eine waagerechte Tangente.
c) Die Ableitungsfunktion f′ hat Nullstellen an den lokalen Extremstellen von f.
d) Wenn die Funktion f keine Extremstellen hat, dann hat f′ keine Nullstellen.
e) An den Stellen mit waagerechter Tangente hat der Graph Terrassenpunkte.
f) Wenn ein Funktionsgraph zwei Hochpunkte besitzt, dann hat die Funktion im Hochpunkt mit dem größeren Funktionswert ihr globales Maximum.

27 Zeichnen Sie den Graphen zu $f(x) = -x^4 + \frac{21}{2}x^2 + \frac{1}{2}x$ mit einem Funktionenplotter.
a) Bestimmen Sie mithilfe des Plotters die Koordinaten der Hoch- und Tiefpunkte.
b) Begründen Sie, ob globale Extrempunkte existieren, und geben Sie diese ggf. an.
c) Geben Sie den Term der Funktion g an, deren Graph im Vergleich zum Graphen von f an der x-Achse gespiegelt ist. Erklären Sie, wie sich diese Spiegelung auf die Extrempunkte auswirkt.

28 Skizzieren Sie einen passenden Graphen einer ganzrationalen Funktion. Überlegen Sie, welchen Einfluss der Grad auf das Verhalten des Graphen für $x \to \pm\infty$ hat.
a) Grad 3, Tiefpunkt bei $T(0|0)$, Hochpunkt bei $H(4|1)$
b) Grad 3, lokales Minimum -3 bei $x = 2$
c) Grad 4, lokales Minimum bei $x = -1{,}75$, Terrassenpunkt bei $S(2|0)$

Erinnerung

Einfache, dreifache … Nullstelle: Der Graph schneidet die x-Achse. Zweifache, vierfache … Nullstelle: Der Graph berührt die x-Achse, schneidet sie aber nicht.

29 Beschreiben Sie, wie man an der Art der Nullstelle (einfache, doppelte, dreifache …) der Ableitungsfunktion f′ erkennen kann, ob der Graph einer ganzrationalen Funktion f an dieser Stelle einen lokalen Extrempunkt oder einen Terrassenpunkt hat.

30 Begründen Sie die Gültigkeit der Aussage für eine ganzrationale Funktion n-ten Grades.
a) Die Funktion hat höchstens $n - 1$ lokale Extremstellen.
b) Die Funktion hat höchstens eine Nullstelle mehr als lokale Extremstellen.
c) Hat f eine Nullstelle der Vielfachheit 3, 5, 7 …, so hat der Graph von f dort einen Terrassenpunkt. Tipp: Wenn f in x_0 eine Nullstelle der Vielfachheit n hat, hat f′ in x_0 eine Nullstelle der Vielfachheit $n - 1$.

31 Gegeben sind die beiden Funktionen f mit $f(x) = 2x^3 - 4x^2 + x + 8$ und g mit $g(x) = 2x^3 - x^2 - 2x + 2$.
a) Berechnen Sie die Koordinaten der Schnittpunkte der beiden Funktionsgraphen.
b) Berechnen Sie, an welcher Stelle zwischen den beiden Schnittpunkten der vertikale Abstand der Funktionsgraphen am größten ist.

Hinweis zu b)

Stellen Sie zuerst eine Funktion auf, die den vertikalen Abstand an einer beliebigen Stelle x beschreibt.

32 Aus schmalen parallel zum Ufer verlegten Holzlatten soll ein Steg gebaut werden, der eine geschwungene Form aufweist und 1,5 m weit auf das Wasser ragt. Die krummlinigen Ränder des Stegs werden beschrieben durch die Funktionen f und g mit $f(x) = \frac{5}{2}x^3 - 4x^2 + x + 5$ und $g(x) = 2x^3 - 7x^2 + \frac{17}{2}x$ (x und y in Metern).
Bestimmen Sie die maximale und minimale Länge der Holzlatten, wenn beim Verlegen der Latten nicht gestückelt werden soll.

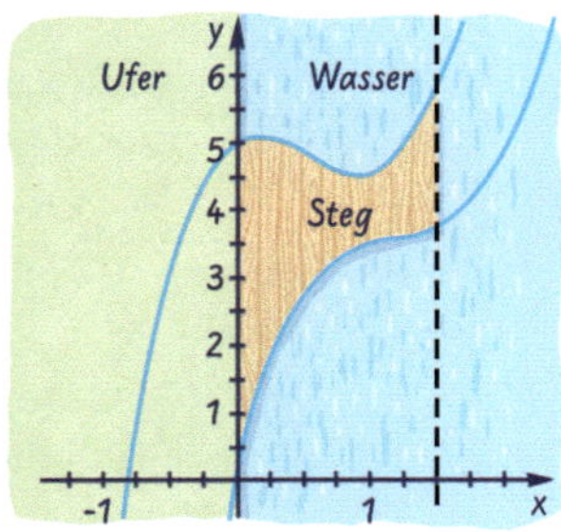

33 Die Kosten für die tägliche Herstellung der Menge x eines Produkts lassen sich durch die Funktion k mit $k(x) = \frac{1}{1500}x^3 - \frac{7}{500}x^2 + \frac{1006}{125}x + 400$ beschreiben. Auf der x-Achse bedeutet dabei eine Einheit 200 hergestellte Stücke, auf der y-Achse ist die Einheit €.
a) Bestimmen Sie die Fixkosten.
b) In der Firma können täglich maximal 40 000 Teile hergestellt werden. Geben Sie den zugehörigen Definitionsbereich für x an.
c) 200 Teile werden jeweils als Einheit für 50 € verkauft. Geben Sie eine Funktion e an, mit der sich die täglichen Einnahmen berechnen lassen.
d) Der Gewinn der Firma berechnet sich aus der Differenz von Einnahmen und Kosten. Geben Sie eine Funktion g an, mit der sich der tägliche Gewinn berechnen lässt.
e) Bestimmen Sie, bei welcher Produktionsmenge der Gewinn maximal ist. Geben Sie den maximalen täglichen Gewinn an.

Hinweis zu a)

Der Begriff der Fixkosten beschreibt diejenigen Kosten, die unabhängig von der produzierten Stückzahl anfallen, z. B. für Miete.

Hilfe

● **34** Ein Architekt plant ein Gewächshaus, dessen parabelförmige Bögen aus Stahl die Form des Funktionsgraphen von f mit $f(x) = -0{,}3x^2 + \frac{8}{3}x$ haben, wenn die x-Achse den Erdboden beschreibt (x, f(x) in m).

a) Berechnen Sie die maximale Höhe und die Breite des Gewächshauses.

b) Berechnen Sie den Winkel, den die Stahlbögen mit dem Erdboden bilden.

c) Berechnen Sie, in welcher Höhe die Stahlbögen einen Winkel von 45° mit einer Horizontalen einschließen.

● **35** Lena nimmt um 8 Uhr morgens ein Vitamin-D-Präparat ein. Die Vitamin-D-Konzentration im Blut nach Einnahme dieses Präparats wird durch die Funktion $f(t) = \frac{7}{36}t^3 - \frac{7}{2}t^2 + \frac{63}{4}t + c$ beschrieben (t in Stunden, f(t) in µg/ℓ).

a) Der Vitamin-D-Spiegel zum Einnahmebeginn t = 0 beträgt 18 µg/ℓ. Bestimmen Sie den Parameter c in der Funktionsgleichung von f so, dass diese den Verlauf von Lenas Vitamin-D-Spiegel beschreibt.

b) Bestimmen Sie, wie lange es dauert, bis die Wirkung des Präparats ein Maximum erreicht. Geben Sie die Höhe der maximalen Vitamin-D-Konzentration an.

c) Ermitteln Sie, nach wie vielen Stunden der Vitamin-D-Spiegel in Lenas Blut wieder auf seinen anfänglichen Wert gesunken ist. Leiten Sie daraus eine sinnvolle Angabe für den Definitionsbereich von f ab.

d) Anna nimmt dasselbe Präparat um 10 Uhr morgens ein. Ihr Vitamin-D-Spiegel ist zu Einnahmebeginn um 25 % höher als Lenas. Bestimmen Sie den Term einer geeigneten Funktion g, die die Vitamin-D-Konzentration in Annas Blut beschreibt.
Wiederholen Sie die Berechnungen aus b) und c) für Annas Vitamin-D-Spiegel.

e) Skizzieren Sie die Graphen von f und g in einem sinnvollen Bereich in ein gemeinsames Koordinatensystem. Beschreiben Sie, wie der Graph von g aus dem Graphen von f hervorgeht, und begründen Sie dies im Sachzusammenhang.

◐ **36** Beurteilen Sie folgende Aussage: „Der Graph einer auf ganz ℝ streng monoton steigenden Funktion kann keinen Terrassenpunkt haben."

● **37** Diskutieren Sie in der Gruppe. Begründen oder widerlegen Sie die folgende Aussage: „Eine ganzrationale Funktion, deren Graph achsensymmetrisch zur y-Achse ist, hat an der Stelle x = 0 ein lokales Extremum."

● **38** **Ausblick: Parameteraufgaben**

a) Gegeben ist die Funktion f mit $f(x) = x^3 + 3x^2 - bx + c$.
① Bestimmen Sie b so, dass x = 1 und x = −3 Extremstellen sind.
② Bestimmen Sie anschließend c so, dass der Tiefpunkt die y-Koordinate −8 hat.
③ Geben Sie an, für welche Werte von b die Funktion f keine Extremstellen hat.

b) Die Funktion f hat die Funktionsgleichung $f(x) = \frac{1}{4}x^4 - \frac{a}{3}x^3 + \frac{1}{2}x^2$ mit $a \in \mathbb{R}$.
① Untersuchen Sie die Funktion f für a = −2 auf Extremstellen und Terrassenpunkte.
② Bestimmen Sie a so, dass die Funktion f genau eine Extremstelle hat.
③ Bestimmen Sie a so, dass f die größtmögliche Anzahl von Extremstellen hat.

5.3 Krümmung

Der Graph der Funktion f mit $f(x) = -\frac{1}{20}(x^3 - 9x^2 + 17x - 27)$ stellt den Verlauf einer Straße von oben dar. Ermitteln Sie die Bereiche, in denen der Radfahrer eine Links- bzw. Rechtskurve durchfährt. Beschreiben Sie auch den Graphen der Ableitungsfunktion f′ in diesen Bereichen.

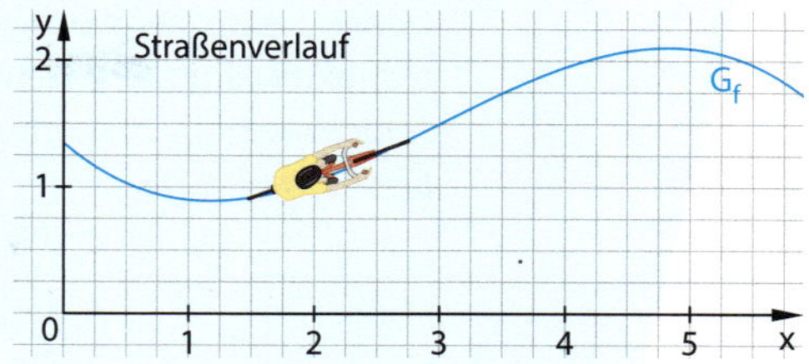

Nimmt in einem Intervall die Steigung eines Graphen von f stetig zu, so beschreibt der Graph von f dort eine Linkskurve. Man spricht daher von einer Linkskrümmung. Umgekehrt ist ein Graph, dessen Steigung kleiner wird, rechtsgekrümmt.

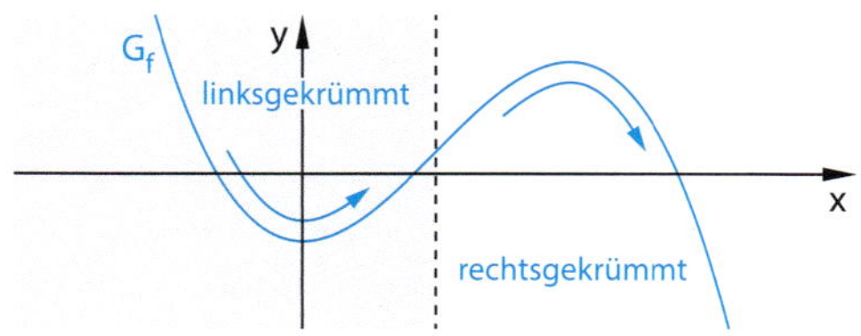

Die Steigung wird durch die Ableitung f′ beschrieben. Bei einer Linkskrümmung des Graphen von f ist die Ableitung f′ streng monoton steigend.
Ist der Graph von f hingegen rechtsgekrümmt, so ist f′ streng monoton fallend.

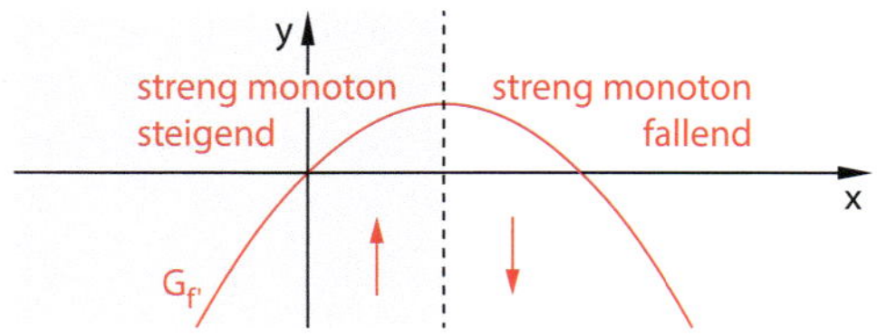

Die Änderung der Steigung wird durch die Ableitung von f′ beschrieben. Sie heißt **zweite Ableitung f″**.
f′ ist streng monoton steigend bzw. fallend, wenn die Ableitung von f′, also f″, größer als 0 bzw. kleiner als 0 ist.

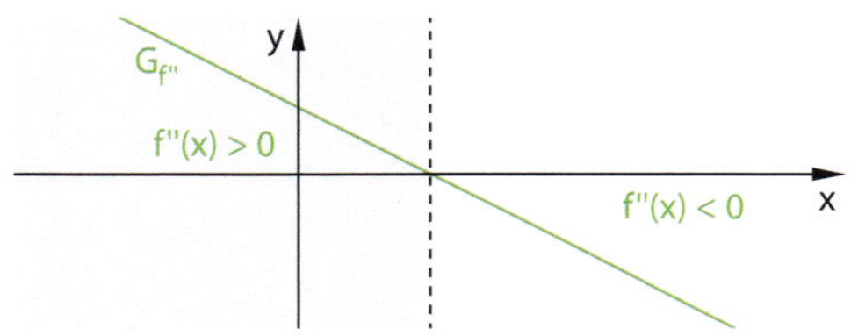

Hinweis

Die Ableitung f′ einer Funktion f wird auch als erste Ableitung bezeichnet.

Merkhilfe

f″(x) positiv ⇒ G_f linksgekrümmt

f″(x) negativ ⇒ G_f rechtsgekrümmt

Satz **Krümmungsverhalten**

Es sei f eine im Intervall I =]a; b[zweimal differenzierbare Funktion.
- Gilt **f″(x) > 0** für alle x aus dem Intervall I, so ist der Graph der Funktion f auf I **linksgekrümmt**, er beschreibt eine **Linkskurve**.
- Gilt **f″(x) < 0** für alle x aus dem Intervall I, so ist der Graph der Funktion f auf I **rechtsgekrümmt**, er beschreibt eine **Rechtskurve**.

Beachten Sie: Ist f auf]a; b[linksgekrümmt und auf [a; b[stetig, aber in a nicht differenzierbar, so ist G_f dennoch auf [a; b[linksgekrümmt.

Beispiel 1 Untersuchen Sie den Graphen der Funktion f mit $f(x) = x^3 - 3x^2$ mithilfe der zweiten Ableitung auf sein Krümmungsverhalten.

Lösung:

Bilden Sie die ersten beiden Ableitungen von f. Berechnen Sie die Nullstelle von f″.

$f'(x) = 3x^2 - 6x$ $\quad f''(x) = 6x - 6$
$6x - 6 = 0$, also $x = 1$

Die Nullstelle von f″ teilt den Definitionsbereich von f in zwei Krümmungsintervalle. Setzen Sie auf jedem Intervall eine Teststelle (z. B. 0 und 4) in f″(x) ein. Das Vorzeichen gibt das Krümmungsverhalten von f an.

$x < 1$: $f''(0) = 6 \cdot 0 - 6 = -6 < 0$
Der Graph ist für $x \leq 1$ rechtsgekrümmt.

$x > 1$: $f''(4) = 6 \cdot 4 - 6 = 18 > 0$
Der Graph ist für $x \geq 1$ linksgekrümmt.

Hinweis

Wie die Monotonie kann auch die Krümmung mithilfe einer Tabelle untersucht werden.

Basisaufgaben

1 Geben Sie an, auf welchen maximalen Intervallen der Graph der Funktion f links- bzw. rechtsgekrümmt ist. Gehen Sie davon aus, dass es im weiteren Verlauf des Graphen keine Änderungen im Krümmungsverhalten gibt.

a) 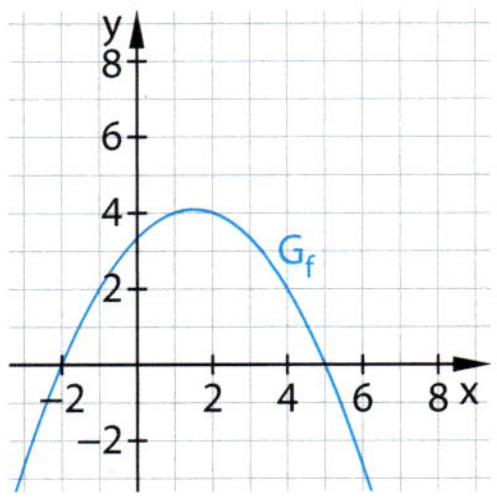

b) 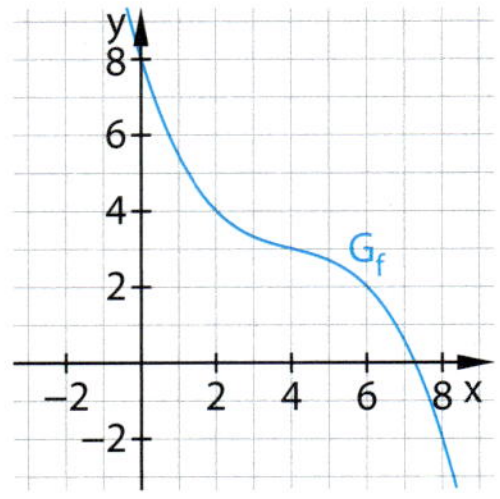

c) 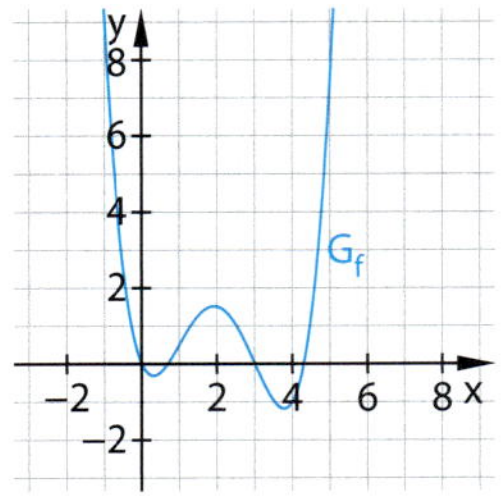

2 Zeichnen Sie einen Funktionsgraphen, der für
a) $x \leq -4$ sowie $x \geq 1$ linksgekrümmt und für $-4 \leq x \leq 1$ rechtsgekrümmt ist,
b) $x \leq 2$ ungekrümmt, für $x \geq 2$ rechtsgekrümmt ist und bei $x = 2$ einen Knick hat.

3 Die Abbildung zeigt den Graphen der zweiten Ableitung der Funktion f. Geben Sie an, auf welchen Intervallen der Graph von f links- bzw. rechtsgekrümmt ist. Gehen Sie davon aus, dass es im weiteren Verlauf des Graphen keine Änderungen im Krümmungsverhalten gibt.

a) 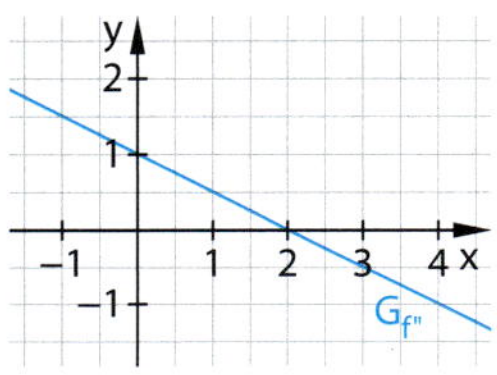

b) 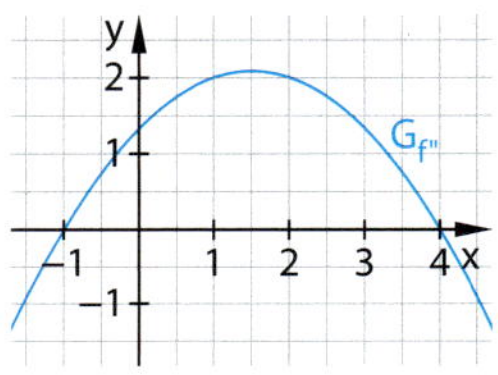

c) 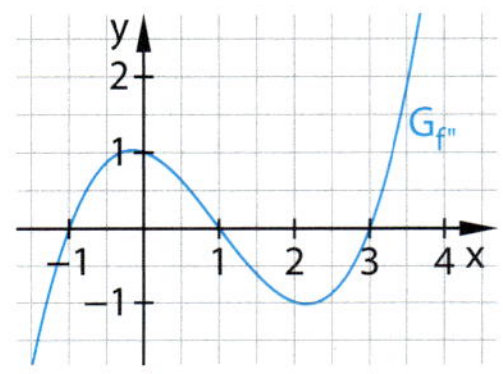

4 Berechnen Sie die erste und zweite Ableitung der Funktion f.
a) $f(x) = x^3 - 2x^2 + 5x - 1$ b) $f(x) = -x^4 - 2x^3 + 8x$ c) $f(x) = 2x^5 - 0{,}4x^4 + 6x^2 - 3x + 0{,}7$

5 Berechnen Sie die Nullstellen der zweiten Ableitung und bestimmen Sie das Krümmungsverhalten des Graphen von f über der Definitionsmenge $\mathbb{R}$.

a) $f(x) = \frac{1}{2}x^3 - 3x^2 + 3x - 6$ b) $f(x) = -\frac{1}{2}x^2 + 7x - 18$ c) $f(x) = \frac{1}{3}x^4 - 2x^2 + 4x$

d) $f(x) = 0{,}25x^5 + 10x - 1$ e) $f(x) = x^4 - 6x$ f) $f(x) = -\frac{1}{3}x^3 - 2x^2 - 5x + 2$

g) $f(x) = -x^2 + 2x + 1$ h) $f(x) = x^3 - 7x^2 + 15x - 9$ i) $f(x) = -\frac{1}{12}x^4 + \frac{1}{3}x^3 + x$

6 Gegeben sind die Graphen von Funktionen und deren erster und zweiter Ableitung. Ordnen Sie begründet zu und erläutern Sie den Zusammenhang zwischen dem Krümmungsverhalten des Graphen von f, dem Monotonieverhalten von f′ und dem Graphen von f″.

Graphen von f

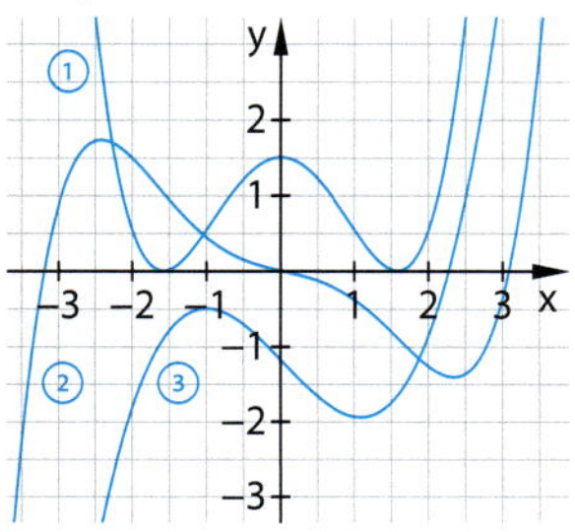

Graphen von f′

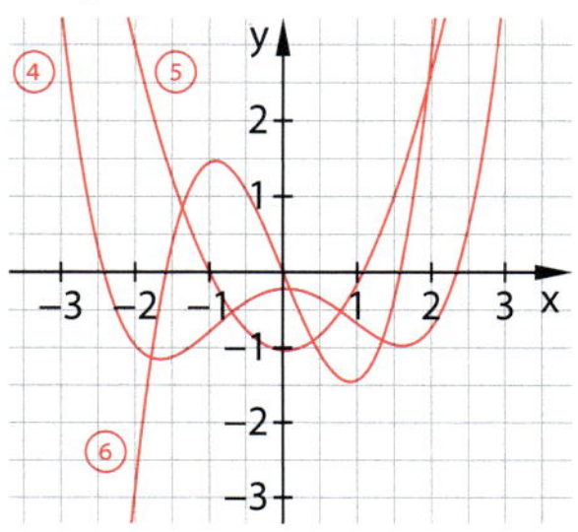

Graphen von f″

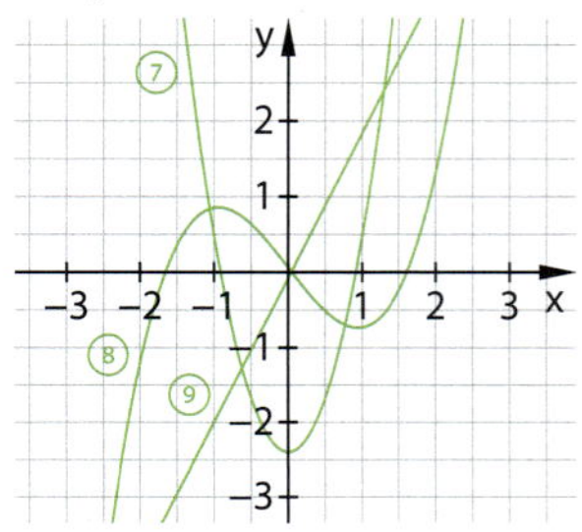

Überprüfen von lokalen Extrempunkten mit der zweiten Ableitung

In der Umgebung eines Hochpunktes ist der Graph einer Funktion f immer rechtsgekrümmt, bei einem Tiefpunkt immer linksgekrümmt. Anstatt einen Vorzeichenwechsel von f' zu überprüfen, ist es möglich, mithilfe der zweiten Ableitung f'' zu prüfen, ob der Graph an den potentiellen Extremstellen von f eine Linkskrümmung ($f''(x) > 0$) oder eine Rechtskrümmung ($f''(x) < 0$) ausweist.

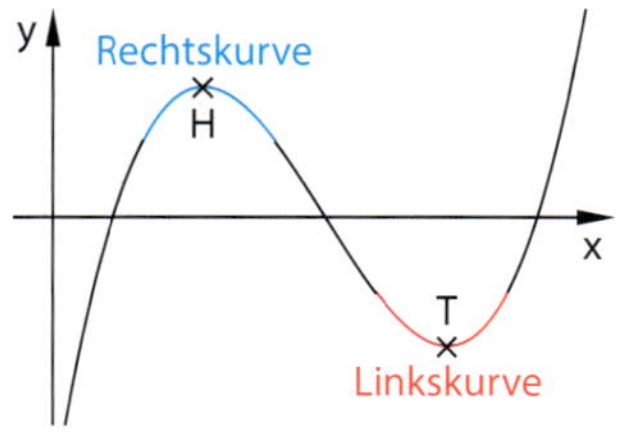

Satz **Hinreichende Bedingung für lokale Extrempunkte mit der zweiten Ableitung**

Es seien f und f' differenzierbare Funktionen.
- Wenn $\mathbf{f'(x_E) = 0}$ und $\mathbf{f''(x_E) < 0}$ gilt, dann hat der Graph der Funktion f an der Stelle x_E einen **Hochpunkt**.
- Wenn $\mathbf{f'(x_E) = 0}$ und $\mathbf{f''(x_E) > 0}$ gilt, dann hat der Graph der Funktion f an der Stelle x_E einen **Tiefpunkt**.

Ist $f'(x_E) = 0$ und $f''(x_E) = 0$, so lässt sich daraus nicht folgern, dass dort keine lokale Extremstelle vorliegt. In diesem Fall zieht man das Vorzeichenwechselkriterium (VZW) hinzu.

Beispiel 2 Bestimmen Sie die Lage und Art der Extrempunkte des Graphen der Funktion f mit $f(x) = x^3 - 9x^2 + 24x - 18$ mithilfe der zweiten Ableitung.

Lösung:

Bilden Sie die ersten beiden Ableitungen von f.	$f'(x) = 3x^2 - 18x + 24$ $f''(x) = 6x - 18$
Berechnen Sie die Nullstellen von f'. $x_1 = 2$ und $x_2 = 4$ sind die möglichen Extremstellen. Setzen Sie diese Stellen in die zweite Ableitung f''(x) ein. Das Ergebnis ist jeweils ungleich 0. Das Vorzeichen gibt an, ob dort ein Hoch- oder Tiefpunkt liegt.	$3x^2 - 18x + 24 = 0$ also $x_1 = 2$ und $x_2 = 4$ $f''(2) = 6 \cdot 2 - 18 = -6 < 0$ Bei 2 liegt ein Hochpunkt. $f''(4) = 6 \cdot 4 - 18 = 6 > 0$ Bei 4 liegt ein Tiefpunkt.
Die y-Koordinaten des Hochpunktes H und des Tiefpunktes T ergeben sich durch Einsetzen der Extremstellen in f(x).	$f(2) = 2^3 - 9 \cdot 2^2 + 24 \cdot 2 - 18 = 2$ $f(4) = 4^3 - 9 \cdot 4^2 + 24 \cdot 4 - 18 = -2$ $H(2 \mid 2) \quad T(4 \mid -2)$

Basisaufgaben

Lösungen zu 7

$(1\mid4)$, $(4\mid-6)$, $(0\mid2)$, $(4\mid-2)$, $(2\mid2)$, $\left(0\mid\frac{12}{5}\right)$, $(-2\mid-4)$, $(2\mid4)$, $(-2\mid6)$, $(0\mid0)$, $(2\mid-4)$, $(6\mid0)$, $(-2\mid-2)$

7 Bestimmen Sie die Lage und Art der Extrempunkte des Graphen mithilfe der ersten und zweiten Ableitung von f.

a) $f(x) = -4x^2 + 8x$
b) $f(x) = \frac{1}{8}x^3 - \frac{3}{4}x^2 + 2$
c) $f(x) = \frac{1}{10}x^3 - \frac{3}{10}x^2 + \frac{12}{5}$
d) $f(x) = \frac{1}{8}x^3 - \frac{3}{2}x^2 + \frac{9}{2}x$
e) $f(x) = \frac{1}{9}x^3 - \frac{1}{3}x^2 - \frac{8}{3}x + \frac{26}{9}$
f) $f(x) = \frac{1}{4}x^4 - 2x^2$

8 Gegeben ist die Funktion f mit $f(x) = \frac{1}{2}x^4 - 2x^3 + 8x$.

a) Zeigen Sie, dass der Graph von f im Punkt $(-1 \mid -5{,}5)$ einen Tiefpunkt hat.
b) Untersuchen Sie das Verhalten der Graphen von f' und f'' an der Stelle $x = 2$.
c) Begründen Sie, dass der Graph von f an der Stelle $x = 2$ einen Terrassenpunkt hat, und berechnen Sie die fehlende Koordinate.

Weiterführende Aufgaben

Zwischentest

Hilfe

9 Ordnen Sie die drei Graphen begründet den Funktionen f, f′ und f″ zu. Kontrollieren Sie zu zweit.

a) 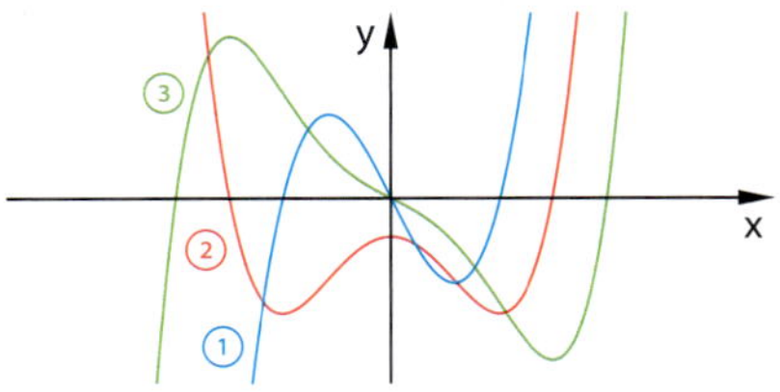

b) 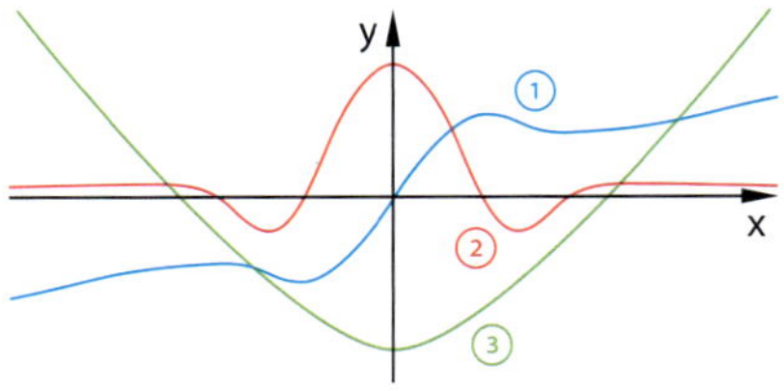

10 Skizzieren Sie einen möglichen Graphen von f.

a) Der Graph von f ist rechtsgekrümmt und hat den Hochpunkt $H(2|4)$.
b) Der Graph von f hat im Punkt $P(-3|2)$ eine waagerechte Tangente und geht in diesem Punkt von einer Links- in eine Rechtskrümmung über.
c) Der Graph von f hat zwei Stellen mit waagerechter Tangente und wechselt nur an einer dieser Stellen seine Krümmung.
d) Der Graph von f ist linksgekrümmt und hat keine Extremstellen.
e) Es gilt $f'(x) < 0$ und $f''(x) > 0$ für alle x.

11 Die Funktion h mit $h(t) = -0{,}03t^3 + 0{,}9t^2 + 4$ beschreibt für $0 \le t \le 20$ die Wuchshöhe einer Pflanze. Dabei bezeichnet t die Anzahl der Tage nach Beobachtungsbeginn und h(t) die Höhe der Pflanze in cm.

a) Berechnen Sie die Pflanzenhöhe nach 5 und nach 15 Tagen.
b) Weisen Sie rechnerisch nach, dass die Wachstumsgeschwindigkeit innerhalb der ersten 10 Tage ständig steigt.
c) Für $t > 10$ gilt $h''(t) < 0$. Erläutern Sie dies im Sachzusammenhang.
d) Zeigen Sie, dass die minimale und maximale Pflanzenhöhe zu Beginn und am Ende der Beobachtung angenommen werden, und geben Sie diese an.

Info

In der Physik schreibt man statt s″, v′ und s′ manchmal auch $\ddot{s}$, $\dot{v}$ und $\dot{s}$.

12 **Ableitungen in der Physik:** In der Physik werden Bewegungen durch die Größen s (Weg), v (Geschwindigkeit) und a (Beschleunigung) beschrieben. Die Geschwindigkeit ist die zeitliche Veränderung des Wegs, die Beschleunigung ist die zeitliche Veränderung der Geschwindigkeit. Es gilt also $s''(t) = v'(t) = a(t)$ und $s'(t) = v(t)$.
Erläutern Sie die Bedeutung einer positiven/negativen Beschleunigung für die Geschwindigkeit und den Weg in diesem Sachzusammenhang.

13 **Stolperstelle:** Max untersucht die Funktion f mit $f(x) = x^4 - 8x^3 + 24x^2 - 32x + 15$.
Er sagt: *„Zwar ist $f'(2) = 0$, aber weil $f''(2) = 0$ ist, ist 2 keine Extremstelle von f."*
Nehmen Sie Stellung.

Hilfe

14 **Hinreichende und notwendige Bedingungen:** „Die notwendige Bedingung ist nicht hinreichend, die hinreichende ist nicht notwendig." Erläutern Sie diese Aussage, indem Sie die Extremstellen zu $f(x) = x^2$, $g(x) = x^3$ und $h(x) = x^4$ untersuchen.

15 Untersuchen Sie den Funktionsgraphen auf Hoch- und Tiefpunkte. Verwenden Sie, falls nötig, das VZW-Kriterium. Geben Sie auch die Koordinaten der Terrassenpunkte an.

a) $f(x) = \frac{1}{4}x^4 + x^3 - \frac{11}{4}$
b) $f(x) = 3x^5 - 5x^3$

16 Bestimmen Sie die Punkte des Graphen mit waagerechter Tangente. Untersuchen Sie, ob diese Punkte Extrempunkte sind.

a) $f(x) = x^4 - 4x^3 + 4x^2$
b) $f(x) = \frac{1}{4}x^3 - \frac{3}{2}x^2 + 8$
c) $f(x) = -\frac{1}{8}x^3 + \frac{3}{2}x$
d) $f(x) = 3x^3 - 27x^2 + 81x - 84$
e) $f(x) = -2x^5 - \frac{5}{4}x^4 + 10x^3$
f) $f(x) = -\frac{3}{8}x^4 + 2x^3 - 3x^2$

17 **Vergleich der hinreichenden Bedingungen für Extrempunkte:**
Bestimmen Sie gemeinsam die Extrempunkte der Graphen der folgenden Funktionen. Legen Sie vorher fest, wer mit der zweiten Ableitung und wer mit dem Vorzeichenwechselkriterium als hinreichender Bedingung arbeitet.

$f(x) = \frac{1}{6}x^3 - \frac{3}{4}x^2 - 2x + 3$ $\quad g(x) = \frac{1}{3}x^3 - 2x^2 + 4x$ $\quad h(x) = x^6 - \frac{3}{2}x^4$

Vergleichen Sie anschließend die Rechenwege. Stellen Sie Vor- und Nachteile der beiden hinreichenden Bedingungen gegenüber.

18 Beim Bau von Straßen, Bahngleisen oder Achterbahnen wird bei der Berechnung der Linienführung immer darauf geachtet, dass Richtungswechsel möglichst kräftearm verlaufen, um eine ruckfreie Fahrdynamik zu erreichen. Hierbei reicht es nicht, dass beim Übergang von z. B. Geraden zu Kurven und umgekehrt die Steigungen identisch sind, d. h. keine „Knicke" auftreten. Damit sich auch die Richtungsänderung nicht abrupt ändert, ist zudem zu fordern, dass auch die Krümmungen der Linien in den Übergangspunkten übereinstimmen.
Als Beispiel hierzu sollen zwei gerade Straßenenden durch eine Kurve verbunden werden. Die Straßenenden sind gegeben durch die Geraden $y = 2$ für $x \leq 0$ und $y = -2x + 9$ für $x \geq 4$.

a) Zeigen Sie, dass die Kurve 1, beschrieben durch den Graphen der Funktion f mit $f(x) = -\frac{3}{32}x^3 + \frac{5}{16}x^2 + 2$ für $0 < x < 4$, an den Anschlussstellen zwar keinen Knick aufweist, die Krümmungen aber plötzlich deutlich voneinander abweichen.
b) Gegeben ist eine zweite Funktion g mit $g(x) = a \cdot x^5 - \frac{41}{256}x^4 + \frac{11}{32}x^3 + 2$ für $0 < x < 4$. Bestimmen Sie den Koeffizienten a so, dass die Funktion g die geforderten Eigenschaften erfüllt, und weisen Sie diese nach.
c) Zeichnen Sie die Graphen der beiden Geraden sowie der Funktionen f aus a) und g aus b) mithilfe eines Plotters in ein gemeinsames Koordinatensystem. Überprüfen Sie damit Ihre Ergebnisse.

19 **Ausblick:** Der Graph einer ganzrationalen Funktion f dritten Grades hat einen Tiefpunkt im Koordinatenursprung.

a) Stellen Sie eine allgemeine Gleichung für f auf und finden Sie Bedingungen für die Lage des Tiefpunktes im Ursprung.
b) Der Graph von f ist für $x < 1$ linksgekrümmt und für $x > 1$ rechtsgekrümmt. Bestimmen Sie einen möglichen Funktionsterm von f. Zeichnen Sie den zugehörigen Graphen.
c) Geben Sie eine allgemeine Funktionsgleichung an, die alle möglichen Lösungen von b) beschreibt.

5.4 Wendepunkte

Der Graph stellt links das Geländeprofil einer Straße dar und rechts die Draufsicht einer anderen Straße. Die Stelle x = 3 hat für den Radfahrer in der jeweiligen Situation unterschiedliche Bedeutungen. Stellen Sie einen Zusammenhang zwischen diesen Bedeutungen her. Erläutern Sie, wie man diese Stelle bei gegebenem Funktionsterm berechnen könnte.

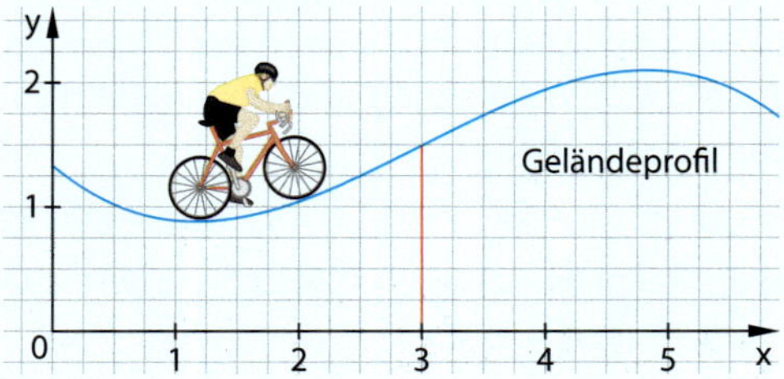

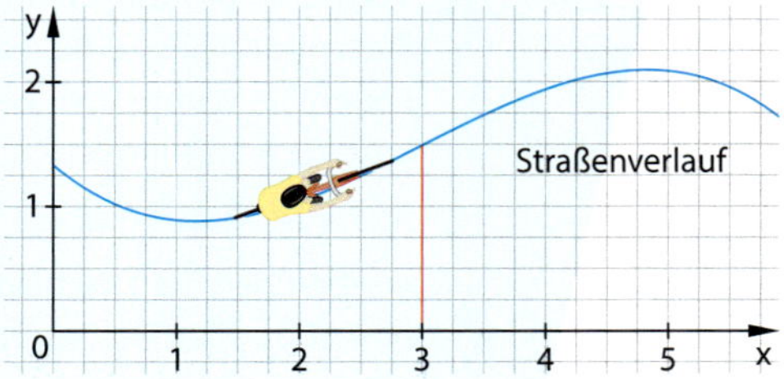

Die Grafik zeigt die Zusammenhänge zwischen den Graphen einer Funktion f und ihren ersten beiden Ableitungsfunktionen f' und f''.

Die Stellen, an denen sich das Krümmungsverhalten des Graphen ändert, heißen **Wendestellen**.
An diesen Stellen ist die **Steigung des Graphen lokal maximal** (beim Wechsel von Links- zu Rechtskrümmung) bzw. **lokal minimal** (beim Wechsel von Rechts- zu Linkskrümmung).

Eine Wendestelle ist folglich eine lokale Extremstelle der ersten Ableitungsfunktion und damit eine Nullstelle der zweiten Ableitungsfunktion mit Vorzeichenwechsel.

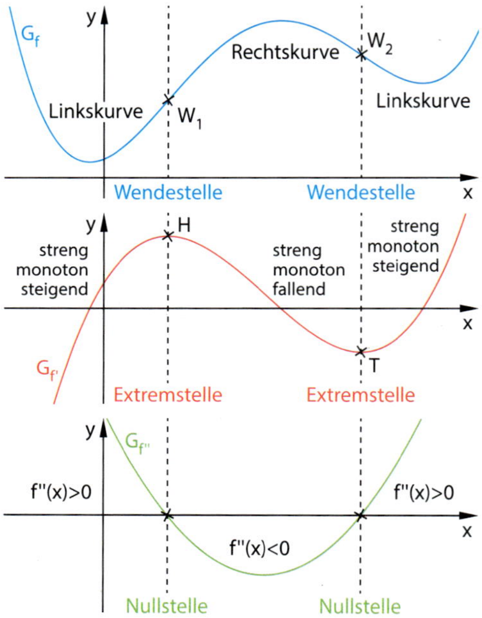

Definition **Wendepunkt**

Ein **Wendepunkt** ist ein Punkt, an dem ein Graph von einer Linkskrümmung in eine Rechtskrümmung übergeht oder umgekehrt.

Ein **Terrassenpunkt** ist ein Wendepunkt, in dem der Graph eine waagerechte Tangente hat.

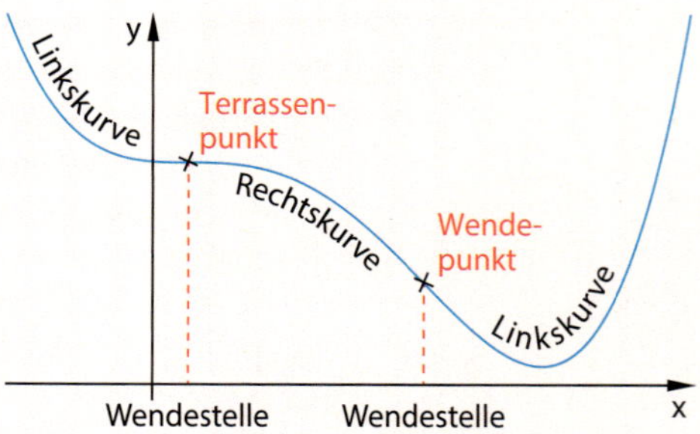

Da eine Wendestelle von f eine lokale Extremstelle der ersten Ableitung f' ist, ist eine notwendige Bedingung, dass dort die Ableitung von f', also die zweite Ableitung f'', den Wert 0 hat.

Satz **Notwendige Bedingung für Wendepunkte**

Hat der Graph einer Funktion f an der Stelle x_W einen **Wendepunkt**, dann gilt $\mathbf{f''(x_W) = 0}$.

Da Wendestellen von f lokale Extremstellen von f′ sind, lassen sich die hinreichenden Bedingungen für lokale Extremstellen auf Wendestellen übertragen.

Satz **Hinreichende Bedingung für Wendepunkte mit VZW der zweiten Ableitung**
Wenn $\mathbf{f''(x_W) = 0}$ gilt und das **Vorzeichen von f″** an der Stelle x_W wechselt, dann hat der Graph der Funktion f an der Stelle x_W einen **Wendepunkt**.

Wenn f″ einen Vorzeichenwechsel von + nach – hat, geht der Graph von f von einer Links- in eine Rechtskurve über, bei einem Wechsel von – nach + von einer Rechts- in eine Linkskurve.

Hinweis

Die Ableitung der zweiten Ableitung f″ wird als dritte Ableitung f‴ bezeichnet.

Satz **Hinreichende Bedingung für Wendepunkte mit der dritten Ableitung**
Wenn $\mathbf{f''(x_W) = 0}$ und $\mathbf{f'''(x_W) \neq 0}$ gilt, dann hat der Graph der Funktion f an der Stelle x_W einen **Wendepunkt**.

Beispiel 1 Bestimmen Sie rechnerisch die Koordinaten der Wendepunkte des Graphen von f mit $f(x) = -\frac{1}{16}x^4 + \frac{1}{4}x^3$. Prüfen Sie, ob die Wendepunkte auch Terrassenpunkte sind.

Lösung:

Bilden Sie die ersten drei Ableitungen von f.

$f'(x) = -\frac{1}{4}x^3 + \frac{3}{4}x^2$

Die Nullstellen von f″ liefern die „Kandidaten“ für mögliche Wendestellen.
Es gibt zwei Möglichkeiten, diese „Kandidaten“ zu untersuchen.

$f''(x) = -\frac{3}{4}x^2 + \frac{3}{2}x$

$f'''(x) = -\frac{3}{2}x + \frac{3}{2}$

$-\frac{3}{4}x^2 + \frac{3}{2}x = 0$ also $x_1 = 0$ und $x_2 = 2$

1. Möglichkeit: VZW-Kriterium
Erstellen Sie eine Krümmungstabelle und setzen Sie geeignete Teststellen in f″(x) ein.

1. Möglichkeit: VZW-Kriterium

	$x < 0$	0	$0 < x < 2$	2	$x > 2$
Teststelle	–1		1		3
f″(x)	–	0	+	0	–

VZW, also Wendepunkte

2. Möglichkeit: Einsetzen in f‴(x)
Prüfen Sie, ob die Ergebnisse ungleich 0 sind.

2. Möglichkeit: Einsetzen in f‴(x)

$f'''(0) = \frac{3}{2} \neq 0$ Bei 0 liegt ein Wendepunkt.
$f'''(2) = -\frac{3}{2} \neq 0$ Bei 2 liegt ein Wendepunkt.

Einsetzen der Wendestellen in f(x) liefert die y-Koordinaten der Wendepunkte W_1 und W_2.

$f(0) = 0$ $W_1(0|0)$
$f(2) = 1$ $W_2(2|1)$

Einsetzen der Wendestellen in f′(x) zeigt, ob die Wendepunkte Terrassenpunkte sind.

$f'(0) = 0$ W_1 ist Terrassenpunkt.
$f'(2) = 1 \neq 0$ W_2 ist kein Terrassenpunkt.

Basisaufgaben

1 Lesen Sie die Koordinaten der Wendepunkte ab. Geben Sie jeweils an, ob es sich um einen Wendepunkt mit lokal minimaler oder lokal maximaler Steigung handelt und ob ein Terrassenpunkt vorliegt.

a)
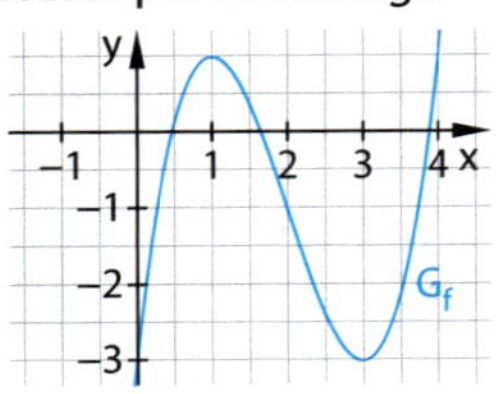

b)
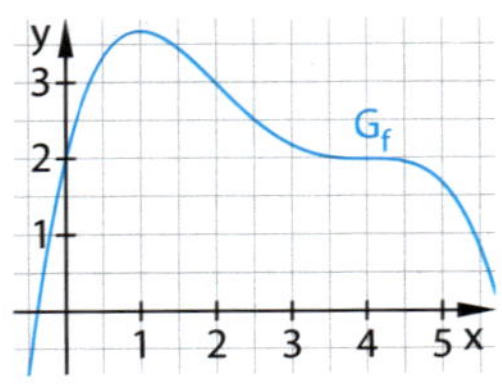

c)
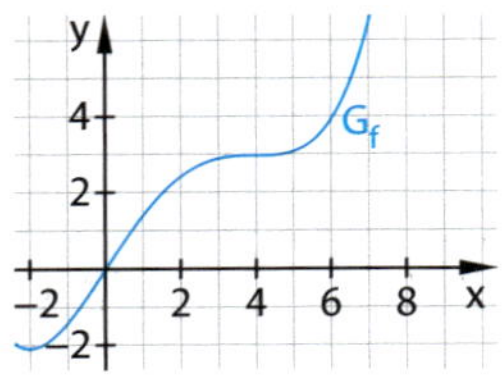

2 Gegeben sind die Graphen der zweiten Ableitung einer Funktion. Treffen Sie Aussagen über die Existenz von Wendestellen sowie über das Krümmungsverhalten des Graphen von f. Gehen Sie davon aus, dass es im weiteren Verlauf des Graphen keine Änderungen im Krümmungsverhalten gibt.

a) 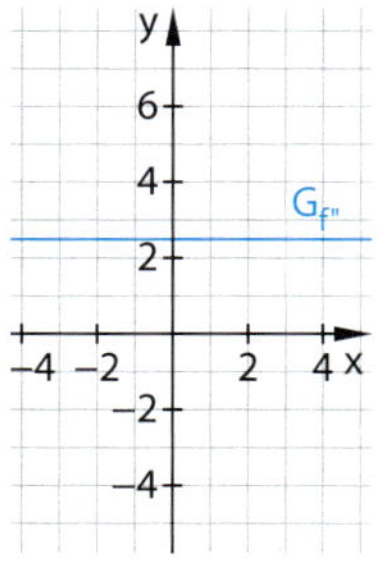

b) 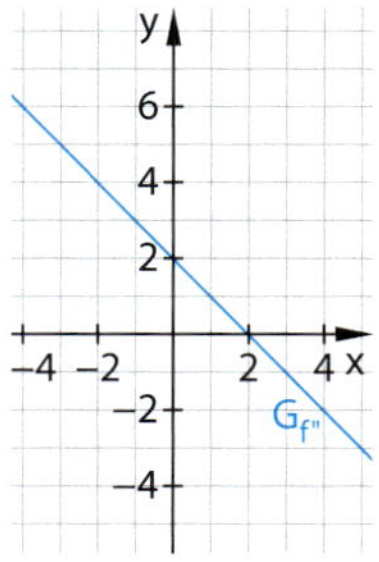

c) 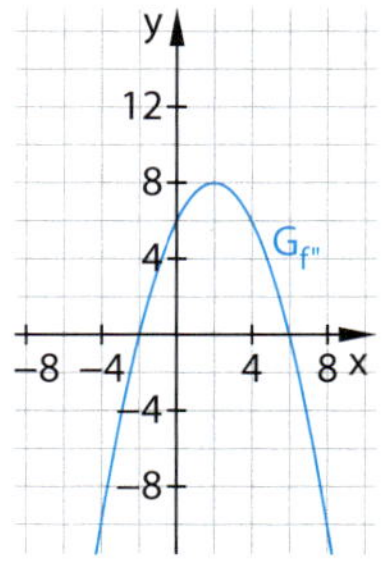

d) 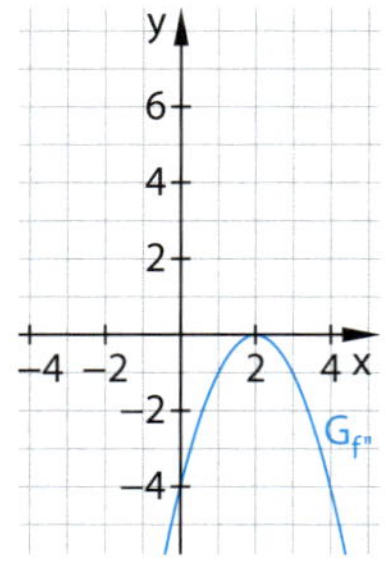

3 Gegeben ist der Graph von f'. Lesen Sie die Wendestellen von f ab und geben Sie an, welcher Krümmungswechsel beim Graphen von f an diesen Stellen vorliegt.

a) 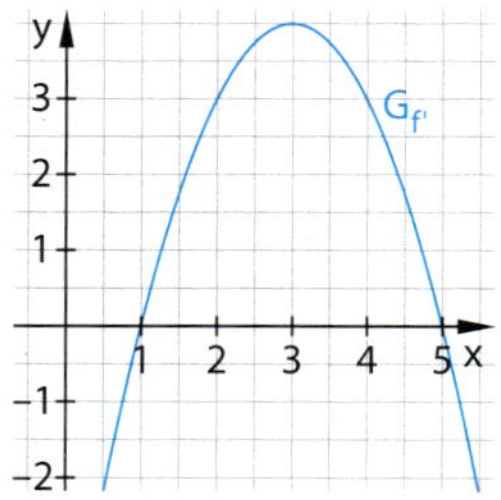

b) 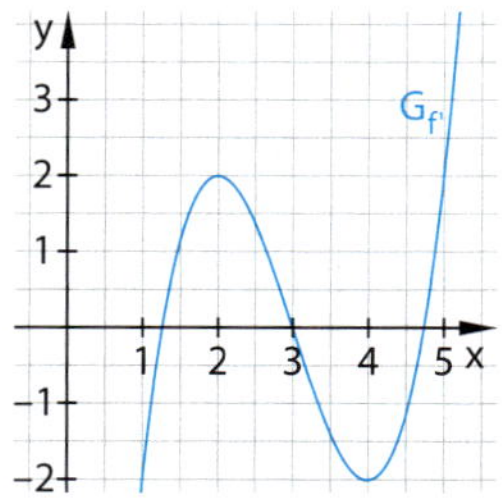

c) 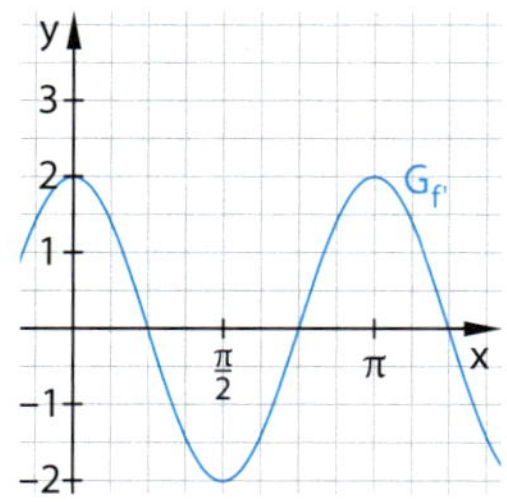

Hinweis

Eine DGS oder ein CAS können Wendepunkte von Graphen direkt berechnen und anzeigen.

4 Untersuchen Sie den Graphen der Funktion mit dem Vorzeichenwechselkriterium auf Wendepunkte, ohne einen Taschenrechner zu verwenden. Beschreiben Sie, wie sich das Krümmungsverhalten des Graphen an den Wendestellen ändert. Überprüfen Sie Ihr Ergebnis mit einer geeigneten Mathematik-Software.

a) $f(x) = x^3 - 3x^2$
b) $f(x) = x^4 - 24x^2 + 8x$
c) $f(x) = x^4 + 24x^2 + 8x$
d) $f(x) = \frac{1}{12}x^4 + \frac{1}{6}x^3 - x^2 + 5x$
e) $f(x) = x^4 - 12x^2 + 4x$
f) $f(x) = 6x^5 - 15x^4 + 10x^3$

5 Gegeben sind die Funktionen f, g, h und k mit den angegebenen Funktionstermen.

$f(x) = x^3 - 6x^2 + 12x + 2$
$g(x) = \frac{1}{2}x^3 + \frac{3}{2}x^2 + \frac{7}{2}x + \frac{3}{2}$
$h(x) = 4x^5 - \frac{10}{3}x^4 - \frac{20}{3}x^3$
$k(x) = x^4 - 8x^3 + 30x^2 + 7$

a) Bestimmen Sie die Koordinaten der Wendepunkte der zugehörigen Graphen. Geben Sie jeweils an, ob es sich um Punkte mit maximaler oder minimaler Steigung handelt.
b) Prüfen Sie, ob die in a) bestimmten Wendepunkte auch Terrassenpunkte sind.
c) Überprüfen Sie Ihr Ergebnis mit einer geeigneten Mathematik-Software.

6 Die Funktion f mit $f(t) = -0{,}32t^3 + 4{,}8t^2 + 18{,}4$ beschreibt den Temperaturverlauf eines Backofens für die ersten 10 Minuten nach dem Einschalten. Hierbei wird t in Minuten und f(t) in Grad Celsius angegeben.

a) Bestimmen Sie den Zeitpunkt, an dem sich die Temperatur am stärksten ändert.
b) Bestimmen Sie für den ermittelten Zeitpunkt die erreichte Temperatur und die Geschwindigkeit, mit der sich die Temperatur ändert.
c) Beschreiben Sie im Sachzusammenhang die Bedeutung des Krümmungsverhaltens vor und nach diesem Zeitpunkt.

Bedeutung von Wendepunkten

In Wendepunkten wird die Änderungsrate einer Funktion bzw. die Steigung des zugehörigen Graphen lokal maximal oder minimal. Damit können Wendepunkte in Anwendungssituationen verschiedene Bedeutungen haben, zum Beispiel:

- steilster Anstieg einer Straße
- größter Zustrom von Besuchern
- stärkste Abnahme von Temperaturen

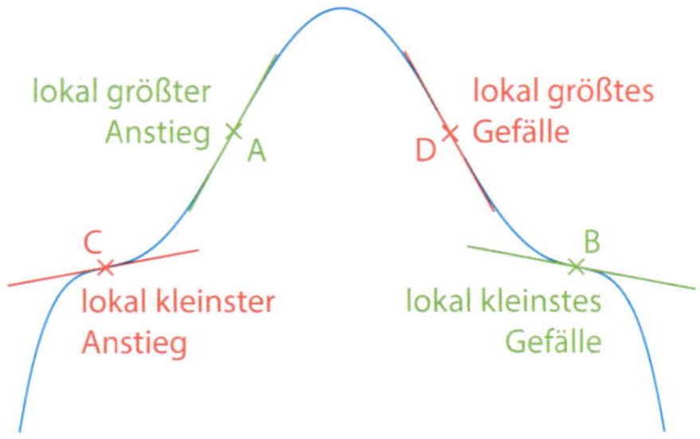

Beispiel 2

Der Verlauf einer Rutsche ist durch die Funktion f mit $f(x) = \frac{1}{16}x^3 - \frac{3}{8}x^2 + 2$ gegeben. Bestimmen Sie die steilste Stelle der Rutsche.

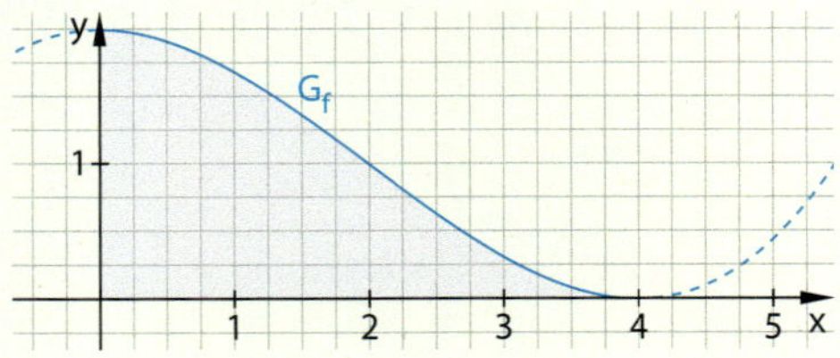

Lösung:

An der steilsten Stelle ist das Gefälle der Rutsche maximal. Die (negative) Steigung des Graphen ist hier also minimal. Bestimmen Sie daher den Wendepunkt des Graphen von f. Die steilste Stelle der Rutsche liegt bei x = 2.

$f'(x) = \frac{3}{16}x^2 - \frac{3}{4}x$; $f''(x) = \frac{3}{8}x - \frac{3}{4}$

Nullstelle von f'': $\frac{3}{8}x - \frac{3}{4} = 0$, also $x = 2$

$f'''(x) = \frac{3}{8} \neq 0$ für alle x, also liegt bei x = 2 ein Wendepunkt.

Basisaufgaben

7 Das seitliche Profil eines Hangs wird für $6 \leq x \leq 24$ durch die Funktion f mit $f(x) = -\frac{1}{400}x^3 + \frac{3}{25}x^2 - \frac{6}{5}x + \frac{18}{5}$ beschrieben. Bestimmen Sie die steilste Stelle des Hangs.

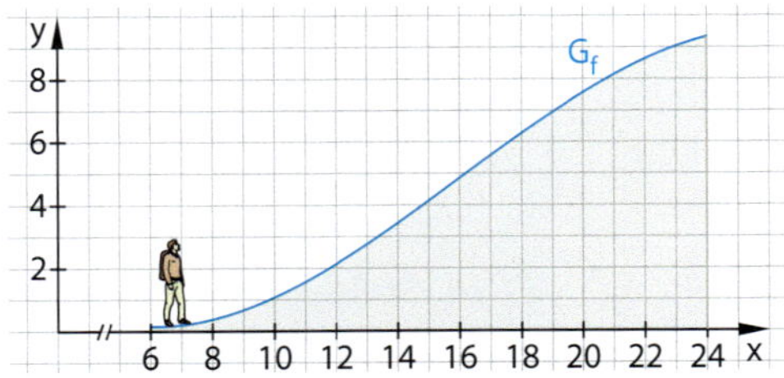

8 Die Funktion f mit $f(t) = -\frac{1}{72}t^3 + \frac{5}{12}t^2 - \frac{8}{3}t + \frac{188}{9}$ beschreibt für $6 \leq t \leq 20$ den Temperaturverlauf an einem Sommertag. Dabei gibt t die Tageszeit in Stunden und f(t) die Temperatur in Grad Celsius an.

a) Ermitteln Sie den Zeitpunkt, zu dem die Temperatur am stärksten ansteigt.

b) Berechnen Sie den Temperaturanstieg zu diesem Zeitpunkt.

9 Die Funktion h mit $h(t) = -0{,}0025t^3 + 0{,}12t^2 - 1{,}2t + 3{,}6$ beschreibt näherungsweise den Pegelstand eines Flusses während eines ganzen Tags. Hierbei ist t die Zeit in Stunden nach Mitternacht und h(t) die Höhe des Pegels in Metern.
Berechnen Sie, wann der Pegelstand am schnellsten anwächst (fällt), und ermitteln Sie die Änderungsgeschwindigkeiten.

Weiterführende Aufgaben

Zwischentest

10 Die Tabelle zeigt verschiedene Strategien, um den Graphen einer Funktion f auf Extrempunkte, Wendepunkte und Terrassenpunkte zu untersuchen. Erklären Sie den Aufbau der Tabelle und ersetzen Sie die Platzhalter ■ passend.

	Hochpunkt	Tiefpunkt	Wendepunkt	Terrassenpunkt
1. Ableitung	$f'(x_0) = 0$ und f' hat VZW von ■ nach ■ oder	$f'(x_0) = 0$ und f' hat VZW von ■ nach ■ oder		$f'(x_0) =$ ■ und
2. Ableitung	$f''(x_0)$ ■ 0	$f''(x_0)$ ■ 0	$f''(x_0) = 0$ und f'' hat VZW oder	$f''(x_0) =$ ■ und f'' hat VZW oder
3. Ableitung			$f'''(x_0)$ ■ 0	$f'''(x_0)$ ■ 0

11 Gegeben ist die Funktion f mit $f(x) = 5x^7 - 7x^5 + 2$. Zeigen Sie, dass Sie das VZW-Kriterium nutzen müssen, um die Anzahl der Wendestellen zu bestimmen. Untersuchen Sie dann den Verlauf der Graphen von f, f', f'' sowie f''' mithilfe einer Mathematik-Software. Bestimmen Sie damit auch die Wendepunkte des Graphen von f und lassen Sie diese anzeigen.

12 a) Begründen Sie, wie viele Wendestellen eine ganzrationale Funktion fünften Grades haben kann.
b) Der Graph einer ganzrationalen Funktion ändert viermal sein Krümmungsverhalten. Erklären Sie, welchen Grad diese Funktion mindestens haben muss.

13 Berechnen Sie die Koordinaten der Schnittpunkte des Graphen von f mit den Koordinatenachsen sowie die Koordinaten der Extrem- und Wendepunkte.
a) $f(x) = x^3 + 6x^2 + 9x$
b) $f(x) = x^3 + 3x^2$
c) $f(x) = x^4 - 8x^3 + 18x^2$
d) $f(x) = 3x^4 - 16x^3 + 24x^2$
e) $f(x) = \frac{1}{4}x^4 + 2x^3 + \frac{9}{2}x^2$
f) $f(x) = -\frac{3}{8}x^4 + 2x^3 - 3x^2$

14 **Stolperstelle:** Für eine Funktion f gilt: $f'(5) = 0$, $f''(5) = 0$, $f'''(5) = -4$. Beurteilen Sie die folgenden Aussagen.
Max sagt: *„Um zu prüfen, ob bei x = 5 ein Extremum vorliegt, muss man f' dort auf einen Vorzeichenwechsel untersuchen, da die 2. Ableitung 0 ist."*
Carina sagt: *„Bei x = 5 liegt ein Terrassenpunkt, aber weil f'(5) = 0 ist, handelt es sich nicht um einen Wendepunkt."*
Yusuf sagt: *„Der Graph von f' hat bei x = 5 eine waagerechte Tangente, also liegt dort ein Wendepunkt von f'."*

Hilfe

15 Ein Kinosaal wird 35 Minuten vor Filmbeginn geöffnet. Die Funktion B mit $B(t) = \frac{3}{102\,400}t^5 - \frac{3}{1024}t^4 + \frac{5}{64}t^3,\ 0 \le t \le 35$, beschreibt näherungsweise die Anzahl der Besucher im Kinosaal t Minuten nach der Öffnung. Bestimmen Sie, wann der Andrang am größten ist.

Wissen **Wendetangente**

Eine Tangente w an den Wendepunkt eines Graphen heißt **Wendetangente**.

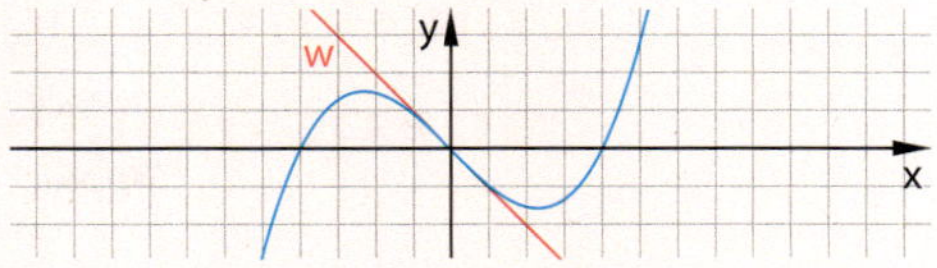

16 Bestimmen Sie die Gleichung der Wendetangente an den Graphen von f.

a) $f(x) = x^3 - 3x$
b) $f(x) = x^3 + 4x + 2$
c) $f(x) = 2x^3 - 6x^2 + 10x$
d) $f(x) = x^3 - 3x^2 + 3x - 5$

17 Bestimmen Sie die Koordinaten der Wende- und Terrassenpunkte des Graphen von f sowie die Gleichungen aller Wendetangenten.

a) $f(x) = 7x^5$
b) $f(x) = 2x^8$
c) $f(x) = \frac{1}{4}x^4 - x^3 + 3$
d) $f(x) = \frac{3}{4}x^5 + \frac{15}{4}x^4 + 5x^3$

18 Der Graph der Funktion f mit $f(x) = \frac{1}{9}x^3 - \frac{1}{2}x^2 + \frac{3}{2}$ beschreibt für $0 \leq x \leq 3$ den Verlauf einer Rutschbahn (x, f(x) in m).

Erinnerung

Steigungswinkel:

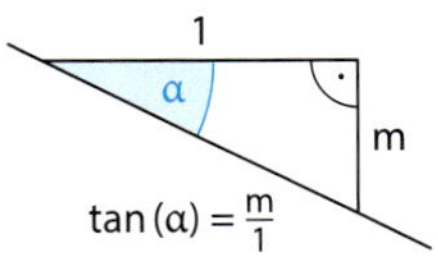

a) Skizzieren Sie den Graphen und bestimmen Sie die Stelle, an der die Rutschbahn das größte Gefälle aufweist. Geben Sie das maximale Gefälle der Rutschbahn in Grad an.
b) Luisa schlägt vor, die Rutsche so zu verändern, dass sie ab dem Punkt mit der größten Steigung geradlinig zum Boden verläuft. Ermitteln Sie den Punkt, an dem die Rutsche dann auf den Boden trifft. Überprüfen Sie Ihr Ergebnis mit einer geeigneten Mathematik-Software.

19 Der Term der ganzrationalen Funktion f vom Grad n hat nur ungerade Exponenten.

a) Zeigen Sie, dass der Graph von f für n = 5 den Wendepunkt W(0|0) hat.
b) Untersuchen Sie, für welche n der Graph von f den Wendepunkt W(0|0) hat.

Hilfe

20 Die Funktion f mit $f(x) = \frac{1}{9}x^3 - x^2 + \frac{8}{3}x$ beschreibt das Geländeprofil (in 100 m) einer 6 km langen Bergtour (x: horizontale Entfernung vom Startpunkt in km).

a) Bestimmen Sie die durchschnittliche Steigung der Strecke, bevor es bergab geht.
b) Ermitteln Sie, um wie viel Prozent die größte Steigung auf diesem ersten Bergauf-Abschnitt größer ist als die durchschnittliche Steigung.
c) Geben Sie an, über welche horizontale Entfernung die Tour bergab verläuft.
d) Geben Sie an, welcher Höhenunterschied hierbei absolviert wird.
e) Ermitteln Sie, an welcher Stelle der Strecke es am steilsten bergab geht.
f) Berechnen Sie, an welchen Stellen der Strecke die Steigung am größten ist.

21 **Ausblick:** Gegeben ist die **Funktionenschar** f_a mit $f_a(x) = -\frac{1}{a^2} \cdot x^3 + \frac{3}{a} \cdot x^2$ und $a > 0$.

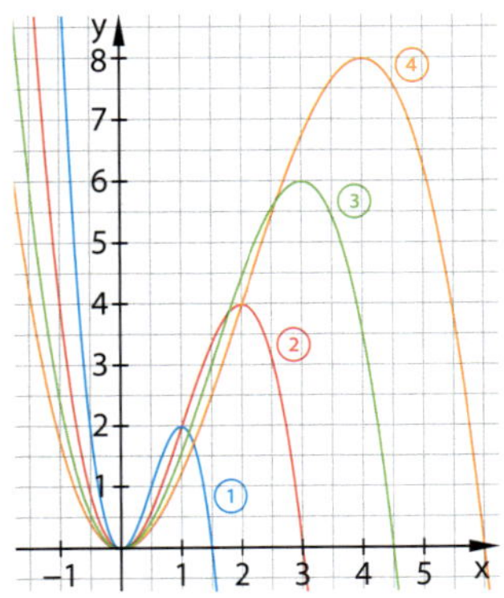

a) Berechnen Sie die Nullstellen von f_a.
b) Geben Sie zu jedem abgebildeten Graphen den passenden Parameter a an.
c) Bestimmen Sie f_a', f_a'' und f_a'''.
d) Bestimmen Sie die Koordinaten der Extrem- und Wendepunkte des Graphen von f_a. Geben Sie die Art der Extrema an.
e) Zeigen Sie, dass alle Wendepunkte auf einer Geraden liegen.

Untersuchung von Funktionen mit DGS oder Funktionenplottern

Mit einer dynamischen Geometrie-Software (DGS) bzw. einem Funktionenplotter können Funktionsgraphen am Computer gezeichnet und beispielsweise auf Nullstellen, lokale Extrempunkte, Terrassenpunkte und Wendepunkte untersucht werden. Diese Programme können auch Längen gebogener Strecken berechnen und eignen sich außerdem sehr gut zur Kontrolle von Rechenergebnissen.

Beispiel 1 Der Querschnitt eines Tals in den Bergen kann von Westen nach Osten näherungsweise durch den Graphen von f mit $f(x) = -\frac{1}{600}(3x^4 - 10x^3 - 139{,}5x^2 + 445{,}5x + 600)$ modelliert werden, wobei eine Einheit auf den Achsen 100 m entspricht.

a) Die beiden Gipfel sollen mit einer Seilbahn geradlinig verbunden werden. Berechnen Sie die Länge des dafür benötigten Drahtseils sowie die Steigung der Seilbahn. Gehen Sie davon aus, dass das Seil nicht durchhängt.

b) Eine Snowboard-Piste soll von der Talsohle bis zur steilsten Stelle des östlichen Berghangs entstehen. Ermitteln Sie dafür die steilste Stelle des Berghangs und berechnen Sie die zugehörige Steigung.

c) Die Snowboard-Piste soll auch auf die westliche Talseite ausgedehnt werden, allerdings die maximale Steigung der Ostseite nicht überschreiten. Ermitteln Sie den dafür höchstmöglichen Punkt an der Westseite sowie die Gesamtlänge der Piste.

Lösung:

a) Die Gipfel werden durch die Hochpunkte des Graphen dargestellt. Stellen Sie den Graphen von f mit einer Mathematik-Software dar und lassen Sie die lokalen Extrempunkte berechnen.
Bestimmen Sie die Länge der Seilbahn als den Abstand der Punkte A und C. Legen Sie dann eine Gerade durch die Punkte A und C und lassen Sie ihre Steigung berechnen.

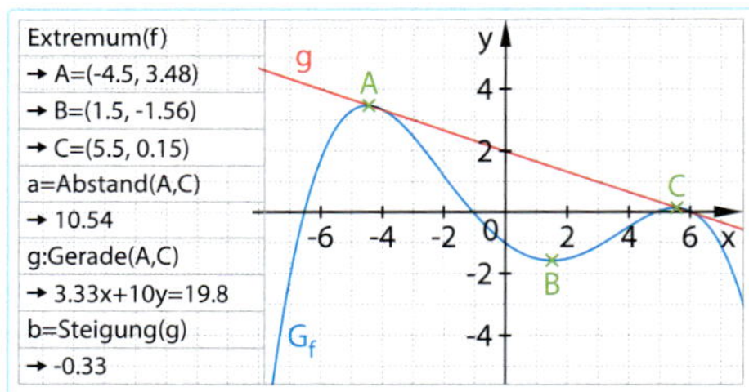

Das Seil muss mindestens 1054 m lang sein, die Steigung beträgt 33 %.

b) Die steilsten Punkte sind die Wendepunkte. Ermitteln Sie diese, legen Sie dort Tangenten an den Graphen und bestimmen Sie deren Steigungen.
Nur der Wendepunkt $E(3{,}74\,|\,-0{,}63)$ liegt östlich der Talsohle, die Steigung beträgt dort 65 %.

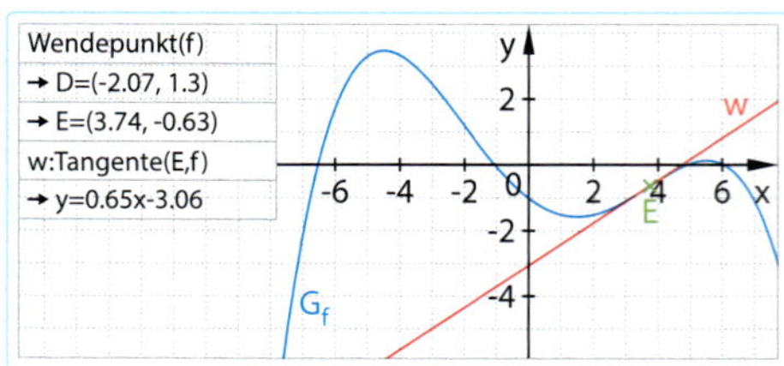

c) Lassen Sie den Graphen der Ableitung f′ von f anzeigen. Lösen Sie die Gleichung $f'(x) = -0{,}65$ (die Steigung ist negativ, da der Hang nach Osten hin abfällt). Sie erhalten die Lösung $x = 0{,}2$, der Punkt $F(0{,}2\,|\,-1{,}14)$ liegt auf dem Hang westlich der Talsohle.
Bestimmen Sie mit der Mathematik-Software die Länge des Graphenabschnitts zwischen E und F.

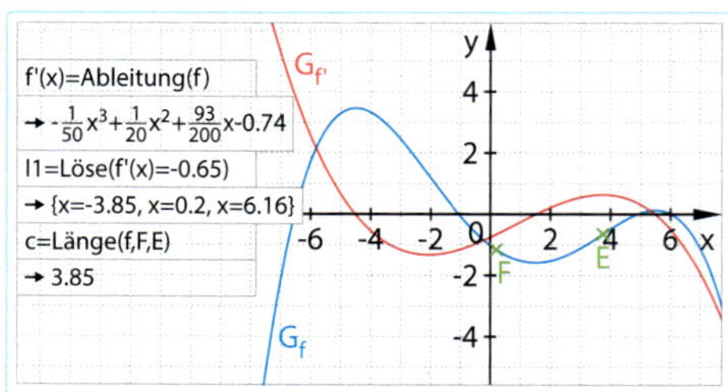

Die Piste ist 385 m lang.

Aufgaben

1 Ein Flusslauf kann in der Draufsicht näherungsweise durch die Funktion f mit $f(x) = \frac{1}{500}(x^5 + 2x^4 - 83x^3 - 116x^2 + 1316x - 568)$ beschrieben werden, wobei eine Einheit auf den Achsen 1000 m entspricht.

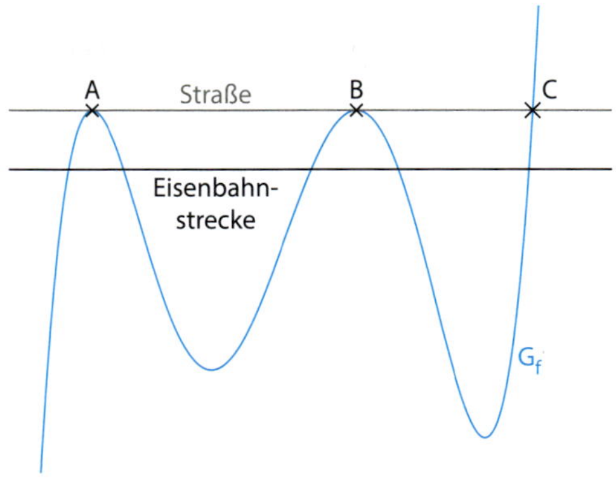

a) An den Punkten A und B sind Badestellen angelegt, die durch eine gerade Straße verbunden sind. Ermitteln Sie die Koordinaten des Punktes C, in dem die Straße den Fluss auf einer Brücke überquert.

b) Parallel zur Straße soll in 2 km Abstand eine Eisenbahnstrecke angelegt werden (siehe Abbildung). Ermitteln Sie die Punkte, an denen die Eisenbahn den Fluss schneidet, und geben Sie die Länge der Eisenbahnstrecken zwischen den Brücken an.

c) Bestimmen Sie die Stelle zwischen A und C mit der größten Entfernung zwischen Eisenbahn und Fluss.

d) Ermitteln Sie die Punkte, an denen der Fluss seine Krümmung ändert, und prüfen Sie, ob diese auf einer Geraden liegen.

Hinweis zu b)

Die Brücken befinden sich an den Schnittpunkten von G_f mit der Eisenbahnstrecke.

2 Auf einem Spielplatz wird eine neue Rutsche gebaut. Diese kann zwischen dem höchsten Punkt A und dem tiefsten Punkt B durch die Funktion f mit $f(x) = \frac{1}{32}(x^5 + 2x^4 - 8x^3 - 8x^2 - 16)$ modelliert werden, wobei eine Einheit auf den Achsen 1 m entspricht:

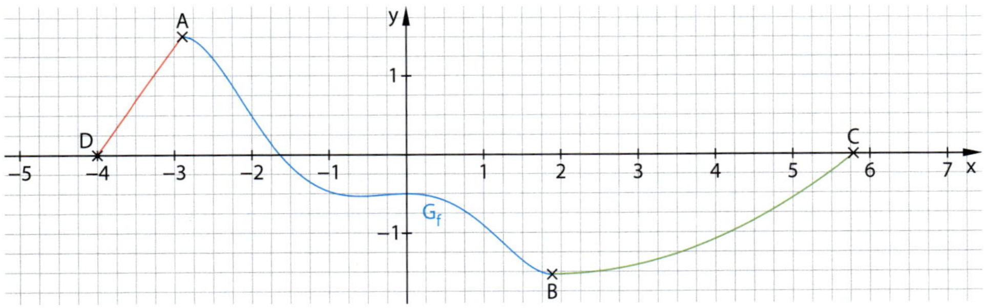

a) Zum Start A der Rutsche gelangt man vom Punkt D(−4 | 0) aus über eine Leiter. Stellen Sie den Graphen von f sowie den Verlauf der Leiter verschiedenfarbig mithilfe einer DGS dar. Ermitteln Sie die Länge und den Steigungswinkel der Leiter.

b) Ermitteln Sie das mittlere Gefälle der Rutschbahn zwischen den Punkten A und B.

c) Finden Sie die Punkte der Bahn, an denen das Gefälle maximal ist bzw. genau 100 % beträgt.

d) Der Auslauf der Rutsche (von B nach C) soll durch eine Parabel mit dem Scheitelpunkt B und dem Öffnungsfaktor 0,1 modelliert werden. Geben Sie die Gleichung dieser Parabel p an und stellen Sie in einem gemeinsamen Koordinatensystem die Graphen von f und p dar. Begründen Sie, warum der Übergang der Rutschbahn in den Auslauf knickfrei ist.

e) Bestimmen Sie den Punkt, an dem der Auslauf wieder das Ausgangsniveau erreicht. Geben Sie die Länge der Rutsche einschließlich des Auslaufs an.

Hinweis

Man kann Funktionen auch abschnittsweise anzeigen lassen, z. B. nur auf einem Intervall [−3; 2]: Funktion(f,−3, 2)

3 Der Querschnitt eines Geländes von West nach Ost kann näherungsweise durch f mit $f(x) = -\frac{1}{600}(3x^4 - 10x^3 - 139{,}5x^2 + 445{,}5x + 600)$ modelliert werden (1 Einheit ≙ 100 m). Für ein Panorama-Restaurant soll der oberhalb der x-Achse liegende Teil des östlichen Berghangs abgetragen und die so entstehende Fläche planiert werden. Schätzen Sie ab, wie viele Kubikmeter Erde dazu ungefähr abgetragen werden müssen.

Hinweis zu 3

Betrachten Sie die Bergkuppe näherungsweise als Kegel.

5.5 Newton-Verfahren

Bestimmen Sie die Nullstellen der Funktion f. Begründen Sie, dass Sie dazu ein Hilfsmittel benötigen.

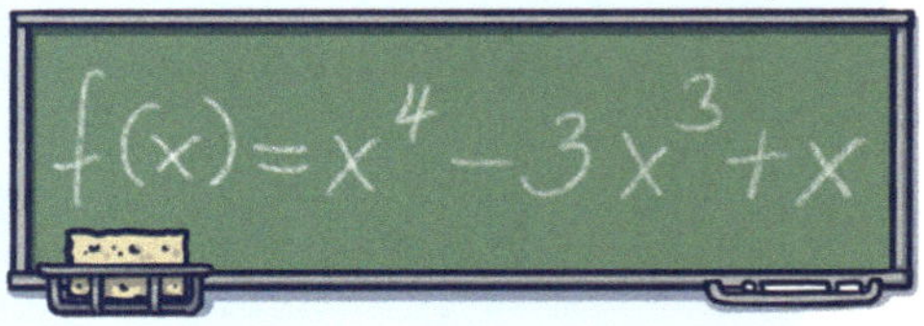

Isaac Newton
(1643–1727)

Nicht bei allen Funktionen lassen sich Nullstellen durch Rechenverfahren sofort bestimmen. Isaac Newton gab schon um 1670 ein Verfahren an, mit dem man Nullstellen ganzrationaler Funktionen beliebig genau näherungsweise bestimmen kann.

Man sucht die Nullstelle einer Funktion f, indem man mit einem beliebigen Anfangswert x_0 startet. Im Allgemeinen wird $f(x_0)$ nicht null sein. Aus der Zeichnung erkennt man, dass die Nullstelle x_1 der Tangente im Punkt $P_0(x_0 | f(x_0))$ an den Graphen G_f ein besserer Näherungswert für die gesuchte Nullstelle ist als der Anfangswert x_0.
Nun wird x_1 als neuer Anfangswert gewählt. Man erhält die Nullstelle x_2 der Tangente im Punkt $P_1(x_1 | f(x_1))$ an den Graphen G_f als noch besseren Näherungswert für die gesuchte Nullstelle. Dieses Vorgehen lässt sich beliebig oft fortsetzen.

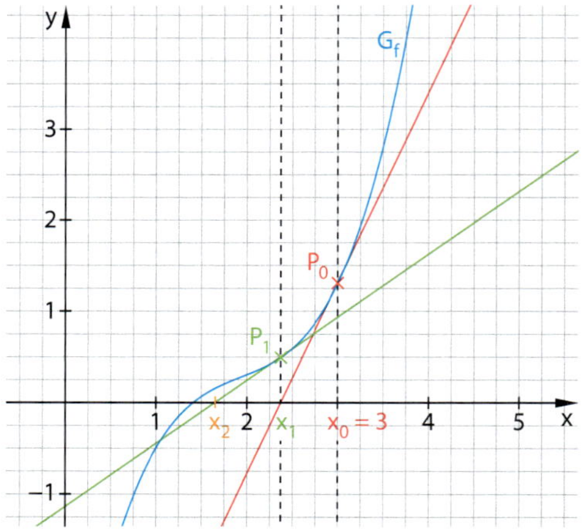

Das Verfahren wird nun auf eine differenzierbare Funktion f verallgemeinert.
Für die Steigung der Tangente im Punkt $P_0(x_0 | f(x_0))$ an den Graphen G_f gilt:

$f'(x_0) = m = \frac{f(x_0) - 0}{x_0 - x_1}$.

Auflösen nach x_1 ergibt: $f'(x_0) \cdot (x_0 - x_1) = f(x_0) \Rightarrow x_1 = x_0 - \frac{f(x_0)}{f'(x_0)}$ mit $f'(x_0) \neq 0$

Da nun die Rechenschritte mit sich ändernden Zahlen wiederholt werden, handelt es sich um ein Iterationsverfahren.

Wissen **Newton-Verfahren**

Ist x_n ein Näherungswert einer Nullstelle der Funktion f und $f'(x_n) \neq 0$, dann ist $x_{n+1} = x_n - \frac{f(x_n)}{f'(x_n)}$ im Allgemeinen ein besserer Näherungswert für diese Nullstelle.

Beispiel 1

Bestimmen Sie unter Verwendung eines Tabellenkalkulationsprogramms näherungsweise die Nullstelle der Funktion f mit $f(x) = x^3 + x^2 - 5$. Wählen Sie als Anfangswert 2.

Lösung:
Setzen Sie in Zelle B2 den Anfangswert 2.
Geben Sie dann folgende Formeln ein:
=B2^3+B2^2−5 in Zelle C2,
=3*B2^2+2*B2 in Zelle D2,
=B2−C2/D2 in Zelle E2 und
=E2 in Zelle B3.
Kopieren Sie nun diese Formeln in die jeweils darunter liegenden Zellen.

	A	B	C	D	E
1		x	f(x)=x^3+x^2-5	f'(x)=3x^2+2x	x-f(x)/f'(x)
2	0.	2,00000000	7,00000000	16,00000000	1,56250000
3	1.	1,56250000	1,25610352	10,44921875	1,44228972
4	2.	1,44228972	0,08045018	9,12517835	1,43347343
5	3.	1,43347343	0,00041336	9,03148512	1,43342767
6	4.	1,43342767	0,00000001	9,03099994	1,43342766
7	5.	1,43342766	0,00000000	9,03099993	1,43342766

Der 5. Näherungswert entspricht bis zur 8. Nachkommastelle dem Wert der Nullstelle.

Basisaufgaben

1 Die positive Nullstelle der Funktion f mit $f(x) = x^2 - 2$ soll zeichnerisch bestimmt werden.
a) Beschreiben Sie das Vorgehen mit dem Newton-Verfahren für den Startwert $x_0 = 5$.
b) Setzen Sie Ihre Beschreibung in eine Zeichnung um und ermitteln Sie damit die ersten beiden Näherungswerte auf eine Dezimale genau.

2 Die Nullstelle der Funktion f mit $f(x) = x^5 - 2$ soll näherungsweise berechnet werden.
a) Berechnen Sie mit dem Taschenrechner nach dem Newton-Verfahren die ersten drei Näherungswerte. Wählen Sie als Startwert eine ganze Zahl. Begründen Sie Ihre Wahl.
b) Berechnen Sie die prozentuale Abweichung des dritten Näherungswerts von der Nullstelle $\sqrt[5]{2}$.

3 Begründen Sie, dass die Funktion f mit $f(x) = x^3 + x + 1$ genau eine Nullstelle besitzt. Ermitteln Sie mit einem Funktionenplotter gemäß dem Newton-Verfahren die ersten drei Näherungswerte für die Nullstelle von f mit Anfangswert $x_0 = 1$.

TK

4 Berechnen Sie mit dem Newton-Verfahren unter Verwendung eines Tabellenkalkulationsprogramms die Nullstellen der Funktion.
a) $f(x) = x^3 - 2x + 3$
b) $g(x) = x^4 - 3x - 1$. Begründen Sie auch, dass g genau zwei Nullstellen hat.
c) $h(x) = x^5 - 4x^2 - 2$
d) $k(x) = 0{,}5x^3 + 2x^2 - 1$. Begründen Sie auch, dass k genau drei Nullstellen hat.

Weiterführende Aufgaben

Zwischentest

5 a) Ordnen Sie jeder Funktionsgleichung den entsprechenden Graphen zu und begründen Sie Ihre Zuordnung.
$f(x) = -x^3 + x + 2$
$g(x) = 0{,}4x^3 + 0{,}9x^2 - 1{,}2x - 3$
$h(x) = -0{,}6x^5 + 1{,}5x^3 + 2$

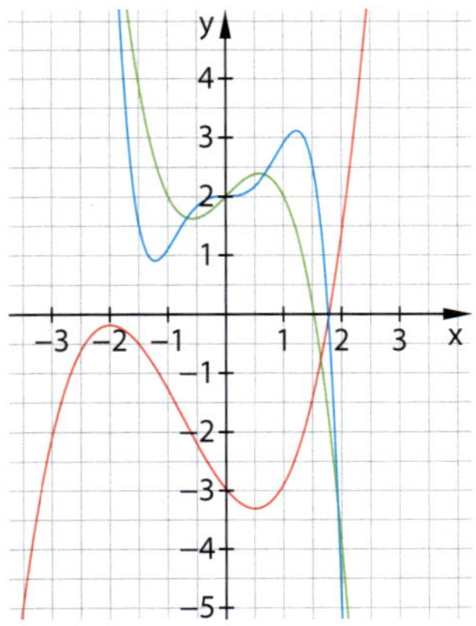

TK

b) Berechnen Sie mit dem Newton-Verfahren unter Verwendung eines Tabellenkalkulationsprogramms die Nullstelle auf zwei Dezimalen genau. Verwenden Sie den Anfangswert $x_0 = 2$.
c) Berechnen Sie mit dem Newton-Verfahren unter Verwendung eines Tabellenkalkulationsprogramms die Schnittstelle von G_g und G_h.

6 Erläutern Sie sich gegenseitig anhand der Abbildung die Iterationsformel $x_{n+1} = x_n - \frac{f(x_n)}{f'(x_n)}$ des Newton-Verfahrens.

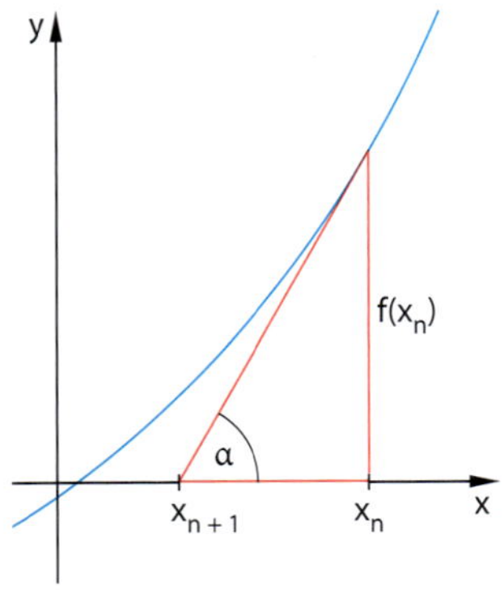

7 a) Erläutern Sie, dass das Newton-Verfahren ein Beispiel für ein algorithmisches Verfahren ist, das bei gegebenen Rahmenbedingungen mit verhältnismäßig geringem rechnerischen Aufwand hinreichend gute Näherungslösungen liefert.
b) Recherchieren Sie, wo im Alltag Algorithmen und Näherungsverfahren zum Einsatz kommen.

Hilfe

8 Zeichnen Sie die Graphen der Funktionen f und g mit $g(x) = x^3 + 3$ in ein gemeinsames Koordinatensystem. Ermitteln Sie die Koordinaten ihres Schnittpunktes aus der Zeichnung und durch Rechnung mithilfe des Newton-Verfahrens.

a) $f(x) = 0{,}5(x-1)^2$ b) $f(x) = x^2 - 4x + 4$ c) $f(x) = -x^2 - 6x - 9$

9 **Stolperstelle:** Lea will die Nullstelle der Funktion $f(x) = x^3 - 3x + 1$ näherungsweise mit dem Newton-Verfahren bestimmen und erhält dieses Ergebnis:

	A	B	C	D	E
1		x	f(x)=x^3-3x+1	f'(x)=3x^2-3	x-f(x)/f'(x)
2	0.	1,00000000	- 1,00000000	0,0000000000	#DIV/0!
3	1.	#DIV/0!	#DIV/0!	#DIV/0!	#DIV/0!

Erklären Sie, warum das Newton-Verfahren hier versagt.

10 Jan hat versucht, das Newton-Verfahren mit einer dynamischen Geometrie-Software zu veranschaulichen. Er hat die nebenstehende Situation erhalten. Erläutern Sie unter Verwendung der Bezeichnungen in der Abbildung, welches Problem sich hier ergibt.

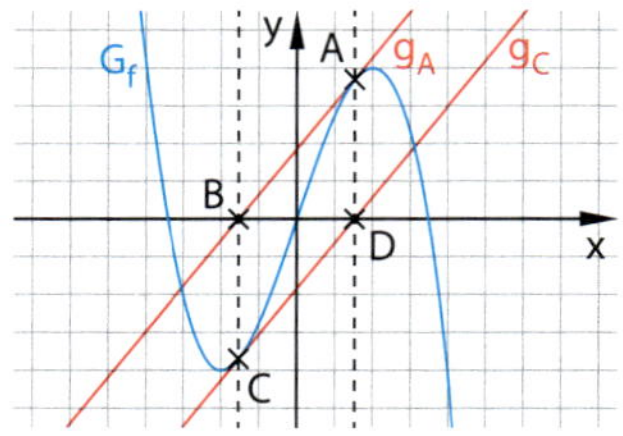

TK

11 Recherchieren Sie die Formel für das Heron-Verfahren. Bestimmen Sie $\sqrt{3}$ näherungsweise erst mit dem Heron-Verfahren und dann mit dem Newton-Verfahren als Nullstelle einer quadratischen Funktion. Vergleichen Sie die Verfahren.

Hilfe

12 Gegeben ist die Funktion f mit $f(x) = x^5 - x^3 - 5x^2 + 3x$.

a) Zeichnen Sie den Graphen der Funktion f.

b) Berechnen Sie mit dem Newton-Verfahren näherungsweise die Nullstellen von f'. Ermitteln Sie damit Näherungswerte für die Koordinaten des Tiefpunktes von f.

c) Ermitteln Sie entsprechend Näherungswerte für die Koordinaten des Wendepunktes.

13 Erläutern Sie das Problem, das bei der Anwendung des Newton-Verfahrens auf die Funktion f mit dem Startwert x_0 auftritt.

a) $f(x) = x^3 - x^2 - x + 3$ mit Startwert $x_0 = 1$

b) $f(x) = -x^3 + 2x - 2$ mit Startwert $x_0 = 0$

14 **Einfluss des Startwerts:** Es soll die Konvergenz beim Newton-Verfahren mithilfe der Funktionen f, g und h untersucht werden:

$f(x) = -x^3 + x + 2$

$g(x) = 0{,}4x^3 + 0{,}9x^2 - 1{,}2x - 3$

$h(x) = -0{,}6x^5 + 1{,}5x^3 + 2$

TK

a) Führen Sie für jede Funktion das Newton-Verfahren mit dem Startwert $x_0 = -2$ durch. Beschreiben Sie das Konvergenzverhalten oder erklären Sie auftretende Fehler.

b) Probieren Sie jeweils drei andere Startwerte aus. Fassen Sie Ihre Beobachtungen zusammen.

c) Spielen Sie das Newton-Verfahren mithilfe einer Mathematik-Software durch, um die Beobachtungen zu erklären.

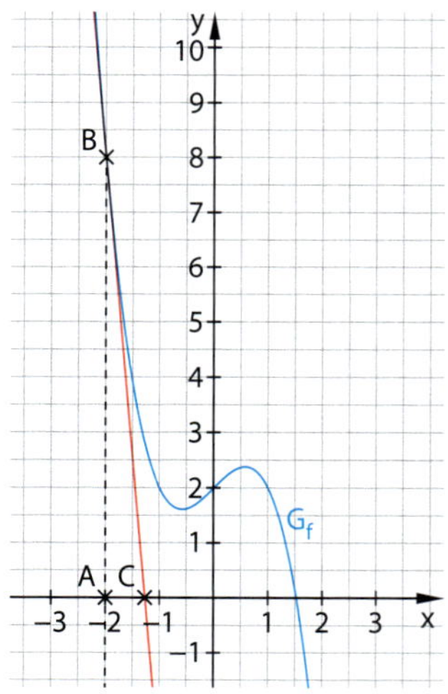

15 Im Pariser Klimaschutzabkommen wird in Artikel 2 das 1,5-Grad-Ziel formuliert. Die Tabelle gibt die Abweichung der globalen Lufttemperatur in °C vom Durchschnitt der Jahre 1850 bis 1900 für die Jahre 2000 bis 2020 an. Die Abbildung zeigt, wie gut die folgende Funktion f den zeitlichen Verlauf der Temperaturzunahme für die Jahre 2000 bis 2020 modelliert:
$f(t) = 0{,}0001t^3 - 0{,}003t^2 + 0{,}045t + 0{,}75$
(t: Anzahl der Jahre ab 2000)

2000	2001	2002	2003	2004	2005	2006	2007	2008	2009	2010
0,69	0,85	0,9	0,9	0,82	0,96	0,93	0,95	0,82	0,95	1,04

2011	2012	2013	2014	2015	2016	2017	2018	2019	2020
0,89	0,93	0,98	1,03	1,18	1,29	1,2	1,12	1,25	1,28

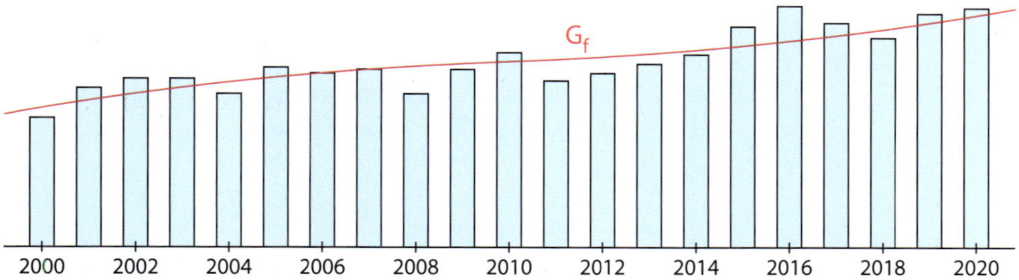

a) Recherchieren Sie, was man unter dem 1,5-Grad-Ziel versteht.
b) Versuchen Sie, mit einer dynamischen Geometrie-Software unter Verwendung von Schiebereglern für die Koeffizienten der angegebenen Funktion eine bessere Modellierung zu erhalten.
c) Ermitteln Sie für die gegebene Funktion und für Ihre Funktion mithilfe des Newton-Verfahrens, wann nach der Modellierung die Temperaturzunahme 1,5 °C erreicht, und vergleichen Sie die Ergebnisse mit Werten aus der Fachliteratur.

Info

Die Einheit Mt CO_2-Äquivalente gibt die Treibhausgas-Emissionen in Megatonnen an.

16 Die Bundesregierung verfolgt mit dem Klimaschutzplan 2050 das Ziel der weitgehenden Treibhausgasneutralität für Deutschland bis Mitte des Jahrhunderts. Das Umwelt-Bundesamt hat für die Treibhausgas-Emissionen folgende Werte veröffentlicht:

Jahr	1990	1995	2000	2005	2010	2015	2020
Mt CO_2-Äquivalente	1249	1121	1042	993	942	904	739

a) Leo hat den Term einer ganzrationalen Funktion vom Grad 6 ermittelt, sodass die sieben Wertepaare näherungsweise auf dem Graphen von f liegen:
$f(t) = -0{,}000023t^6 + 0{,}00051t^5 + 0{,}002t^4 - 0{,}098t^3 + 0{,}56t^2 - 11t + 1042$
Dabei ist t die Anzahl der Jahre ab 2000. Zeigen Sie mit einem Funktionenplotter, dass Leos Funktion den zeitlichen Verlauf der Treibhausgas-Emissionen [in Mt CO_2-Äquivalente] für die Jahre 1990 bis 2020 gut modelliert.

TK

b) Ermitteln Sie mithilfe des Newton-Verfahrens, ob nach dieser Modellierung das Ziel der weitgehenden Treibhausgasneutralität für Deutschland bis Mitte des Jahrhunderts erreicht wird, und beurteilen Sie das Ergebnis.

17 **Ausblick:**
Recherchieren Sie weitere Verfahren zur näherungsweisen Nullstellenbestimmung (Halbierungsmethode, Regula falsi, Sekantenmethode) und stellen Sie die Verfahren an einem Beispiel dar.

5.6 Klausur- und Abiturtraining

Aufgaben ohne Hilfsmittel

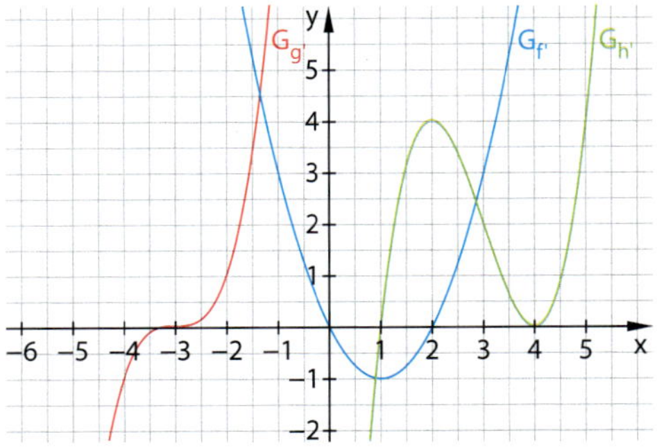

1 Die Abbildung zeigt die Graphen dreier Ableitungsfunktionen f′, g′ und h′.

a) Beschreiben Sie das Monotonieverhalten der Graphen von f, g und h.

b) Nennen Sie die Extremstellen von f und g sowie die Art der Extrema. Begründen Sie, warum Sie die Extremwerte nicht angeben können.

c) Beschreiben Sie das Krümmungsverhalten der Graphen von f, g und h. Geben Sie jeweils die Wendestellen an.

d) Einer der Graphen gehört zur Funktion f. Ordnen Sie begründet zu.

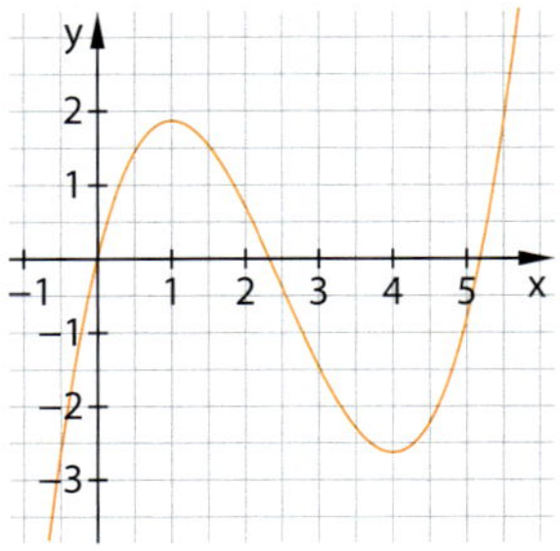

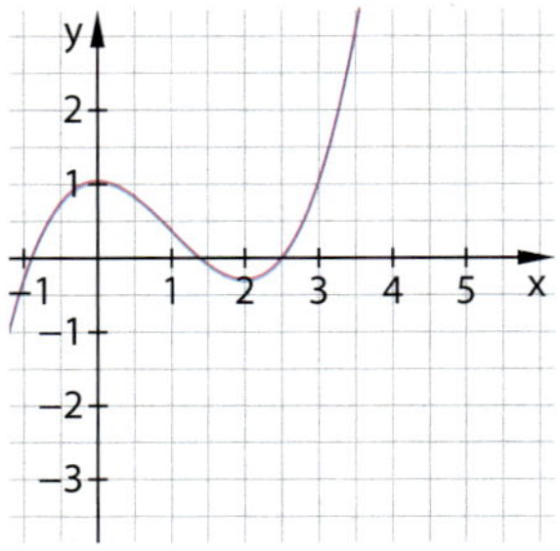

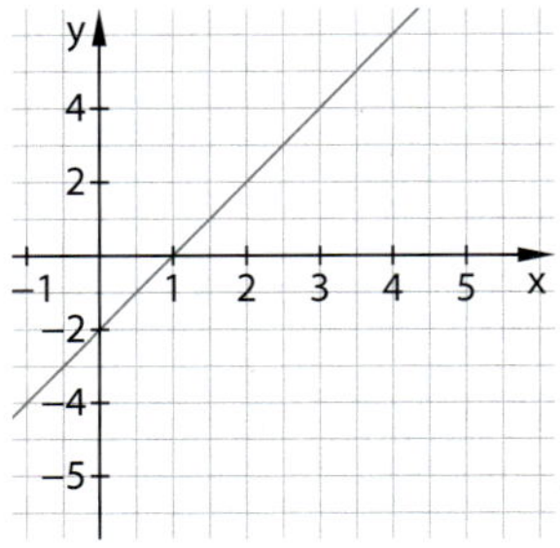

e) Geben Sie an, welchen Grad f mindestens haben muss.

2 Gegeben ist die auf ganz ℝ definierte Funktion f mit $f(x) = 0{,}2x^4 - \frac{4}{15}x^3 - 0{,}8x^2$.

a) Ermitteln Sie die Nullstellen von f und geben Sie das Verhalten von f für $x \to \pm\infty$ an.

b) Untersuchen Sie das Monotonie- und Krümmungsverhalten des Graphen G_f von f. Bestimmen Sie Lage und Art der Extrempunkte von G_f.

c) Bestimmen Sie die Koordinaten der Wendepunkte von G_f sowie die Gleichungen der Wendetangenten. Begründen Sie, dass sich diese nicht rechtwinklig schneiden.

d) Skizzieren Sie G_f unter Verwendung der Ergebnisse aus a) – c) in ein geeignetes Koordinatensystem.

e) Beschreiben Sie, wie der Graph der Funktion g mit $g(x) = f(x) + a$ aus dem Graphen von f hervorgeht. Geben Sie alle $a \in \mathbb{R}$ an, für die g keine Nullstelle (genau zwei Nullstellen) hat.

3 Die Aussage ist falsch. Geben Sie ein passendes Gegenbeispiel an.

a) Jede ganzrationale Funktion dritten Grades hat genau 2 Extrempunkte.

b) Jede ganzrationale Funktion vierten Grades hat genau 2 Wendepunkte.

c) Ist f auf dem Intervall I streng monoton steigend, so gilt dort $f'(x) > 0$.

d) Hat f′ auf dem Intervall I keine Nullstelle, so hat f keine Extremwerte in I.

e) Hat die Funktion f in $x = 0$ ein Extremum und g ebenfalls, so auch die Funktion $f + g$.

f) Eine Funktion f mit $f''(0) = 0$ hat bei $x = 0$ einen Wendepunkt.

g) Gilt $f'(2) \cdot f''(2) = 0$, so hat f in $x = 2$ einen Terrassenpunkt.

h) Zwischen zwei benachbarten Extrempunkten einer ganzrationalen Funktion liegt immer genau ein Wendepunkt.

4 Geben Sie den Term einer ganzrationalen Funktion f an, deren Graph im Punkt P(1 | 5)

a) eine waagerechte Tangente hat, obwohl P kein Extrempunkt ist,

b) keinen Wendepunkt hat, obwohl $f''(1) = 0$ gilt.

Aufgaben mit Hilfsmitteln

5 Für einen Kindergarten entwirft ein Architekt eine neue Rutsche. Das Profil der Rutsche wird durch den Graphen der Funktion f mit $f(x) = \frac{4}{27}x^3 - \frac{2}{3}x^2 + 2{,}5$ im Bereich $0 \le x \le 3$ beschrieben. Die x-Achse entspricht in diesem Modell dem Boden. (1 LE entspricht 1 m.)

a) Zeigen Sie, dass die Rutsche in einer Höhe von 2,5 m startet, in einer Höhe von 0,5 m endet und sowohl der Anfang als auch das Ende horizontal verlaufen, man also aufrecht sitzen kann.

b) Begründen Sie mithilfe des Satzes von Pythagoras, dass die Rutschstrecke länger als 360 cm ist.

c) Zeigen Sie, dass für die Ableitung f′ gilt $f'(x) = \frac{4}{9}x(x-3)$, und begründen Sie damit, dass sich die Kinder während des Rutschens immer abwärts bewegen.

d) Beschreiben Sie die Bedeutung der Wendestelle im Sachzusammenhang.

e) Laut TÜV-Vorgabe darf das Gefälle der Rutsche höchstens 50° betragen. Überprüfen Sie, ob die Rutsche gebaut werden darf.

f) Überprüfen Sie, ob die Halbierung des maximalen Gefälles, z. B. durch 0,5f(x), zur Halbierung des Steigungswinkels führt. Formulieren Sie Ihr Ergebnis in einer allgemeinen Aussage.

6 Der Graph der Funktion f mit $f(x) = -0{,}0042x^4 + 0{,}096x^3 - 0{,}559x^2 + 4{,}879$ beschreibt für $0 \le x \le 12$ das Geländeprofil zweier Berge und der Talsohle dazwischen (1 Längeneinheit entspricht 100 m). Eine Pistenraupe will vom linken Berggipfel durch das Tal auf den rechten Berggipfel fahren.

a) Ermitteln Sie den Höhenunterschied zwischen den beiden Berggipfeln.

b) Bergauf kann die Pistenraupe höchstens einen Steigungswinkel von 50° überwinden. Prüfen Sie, ob die Pistenraupe den rechten Berghang erklimmen kann. Prüfen Sie außerdem, ob sie wieder zurück auf den linken Berggipfel fahren könnte.

c) Ermitteln Sie die horizontale Entfernung der beiden Punkte, in denen die Berghänge am steilsten verlaufen.

d) Vom Gipfel des linken Bergs aus kann die Fahrerin der Pistenraupe hinter dem rechten Berggipfel eine Skihütte sehen, die 200 m höher liegt als die Talsohle. Sobald die Raupe bergab fährt, wird die Hütte vom rechten Berggipfel verdeckt. Ermitteln Sie die horizontale Entfernung der Skihütte vom linken Berggipfel.

e) Die Pistenraupe startet auf dem linken Berggipfel und fährt mit einer durchschnittlichen Geschwindigkeit von 20 km/h bergab. Berechnen Sie mithilfe der Sekante durch den linken Berggipfel und den tiefsten Punkt im Tal, wann sie näherungsweise die Talsohle erreicht. Vergleichen Sie diesen Wert mit dem tatsächlichen Wert, indem Sie die Länge der Strecke mit einer Mathematik-Software bestimmen.

Lösungen → S. 196

1 a) Geben Sie die maximalen Intervalle an, auf denen die abgebildete ganzrationale Funktion 4. Grades streng monoton steigend bzw. fallend ist.
b) Lesen Sie näherungsweise die Koordinaten der Extrempunkte ab.
c) Erläutern Sie, ob ein globales Maximum oder Minimum existiert. Falls ja, geben Sie es an.

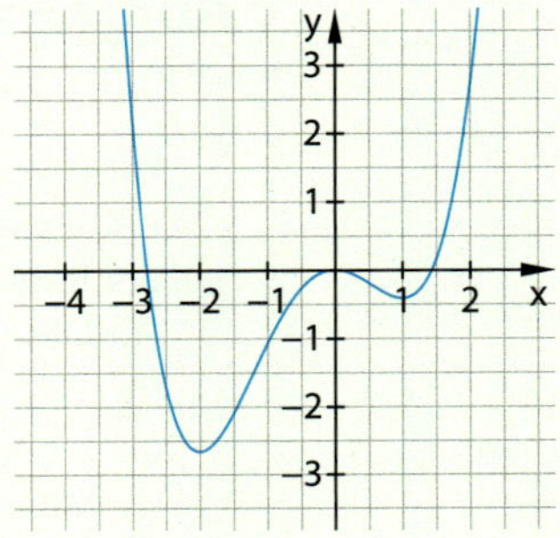

2 Untersuchen Sie das Monotonieverhalten der Funktion f mithilfe der Ableitung.
a) $f(x) = 4x - 0{,}5x^2$ b) $f(x) = x^3 - 3x^2$ c) $f(x) = 2x^4 + 4x^2$

3 Von einer Funktion f ist bekannt:
$f(0) = 1$; $f'(x) > 0$ für $x < -3$ und für $x > 1$; $f'(x) < 0$ für $-3 < x < 1$
Skizzieren Sie einen möglichen Graphen der Funktion f und der zugehörigen Funktion f′.

4 Berechnen Sie die lokalen Extremstellen sowie die zugehörigen lokalen Extrema der Funktion f. Ermitteln Sie dann die globalen Extrema sowie die zugehörigen x-Werte in den angegebenen Intervallen.
a) $f(x) = x^3 + 4x^2 - 3x - 8$ I_1: $-4 \le x \le 1$ I_2: $-2 \le x \le 0$ I_3: $-4 \le x \le 3$
b) $f(x) = -\frac{1}{10}x^3 + \frac{3}{4}x^2$ I_1: $-2 \le x \le 8$ I_2: $-3 \le x \le 7$ I_3: $0 \le x \le 3$

5 Gegeben ist der Satz: Wenn für eine Funktion $f'(x_m) = 0$ und $f''(x_m) > 0$ gilt, dann hat die Funktion f an der Stelle x_m ein lokales Minimum.
a) Erläutern Sie die Begriffe „notwendige Bedingung" und „hinreichende Bedingung" für die Existenz eines lokalen Minimums. Entscheiden Sie, ob der Satz eine notwendige oder hinreichende Bedingung enthält.
b) Formulieren Sie die Umkehrung dieses Satzes und untersuchen Sie, ob sie wahr ist.

6 Gegeben ist der Graph der Ableitungsfunktion f′. Beschreiben Sie das Monotonieverhalten von f und geben Sie die Stellen an, an denen der Graph von f einen Hochpunkt, Tiefpunkt bzw. Terrassenpunkt hat.

a) 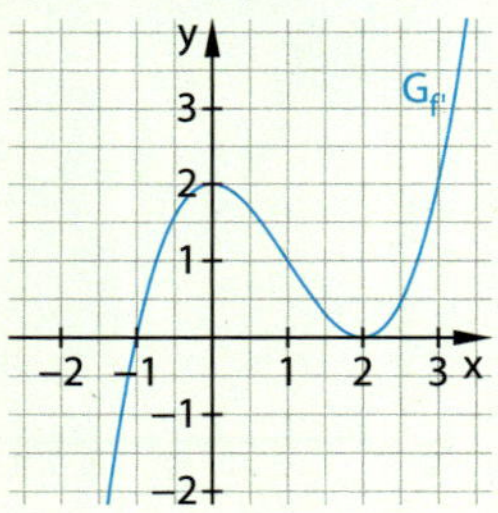
b) 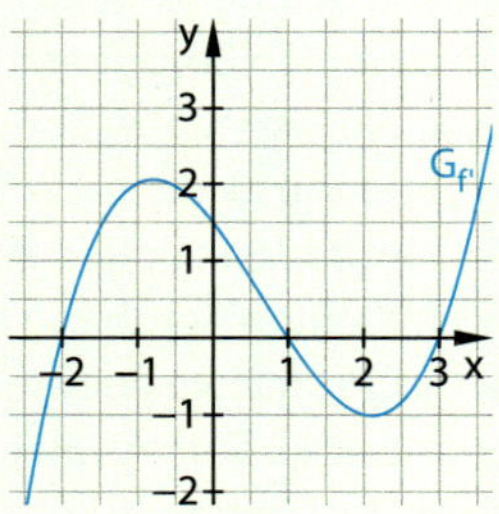
c) 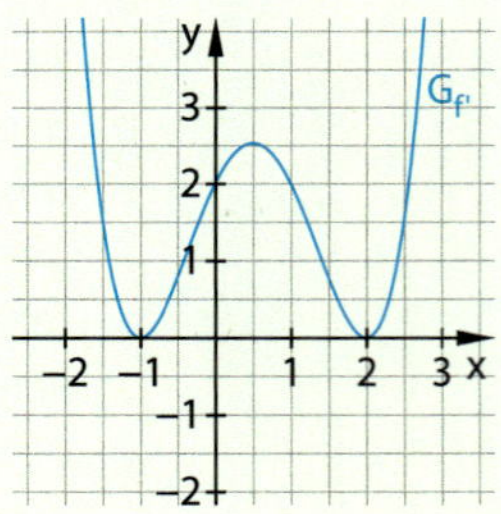

7 Untersuchen Sie, ob es eine Stelle gibt, an der sich die Funktionswerte der Funktionen f und g am wenigsten unterscheiden.
a) $f(x) = x^2 + 2$; $g(x) = -x^2 + 6x - 9$
b) $f(x) = x^3 + x^2 + x + 1$; $g(x) = x^3 - x^2 - x - 1$

8 Bestimmen Sie rechnerisch die Koordinaten der Hoch- und Tiefpunkte sowie der Wende- und Terrassenpunkte des Graphen von f. Ermitteln Sie außerdem die Gleichungen aller Wendetangenten und skizzieren Sie den Verlauf des Graphen von f.
a) $f(x) = x^3 - 3x^2$ b) $f(x) = \frac{1}{4}x^4 - x^3 + 3$ c) $f(x) = \frac{1}{3}x^3 - 2x^2 + 3x$
d) $f(x) = \frac{1}{5}x^5 - x^3 - 6$ e) $f(x) = \frac{1}{8}x^3 + \frac{3}{2}x^2 + 6x + 8$ f) $f(x) = x^6 - \frac{1}{2}x + 7$

Lösungen
→ S. 197

9 Untersuchen Sie den Graphen der Funktion f auf sein Krümmungsverhalten.
a) $f(x) = -x^4 + 6x^2$ b) $f(x) = x^4 - 8x^3 + 24x^2 + 12x$ c) $f(x) = -x^6 + x + 3$

10 Nebenstehend ist der Graph der zweiten Ableitungsfunktion f″ einer Funktion f dargestellt. Außerdem gilt $f'(-4) = 1$. Formulieren Sie davon ausgehend Aussagen über
a) lokale Extremstellen der ersten Ableitungsfunktion f′ von f,
b) Wendestellen der Funktion f,
c) das Monotonieverhalten von f.

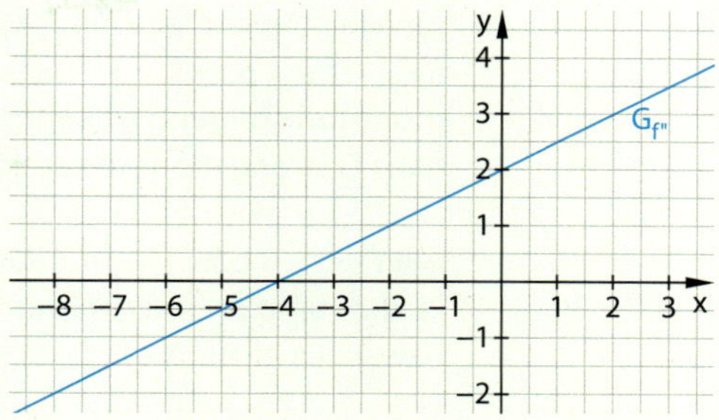

11 Während starker Regenfälle steigt das Wasser in einem Fluss an. Die Wasserhöhe wird durch die Funktion h mit $h(t) = -0{,}0005t^4 + 0{,}05t^2 + 2{,}5$ beschrieben (t: Zeit in Stunden nach Regenbeginn; h(t): Wasserhöhe in m).
a) Geben Sie die Höhe des normalen (anfänglichen) Wasserstands an und berechnen Sie, wie hoch das Wasser nach 6 Stunden und 15 Minuten steht.
b) Bestimmen Sie, wie lange es dauert, bis der Fluss wieder seine normale Wasserhöhe erreicht. Geben Sie einen sinnvollen Definitionsbereich für h an.
c) Zum Schutz vor Überschwemmungen wurde der Fluss durch eine Mauer begrenzt, die ihn bei normalem Wasserstand um 1,5 Meter überragt. Ermitteln Sie, ob es aufgrund der Regenfälle zu einer Überschwemmung kommt.
d) Bestimmen Sie wie lange es dauert, bis das Wasser seinen Höchststand erreicht hat, und geben Sie diesen an.
e) Berechnen Sie den stärksten Anstieg des Wassers und geben Sie ihn in cm/min an.

12 Die Nullstelle der Funktion f mit $f(x) = 0{,}1x^3 - 0{,}5x - 1$ soll näherungsweise mit dem Newton-Verfahren bestimmt werden.
a) Beschreiben Sie anhand einer Skizze das Vorgehen für den Startwert 4.
b) Berechnen Sie die ersten drei Näherungswerte für den Startwert 4 auf zwei Dezimalen genau.

Wo stehe ich?

	Ich kann…	Aufgabe	Nachschlagen
5.1	… Funktionsgraphen mithilfe der ersten Ableitung auf strenge Monotonie untersuchen.	1, 2, 3, 10	S. 145 Beispiel 1
5.2	… lokale Extrempunkte grafisch und mithilfe der ersten Ableitung bestimmen. … Terrassenpunkte mithilfe des Vorzeichenwechselkriteriums bestimmen.	4, 5, 6, 7, 8, 10	S. 149 Beispiel 1, S. 150 Beispiel 2, S. 153 Beispiel 3
5.3	… das Krümmungsverhalten eines Graphen mithilfe der zweiten Ableitung analysieren. … lokale Extrempunkte mithilfe der zweiten Ableitung bestimmen.	9	S. 157 Beispiel 1, S. 159 Beispiel 2
5.4	… Funktionsgraphen mit der dritten Ableitung bzw. dem Vorzeichenwechselkriterium auf Wendepunkte untersuchen. … die Bedeutung von Wendepunkten im Sachzusammenhang erkennen.	8, 10, 11	S. 163 Beispiel 1, S. 165 Beispiel 2
5.5	… Näherungswerte für die Nullstellen einer Funktion mit dem Newton-Verfahren bestimmen.	12	S. 170 Beispiel 1

Monotonie

Die Funktion f ist streng monoton steigend bzw. streng monoton fallend auf einer Teilmenge A des Definitionsbereichs D, wenn für alle x_1 und x_2 aus A mit $x_1 < x_2$ gilt: $f(x_1) < f(x_2)$ bzw. $f(x_1) > f(x_2)$. f heißt **streng monoton steigend (fallend)**, wenn sie auf ganz D streng monoton steigend (fallend) ist.

Gilt $f'(x) > 0$ bzw. $f'(x) < 0$ für alle x aus A, so ist die Funktion f streng monoton steigend bzw. fallend auf A.

$f(x) = x^2 - 3x + 1$
$f'(x) = 2x - 3$
$f'(x) = 0$ für $x = 1{,}5$
Für $x < 1{,}5$ ist $f'(x) < 0$, also ist f für $x \leq 1{,}5$ streng monoton fallend.
Für $x > 1{,}5$ ist $f'(x) > 0$, also ist f für $x \geq 1{,}5$ streng monoton steigend.

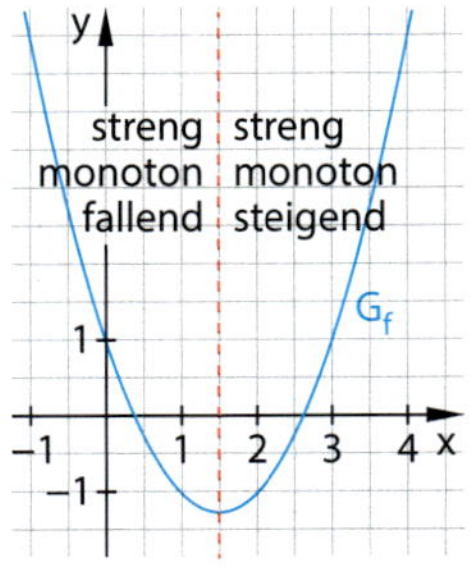

Extrempunkte

Wenn der Graph einer Funktion f an der Stelle x_E einen **lokalen Extrempunkt** hat, dann gilt $\mathbf{f'(x_E) = 0}$.
Wenn $f'(x_E) = 0$ und $f''(x_E) \neq 0$, so ist x_E eine **lokale Extremstelle** der Funktion f.
Für $f''(x_E) > 0$ bzw. $f''(x_E) < 0$ ist $f(x_E)$ ein lokales Minimum bzw. Maximum.

$f(x) = -1{,}5x^4 + 4x^3 - 3x^2$
$f'(x) = -6x^3 + 12x^2 - 6x = -6x(x-1)^2$
$f'(x) = 0$ also $x_1 = 0$ und $x_2 = 1$
$f''(x) = -18x^2 + 24x - 6$
$f'(0) = 0$ und $f''(0) = -6 < 0$: Hochpunkt bei x_1
$f(0) = 0$, also Hochpunkt $H(0\,|\,0)$
$f'(1) = 0$ und $f''(1) = 0$: Für x_2 ist hiermit noch keine Aussage möglich.

Eine hinreichende Bedingung für Extrempunkte ist das **Vorzeichenwechselkriterium**: Wenn $f'(x_E) = 0$ gilt und das Vorzeichen von f' an der Stelle x_E wechselt, dann hat der Graph von f bei x_E einen Extrempunkt.

$f(x) = 3x^2$; $f'(x) = 6x$
$f'(x) = 0$, also $x = 0$
Für $x < 0$ ist $f'(x) < 0$. Für $x > 0$ ist $f'(x) > 0$. An der Stelle $x = 0$ wechselt das Vorzeichen von f' von − nach +, also liegt bei $x = 0$ ein Tiefpunkt.

Krümmung, Wendepunkte, Terrassenpunkte

Wenn $f''(x) > 0$ bzw. $f''(x) < 0$ für alle $x \in I$, so ist der Graph der Funktion f in dem Intervall I linksgekrümmt bzw. rechtsgekrümmt.

$f(x) = -1{,}5x^4 + 4x^3 - 3x^2$
$f''(x) = -18x^2 + 24x - 6 = -18\left(x - \frac{1}{3}\right)(x-1)$
$f''(x) = 0$ also $x_1 = \frac{1}{3}$ und $x_2 = 1$
$x \leq \frac{1}{3}$ und $x \geq 1$: rechtsgekrümmt ($f''(x) < 0$)
$\frac{1}{3} \leq x \leq 1$: linksgekrümmt ($f''(x) > 0$)

Der Graph einer Funktion f hat an der Stelle x_W einen **Wendepunkt**, wenn sich die Krümmung des Graphen ändert (Linkskrümmung ↔ Rechtskrümmung).
Ein **Terrassenpunkt** ist ein Wendepunkt mit einer waagerechten Tangente.

Wenn der Graph einer Funktion f an der Stelle x_W einen **Wendepunkt** hat, dann gilt $\mathbf{f''(x_W) = 0}$.

Wenn $f''(x_W) = 0$ und $f'''(x_W) \neq 0$ gilt, dann ist $(x_W\,|\,f(x_W))$ ein **Wendepunkt** des Graphen von f.

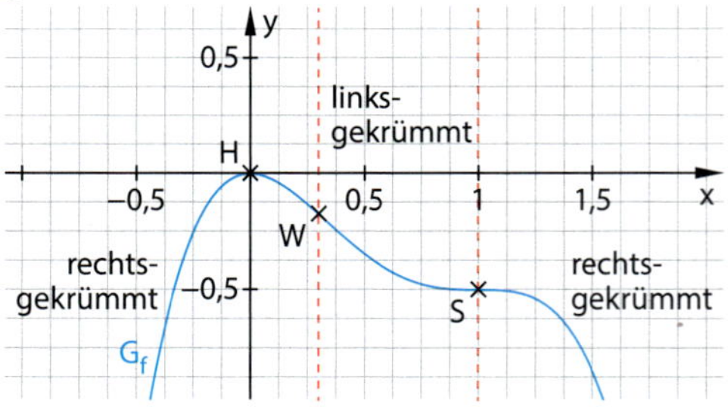

$f'''(x) = -36x + 24$
$f'''\left(\frac{1}{3}\right) = 12 \neq 0$: Wendepunkt bei x_1
$f\left(\frac{1}{3}\right) = -\frac{11}{54}$, also Wendepunkt $W\left(\frac{1}{3}\,\middle|\,-\frac{11}{54}\right)$
$f'''(1) = -12 \neq 0$ und $f'(1) = 0$: Terrassenpunkt bei x_2
$f(1) = -0{,}5$, also Terrassenpunkt $S(1\,|\,-0{,}5)$

Newton-Verfahren

Ist x_n ein Näherungswert einer Nullstelle der Funktion f und $f'(x_n) \neq 0$, dann ist $x_{n+1} = x_n - \frac{f(x_n)}{f'(x_n)}$ im Allgemeinen ein besserer Näherungswert für diese Nullstelle.

$f(x) = x^3 + x^2 - 5$; $f'(x) = 3x^2 + 2x$
$x_0 = 2$
$x_1 = 2 - \frac{f(2)}{f'(2)} \approx 1{,}5625$
$x_2 \approx 1{,}5625 - \frac{f(1{,}5625)}{f'(1{,}5625)} \approx 1{,}4423$ usw.

6

Methoden

Kopieren Sie die Seiten in diesem Abschnitt und schneiden Sie die Methodenkarten aus. Dann können Sie die Karten länger verwenden und mit eigenen Notizen ergänzen.

Methodenkarte 11 A Graphen mit einem Funktionenplotter verändern

Sie können den Einfluss von Parametern auf Funktionsgraphen gut mit einem Funktionenplotter sichtbar machen.

1. Klicken Sie in die Eingabezeile.
2. Geben Sie einen Funktionsterm ein, z. B. $f(x) = x^2$. Bestätigen Sie die Eingabe.
3. Definieren Sie Variablen a, d und e. Sie können oft einfach in der Eingabezeile Werte festlegen.

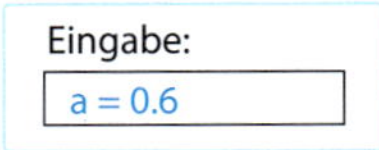

4. Erstellen Sie Schieberegler zu den Variablen. Öffnen Sie dazu ein Kontextmenü zur Variable, z. B. mittels Klick mit der rechten Maustaste in der Objektübersicht. Manchmal erzeugt schon die Eingabe der Variablen einen Schieberegler.
5. Lassen Sie die Funktion g mit $g(x) = a \cdot f(x - d) + e$ anzeigen. Für $f(x) = x^2$ ergibt sich $g(x) = a(x - d)^2 + e$.

   Ändern Sie die Werte der Variablen über die Schieberegler und beobachten Sie, wie sich der Graph verändert.

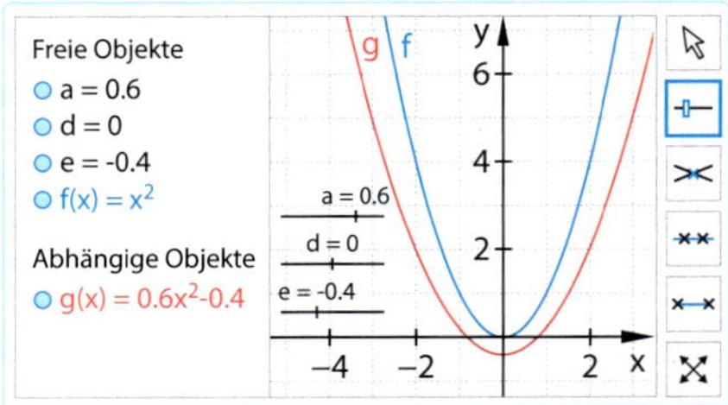

Methodenkarte 11 B Extrem- und Wendepunkte mit einem Plotter bestimmen

Sie können Extrem- und Wendepunkte eines Graphen mit einem Funktionenplotter bestimmen und damit z. B. Ergebnisse kontrollieren.
Funktionenplotter enthalten meist eigene Befehle für:

- Ableitungen
- Nullstellen
- Extrempunkte
- Wendepunkte

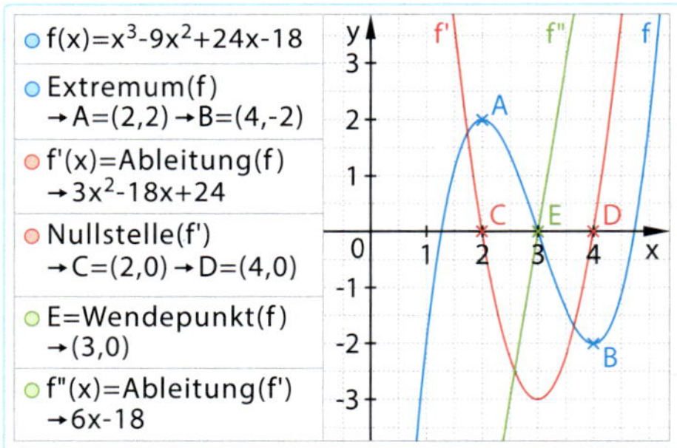

Funktionenplotter geben in der Regel nur lokale Extrema aus.

Sie können Funktionen auch auf Intervalle einschränken, dann sucht der Funktionenplotter lediglich im angegebenen Intervall nach Extrem- oder Wendepunkten.

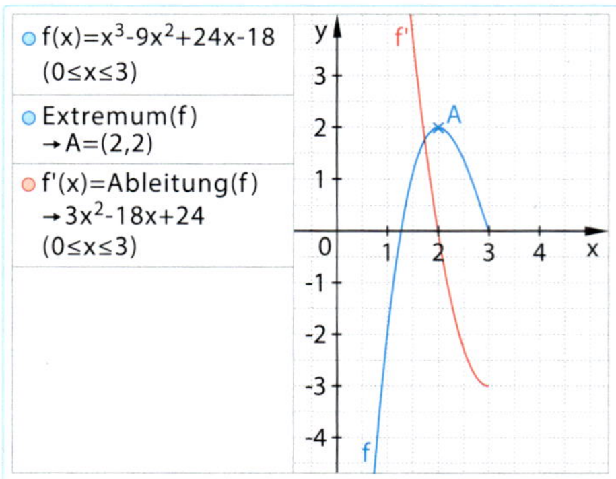

Ganzrationale Funktionen lassen sich mit diesen Befehlen schnell untersuchen. Bei anderen Funktionsklassen kann es nötig sein, Intervalle vorzugeben, in denen der Plotter Extrem- und Wendepunkte suchen soll.

Methodenkarte 11 C Recherche

Niemand kann sich alle Formeln und Fachbegriffe merken. Daher ist es wichtig zu wissen, wie man schnell etwas nachschlagen kann.

Wissenskästen und Zusammenfassungen im Buch nutzen: Hier finden Sie am schnellsten Hilfe. Die wichtigsten Formeln, Definitionen und Sätze dieses Schuljahres sind hier übersichtlich dargestellt.

Register/Stichwortverzeichnis nutzen: Hier sind alle wichtigen Fachbegriffe alphabetisch sortiert aufgelistet. Schlagen Sie auf den dort angegebenen Seiten nach.

Formelsammlung nutzen: Formelsammlungen enthalten alle Formeln, die für Ihren Unterricht wichtig sind – und noch mehr! Sie werden nicht alle dieser Formeln brauchen. Nutzen Sie das Inhaltsverzeichnis und das Stichwortverzeichnis, um gezielt nach bestimmten Formeln zu suchen.

Im Internet suchen: Auch über Suchmaschinen oder Online-Enzyklopädien können Sie etwas nachschlagen. Suchen Sie vor allem nach Seiten, die sich direkt an Schülerinnen und Schüler richten, denn Enzyklopädien setzen oft Wissen voraus, das Ihnen noch fehlt.

Methodenkarte 11 D Regression

Bei Experimenten erhält man oft Messwerte, die dann durch eine geeignete Funktion modelliert werden sollen. Dabei ist es sehr selten, dass eine Funktion alle Messwerte exakt „trifft". Man sucht eine Funktion, die die Punkte möglichst gut annähert. Das Verfahren, so eine Funktion zu finden, heißt **Regression**. Funktionenplotter und Computer-Algebra-Systeme haben dafür meist Befehle integriert.
Beispiel: Die Tabelle zeigt Messwerte des Wasserspiegels in einem großen Seehafen. Geben Sie mithilfe einer Regression eine passende Funktionsgleichung an.

Uhrzeit	6:00 Uhr	12:00 Uhr	18:00 Uhr	0:00 Uhr	6:00 Uhr
Wasserstand	3,46 m	4,33 m	3,41 m	4,31 m	3,42 m

Lösung: Tragen Sie die Punkte in einem Funktionenplotter in ein Koordinatensystem ein. Beachten Sie, dass die beiden letzten Zeitpunkte die x-Koordinaten 24 und 30 haben.
Da sich die Werte annähernd wiederholen, liegt die Vermutung nahe, dass eine Sinusfunktion die Werte gut annähern würde.

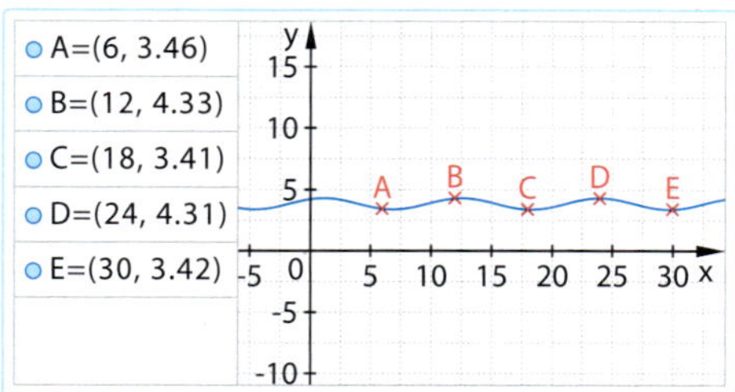

Wählen Sie deshalb eine trigonometrische Regression für die Punkte. Der Funktionenplotter gibt als Funktionsgleichung $f(x) = 0{,}46\sin(0{,}55x + 0{,}95) + 3{,}87$ an.

Methodenkarte 11 E Richtiger Umgang mit Operatoren

Je nach Operator wird Unterschiedliches in einer Aufgabe verlangt. Lesen Sie deshalb jede Aufgabe genau.

- „Bestimmen Sie die Wendepunkte von f." oder „Ermitteln Sie die Wendepunkte von f." erfordern einen nachvollziehbaren Lösungsweg. „Geben Sie die Wendepunkte von f an." fordert hingegen nur das Ergebnis – Sie können die Wendepunkte auch ohne Rechnung bestimmen, z. B. mit einer Mathematik-Software oder durch Ablesen.
- „Entscheiden Sie, ob A auf dem Graphen von f liegt." erfordert keine Begründung oder rechnerischen Nachweis, „Beurteilen Sie, ob A auf dem Graphen von f liegt." hingegen schon.
- Für „Skizzieren Sie den Graphen." reicht eine ungefähre Darstellung – Form des Graphen (Gerade, Parabel, Sinusfunktion), Verhalten im Unendlichen und weitere relevante Punkte, die in der Aufgabe gefordert werden, z. B. Schnittpunkte mit den Koordinatenachsen, Extrem- oder Wendepunkte.
  „Zeichnen Sie den Graphen." fordert hingegen eine möglichst exakte Darstellung. Dafür kann es hilfreich sein, weitere Punkte des Graphen mit einer Wertetabelle oder einer Mathematik-Software zu bestimmen.
- „Beschreiben Sie den Verlauf des Graphen." fordert eine Angabe in ganzen Sätzen. Es muss nicht z. B. am Funktionsterm begründet werden, warum der Graph so aussieht.
- Bei „Berechnen Sie" oder „Geben Sie an" reicht eine Rechnung bzw. ein Ergebnis als Lösung. Bei Operatoren wie „Zeigen Sie", „Erläutern Sie", „Erklären Sie" oder „Begründen Sie" sind hingegen immer Begründungen in ganzen Sätzen nötig. Eine Übersicht über alle Operatoren finden Sie am Ende dieses Buchs.

Methodenkarte 11 F Beweisen

Mathematische Aussagen haben eine Voraussetzung und eine Behauptung. Oft sind sie in „Wenn … dann …"-Form gegeben, z. B.: „Wenn die Quersumme einer natürlichen Zahl durch 3 teilbar ist, dann ist die Zahl durch 3 teilbar."

Durch einen Beweis wird belegt, dass eine mathematische Aussage wahr ist. Ein Beweis wird durch logische Schlussfolgerungen aus Bekanntem geführt. Es gibt dabei verschiedene Beweismethoden, unter anderem:

- Direkter Beweis: Die Aussage wird z. B. durch Termumformungen direkt aus der Voraussetzung bewiesen.
  Beispiel: Die Summe dreier aufeinanderfolgender Zahlen ist durch 3 teilbar.
  Wegen $n + (n + 1) + (n + 2) = 3n + 3 = 3(n + 1)$ ist die Aussage wahr.
- Widerspruchsbeweis: Das Gegenteil der zu beweisenden Aussage wird angenommen. Daraus wird dann ein Widerspruch konstruiert.
  Beispiel: $\sqrt{2}$ ist irrational. Man nimmt an, dass es zwei natürliche Zahlen p und q gibt, sodass $\sqrt{2} = \frac{p}{q}$ vollständig gekürzt ist. Man kann dann zeigen, dass dann p und q beide gerade sein müssen, also ist $\frac{p}{q}$ nicht vollständig gekürzt, also entsteht ein Widerspruch.

Auch notwendige und hinreichende Bedingungen können beim Beweisen helfen.

- Ist die notwendige Bedingung nicht erfüllt, so ist die Aussage widerlegt.
  Beispiel: Gilt $f'(x_0) = 0$ nicht, dann liegt bei x_0 kein Extrempunkt vor.
- Ist die hinreichende Bedingung erfüllt, so ist die Aussage bewiesen.
  Beispiel: Gilt gleichzeitig $f'(x_0) = 0$ und $f''(x_0) \neq 0$, so liegt bei x_0 ein Extrempunkt vor.

7

Anhang

Lösungen zu
→ Ihr Fundament
→ Prüfen Sie Ihr neues Fundament
Bildnachweis
Stichwortverzeichnis

Lösungen zu Kapitel 1: Spezielle Eigenschaften von Funktionen

Ihr Fundament (S. 6/7)

S. 6, 1.
Eine Funktion ist eine eindeutige Zuordnung. Die Definitionsmenge ist die Menge aller Zahlen, denen ein Funktionswert zugeordnet werden kann. Die Wertemenge ist die Menge aller Funktionswerte. Der Funktionsgraph ist die Menge aller Paare $(x\,|\,f(x))$ für die Zahlen x aus dem Definitionsbereich der Funktion f.

S. 6, 2.
Funktionsgleichung: $y = 2x + 1$
Zuordnungsvorschrift: $x \mapsto 2x + 1$
Funktionsgraph:

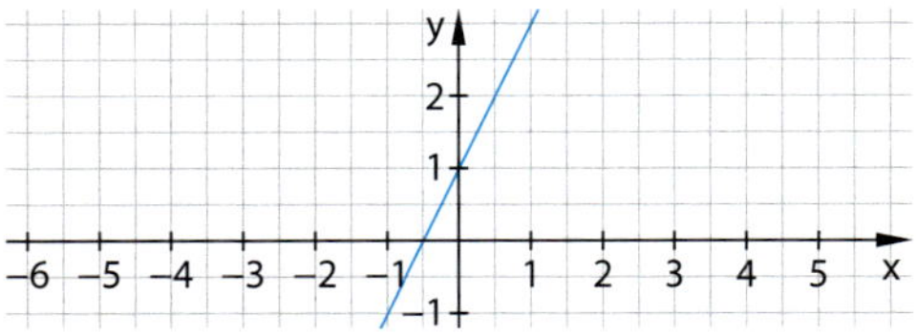

Wertetabelle:

x	−1	0	1	2	3	4	x
y	−1	1	3	5	7	9	2x + 1

S. 6, 3.
a) Ja, da jeder Zahl x genau ein Funktionswert y zugeordnet wird.
b) Nein, da einem einzigen x gleichzeitig alle reellen Zahlen zugeordnet werden.
c) Ja, da jeder Zahl x höchstens ein Funktionswert y zugeordnet wird.
d) Nein, da mehreren Zahlen x je zwei Zahlen y zugeordnet werden.

S. 6, 4.
a) $D = [-2; 3]$; $W = [-6; 9]$ b) $D = [-2; 2]$; $W = [1; 5]$
c) $D = \mathbb{R}$; $W = [-1; 1]$ d) $D = [0; 5]$; $W = \left[\frac{1}{7}; \frac{1}{2}\right]$

S. 6, 5.
a) Der Graph ist eine Gerade und monoton steigend, verläuft also mit konstanter Steigung von links unten nach rechts oben. Er verläuft durch den Koordinatenursprung.
$y = 0{,}5x$
b) Der Graph ist eine Gerade und monoton fallend, verläuft also mit konstanter Steigung von links oben nach rechts unten. Er schneidet die y-Achse bei $y = 1$ und die x-Achse bei $x = 1$.
$y = -x + 1$
c) Der Graph ist monoton steigend, verläuft also von links unten nach rechts oben. Die Steigung wird größer, je kleiner bzw. größer x wird, bei $x = 0$ wird sie minimal. Der Graph verläuft durch den Koordinatenursprung.
$y = x^3$
d) Der Graph ist eine Hyperbel mit den Asymptoten $y = 2$ und $x = 1$. Die Hyperbeläste sind jeweils monoton fallend.
$y = \frac{1}{x-1} + 2$

S. 6, 6.
a) Die Nullstelle einer Funktion ist eine Stelle x_0, an der die Funktion den Funktionswert 0 annimmt.
Beispiel: f mit $f(x) = x - 1$ hat die Nullstelle $x_0 = 1$.
b) Der y-Achsenabschnitt gibt den Funktionswert einer Funktion an der Stelle $x = 0$ an.
Beispiel: f mit $f(x) = x - 1$ hat den y-Achsenabschnitt −1.
c) Ein Steigungsdreieck ist ein rechtwinkliges Dreieck an einen Funktionsgraphen, mit dem die Steigung des Graphen berechnet werden kann.
Beispiel:

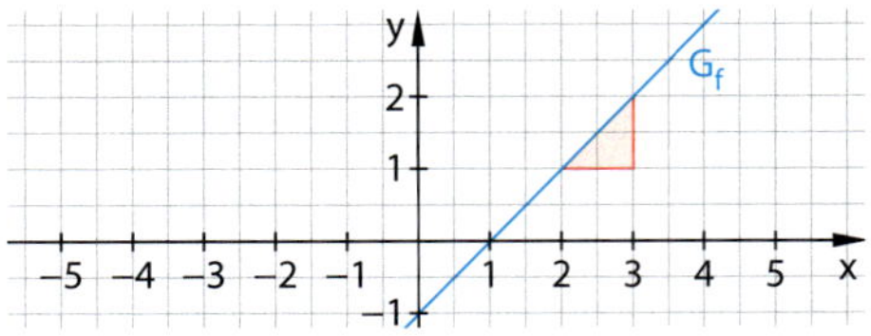

d) Eine Definitionslücke einer Funktion ist eine Stelle x, der kein Funktionswert dieser Funktion zugeordnet werden kann.
Beispiel: g mit $g(x) = \frac{1}{x}$ hat die Definitionslücke $x = 0$.
e) Eine Asymptote ist eine Gerade, der sich ein Funktionsgraph im Unendlichen immer weiter annähert.
Beispiel: Der Graph von g mit $g(x) = \frac{1}{x}$ hat die Asymptoten $x = 0$ und $y = 0$.
f) Der Scheitelpunkt ist der höchste oder tiefste Punkt einer Parabel.
Beispiel: h mit $h(x) = x^2$ hat den Scheitelpunkt $(0\,|\,0)$.

S. 6, 7.
a) Eine quadratische Funktion kann keine, eine oder zwei Nullstellen haben, denn eine quadratische Gleichung kann keine, eine oder zwei Lösungen haben, da der Term unter der Wurzel in der Lösungsformel negativ, gleich 0 oder positiv sein kann.
b) f: $x_1 = -7$; $x_2 = 4$ g: keine Nullstelle h: $x = 3$

S. 6, 8.
a)
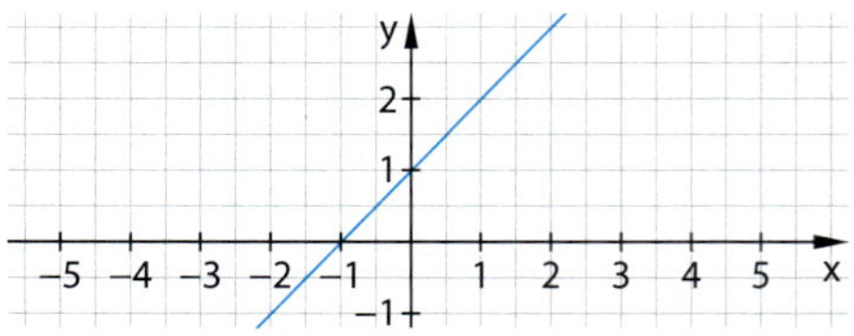

b)
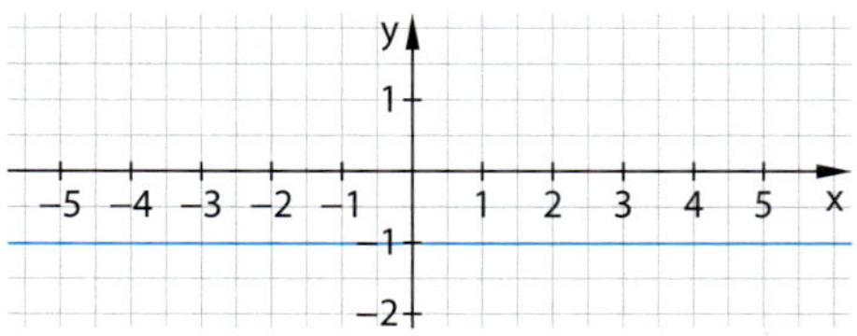

c)
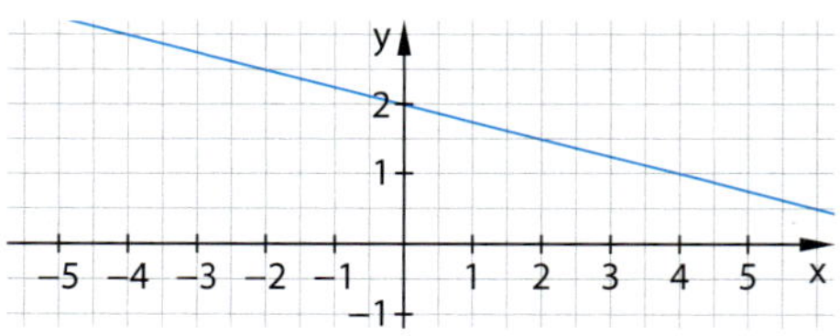

d)
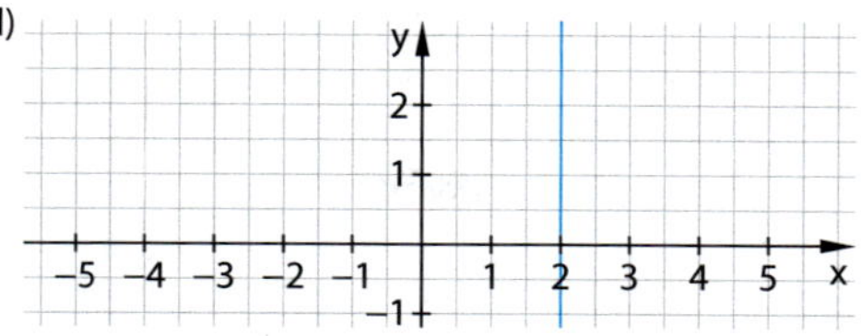

S. 7, 9.
Für gerades n ist der Graph parabelförmig: Er ist achsensymmetrisch zur y-Achse, verläuft durch den Koordinatenursprung und ansonsten oberhalb der x-Achse. Für ungerades n ist der Graph dagegen punktsymmetrisch zum Ursprung und verläuft für negative x-Werte unterhalb der x-Achse.

S. 7, 10.
a)
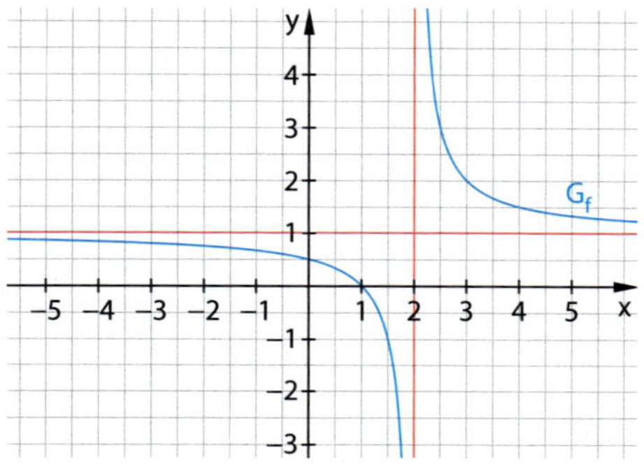

b)
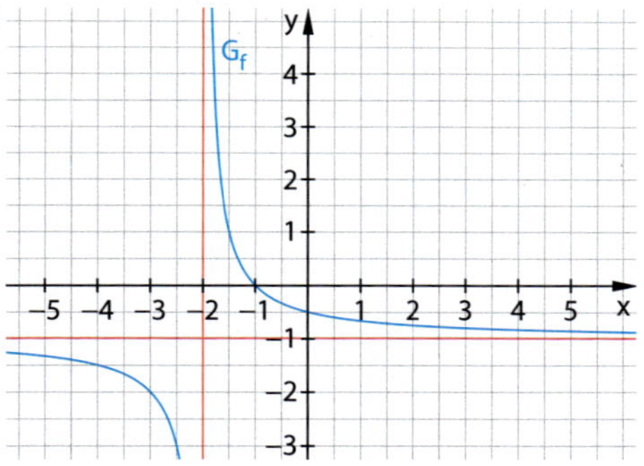

c)
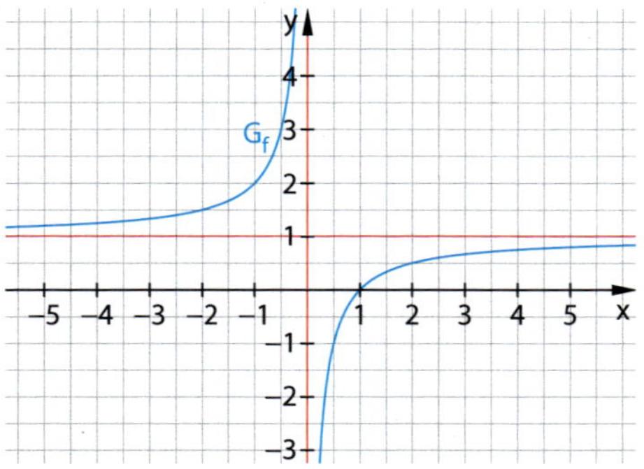

S. 7, 11.
a) $D = \mathbb{R}\setminus\{-1\}; W = \mathbb{R}\setminus\{-3\}$
Der Graph ist eine Hyperbel mit den Asymptoten $y = -3$ und $x = -1$. Beide Hyperbeläste sind monoton fallend.
b) $D = \mathbb{R}\setminus\{-3\}; W = \mathbb{R}\setminus\{2\}$
Der Graph ist eine Hyperbel mit den Asymptoten $y = 2$ und $x = -3$. Beide Hyperbeläste sind monoton steigend.
c) $D = \mathbb{R}\setminus\{-4\}; W = \mathbb{R}\setminus\{0\}$
Der Graph ist eine Hyperbel mit den Asymptoten $y = 0$ und $x = -4$. Beide Hyperbeläste sind monoton steigend.

S. 7, 12.
a) Achsensymmetrisch, da das Dreieck gleichschenklig ist.
b) Achsensymmetrisch, da es sich um eine Raute handelt.
c) nicht symmetrisch
d) Punktsymmetrisch, da die Figur aus zwei gegeneinander verschobenen Halbkreisen besteht.

S. 7, 13.
a)
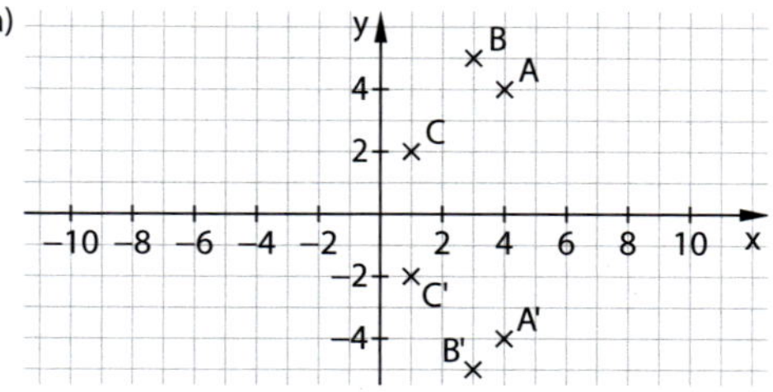

b)
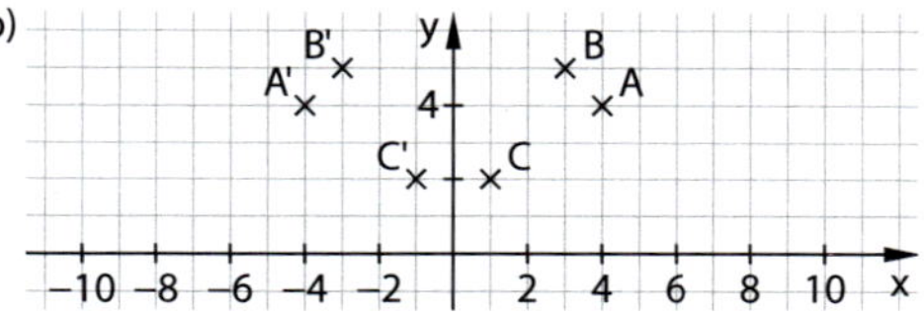

c)
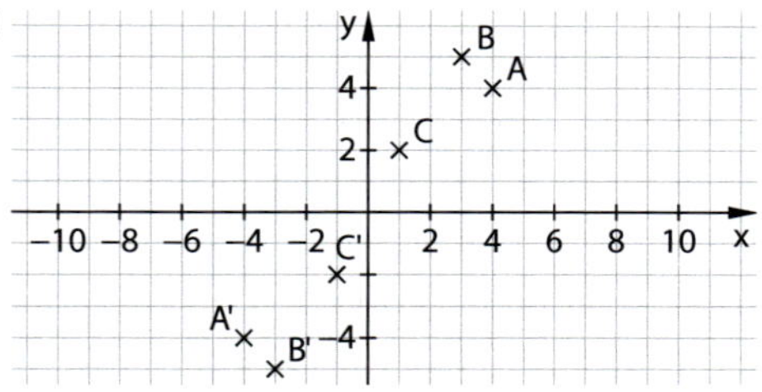

S. 7, 14.
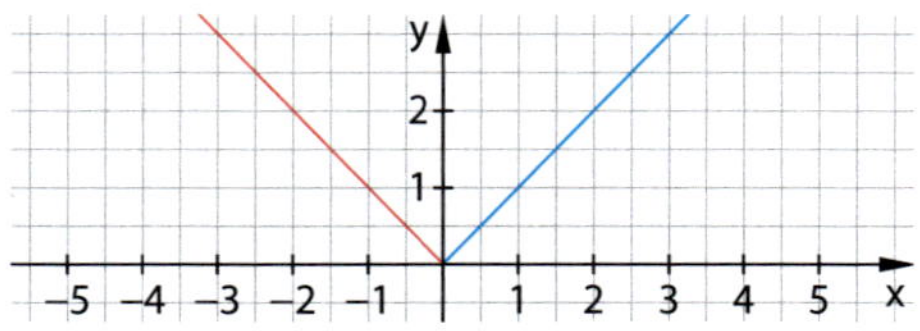

Es ergibt sich der Graph einer stückweise linearen Funktion mit einer „Spitze" im Koordinatenursprung. Für $x < 0$ ist der Graph monoton fallend, für $x > 0$ monoton steigend, der Betrag der Steigung ist auf beiden Abschnitten gleich.

S. 7, 15.
a) $-x^2 + 1$ b) $-x^2 - 1$
Der konstante Summand im Funktionsterm ändert sich. Die Graphen sind also unterschiedlich in y-Richtung verschoben.

S. 7, 16.
a) $1^2 = 1$; $10^2 = 100$; $100^2 = 10\,000$
Der Term kann beliebig groß werden, da für $n > 1$ gilt $n^2 > n$. Der Term kann nicht beliebig klein werden, da ein Quadrat nie negativ wird.

b) $\sin(1) \approx 0{,}02$; $\sin(10) \approx 0{,}17$; $\sin(100) \approx 0{,}98$
Der Term kann weder beliebig groß noch beliebig klein werden, da der Sinus nur Werte von -1 bis 1 annimmt.

c) $\frac{3}{1-2} = -3$; $\frac{3}{10-2} = 0{,}375$; $\frac{3}{100-2} = \frac{3}{98} \approx 0{,}03$
Der Term kann beliebig groß und beliebig klein werden, da der Betrag des Nenners beliebig klein wird, wenn n nahe genug an 2 liegt, und man für $n > 2$ einen positiven und für $n < 2$ einen negativen Nenner erhält.

d) $1^3 - 1 = 0$; $10^3 - 10 = 990$; $100^3 - 100 = 999\,900$
Für $n > 2$ gilt $n^3 > 2n$, also $n^3 - n > n$, also kann der Term beliebig groß werden, wenn n groß genug gewählt wird. Analog kann der Term beliebig klein werden, da für $n < -2$ gilt: $n^3 < 2n$, also $n^3 - n < n$

e) $\left(\frac{1}{4}\right)^1 = \frac{1}{4}$; $\left(\frac{1}{4}\right)^{10} = \frac{1}{1\,048\,576} \approx 9{,}5 \cdot 10^{-7}$;
$\left(\frac{1}{4}\right)^{100} \approx 6{,}2 \cdot 10^{-61}$
Der Term kann beliebig groß werden, wenn $n < 0$ beliebig klein gewählt wird, denn dann wird der Nenner in $\left(\frac{1}{4}\right)^n = \frac{1}{4^n}$ beliebig klein. Der Term kann nicht beliebig klein werden, da die Potenz einer positiven Zahl nie negativ wird.

S. 7, 17.

a) lineare Funktion
b) Sinusfunktion
c) Exponentialfunktion
d) quadratische Funktion oder ganzrationale Funktion

Prüfen Sie Ihr neues Fundament (S. 36/37)

S. 36, 1.

f: quadratische Funktion, da der Graph eine Parabel ist
$f(x) = -(x-1)^2 + 4$ (nach unten geöffnete Parabel mit Scheitelpunkt $(1\,|\,4)$)

g: elementare gebrochen-rationale Funktion, da der Graph eine Hyperbel ist (punktsymmetrisch, zwei Asymptoten)
$g(x) = \frac{-3}{x+2} - 1$ (Im Term $\frac{a}{x-b} + c$ ergeben sich $b = -2$ und $c = -1$ aus den Asymptoten, den Wert von a kann man dann z. B. aus dem Punkt $(1\,|\,-2)$ bestimmen.)

h: Exponentialfunktion, da der Graph in gleichen Abständen der x-Werte doppelt so weit in y-Richtung abfällt wie zuvor
$h(x) = -2^x + 3$ (waagerechte Asymptote bei $y = 3$, Graph monoton fallend, Bestimmung der Basis 2 z. B. aus dem Punkt $(0\,|\,2)$)

S. 36, 2.

a) Beispiel: $x^2 - 2$
b) Beispiel: $-x^2$
c) Beispiel: $2\sin(x)$
d) Beispiel: $\frac{1}{x} - 1$

S. 36, 3.

a) $\lim\limits_{x \to +\infty} f(x) = -\infty$; $\lim\limits_{x \to -\infty} f(x) = \infty$
b) $\lim\limits_{x \to \pm\infty} f(x) = 3$
c) $\lim\limits_{x \to +\infty} f(x) = 4$; $\lim\limits_{x \to -\infty} f(x) = -\infty$
d) Die Funktion divergiert unbestimmt, die Funktionswerte schwanken zwischen -2 und 2.

S. 36, 4.

a) keine Nullstelle, $\lim\limits_{x \to \pm\infty} f(x) = -\infty$

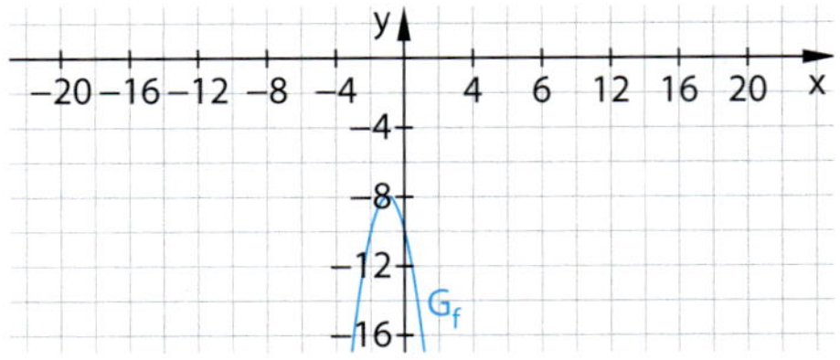

b) Nullstellen: $x_1 = -2$; $x_2 = 0$; $x_2 = 2$
$\lim\limits_{x \to -\infty} f(x) = -\infty$; $\lim\limits_{x \to \infty} f(x) = \infty$

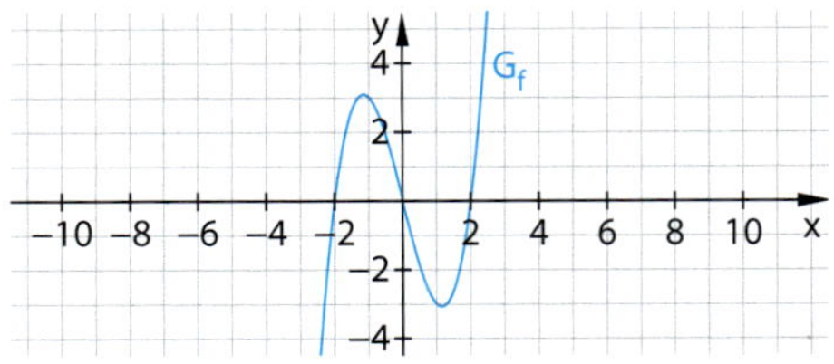

c) Nullstelle: $x = -1$; $\lim\limits_{x \to \pm\infty} f(x) = -1$

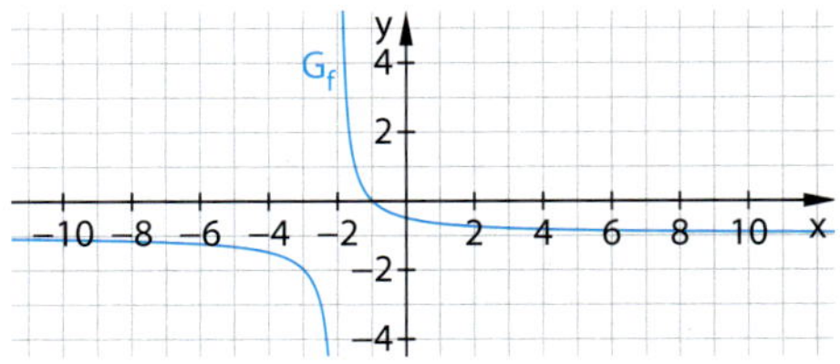

d) Nullstelle: $x = 0$
$\lim\limits_{x \to -\infty} f(x) = \infty$; $\lim\limits_{x \to \infty} f(x) = -1$

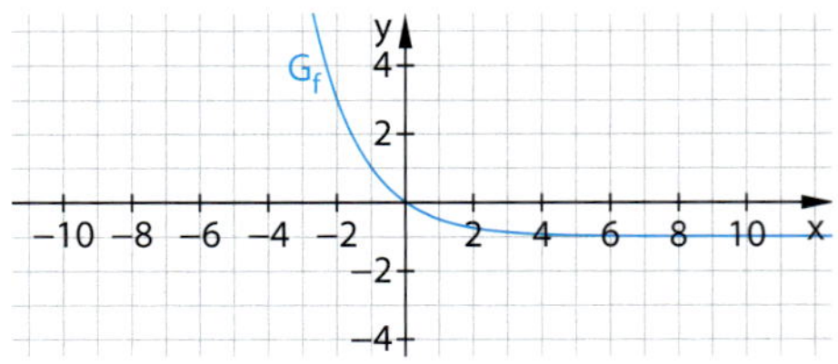

S. 36, 5.

a) $\lim\limits_{x \to -\infty} g(x) = 1$; $\lim\limits_{x \to \infty} g(x) = \infty$
b) $\lim\limits_{x \to -\infty} g(x) = -1$; $\lim\limits_{x \to \infty} g(x) = \infty$
c) $\lim\limits_{x \to -\infty} g(x) = 12$; $\lim\limits_{x \to \infty} g(x) = -\infty$
d) $\lim\limits_{x \to -\infty} g(x) = 4$; $\lim\limits_{x \to \infty} g(x) = \infty$

S. 36, 6.

a) $f(-x) = -(-x)^3 + 3 \cdot (-x) = x^3 - 3x = -(-x^3 + 3x)$
$= -f(x)$
Der Graph ist punktsymmetrisch zum Ursprung.
b) $f(-x) = (-x)^4 + (-x)^2 + 5 = x^4 + x^2 + 5 = f(x)$
Der Graph ist achsensymmetrisch zur y-Achse.
c) $f(-x) = 2\sin(-x) = -2\sin(x) = -f(x)$
Der Graph ist punktsymmetrisch zum Ursprung.
d) $f(-x) = \frac{3}{-x} = -\frac{3}{x} = -f(x)$
Der Graph ist punktsymmetrisch zum Ursprung.

S. 36, 7.

a) achsensymmetrisch zur y-Achse, da $f(-x) = f(x)$
b) punktsymmetrisch zum Ursprung, da $f(-x) = -f(x)$
c) punktsymmetrisch zum Ursprung, da $f(-x) = -f(x)$
d) weder achsensymmetrisch zur y-Achse noch punktsymmetrisch zum Ursprung, da $f(-x) \neq f(x)$ und $f(-x) \neq -f(x)$

e) punktsymmetrisch zum Ursprung, da $f(-x) = -f(x)$
f) achsensymmetrisch zur y-Achse, da $f(-x) = f(x)$
g) punktsymmetrisch zum Ursprung, da $f(-x) = -f(x)$
h) weder achsensymmetrisch zur y-Achse noch punktsymmetrisch zum Ursprung, da $f(-x) \neq f(x)$ und $f(-x) \neq -f(x)$

S. 36, 8.

a) z. B.

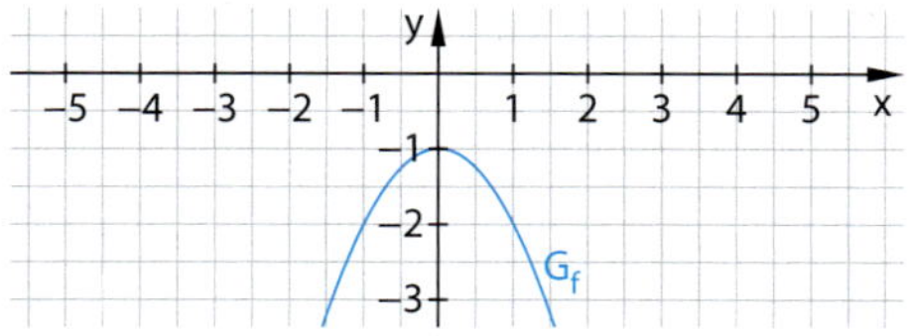

b) z. B.

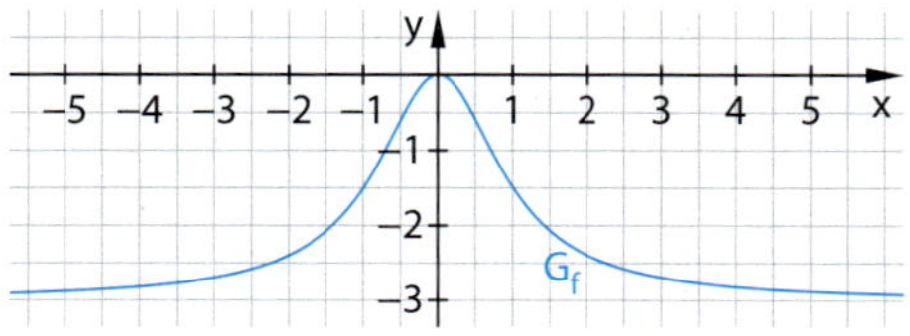

c) z. B.

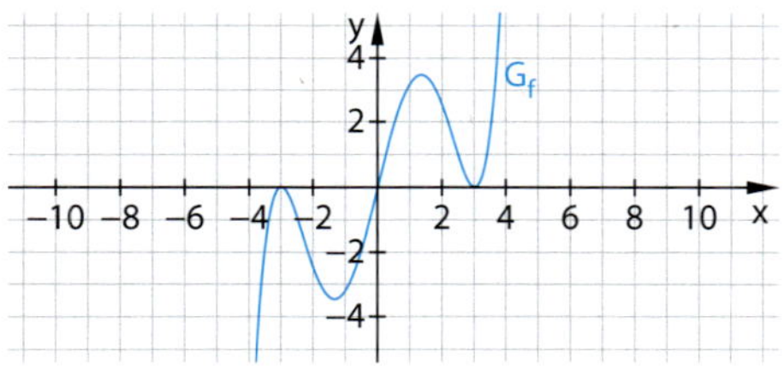

d) z. B.

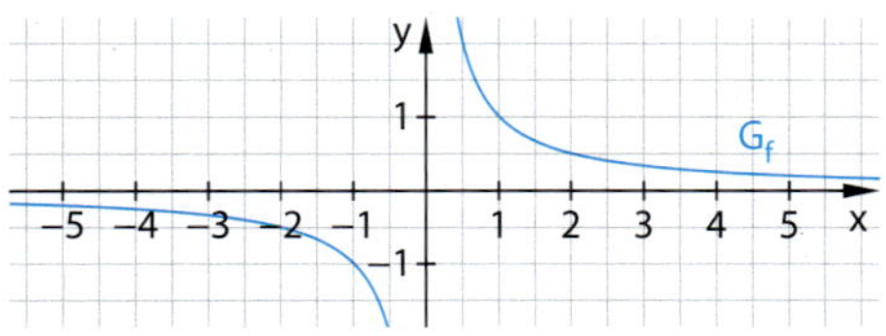

e) z. B.

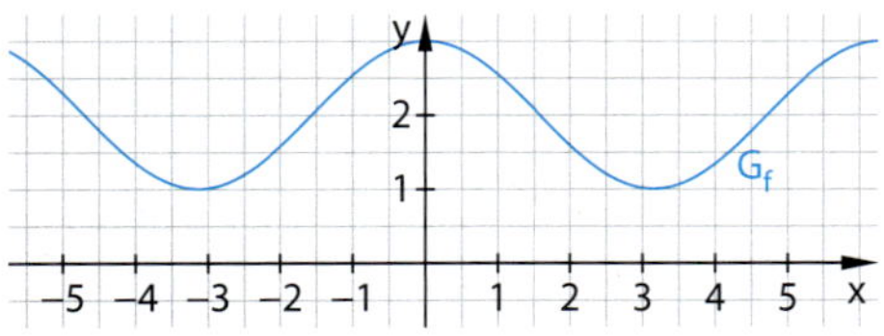

f) z. B.

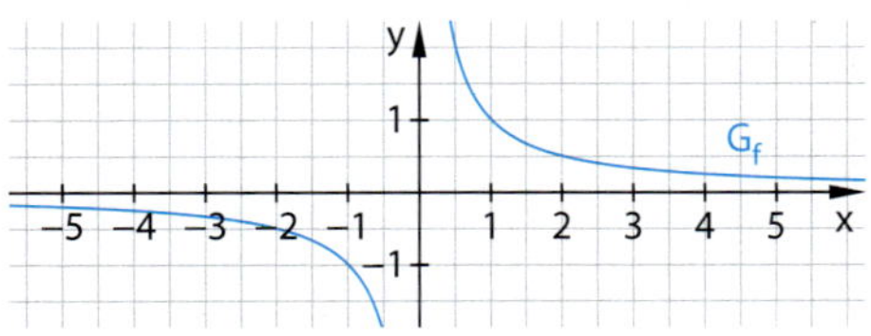

S. 37, 9.

a) falsch, Gegenbeispiel:

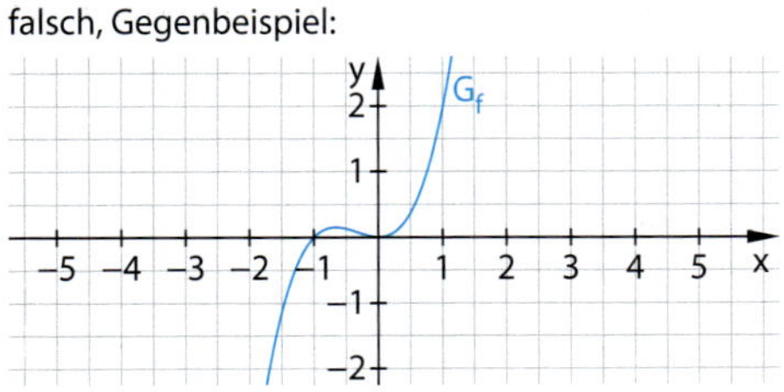

b) richtig; wegen $f(x) = f(-x)$ gilt
$\lim\limits_{x \to -\infty} f(x) = \lim\limits_{-x \to -\infty} f(x) = \lim\limits_{x \to \infty} f(x)$

c) richtig; wegen $f(-x) = -f(x)$ gilt
$\lim\limits_{x \to \infty} f(x) = \lim\limits_{x \to -\infty} f(x) = \lim\limits_{x \to \infty} -f(x)$
Diese Gleichung ist nur erfüllt, wenn der Grenzwert 0 ist, wenn also die x-Achse Asymptote ist.

S. 37, 10.

$f(x) = \frac{a}{x-b} + c$
Verhalten im Unendlichen:
$\lim\limits_{x \to -\infty} f(x) = \lim\limits_{x \to \infty} f(x) = c$
Monotonie:
$a > 0$: jeweils monoton fallend beiderseits der Polstelle $x = b$
$a < 0$: jeweils monoton steigend beiderseits der Polstelle $x = b$
Symmetrie: keine Punkt- oder Achsensymmetrie zum Koordinatensystem

$g(x) = x^n$
Verhalten im Unendlichen:
n gerade: $\lim\limits_{x \to -\infty} g(x) = \lim\limits_{x \to \infty} g(x) = \infty$
n ungerade: $\lim\limits_{x \to -\infty} g(x) = -\infty$; $\lim\limits_{x \to \infty} g(x) = \infty$
Monotonie:
n gerade: monoton fallend für $x < 0$, monoton steigend für $x > 0$
n ungerade: monoton steigend für alle x
Symmetrie:
n gerade: achsensymmetrisch zur y-Achse
n ungerade: punktsymmetrisch zum Ursprung

$h(x) = a^x$ $(a > 0)$
Verhalten im Unendlichen:
$a > 1$: $\lim\limits_{x \to -\infty} h(x) = 0$; $\lim\limits_{x \to \infty} h(x) = \infty$
$a < 1$: $\lim\limits_{x \to -\infty} h(x) = \infty$; $\lim\limits_{x \to \infty} h(x) = 0$
$a = 1$: $\lim\limits_{x \to -\infty} h(x) = \lim\limits_{x \to \infty} h(x) = 1$
Monotonie:
$a > 1$: monoton steigend für alle x
$a < 1$: monoton fallend für alle x
$a = 1$: Gerade parallel zur x-Achse
Symmetrie: keine für $a \neq 1$; achsensymmetrisch zur y-Achse für $a = 1$

$i(x) = a \cdot \sin(x - c) + d$
Verhalten im Unendlichen:
Die Funktion divergiert bestimmt.
Monotonie:
Monotonie nur innerhalb bestimmter Intervalle.
Symmetrie: punktsymmetrisch zum Ursprung für $d = 0$ und $c = k \cdot \pi$ mit $k \in \mathbb{Z}$; achsensymmetrisch zur y-Achse für $c = (0{,}5 + k) \cdot \pi$ mit $k \in \mathbb{Z}$

S. 37, 11.

$f(x) = -(x + 1)^3 + 2$

S. 37, 12.

a) Der Graph ist an der x-Achse gespiegelt, um den Faktor 2 in y-Richtung gestreckt und um 3 Einheiten nach links und 1 Einheit nach unten verschoben.
b) Der Graph ist um den Faktor 3 in y-Richtung gestreckt sowie um 1 Einheit nach rechts und 2 Einheiten nach oben verschoben.

c) Der Graph ist an der x-Achse gespiegelt, um 1 Einheit nach rechts und um 3 Einheiten nach oben verschoben.
d) Der Graph ist an der x-Achse gespiegelt, um den Faktor 3 in y-Richtung gestreckt, um den Faktor 0,5 in x-Richtung gestreckt und um 1 Einheit nach unten verschoben.

S. 37, 13.
a) Der Graph ist eine nach unten geöffnete Parabel mit dem Scheitelpunkt $(-3 \mid -1{,}5)$.
b) Der Graph ist achsensymmetrisch zur y-Achse, schneidet die y-Achse bei 1 und die x-Achse bei 1 und −1. Der Graph strebt im Unendlichen für negative und positive x-Werte gegen unendlich.
c) Der Graph verläuft von links unten nach rechts oben, ist punktsymmetrisch zum Ursprung und schneidet die x-Achse bei 3, 0 und −3.
d) Der Graph ist eine Hyperbel mit den Asymptoten $x = 2$ und $y = 1$ und schneidet die x-Achse bei $x = -1$.
e) Der Graph ist monoton fallend und schneidet die y-Achse bei −3. Für negative x ist die x-Achse Asymptote, für positive x geht der Graph gegen minus unendlich.
f) Der Graph entspricht dem Graphen einer um den Faktor 2 gestreckten und um eine Einheit nach unten verschobenen Kosinusfunktion.

S. 37, 14.
a) Die Funktion ist bei $x = 2$ stetig. Von links und rechts strebt der Funktionswert bei $x = 2$ gegen 0.
b) Die Funktion ist bei $x = 1$ nicht stetig. Es gilt $f(1) = 0$, von links strebt der Funktionswert aber gegen 1.
c) Die Funktion ist bei $x = 2$ stetig. Von links und rechts strebt der Funktionswert gegen $f(2) = 4$.

Lösungen zu Kapitel 2: Gebrochen-rationale Funktionen

Ihr Fundament (S. 40/41)

S. 40, 1.
Eine Funktion $x \mapsto \frac{a}{x}$ mit $a \neq 0$ heißt indirekte Proportionalität. Beispiel: $y = \frac{2}{x}$

S. 40, 2.
Der Graph ist eine Hyperbel und verläuft im III. Quadranten monoton fallend und stets unter der x-Achse, im I. Quadranten monoton fallend und stets über der x-Achse. Er ist punktsymmetrisch zum Koordinatenursprung. $D_{max} = \mathbb{R}\setminus\{0\}$, $W = \mathbb{R}\setminus\{0\}$

S. 40, 3.
a) Spiegelung an der x-Achse; $D_{max} = \mathbb{R}\setminus\{0\}$, $W = \mathbb{R}\setminus\{0\}$
b) Streckung um den Faktor 2; $D_{max} = \mathbb{R}\setminus\{0\}$, $W = \mathbb{R}\setminus\{0\}$
c) Verschiebung um 2 Einheiten nach unten; $D_{max} = \mathbb{R}\setminus\{0\}$, $W = \mathbb{R}\setminus\{-2\}$
d) Verschiebung um 1 Einheit nach links; $D_{max} = \mathbb{R}\setminus\{-1\}$, $W = \mathbb{R}\setminus\{0\}$

S. 40, 4.
Es gibt eine waagerechte und eine senkrechte Asymptote. Die waagerechte Asymptote hat die Gleichung $y = c$, die senkrechte Asymptote die Gleichung $x = b$.

S. 40, 5.
a) Nein, es handelt sich um den Graphen einer linearen Funktion.
b) Ja, der Graph ist eine Hyperbel mit einer senkrechten und einer waagerechten Asymptote.
c) Nein, da der Graph nur oberhalb der x-Achse verläuft.

S. 40, 6.
a) $f(x) = \frac{1}{x+2} + 1$ b) $f(x) = \frac{1}{x-3} - 2$

S. 40, 7.
a) $f(x) = \frac{1}{x-1} - 4$ b) $f(x) = -\frac{1}{x+1} + 2$
c) $f(x) = \frac{2}{x-2} + 2$

S. 41, 8.
a) $D_{max} = \mathbb{R}\setminus\{1\}$, $W = \mathbb{R}\setminus\{0\}$
Asymptoten: $x = 1$, $y = 0$
Der Graph entsteht aus dem Graphen von f durch Verschiebung um 1 LE nach rechts und Spiegelung an der x-Achse.
$S_y(0 \mid 1)$; kein Schnittpunkt mit der x-Achse

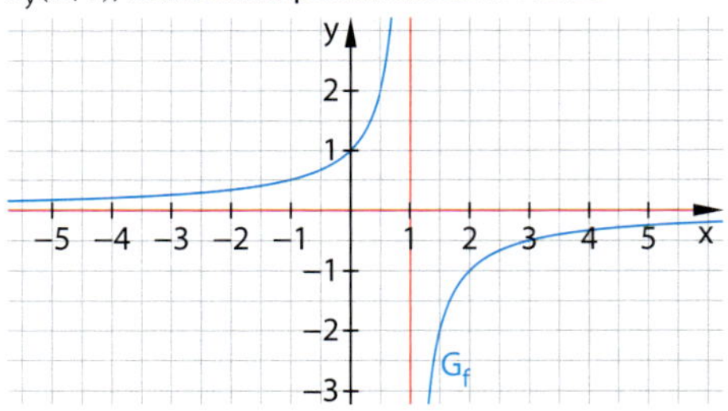

b) $D_{max} = \mathbb{R}\setminus\{0\}$, $W = \mathbb{R}\setminus\{2\}$
Asymptoten: $x = 0$, $y = 2$
Der Graph entsteht aus dem Graphen von f durch Streckung in y-Richtung um den Faktor 2 und Verschiebung um 2 LE nach oben.
$S_x(-1 \mid 0)$; kein Schnittpunkt mit der y-Achse

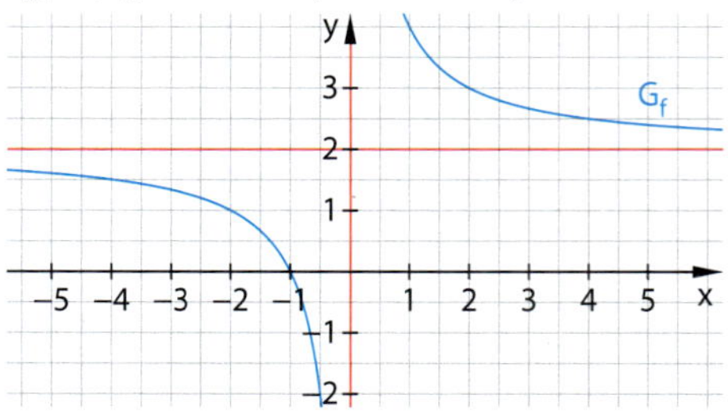

c) $D_{max} = \mathbb{R}\setminus\{2\}$, $W = \mathbb{R}\setminus\{-2\}$
Asymptoten: $x = 2$, $y = -2$
Der Graph entsteht aus dem Graphen von f durch Verschiebung um 2 LE nach rechts und Verschiebung um 2 LE nach unten.

$S_x(2{,}5\,|\,0)$; $S_y(0\,|-2{,}5)$

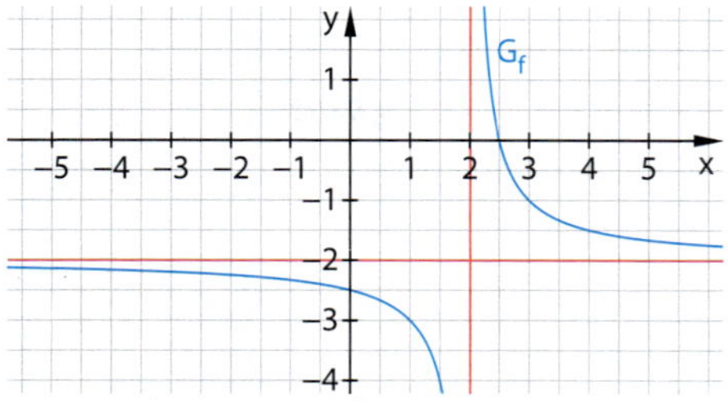

d) $D_{max} = \mathbb{R}\setminus\{-1\}$, $W = \mathbb{R}\setminus\{1\}$
Asymptoten: $x = -1$, $y = 1$
Der Graph entsteht aus dem Graphen von f durch Spiegelung an der x-Achse, Verschiebung um 1 LE nach links und Verschiebung um 1 LE nach oben.
$S_x(0\,|\,0)$, $S_y(0\,|\,0)$

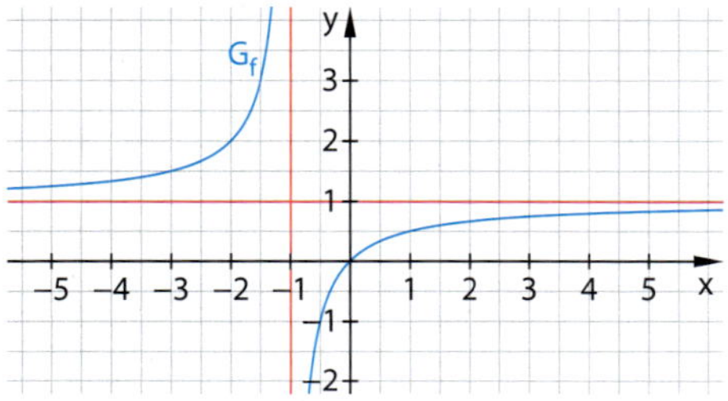

S. 41, 9.
a) $x = 1{,}5$ b) $x = -1$ c) $x = 4{,}5$ d) $x = -\frac{2}{3}$
e) $x = -5$ f) $x = 3$ g) $x = \frac{1}{4}$ h) $x = 4{,}6$

S. 41, 10.
a) $x = 3$ b) $x = -1$ c) $x = -\frac{6}{11}$ d) $x = \frac{1}{3}$
e) $x = 3$ f) $x = 2$ g) $x = 1$ h) keine Lösung

S. 41, 11.
a) $x_1 = -2$, $x_2 = 1$ b) $x_1 = 0$, $x_2 = 3$
c) $x_1 = 2$, $x_2 = -2$, $x_3 = -1$ d) $x = 0$

S. 41, 12.
a) $x_1 = -1$, $x_2 = -3$ b) keine Lösung
c) $x_1 = -12$, $x_2 = 2$ d) $x_1 = 11$, $x_2 = -1$
e) $x_1 = 1$, $x_2 = -7$ f) keine Lösung

S. 41, 13.
a) $x = 8$ b) $x = -5$ c) $x_1 = 0$, $x_2 = 1$ d) keine Lösung
e) keine Lösung f) $x = 3$ g) $x_1 = -4$, $x_2 = 0$
h) $x_1 = 1$, $x_2 = -0{,}5$

S. 41, 14.
a) $D_{max} = \mathbb{R}\setminus\{0; 0{,}5\}$ b) $D_{max} = \mathbb{R}\setminus\{-2\}$
c) $D_{max} = \mathbb{R}\setminus\{-5; 0\}$ d) $D_{max} = \mathbb{R}\setminus\{1\}$

S. 41, 15.
a) $\frac{2}{x^2}$, kürzen für $x \neq 0$
b) $\frac{16x^2}{-9(x+4)}$, kürzen für $x \neq 0$
c) $\frac{3}{4}$, kürzen für $x \neq 0$ und $x \neq 1$
d) $\frac{4x}{(x+2)^2}$, kürzen für $x \neq -2$
e) $3x$, kürzen für $x \neq 0$ und $x \neq -2$
f) $\frac{2}{x+1}$, kürzen für $x \neq -1$
g) $-\frac{2}{3}$, kürzen für $x \neq 2$
h) $-\frac{5}{2}$, kürzen für $x \neq 2$

S. 41, 16.
a) $x = 0$; $D_{max} = \mathbb{R}\setminus\{1\}$
b) $x_1 = 1 + \sqrt{3}$, $x_2 = 1 - \sqrt{3}$, $D_{max} = \mathbb{R}\setminus\{0\}$
c) $x_1 = \sqrt{5}$, $x_2 = -\sqrt{5}$, $D_{max} = \mathbb{R}\setminus\{2\}$
d) keine Lösung, $D_{max} = \mathbb{R}\setminus\{-1\}$
e) $x_1 = -1$, $x_2 = 3$, $D_{max} = \mathbb{R}\setminus\{1\}$
f) keine Lösung, $D_{max} = \mathbb{R}\setminus\{0\}$
g) $x = -2$, $D_{max} = \mathbb{R}\setminus\{0\}$
h) $x = 1$, $D_{max} = \mathbb{R}\setminus\{0\}$

S. 41, 17.
a) $D_{max} = \mathbb{R}\setminus\{0; 2\}$, $x = -4$
b) $D_{max} = \mathbb{R}\setminus\{-2; 3\}$, $x = \frac{6}{7}$
c) $D_{max} = \mathbb{R}\setminus\{-1; 1\}$, $x = -5$
d) $D_{max} = \mathbb{R}\setminus\{0; 3\}$, $x = 9$
e) $D_{max} = \mathbb{R}\setminus\{-2\}$, $x = \frac{2}{5}$
f) $D_{max} = \mathbb{R}\setminus\{2\}$, $x = \frac{26}{3}$
g) $D_{max} = \mathbb{R}\setminus\{-2; 2{,}5\}$, $x = 16$
h) $D_{max} = \mathbb{R}\setminus\{-2; 2\}$, $x = 0$
i) $D_{max} = \mathbb{R}\setminus\{0; 3\}$, $x = -9$

Prüfen Sie Ihr neues Fundament (S. 66/67)

S. 66, 1.
a) $D_{max} = \mathbb{R}\setminus\{1{,}5\}$, Nullstelle: $x_1 = -2{,}5$, Polstelle: $x_2 = 1{,}5$
b) $D_{max} = \mathbb{R}\setminus\{-1; 0\}$, Nullstellen: $x_1 = 3$, $x_2 = -4$, Polstellen: $x_3 = -1$ und $x_4 = 0$
c) $D_{max} = \mathbb{R}\setminus\{-2; 1\}$, Nullstelle: $x_1 = 2$, Polstellen: $x_2 = -2$, $x_3 = 1$
d) $D_{max} = \mathbb{R}\setminus\{0; 1\}$, Nullstelle: $x_1 = 2$, Polstelle: $x_2 = 0$
e) $D_{max} = \mathbb{R}\setminus\{-3; 3\}$, Nullstelle: $x_1 = -2$, Polstellen: $x_2 = -3$, $x_3 = 3$
f) $D_{max} = \mathbb{R}\setminus\{-2; 1{,}5\}$, Nullstellen: $x_1 = -3$, $x_2 = 2$, Polstellen: $x_3 = -2$, $x_4 = 1{,}5$

S. 66, 2.
a) z. B. $f(x) = \frac{(x-3)(x+2)}{x+1}$
b) z. B. $f(x) = \frac{(x-1)(x+2)}{x(x+1)}$
c) z. B. $f(x) = \frac{x-0{,}5}{x-4}$

S. 66, 3.
a) $D_{max} = \mathbb{R}\setminus\{1\}$, Nullstelle: $x_1 = -1$, Polstelle mit VZW bei $x_2 = 1$, $\lim\limits_{\substack{x\to1\\x<1}} f(x) = \infty$, $\lim\limits_{\substack{x\to1\\x>1}} f(x) = -\infty$, Asymptoten: $x = 1$ und $y = -0{,}5$
b) $D_{max} = \mathbb{R}\setminus\{1\}$, Nullstelle: $x_1 = 0$, Polstelle ohne VZW bei $x_2 = 1$, $\lim\limits_{\substack{x\to1\\x<1}} f(x) = \infty$, $\lim\limits_{\substack{x\to1\\x>1}} f(x) = \infty$, Asymptoten: $x = 1$ und $y = 0$
c) $D_{max} = \mathbb{R}\setminus\{-2; 2\}$, Nullstelle: $x_1 = -4$, Polstellen mit VZW bei $x_2 = -2$, $\lim\limits_{\substack{x\to-2\\x<-2}} f(x) = \infty$, $\lim\limits_{\substack{x\to-2\\x>-2}} f(x) = -\infty$, und $x_3 = 2$, $\lim\limits_{\substack{x\to2\\x<2}} f(x) = -\infty$, $\lim\limits_{\substack{x\to2\\x>2}} f(x) = \infty$, Asymptoten: $x = -2$, $x = 2$ und $y = 0$
d) $D_{max} = \mathbb{R}$, Nullstellen: $x_1 = -1$ und $x_2 = 1$, keine Polstellen, Asymptote: $y = 3$

S. 66, 4.
a) Es gilt Nennergrad > Zählergrad, also ist die x-Achse waagerechte Asymptote.
$\lim\limits_{x\to\pm\infty} f(x) = 0$, $y = 0$

b) Es gilt Nennergrad = Zählergrad, also gibt es eine waagerechte Asymptote.
$\lim\limits_{x \to \pm\infty} f(x) = -\frac{5}{2}$, $y = -\frac{5}{2}$

c) Es gilt Nennergrad = Zählergrad, also gibt es eine waagerechte Asymptote.
$\lim\limits_{x \to \pm\infty} f(x) = 3$, $y = 3$

d) Es gilt Zählergrad = Nennergrad + 1, also gibt es eine schräge Asymptote.
$\lim\limits_{x \to \infty} f(x) = \infty$, $\lim\limits_{x \to -\infty} f(x) = -\infty$, $y = \frac{3}{4}x - \frac{1}{2}$

S. 66, 5.

a) $\lim\limits_{x \to \infty} f(x) = \infty$, $\lim\limits_{x \to -\infty} f(x) = -\infty$, $y = 3x$

b) $\lim\limits_{x \to \infty} f(x) = -5$, $\lim\limits_{x \to -\infty} f(x) = -5$, $y = -5$

c) $\lim\limits_{x \to \infty} f(x) = 1$, $\lim\limits_{x \to -\infty} f(x) = 1$, $y = 1$

d) $\lim\limits_{x \to \infty} f(x) = \infty$, $\lim\limits_{x \to -\infty} f(x) = -\infty$, $y = 3x$

S. 66, 6.

a) Falsch; wenn x_1 eine doppelte Nullstelle der Nennerfunktion ist, dann liegt dort eine Polstelle ohne VZW.

b) Richtig.

S. 67, 7.

a) z. B. $f(x) = \frac{x+1}{x-2}$

b) z. B. $f(x) = \frac{(x-4)^2}{(x+2)(x-1)}$

c) z. B. $f(x) = \frac{(x-4)^2}{(x+1)^2}$

d) z. B. $f(x) = \frac{x+5}{x+1}$

S. 67, 8.

Individuelle Lösungen. Asymptoten:

a) Nullstelle: $x_1 = 1{,}5$; kein Schnittpunkt mit der y-Achse; Polstelle mit VZW: $x_2 = 0$; $\lim\limits_{x \to \pm\infty} f(x) = -2$; Asymptoten: $x = 0$, $y = -2$

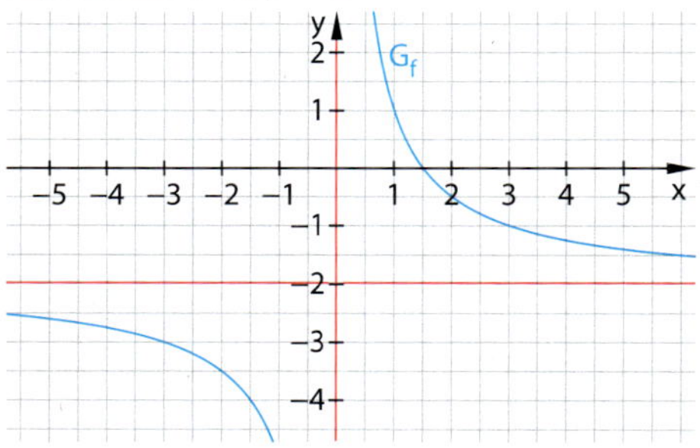

b) Nullstellen: $x_1 = -2$; $x_2 = 2$; kein Schnittpunkt mit der y-Achse; Polstelle ohne VZW: $x_3 = 0$; $\lim\limits_{x \to \pm\infty} f(x) = 2$; Asymptoten: $x = 0$, $y = 2$

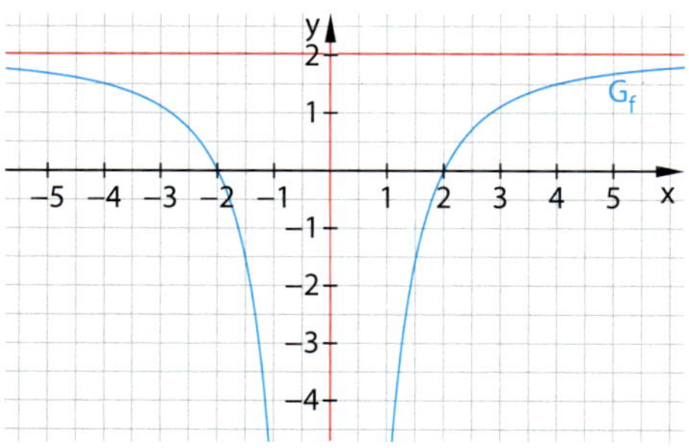

c) Nullstellen: $x_1 = 0$; $x_2 = 3$; $S_y(0\,|\,0)$; Polstellen mit VZW: $x_3 = -2$; $x_4 = 2$; $\lim\limits_{x \to \pm\infty} f(x) = 1$; Asymptoten: $x = -2$, $x = 2$, $y = 1$

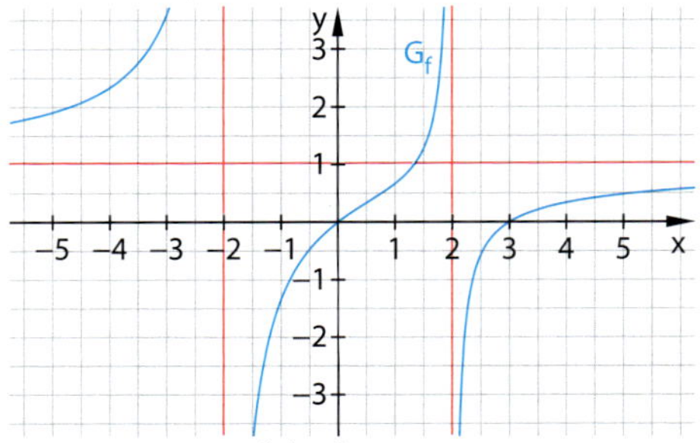

d) keine Nullstelle; $S_y(0\,|\,-2)$; Polstelle mit VZW: $x_1 = 1$; $\lim\limits_{x \to \infty} f(x) = \infty$, $\lim\limits_{x \to -\infty} f(x) = -\infty$; Asymptoten: $x = 1$, $y = x - 1$

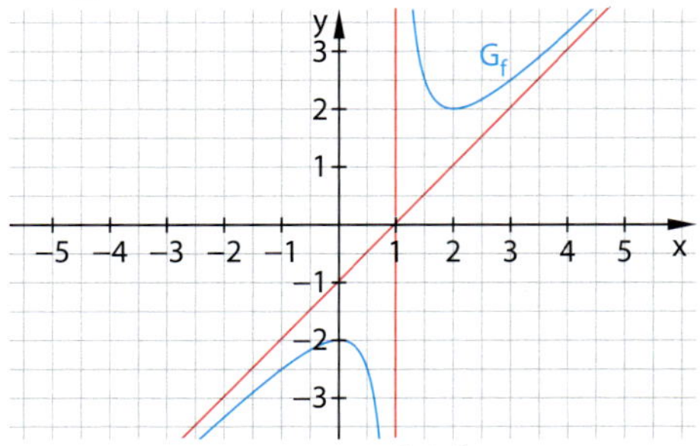

e) Nullstellen: $x_1 = -4$; $x_2 = 3$; $S_y(0\,|\,3)$; Polstelle mit VZW: $x_3 = 2$; $\lim\limits_{x \to \infty} f(x) = \infty$, $\lim\limits_{x \to -\infty} f(x) = -\infty$; Asymptoten: $x = 2$, $y = 0{,}5x + 1{,}5$

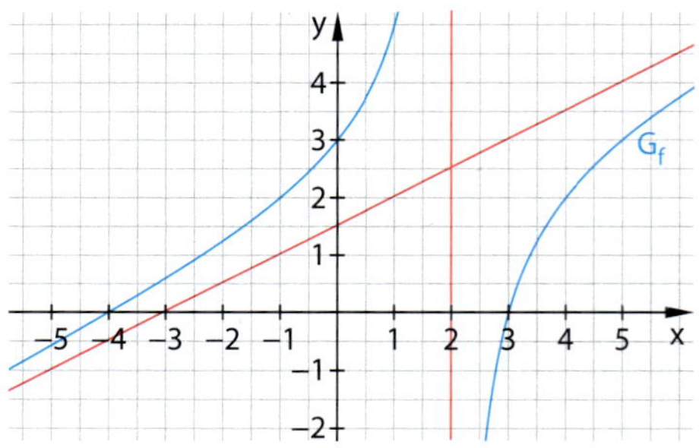

f) Nullstellen: $x_1 = 1$; $x_2 = 3$; kein Schnittpunkt mit der y-Achse; Polstellen mit VZW: $x_3 = 0$; $x_4 = 4$; $\lim\limits_{x \to \pm\infty} f(x) = 2$; Asymptoten: $x = 0$, $x = 4$, $y = 2$

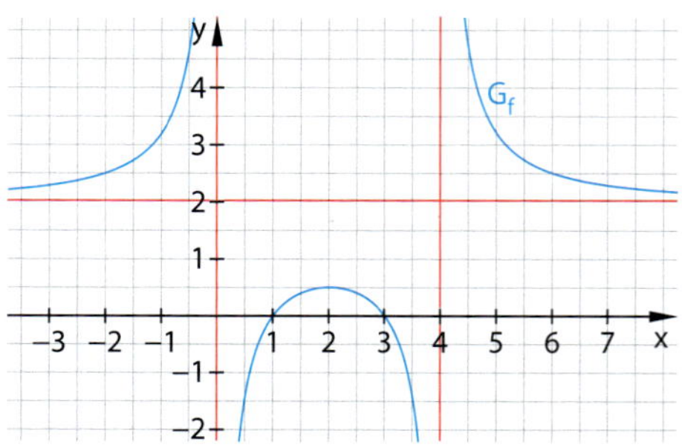

S. 67, 9.

a) z. B. $f(x) = -0{,}5\,\frac{(x+4)(x-1)}{x+1}$

b) z. B. $f(x) = -\frac{x(x-3)}{(x+2)(x-2)}$

S. 67, 10.
Zum Ermitteln der Schnittpunkte setzt man die beiden Funktionsterme gleich. Dabei steht auf einer Seite ein Term mit einem Nenner, dessen Grad höchstens 2 ist, auf der anderen Seite ein Term mit Grad 1. Wird die Gleichung mit dem Nenner multipliziert, entsteht ein Term vom Grad 3. Die Gleichung hat dann maximal 3 Lösungen.

S. 67, 11.
a) $A(3|2)$, $B(7|1)$ b) kein Schnittpunkt
c) $A(-3|-0{,}6)$, $B(0|3)$, $C(1|1)$
d) $A(-2|0{,}5)$, $B(0|1)$, $C(4|1{,}4)$

Lösungen zu Kapitel 3: Bedingte Wahrscheinlichkeit und stochastische Unabhängigkeit

Ihr Fundament (S. 70/71)

S. 70, 1.
a) 2; 3; 5; 7; 11; 13
b) CK: 10-Cent-Münze zeigt Kopf
CZ: 10-Cent-Münze zeigt Zahl
EK: Ein-Euro-Münze zeigt Kopf
EZ: Ein-Euro-Münze zeigt Zahl
Ergebnisse: (CK; EK); (CK; EZ); (CZ; EK); (CZ; EZ)
c) f: Triebwerk funktioniert, n: Triebwerk funktioniert nicht Ergebnisse (jeweils für das 1., 2., 3., 4. Triebwerk in dieser Reihenfolge):
(f; f; f; f); (n; n; n; n); (f; f; f; n); (f; f; n; f); (f; n; f; f); (n; f; f; f); (f; f; n; n); (f; n; n; f); (n; n; f; f); (f; n; f; n); (n; f; f; n); (n; f; n; f); (f; n; n; n); (n; f; n; n); (n; n; f; n); (n; n; n; f)

S. 70, 2.
a) Laplace-Experiment mit $P(E) = \frac{4}{9}$
b) Laplace-Experiment mit $P(E) = \frac{1}{6}$
c) kein Laplace-Experiment

S. 70, 3.
a) $P(5) = \frac{1}{20}$

Sektor X	1	2	3	4	5
Gradzahl	72	90	120	60	18

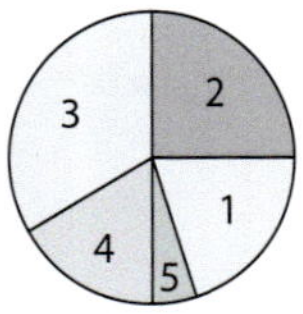

b) $P(E) = \frac{1}{5} + \frac{1}{3} + \frac{1}{20} = \frac{7}{12}$
c) $\overline{E} = \{2; 4\}$, $P(\overline{E}) = \frac{5}{12}$

S. 70, 4.
a) Jedes Los wird mit der gleichen Wahrscheinlichkeit gezogen.
b) $P(\text{Hauptgewinn}) = \frac{1}{1000} = 0{,}001$
$P(\text{mittlerer Gewinn}) = \frac{1}{100} = 0{,}01$
$P(\text{kleiner Gewinn}) = \frac{89}{1000} = 0{,}089$
$P(\text{Niete}) = \frac{9}{10} = 0{,}9$
c) $P(\text{Gewinnlos}) = \frac{1}{10} = 0{,}1$
d) Gegenereignis: Es wird eine Niete gezogen.
$P(\text{Niete}) = \frac{9}{10} = 0{,}9$

S. 70, 5.
a)

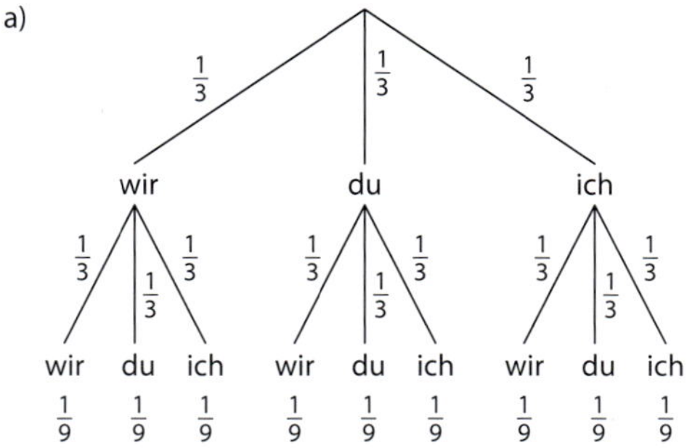

b)

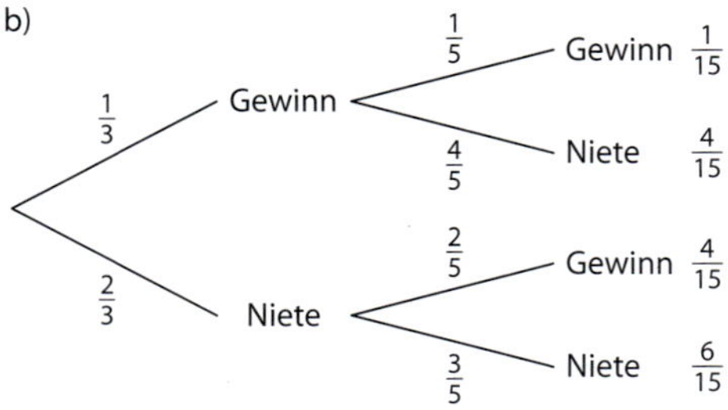

S. 70, 6.
Mit Zurücklegen:
$P(\text{zwei gleichfarbige Kugeln}) = P(\text{schwarz; schwarz}) + P(\text{weiß; weiß}) = \left(\frac{2}{5}\right)^2 + \left(\frac{3}{5}\right)^2 = \frac{13}{25} = 0{,}52$

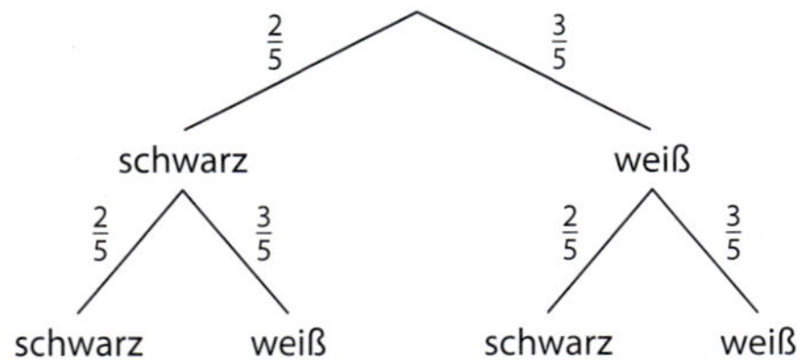

Ohne Zurücklegen:
$P(\text{zwei gleichfarbige Kugeln}) = P(\text{schwarz; schwarz}) + P(\text{weiß; weiß}) = \frac{2}{5} \cdot \frac{1}{4} + \frac{3}{5} \cdot \frac{1}{2} = \frac{2}{5} = 0{,}4$

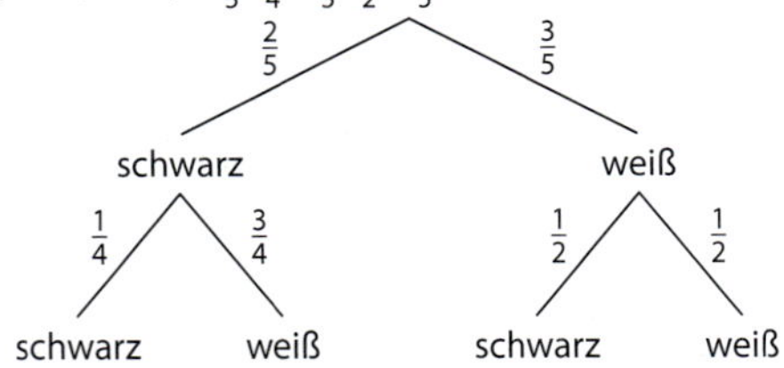

S. 71, 7.
a)

	geimpft		gesamt
	ja	nein	
Männer	12 %	3 %	15 %
Frauen	80 %	5 %	85 %
gesamt	92 %	8 %	100 %

b)

	mögen Avocado		gesamt
	ja	nein	
Männer	32 %	8 %	40 %
Frauen	42 %	18 %	60 %
gesamt	74 %	26 %	100 %

S. 71, 8.

a) $\frac{15}{216} = \frac{5}{72}$ b) $\frac{125}{216}$

c) $\frac{15}{216} + \frac{1}{216} = \frac{2}{27}$ d) $1 - \frac{125}{216} = \frac{91}{216}$

S. 71, 9.

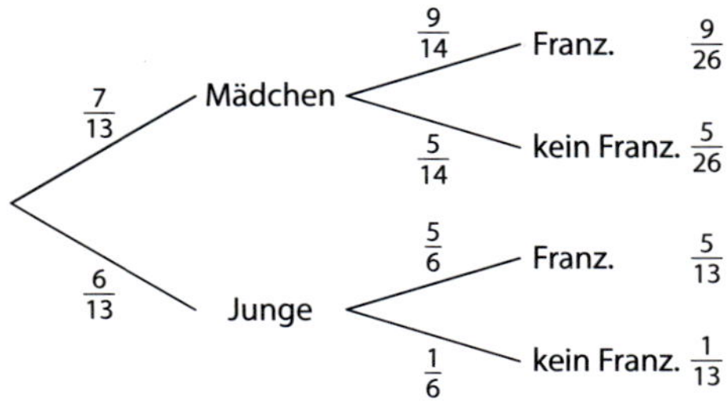

S. 71, 10.

a)

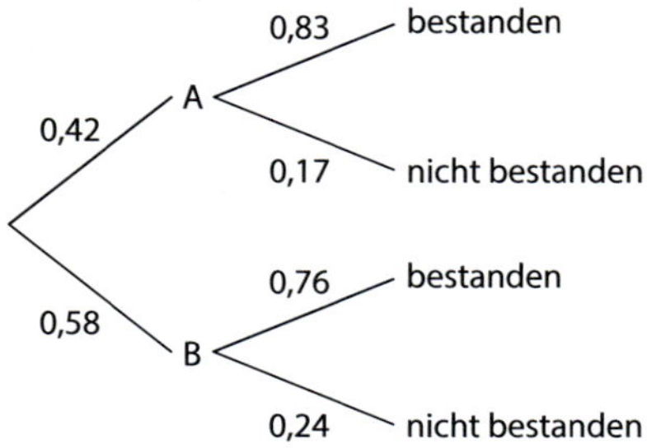

b) P(nicht bestanden)
$= 0{,}42 \cdot 0{,}17 + 0{,}58 \cdot 0{,}24 = 0{,}2106$
Ein zufällig ausgewählter Prüfling hat mit einer Wahrscheinlichkeit von 21,06 % nicht bestanden.

S. 71, 11.

a) $\overline{A}$: Die Augenzahl ist 1.
$\overline{B}$: Die Augenzahl ist gerade.

b) 3; 5

c) $P(A) = \frac{5}{6}$; $P(\overline{A}) = \frac{1}{6}$; $P(B) = \frac{1}{2}$; $P(\overline{B}) = \frac{1}{2}$; $P(C) = \frac{1}{3}$;
$P(\overline{C}) = \frac{2}{3}$

S. 71, 12.

a) 2 Gewinne b) $\frac{6}{40} = \frac{3}{20} = 0{,}15$

S. 71, 13.

Die Wahrscheinlichkeit für einen Treffer beim nächsten Freiwurf beträgt (unabhängig von der zuvor erzielten Trefferanzahl) 85 %.

Prüfen Sie Ihr neues Fundament (S. 98/99)

S. 98, 1.

a)

	E	$\overline{E}$	gesamt
F	25 %	5 %	30 %
$\overline{F}$	50 %	20 %	70 %
gesamt	75 %	25 %	100 %

b) $P_E(F)$ ist die Wahrscheinlichkeit, dass eine zufällig ausgewählte Person Französisch spricht unter der Bedingung, dass sie Englisch spricht.
$P_E(F) = \frac{1}{3} \approx 33{,}3\,\%$

c)

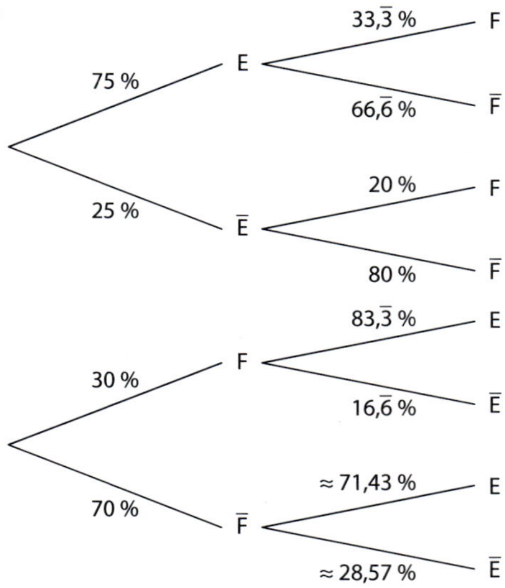

S. 98, 2.

a) Gymnasium 1

	B	$\overline{B}$	gesamt
A	100	230	330
$\overline{A}$	50	220	270
gesamt	150	450	600

Gymnasium 2

	B	$\overline{B}$	gesamt
A	12 %	28 %	40 %
$\overline{A}$	18 %	42 %	60 %
gesamt	30 %	70 %	100 %

b) 1. $P(A \cap B) = \frac{1}{6} \neq P(A) \cdot P(B) = \frac{11}{20} \cdot \frac{1}{4} = \frac{11}{80}$
2. $P(A \cap B) = 0{,}12 = P(A) \cdot P(B) = 0{,}4 \cdot 0{,}3 = 0{,}12$
Bei Gymnasium 1 sind die Ereignisse A und B abhängig, bei Gymnasium 2 sind sie unabhängig.

S. 98, 3.

a) $\frac{1}{3}$ b) $\frac{1}{6}$ c) $\frac{1}{5}$

S. 98, 4.

Da mit Zurücklegen gezogen wird, sind die Ereignisse A und B unabhängig. $P(A \cap B) = \frac{1}{16} = P(A) \cdot P(B)$
Die Ereignisse A und C sind abhängig, da beide den ersten Zug betreffen.
$P(A \cap C) = \frac{1}{4} \neq P(A) \cdot P(C) = \frac{1}{4} \cdot \frac{1}{2}$
Die Ereignisse A und D sind abhängig, denn obwohl mit Zurücklegen gezogen wird, hängt das Ereignis D auch vom ersten Ziehen ab.
$P(A \cap D) = \frac{1}{16} \neq P(A) \cdot P(D) = \frac{1}{4} \cdot \frac{3}{16}$

S. 98, 5.

$P(M) = \frac{600}{1000} = 0{,}6$; $P(P) = \frac{450 + 0{,}75 \cdot 400}{1000} = 0{,}75$;
$P(M \cap P) = \frac{450}{1000} = 0{,}45 = P(M) \cdot P(P)$
Also sind M und P stochastisch unabhängig.

S. 99, 6.

Die Meldungen widersprechen sich nicht. Aus der ersten Meldung ergibt sich folgende Vierfeldertafel:

		Eltern		
		Gym.	Nicht Gym.	gesamt
Kind	Gym.	12,95 %	24,05 %	37 %
	Nicht Gym.	5,04 %	57,96 %	63 %
	gesamt	17,99 %	82,01 %	100 %

Daraus erhält man $P_{\text{Eltern Gym.}}(\text{Kind Gym.}) \approx 71{,}98\,\%$ und $P_{\text{Eltern nicht Gym.}}(\text{Kind nicht Gym.}) \approx 70{,}67\,\%$. Nach Rundung auf ganze Prozent entspricht das den Werten aus dem zweiten Artikel.

S. 99, 7.

a) Individuelle Lösungen, z. B.: Viele Menschen unter 25 leben noch zu Hause bei ihren Eltern oder in WGs. Mit 25 bis 34 ziehen die meisten dort aus und häufig (wenn sie keinen festen Partner haben) allein in ihre erste eigene Wohnung.

b) Individuelle Lösungen, z. B.: Viele Frauen leben in einer Partnerschaft mit einem Mann. Da die Männer oft älter sind und sie eine geringere Lebenserwartung haben, steigt die Wahrscheinlichkeit für Frauen mit zunehmendem Alter, allein zu leben.

S. 99, 8.

a)

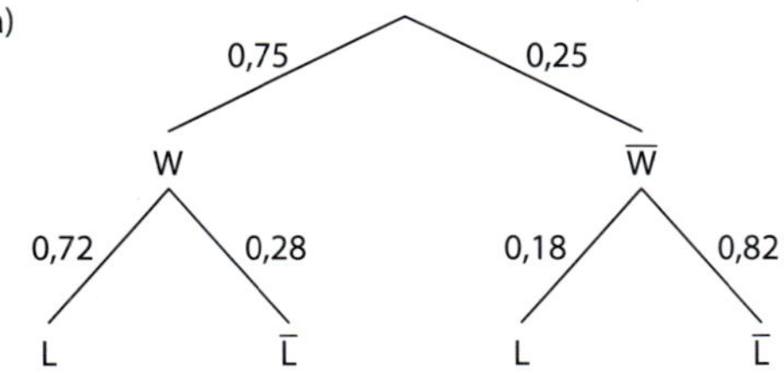

	L	$\overline{L}$	gesamt
W	0,54	0,21	0,75
$\overline{W}$	0,045	0,205	0,25
gesamt	0,585	0,415	1

b)

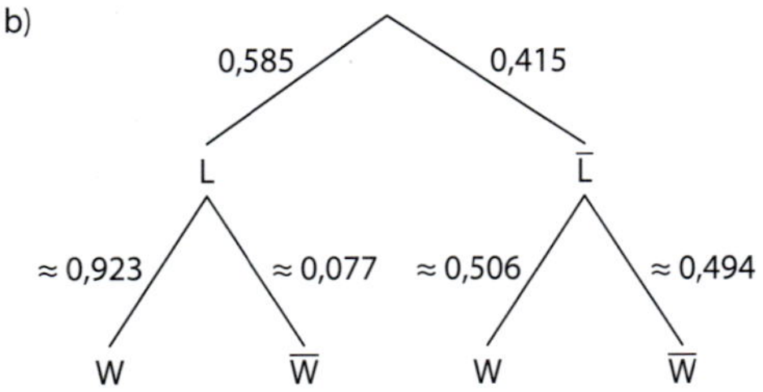

Das Baumdiagramm zeigt in der ersten Stufe die Wahrscheinlichkeit für eine Linderung. In der zweiten Stufe sind die Wahrscheinlichkeiten dargestellt, dass eine Person mit bzw. ohne Linderung den Wirkstoff oder das Placebo erhielt.

c) $P_L(W) = \frac{0{,}54}{0{,}585} \approx 0{,}923$

d) $P(\overline{W} \cap \overline{L}) = 0{,}205$ ist die Wahrscheinlichkeit, dass eine Testperson ein Placebo erhielt und bei ihr keine Linderung eintrat.

$P_{\overline{L}}(\overline{W}) = \frac{0{,}205}{0{,}415} \approx 0{,}494$ ist die Wahrscheinlichkeit, dass eine Testperson, die keine Linderung angab, zuvor ein Placebo erhalten hatte.

Lösungen zu Kapitel 4: Grundlagen der Differenzialrechnung

Ihr Fundament (S. 102/103)

S. 102, 1.

a) $\frac{1}{2}$ b) $-\frac{7}{6}$ c) 0,1 d) $\frac{4}{15}$ e) $-\frac{5}{12}$

f) 10 g) 5 h) −9 i) −3 j) 7

S. 102, 2.

a) $\frac{1+2a}{2a}$ für $a \neq 0$ b) nicht möglich

c) nicht möglich d) $\frac{2x^2-1}{2-x}$ für $x \neq 0$

S. 102, 3.

a) $\frac{(x-y)(x+y)}{(x-y)} = x + y$

b) $\frac{(u^2+6u+9)-9}{u} = \frac{u^2+6u}{u} = \frac{u(u+6)}{u} = u + 6$

c) $\frac{y(2x+y)}{y} = 2x + y$

S. 102, 4.

a) Die Umformung ist für $x \neq 0$ richtig, denn es gilt:
$\frac{(2+x)^2-4}{x} = \frac{4+4x+x^2-4}{x} = \frac{4x+x^2}{x} = \frac{x(4+x)}{x} = x + 4$

b) Die Umformung ist falsch. Richtig ist:
$\frac{(1+x)^2-1}{1+x} = \frac{1+2x+x^2-1}{1+x} = \frac{2x+x^2}{1+x} = \frac{x(x+2)}{x+1}$

c) Die Umformung ist für $a \neq -2$ richtig, denn es gilt:
$\frac{-4a^2-(-4\cdot 2^2)}{a-2} = \frac{(-4)(a^2-2^2)}{a-2} = -4\frac{(a+2)(a-2)}{a-2} = -4(a+2)$

S. 102, 5.

a) $\frac{x+1}{x+3}$ b) $\frac{3}{x-2}$ c) $\frac{5}{6y}$ d) $\frac{10a-6}{3a^2}$

e) $\frac{4xy-3y^2+5x^2}{x^2y^2}$ f) $\frac{1}{x(x-3)}$ g) $\frac{4-x}{x-3}$ h) $\frac{3xy-x^2}{y(x-y)}$

S. 102, 6.

a) $x = -3$ b) $x_1 = 1; x_2 = -4$

c) $x_1 = 3; x_2 = -3$ d) $x_1 = 2; x_2 = -1$

e) $x = 2$ f) $x_1 = 1; x_2 = -0{,}5$

g) $x_1 = \frac{1}{2}; x_2 = -\frac{3}{2}$ h) $x_1 = 2; x_2 = -2$

S. 102, 7.

a) $x = 1$ b) $x = 0$ c) $x_1 = 0; x_2 = 1$

d) $x_1 = 0; x_2 = 1; x_3 = -1$

S. 102, 8.

$f(x) = x + 1$ Nullstelle: $x = -1$

$g(x) = -x + 0{,}5$ Nullstelle: $x = 0{,}5$

$h(x) = 0{,}5x + 1{,}5$ Nullstelle: $x = -3$

S. 102, 9.

a) $f(x) = 0{,}5x - 2$ b) $f(x) = -x - 2$

c) $f(x) = 0{,}25x - 2$ d) $f(x) = 2x + 0{,}5$

S. 102, 10.

a) $f(x) = x - 1$ b) $f(x) = -x$ c) $f(x) = 2x - 1$

d) $f(x) = x + 3$ e) $f(x) = \frac{1}{2}x - 5$ f) $f(x) = -\frac{1}{3}x - \frac{7}{3}$

S. 103, 11.

$f(x) = x^2 - 2$ Nullstellen: $x_1 = \sqrt{2}; x_2 = -\sqrt{2}$

$g(x) = -x^2$ Nullstelle: $x = 0$

$h(x) = 2x^2$ Nullstelle: $x = 0$

$i(x) = (x+1)^2 + 1$ keine Nullstelle

S. 103, 12.

a) Schnittpunkt mit der y-Achse: $S_y(0\,|\,-3)$
Schnittpunkte mit der x-Achse: $S_{x1}(3\,|\,0)$; $S_{x2}(-1\,|\,0)$

b) $S_1(1\,|\,-4)$, $S_2(-2\,|\,5)$

S. 103, 13.

	im Vergleich zur Normalparabel	Wertebereich	Nullstellen	
a)	gestreckt	[0; ∞[	$x_0 = 0$	Kleinster Funktionswert: 0
b)	an der x-Achse gespiegelt und gestreckt	]−∞; 0]	$x_0 = 0$	Größter Funktionswert: 0
c)	an der x-Achse gespiegelt und um 1 LE nach unten verschoben	]−∞; −1]	keine	Größter Funktionswert: −1
d)	um 2 LE nach rechts verschoben	[0; ∞[	$x_0 = 2$	Kleinster Funktionswert: 0
e)	um 2 LE nach links und um 9 LE nach unten verschoben	[−9; ∞[	$x_1 = -5$ $x_2 = 1$	Kleinster Funktionswert: −9
f)	um 2 LE nach rechts und um 1 LE nach unten verschoben	[−1; ∞[	$x_1 = 1$ $x_2 = 3$	Kleinster Funktionswert: −1

S. 103, 14.

a) $\frac{\text{Höhenunterschied}}{\text{Entfernung}} = \frac{80\,\text{m}}{4000\,\text{m}} = 0{,}02$

b) −0,02, da der Weg bergab führt

S. 103, 15.

$m = \frac{200}{400} = 0{,}5 = 50\,\%$ $\tan(\alpha) = 0{,}5$, also $\alpha \approx 26{,}57°$

S. 103, 16.

a) $g(x) = 2x$

b) $\tan(\alpha) = 2$, also $\alpha \approx 63{,}43°$ $m = 200\,\%$

S. 103, 17.

$v = \frac{24\,\text{km}}{\frac{5}{4}\text{h}} = \frac{24 \cdot 4}{5}\frac{\text{km}}{\text{h}} = 19{,}2\,\frac{\text{km}}{\text{h}}$

S. 103, 18.

a)

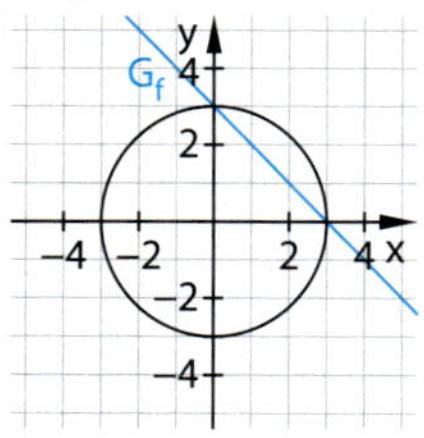

$f(x) = -x + 3$

b)

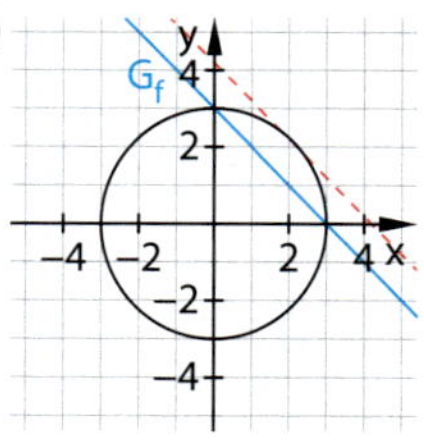

$m = -1$

S. 103, 19.

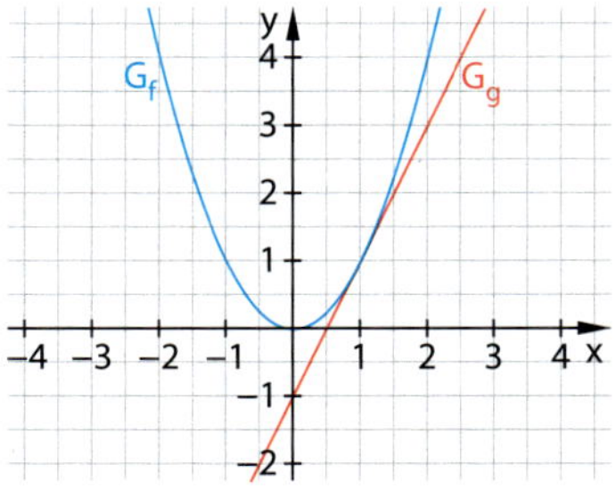

Die Gerade ist eine Tangente an die Parabel, da sie sich im Berührpunkt (1 | 1) an die Parabel anschmiegt.

S. 103, 20.

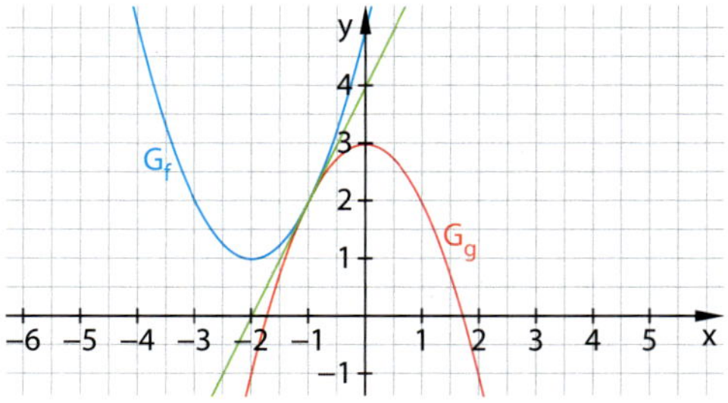

Die Gerade ist eine Tangente an die Graphen von f und g im Punkt (−1 | 2).

Prüfen Sie Ihr neues Fundament (S. 138/139)

S. 138, 1.

a) Der Graph zeigt, wie der Fahrschüler vorwärts- und rückwärtsfährt: Zunächst fährt er vorwärts, legt dann den Rückwärtsgang ein, fährt rückwärts, es wird scharf gebremst, er fährt kurzfristig rückwärts, dann wieder vorwärts, es wird wieder scharf gebremst und er fährt erneut rückwärts.

b) t = 6,5 s und t = 10,5 s

S. 138, 2.

a) Durchschnittlicher jährlicher Zuwachs:

$\frac{10\,\text{Mrd.} - 600\,\text{Mio.}}{2100 - 1700} = \frac{9{,}4\,\text{Mrd.}}{400} = 23{,}5\,\text{Mio.}$

b) Im Intervall [1900; 2000] wuchs die Erdbevölkerung am stärksten (um 4,4 Milliarden/im Durchschnitt um 44 Millionen pro Jahr).
Im Intervall [1700; 1800] wuchs die Erdbevölkerung am wenigsten (um 300 Millionen/im Durchschnitt um 3 Millionen pro Jahr).

S. 138, 3.

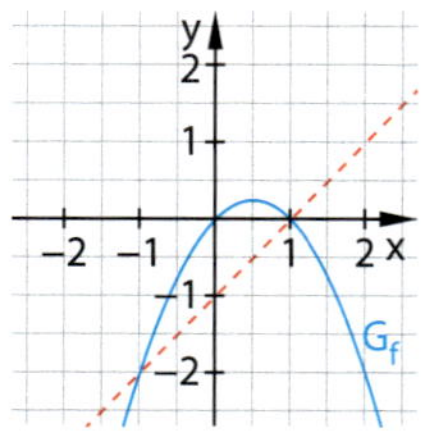

a) und b)
Gleichung der Sekante:
$y = mx + t$
$m = \frac{f(1) - f(-1)}{1 - (-1)} = \frac{0 - (-2)}{2} = 1$
$y = 1 \cdot x + t$ mit P(1 | 0)
$\Rightarrow t = -1 \Rightarrow s(x) = x - 1$

c) Steigung von f an der Stelle $x_0 = 1$:

$$\lim_{h \to 0} \frac{(1+h) - (1+h)^2}{h} = \lim_{h \to 0} \frac{(1+h) - (1 + 2h + h^2)}{h} = \lim_{h \to 0} \frac{-h - h^2}{h} = \lim_{h \to 0} (-1 - h) = -1$$

d) $g(x) = -x + 1$

S. 138, 4.

a) $\frac{f(1)-f(0)}{1-0} = \frac{\frac{1}{4}-0}{1} = \frac{1}{4}$

b) Grenzwert des Differenzenquotienten:

$$\lim_{h \to 0} \frac{f(x+h)-f(x)}{h} = \lim_{h \to 0} \frac{\frac{1}{4}(x+h)^2 - \frac{1}{4}x^2}{h}$$
$$= \lim_{h \to 0} \frac{1}{4} \cdot \frac{x^2+2xh+h^2-x^2}{h}$$
$$= \lim_{h \to 0} \frac{1}{4} \cdot \frac{2xh+h^2}{h}$$
$$= \lim_{h \to 0} \frac{1}{4}(2x+h)$$
$$= \frac{1}{2}x$$

S. 138, 5.

a) $f'(x) = 2x; f'(5) = 10$

b) $f'(x) = 3x^2; f'(\sqrt{2}) = 6$

c) $f'(x) = 16x^3; f'(-0{,}5) = -2$

d) $f'(x) = 0; f'(\pi) = 0$

S. 138, 6.

a) $f'(x) = 3x^2$ b) $f'(x) = 2$

c) $f'(t) = 6t$ d) $f'(x) = x^2$

e) $f'(x) = \frac{n}{3}x^{n-1}$ f) $f'(u) = 0$

g) $f'(x) = 3ax^2$ h) $f'(x) = 0$

i) $f'(x) = (n+2)x^{n+1}$ j) $f'(p) = (n-1)p^{n-2}$

k) $f'(t) = nt^{2n-1}$ l) $f'(v) = a^n(n+1)v^n$

S. 138, 7.

Beispiele:

$f(x) = 5x$

$f(x) = 5x - 6$

S. 138, 8.

a) Momentangeschwindigkeit v $\left(\text{in} \frac{m}{s}\right)$ nach t Sekunden:

$v = s'(t) = 10t$ $s'(0{,}5) = 5$ $s'(1) = 10$

Die Momentangeschwindigkeit des Turmspringers beträgt nach einer halben Sekunde $5\frac{m}{s}$ und nach einer Sekunde $10\frac{m}{s}$.

b) $10 = s(t) = 5t^2 \Rightarrow t_0 = \sqrt{2} \Rightarrow v(t_0) = s'(t_0) = 10 \cdot \sqrt{2}$

Der Turmspringer taucht mit einer Geschwindigkeit von ca. $14{,}1\frac{m}{s}$ in das Wasser ein.

S. 139, 9.

Zu ① gehört Ⓒ. Zu ② gehört Ⓑ. Zu ③ gehört Ⓐ.

S. 139, 10.

a) $f'(x) = 9x^2 + 4x$ b) $f'(t) = 4t^3 - 1$

c) $f'(x) = -2x$ d) $f'(x) = 9x^2 - 4x$

e) $f'(x) = 6x$ f) $f'(a) = -8a$

g) $f'(x) = 4x - 4a$ h) $f'(t) = 4$

S. 139, 11.

Zur x-Achse parallele Tangenten haben die Steigung null und es gilt an diesen Stellen $f'(x) = 0$.

$f'(x) = 0{,}6x^2 - 0{,}6x - 3{,}6 = 0{,}6(x^2 - x - 6)$
$= 0{,}6(x+2)(x-3)$

Die Tangenten an den Graphen der Funktion f verlaufen an den Stellen $x = -2$ und $x = 3$ parallel zur x-Achse.

S. 139, 12.

Nullstellen von f: $x_1 = -0{,}5; x_2 = 1{,}5$

$f'(x) = 2x - 1; f'(-0{,}5) = -2; f'(1{,}5) = 2$

Tangenten: $g_1(x) = -2x - 1; g_2(x) = 2x - 3$

$\tan(\alpha_1) = -2$, also $\alpha_1 \approx -63{,}43°$

$\tan(\alpha_2) = 2$, also $\alpha_2 \approx 63{,}43°$

S. 139, 13.

a) Steigung: $\frac{f(4)-f(0)}{4-0} = \frac{0-3{,}2}{4} = -0{,}8$

Das durchschnittliche Gefälle beträgt 0,8.

b) $\tan(\alpha) = f'(2) = -1{,}2$, also $\alpha \approx -50{,}19°$

Lösungen zu Kapitel 5: Anwendung der Differenzialrechnung bei der Untersuchung ganzrationaler Funktionen

Ihr Fundament (S. 142/143)

S. 142, 1.

a) Der Graph fällt für $x < 1$ und steigt für $x > 1$.

b) Der Graph fällt für $x < -1$ sowie für $x > 1$ und steigt für $-1 < x < 1$.

c) Der Graph steigt für $x < 0$ und fällt für $x > 0$.

S. 142, 2.

a) Der Graph fällt für alle $x \in \mathbb{R}$.

b) Der Graph fällt für $x < -3$. Er steigt für $x > -3$.

c) Der Graph fällt für $x < 0$ und steigt für $x > 0$.

d) Der Graph steigt für $x < 1$ und fällt für $x > 1$.

e) Der Graph fällt für $x < 0$ und für $x > 0$.

f) Der Graph steigt für $x < -3$ und für $x > -3$.

S. 142, 3.

Beispiel: $f(x) = -x + 1$

S. 142, 4.

Beispiele:

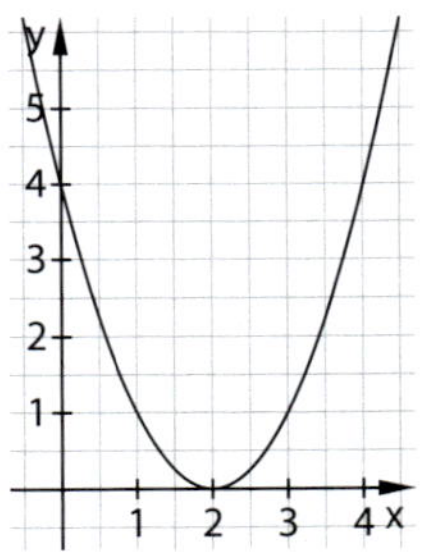

$f(x) = (x-2)^2$

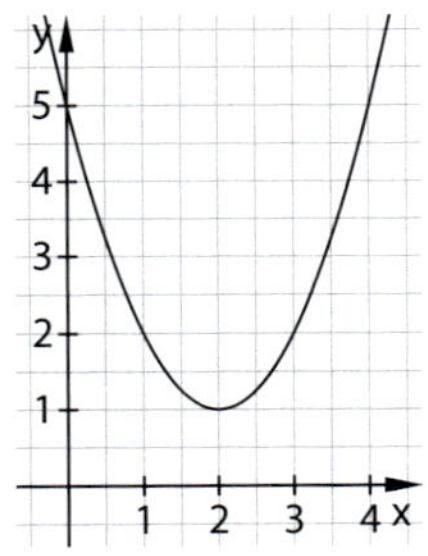

$f(x) = (x-2)^2 + 1$

S. 142, 5.

a) Kleinster Funktionswert: −2

Einen größten Funktionswert gibt es nicht.

b) Einen kleinsten Funktionswert gibt es nicht.

Größter Funktionswert: −3

c) Es gibt weder einen kleinsten noch einen größten Funktionswert.

d) Kleinster Funktionswert: −2

Einen größten Funktionswert gibt es nicht.

S. 142, 6.

	größter Funktionswert		kleinster Funktionswert	
a)	① 1 ② 1	(für $x = 1$) (für $x = 1$)	① 0 ② 0	(für $x = 0$) (für $x = 0$ und für $x = 2$)
b)	① 1,25 ② 0	(für $x = -0{,}5$) (für $x = 0$)	① −1 ② −1	(für $x = 1$) (für $x = 1$)
c)	① 2 ② 2	(für $x = -1$) (für $x = -1$)	① −2 ② 1	(für $x = -3$) (für $x = 0{,}5$)

S. 142, 7.

	größter Funktionswert		kleinster Funktionswert	
a)	−5	(für x = 0)	−11	(für x = 2)
b)	4	(für x = 0)	0	(für x = −2)
c)	0	(für x = −2)	−3	(für x = −1)

S. 142, 8.

a) Beispiel:

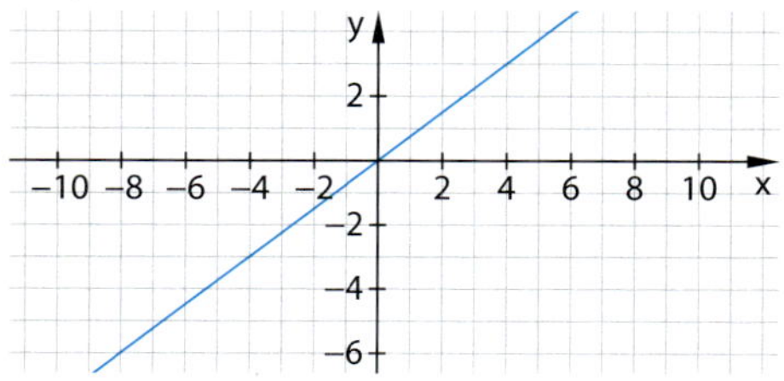

b) Beispiel:

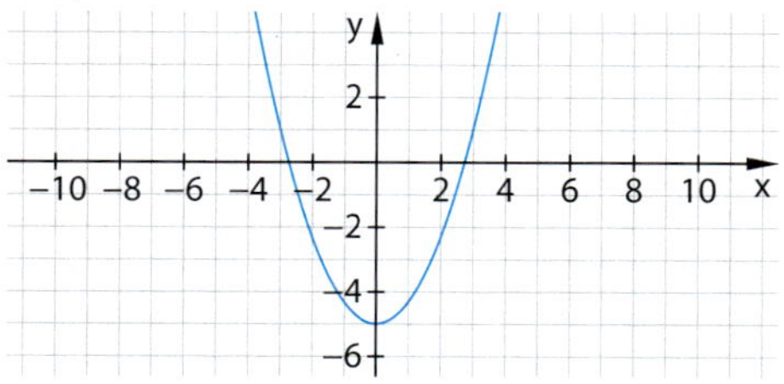

S. 143, 9.

a) $x = -3$
b) $x_1 = 0$; $x_2 = -5$
c) $x_1 = 4$; $x_2 = -4$
d) $x_1 = 0$; $x_2 = -2$; $x_3 = 4$
e) $t_1 = 9$; $t_2 = -9$
f) keine Lösung

S. 143, 10.

a) $x = -1{,}5$
b) $x_1 = -1$; $x_2 = 1$
c) keine Nullstelle
d) $x = 0$
e) $x_1 = -3$; $x_2 = 4$
f) $x_1 = 3$; $x_2 = 5$
g) $x_1 = -7$; $x_2 = -11$
h) keine Nullstelle
i) $x = k\pi$ für $k \in \mathbb{Z}$

S. 143, 11.

Beispiellösungen:

a) $x^2 - 4 = 0$
b) $x(x - 3) = 0$
c) $(x + 5)(x - 1) = 0$
d) $x^2 + 2 = 0$
e) $(x - 4)^2 = 0$
f) $x^2 = 0$

S. 143, 12.

a) $b > 0$ b) $b = 0$ c) $b < 0$

S. 143, 13.

	positiv	negativ	null
a)	$x > 2{,}5$	$x < 2{,}5$	$x = 2{,}5$
b)	$x > -0{,}5$	$x < -0{,}5$	$x = -0{,}5$
c)	$x < -1$ oder $x > 1$	$-1 < x < 1$	$x = -1$ oder $x = 1$
d)	$x > -1$	$x < -1$	$x = -1$

S. 143, 14.

	positiv	negativ
a)	$x > 0{,}75$	$x < 0{,}75$
b)	$x < -1{,}5$	$x > -1{,}5$
c)	$-2 < x < 2$	$x < -2$ oder $x > 2$

S. 143, 15.

a) $x < -6$ b) $-4 < x < 4$ c) $x > 1$

S. 143, 16.

a) $S_x\left(\frac{3}{7}\middle|0\right)$; $S_y(0|3)$
b) Kein Schnittpunkt mit der x-Achse; $S_y(0|4)$
c) $S_x(0|0) = S_y(0|0)$

S. 143, 17.

a) $f'(x) = 5x^4 - 9x^2 + 2$
b) $f'(x) = 14x^6 + 4x^3$
c) $f'(x) = -6x^5 + 8x - 1$
d) $f'(x) = 2x + 2$
e) $f'(x) = -4x^3 + 8x$
f) $f'(x) = 12x$

S. 143, 18.

a) $f(x) = x(x^2 + 3)$
Da $x^2 + 3$ nie null wird, gilt $f(x) = 0$ nur für $x = 0$ (Satz vom Nullprodukt).
b) $f(x) = x\left(\frac{1}{3}x^2 + x + 1\right)$
Da $\frac{1}{3}x^2 + x + 1$ nie null wird, gilt $f(x) = 0$ nur für $x = 0$ (Satz vom Nullprodukt).
c) $f(x) = -x^3(3x^2 + 5)$
Da $3x^2 + 5$ nie null wird, gilt $f(x) = 0$ nur für $x = 0$ (Satz vom Nullprodukt).

S. 143, 19.

a) $g(x) = -3x - 1$; Nullstelle: $x_0 = -\frac{1}{3}$
b) $g(x) = -4x + 8$; Nullstelle: $x_0 = 2$
c) $g(x) = 4x - 6$; Nullstelle: $x_0 = 1{,}5$

S. 143, 20.

Ansatz über Nullstellen: $f(x) = a(x - 2)(x + 1)$
$f(0) = -2a = 6$, also $a = -3$
$f(x) = -3(x - 2)(x + 1)$

Prüfen Sie Ihr neues Fundament (S. 176/177)

S. 176, 1.

a) streng monoton steigend für $-2 < x < 0$ und $x > 1$, streng monoton fallend für $x < -2$ und $0 < x < 1$.
b) $H(0|0)$, $T_1(-2|-2{,}7)$, $T_2(1|-0{,}4)$
c) Das globale Minimum ist das kleinere lokale Minimum: −2,7. Ein globales Maximum existiert nicht, da $f(x) \to \infty$ für $x \to \pm\infty$.

S. 176, 2.

a) $f'(x) = 4 - x$
f' hat bei $x = 4$ eine Nullstelle, daher gibt es zwei Monotonieintervalle.
Für $x < 4$ ist z. B. $f'(3) = 1 > 0$, also ist f streng monoton steigend.
Für $x > 4$ ist z. B. $f'(5) = -1 < 0$, also ist f streng monoton fallend.
b) $f'(x) = 3x^2 - 6x$
f' hat bei $x_1 = 0$ und $x_2 = 2$ Nullstellen, daher gibt es drei Monotonieintervalle.

Für $x < 0$ ist z. B. $f'(-1) = 9 > 0$, also ist f streng monoton steigend.
Für $0 < x < 2$ ist z. B. $f'(1) = -3 < 0$, also ist f streng monoton fallend.
Für $x > 2$ ist z. B. $f'(3) = 9 > 0$, also ist f streng monoton steigend.

c) $f'(x) = 8x^3 + 8x$
f' hat bei $x = 0$ eine Nullstelle, daher gibt es zwei Monotonieintervalle.
Für $x < 0$ ist z. B. $f'(-1) = -16 < 0$, also ist f streng monoton fallend.
Für $x > 0$ ist z. B. $f'(1) = 16 > 0$, also ist f streng monoton steigend.

S. 176, 3.

Beispiel:

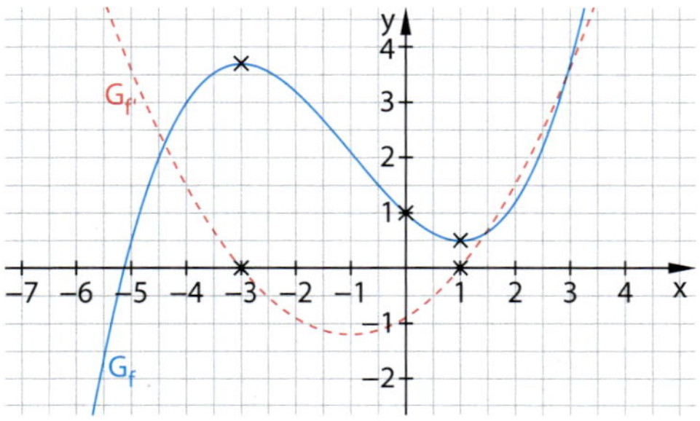

S. 176, 4.

a) $f'(x) = 3x^2 + 8x - 3$
lokale Extremstellen: $x_1 = \frac{1}{3}$; $x_2 = -3$
lokale Extrema: $y_{min} = -\frac{230}{27} \approx -8{,}52$; $y_{max} = 10$
globale Extrempunkte:
- auf I_1: $T\left(\frac{1}{3}\middle|-\frac{230}{27}\right)$; $H(-3\,|\,10)$
- auf I_2: $T(0\,|\,-8)$; $H(-2\,|\,6)$
- auf I_3: $T\left(\frac{1}{3}\middle|-\frac{230}{27}\right)$; $H(3\,|\,46)$

b) $f'(x) = -\frac{3}{10}x^2 + \frac{3}{2}x$
lokale Extremstellen: $x_1 = 0$; $x_2 = 5$
lokale Extrema: $y_{min} = 0$; $y_{max} = 6{,}25$
globale Extrempunkte:
- auf I_1: $T(8\,|\,-3{,}2)$; $H(5\,|\,6{,}25)$
- auf I_2: $T(0\,|\,0)$; $H(-3\,|\,9{,}45)$
- auf I_3: $T(0\,|\,0)$; $H(3\,|\,4{,}05)$

S. 176, 5.

a) Eine notwendige Bedingung an eine Stelle ist eine Voraussetzung, die erfüllt sein muss, damit an dieser Stelle ein lokales Minimum vorliegen kann. Wenn eine hinreichende Bedingung an eine Stelle erfüllt ist, genügt das, um zu entscheiden, dass an dieser Stelle ein lokales Minimum vorliegt. Die Bedingung „$f'(x_m) = 0$ und $f''(x_m) > 0$" ist eine hinreichende Bedingung.

b) Umkehrung: „Wenn die Funktion an einer Stelle x_m ein lokales Minimum hat, dann gilt $f'(x_m) = 0$ und $f''(x_m) > 0$." Diese Aussage ist falsch, Gegenbeispiel: f mit $f(x) = x^4$ hat bei $x = 0$ ein lokales Minimum, aber es gilt $f''(0) = 0$.

S. 176, 6.

a) Der Graph ist für $x < -1$ streng monoton fallend und für $x > -1$ streng monoton steigend.
Tiefpunkt: bei $x = -1$; Terrassenpunkt: bei $x = 2$
Der Graph von f hat keinen Hochpunkt.

b) Der Graph von f ist für $x < -2$ und für $1 < x < 3$ streng monoton fallend, für $-2 < x < 1$ und für $x > 3$ ist er streng monoton steigend.
Tiefpunkte: bei $x = -2$ und $x = 3$; Hochpunkt: bei $x = 1$
Der Graph von f hat keinen Terrassenpunkt.

c) Der Graph ist auf ganz $\mathbb{R}$ streng monoton steigend. Er hat keine Hoch- oder Tiefpunkte.
Terrassenpunkte: bei $x = -1$ und $x = 2$

S. 176, 7.

a) Für alle reellen Zahlen x gilt $f(x) > 0$ und $g(x) = -(x-3)^2 < 0$. Also gilt $f(x) > g(x)$ für alle x. Daher kann die geringste Distanz als Minimum der Funktion d mit $d(x) = f(x) - g(x) = 2x^2 - 6x + 11$ ermittelt werden. $d'(x) = 4x - 6$; $d''(x) = 4$
$d'(x) = 0 \Rightarrow x = 1{,}5$
Wegen $d''(1{,}5) = 4 > 0$ liegt an der Stelle $x = 1{,}5$ ein lokales Minimum vor.
An der Stelle $x = 1{,}5$ unterscheiden sich die Funktionswerte am wenigsten.

b) Die Graphen von f und g haben keinen Schnittpunkt und es gilt $f(0) > g(0)$, außerdem sind f und g ganzrational. Also gilt für alle reellen Zahlen x: $f(x) > g(x)$. Daher kann die geringste Distanz mit der Funktion d mit
$d(x) = f(x) - g(x) = 2x^2 + 2x + 2$ ermittelt werden.
$d'(x) = 4x + 2$; $d''(x) = 4$
$d'(x) = 0$ für $x = -0{,}5$
Wegen $d''(-0{,}5) = 4 > 0$ liegt an der Stelle $x = -0{,}5$ ein lokales Minimum vor. An dieser Stelle unterscheiden sich die Funktionswerte von f und g am wenigsten.

S. 176, 8.

a) $H(0\,|\,0)$ $T(2\,|\,-4)$ $W(1\,|\,-2)$
$w(x) = -3x + 1$

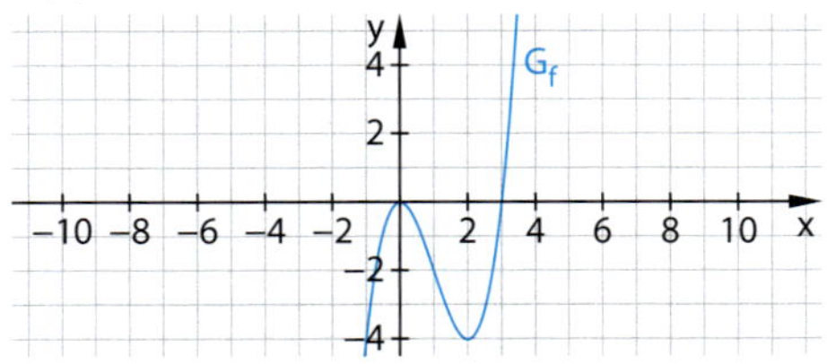

b) $T(3\,|\,-3{,}75)$ $W(2\,|\,-1)$ $S(0\,|\,3)$
$w_W(x) = -4x + 7$; $w_S(x) = 3$

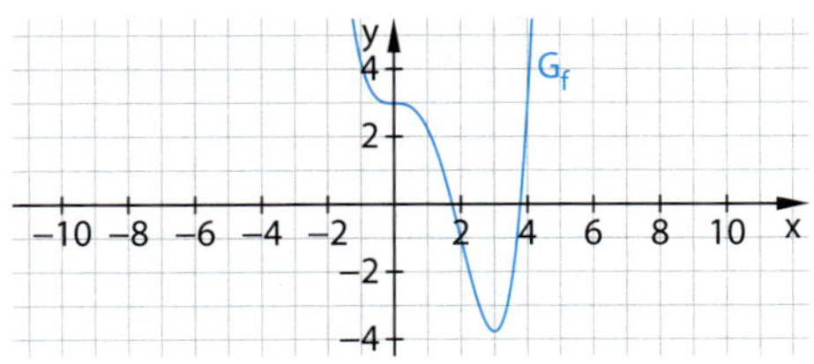

c) $H\left(1\middle|\frac{4}{3}\right)$ $T(3|0)$ $W\left(2\middle|\frac{2}{3}\right)$

$w(x) = -x + \frac{8}{3}$

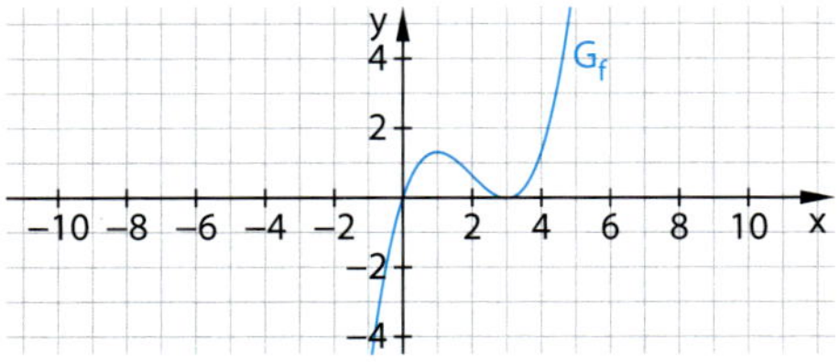

d) $\approx H(-\sqrt{3}|-3{,}92)$ $\approx T(\sqrt{3}|-8{,}08)$

$\approx W_1\left(-\frac{\sqrt{6}}{2}\middle|-4{,}71\right)$ $\approx W_2\left(\frac{\sqrt{6}}{2}\middle|-7{,}29\right)$ $S(0|-6)$

$w_1(x) \approx -2{,}25x - 7{,}47$ $w_2(x) \approx -2{,}25x - 4{,}53$

$w_S(x) = -6$

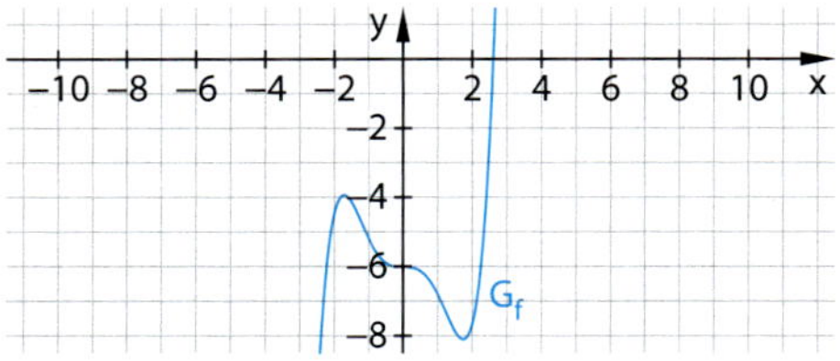

e) $S(-4|0)$ $w(x) = 0$

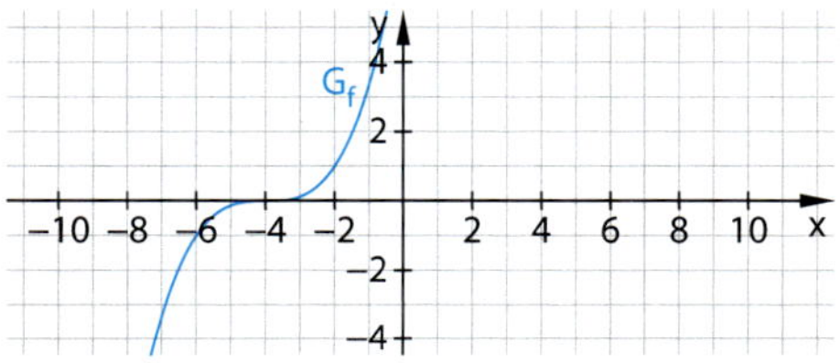

f) $\approx T(0{,}61|6{,}75)$

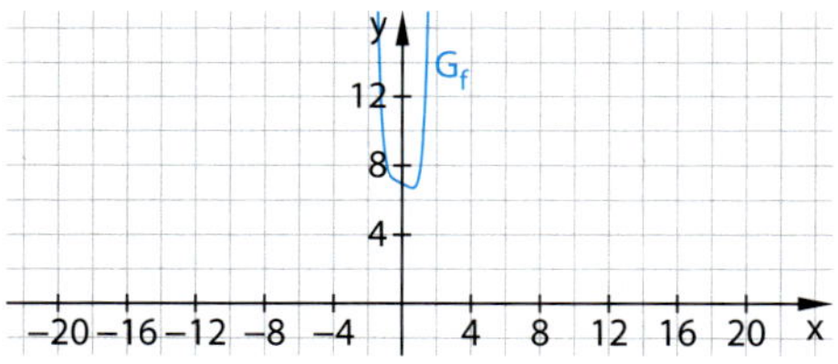

S. 177, 9.

a) $f''(x) = -12x^2 + 12$

$f''(x) = 0$ für $x_{1/2} = \pm 1$

Teststellen: $f''(-2) = -36$; $f''(0) = 12$; $f''(2) = -36$

$f''(x) < 0$ für $x < -1$ bzw. $x > 1$: Der Graph von f ist in diesen Intervallen rechtsgekrümmt.

$f''(x) > 0$ für $-1 < x < 1$: Der Graph von f ist in diesem Intervall linksgekrümmt.

b) $f''(x) = 12x^2 - 48x + 48$

$f''(x) = 0$ für $x = 2$

Teststellen: $f''(1) = 12$; $f''(3) = 12$

$f''(x) > 0$ für $x < 2$ bzw. $x > 2$: Der Graph von f ist linksgekrümmt.

c) $f''(x) = -30x^4$

$f''(x) = 0$ für $x = 0$

Teststellen: $f''(-1) = -30$; $f''(1) = -30$

$f''(x) < 0$ für $x < 0$ bzw. $x > 0$: Der Graph von f ist rechtsgekrümmt.

S. 177, 10.

a) Die 1. Ableitungsfunktion hat an der Stelle $x = -4$ ein lokales Minimum, da das Vorzeichen von f″ an dieser Stelle von + zu − wechselt.

b) Die Funktion f hat an der Stelle $x = -4$ eine Wendestelle.

c) Da die 1. Ableitungsfunktion an der Stelle $x = -4$ ein lokales Minimum hat und $f'(-4) = 1$ gilt, hat f′ nur positive Funktionswerte, d. h., die Funktion f ist streng monoton steigend.

S. 177, 11.

a) anfänglicher Wasserstand: $h(0) = 2{,}5$, also 2,5 m

Wasserstand nach 6 h 15 min: $h(6{,}25) \approx 3{,}69$, also rund 3,69 m

b) $h(t) = 2{,}5 \Rightarrow t_1 = 0$; $t_{2/3} = \pm 10$

Im Sachkontext ist nur die positive Lösung für die Zeit sinnvoll: Die Wasserhöhe ist nach 10 Stunden wieder normal. $D = [0; 10]$

c) $h(t) = 4$ hat keine Lösung. Es kommt zu keiner Überschwemmung.

d) $h'(t) = -0{,}002t^3 + 0{,}1t$

$h'(t) = 0 \Rightarrow t_1 = 0$; $t_{2/3} = \pm\sqrt{50}$

Die negative Lösung liegt nicht im Definitionsbereich.

$h''(t) = -0{,}006t^2 + 0{,}1$

$h''(0) > 0$, also Tiefpunkt bei $t_1 = 0$

$h''(\sqrt{50}) < 0$, also Hochpunkt bei $t_2 = \sqrt{50} \approx 7{,}07$;

$h(\sqrt{50}) = 3{,}75$

Das Wasser erreicht nach ca. 7,07 Stunden seinen Höchststand mit 3,75 Metern.

e) Der stärkste Anstieg von h ist das lokale Maximum von h′. $h''(t) = 0 \Rightarrow t_{1/2} = \pm\sqrt{\frac{50}{3}}$

Die negative Lösung liegt nicht im Definitionsbereich.

$h'''(t) = -0{,}012t$

$h'''\left(\sqrt{\frac{50}{3}}\right) < 0$, also Hochpunkt von h′ bei

$t = \sqrt{\frac{50}{3}} \approx 4{,}08$ (Zeitpunkt des stärksten Anstiegs);

$h'(4{,}08) \approx 0{,}27$

Der stärkste Anstieg des Wassers beträgt ca. 0,27 m/h = 0,45 cm/min.

S. 177, 12.

a) An der Stelle $x = 4$ wird die Tangente an den Graphen von f angelegt. Sie schneidet die x-Achse in x_1. x_1 ist ein besserer Näherungswert für die Nullstelle von f als $x = 4$. Es gilt $f'(x_0) = \frac{f(x_0) - 0}{x_0 - x_1}$, also

$x_1 = x_0 - \frac{f(x_0)}{f'(x_0)}$.

In x_1 legt man dann wieder die Tangente an den Graphen von f an usw.

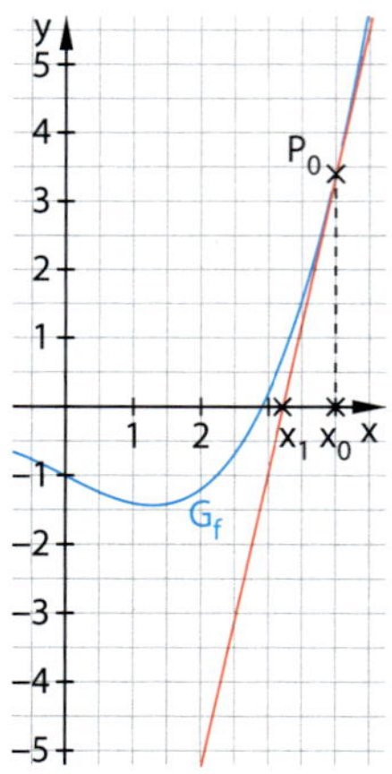

b) $f'(x) = 0{,}3x^2 - 0{,}5$

$x_0 = 4$; $x_1 \approx 3{,}21$;

$x_2 \approx 2{,}94$; $x_3 \approx 2{,}91$

Technische Zeichnungen:
Cornelsen/Christian Böhning

Screenshots:
Cornelsen/Inhouse/© Microsoft® Office. Nutzung mit Genehmigung von Microsoft: 170, 172

Illustrationen:
Cornelsen/Stefan Bachmann

Abbildungen:
Cover stock.adobe.com/sutichak; **2 o.** Shutterstock.com/Pyty; **2 Mi.** Shutterstock.com/COULANGES; **2 u.** Shutterstock.com/Karramba Production; **3 o.** Shutterstock.com/Monkey Business Images; **3 2. v. o.** Shutterstock.com/Lee Yiu Tung; **3 2. v. u.** Shutterstock.com/l i g h t p o e t; **3 u.** Shutterstock.com/arka38; **5** Shutterstock.com/Pyty; **7** Shutterstock.com/a_v_d; **11** Shutterstock.com/ALEXANDER V EVSTAFYEV; **16** Shutterstock.com/zirconicusso; **17** Shutterstock.com/Pan Xunbin; **21** Shutterstock.com/sirtravelalot; **39** Shutterstock.com/COULANGES; **51/17** Shutterstock.com/max dallocco; **51/18** Shutterstock.com/Africa Studio; **62** Shutterstock.com/Pixel-Shot; **64** Shutterstock.com/Artography; **69** Shutterstock.com/Karramba Production; **74** Shutterstock.com/Alexander Zegrachov; **76** Shutterstock.com/M.A. Kleen; **77** Shutterstock.com/Tamisclao; **78/21** Shutterstock.com/Jirik V; **78/24** stock.adobe.com/methaphum; **79/25** Shutterstock.com/Daniel Jedzura; **79/26** Shutterstock.com/Monika Wisniewska; **81/3** Shutterstock.com/Elnur; **81/6** Shutterstock.com/Petair; **81/7** Shutterstock.com/anyaivanova; **82** Shutterstock.com/vovan; **84/14** Shutterstock.com/pio3; **84/15** Shutterstock.com/anyaivanova; **85/19** Shutterstock.com/creator999; **85/21** Shutterstock.com/LightField Studios; **89** Shutterstock.com/Henrik Dolle; **92** Shutterstock.com/Phovoir; **94** Shutterstock.com/Marco Rubino; **95** Shutterstock.com/Photoroyalty; **97** Shutterstock.com/YAKOBCHUK VIACHESLAV; **98** Shutterstock.com/Rolf E. Staerk; **101** Shutterstock.com/Monkey Business Images; **109** Shutterstock.com/Air Images; **110** stock.adobe.com/ARochau; **118/8** Shutterstock.com/aapsky; **118/9** Shutterstock.com/svetok30; **126** Shutterstock.com/AerialVision_it; **135** Shutterstock.com/kan_khampanya; **141** Shutterstock.com/Lee Yiu Tung; **147** stock.adobe.com/M.E.A.; **148** Shutterstock.com/wavebreakmedia; **156** stock.adobe.com/Production Perig; **161** Shutterstock.com/MAEWJPHO; **164** Shutterstock.com/Andrey Armyagov; **165** Shutterstock.com/Aleksei Ignatov; **167** Shutterstock.com/YanLev; **170** Shutterstock.com/Morphart Creation; **173** Shutterstock.com/Bildagentur Zoonar GmbH; **179** Shutterstock.com/l i g h t p o e t; **183** Shutterstock.com/arka38; **204** PEFC Deutschland e.V.

Fundamente der Mathematik

Autoren: Jan Block, Carola Buddensiek, Brigitte Distel, Dr. Lothar Flade, Sabine Fischer, Carina Freytag, Jan Füller, Marco Grees, Bernhard Hummel, Katharina Hammer-Schneider, Gerhard Hillers, Fritz Kammermeyer, Roman Knost, Markus Krysmalski, Dr. Hubert Langlotz, Renatus Lütticken, Christian Marticke, Arne Mentzendorff, Reinhard Oselies, Dr. habil. Manfred Pruzina, Sebastian Schweitzer, Volker Seibt, Dr. Annalisa Steinecke, Ugur Yasar, Dr. Wilfried Zappe

Berater: Sabine Fischer, Carina Freytag, Marco Grees, Katharina Hammer-Schneider, Fritz Kammermeyer, Dr. Annalisa Steinecke
Herausgeber: Brigitte Distel
Redaktion: Henning Knoff, Antonia Kraus
Rechteprüfung: Kai Mehnert
Gesamtgestaltung: Golnar Mehboubi Nejati, Berlin
Illustration: Stefan Bachmann
Grafik: Christian Böhning
Umschlaggestaltung: Studio SYBERG, Berlin
Layoutkonzept: klein & halm GbR
Technische Umsetzung: Straive

Begleitmaterialien zum Lehrwerk

für Schülerinnen und Schüler

Trainingsheft mit Medien	978-3-06-042793-2
Trainingsheft mit Medien und Online-Abiturtraining	978-3-06-042005-6

für Lehrerinnen und Lehrer

Unterrichtsmanager Plus	978-3-06-042794-9
Lösungsheft Jahrgangsstufe 11	978-3-06-042792-5

www.cornelsen.de

1. Auflage, 1. Druck 2023

Alle Drucke dieser Auflage sind inhaltlich unverändert und können im Unterricht nebeneinander verwendet werden.

Druck und Bindung: Mohn Media Mohndruck, Gütersloh

ISBN 978-3-06-042790-1 (**Schülerbuch**)
ISBN 978-3-06-042791-8 (**E-Book**)

PEFC
PEFC/04-31-1033

PEFC zertifiziert
Dieses Produkt stammt aus nachhaltig bewirtschafteten Wäldern und kontrollierten Quellen.

www.pefc.de